普通高等教育测控技术与

信号处理与系统分析

宋寿鹏　主编

邹　荣　参编

机 械 工 业 出 版 社

信号与系统是许多专业的必修基础课程，该课程能够让学生建立起信号分析与处理，以及系统分析与处理的基本知识架构，具备信号处理和系统分析的初步能力。随着新的专业培养方案出台，本科阶段总体学时数呈下降趋势，但对能力的要求在不断提高，特别是对学生应用基础知识解决工程实际问题的能力有更高的要求。本书的出版正是在这一背景下，结合大学课程体系改革，围绕在有限学习时间内达到掌握知识、具备技能的总体目标，打通了基础知识和实际应用间的间隙，删减了不必要的理论推演环节，结合领域发展的最新前沿和动态，增强了知识的可用性，同时注重培养学生解决工程实际问题的能力。本书适用于测控技术与仪器类和电子信息类理工科专业的本科生教学。

全书共 10 章，将传统的信号与系统与数字信号处理中的部分内容整合在一起，以信号处理和系统为背景，以连续和离散为主线，在时域、频域以及复频域展开了信号与系统知识体系的介绍和能力的培养。通过本书的学习，学生应具备信号处理和系统分析的基础知识，并能对工程实际信号进行初步分析与处理，对工程实际系统进行初步分析与设计。

图书在版编目（CIP）数据

信号处理与系统分析 / 宋寿鹏主编. -- 北京 ：机械工业出版社，2024. 6. -- (普通高等教育测控技术与仪器专业系列教材). -- ISBN 978-7-111-76412-0

I. TN911

中国国家版本馆 CIP 数据核字第 2024PF3953 号

机械工业出版社（北京市百万庄大街22号　邮政编码100037）

策划编辑：吉　玲　　　　　　责任编辑：吉　玲　赵晓峰
责任校对：陈　越　李小宝　　封面设计：张　静
责任印制：张　博
北京建宏印刷有限公司印刷
2024年12月第1版第1次印刷
184mm × 260mm · 18印张 · 458千字
标准书号：ISBN 978-7-111-76412-0
定价：65.00 元

电话服务　　　　　　　　　　　网络服务
客服电话：010-88361066　　　机 工 官 网：www.cmpbook.com
　　　　　010-88379833　　　机 工 官 博：weibo.com/cmp1952
　　　　　010-68326294　　　金 书 网：www.golden-book.com
封底无防伪标均为盗版　　　机工教育服务网：www.cmpedu.com

前　言

在新工科建设的大背景下，新时代对本科生的培养成为大学的首要任务，面向产出的培养理念已经在专业发展和学生培养中有了广泛而深入的群众基础。大学培养的学生应具有爱国情怀、职业道德、职业素养以及可持续发展理念。课程作为学生专业知识和技能培养的一个重要环节，首先要让学生了解本课程涉及的技术领域的最新发展动态，熟练掌握课程的基础知识，能够应用课程的基本理论解释工程中遇到的物理现象，创新性地解决工程实际问题，为国民经济的发展做出自己的贡献。

信号处理的基本理论是工程技术领域信号获取、传输以及处理的基础知识体系；系统分析基础是了解系统、应用系统以及设计系统的重要内容。信号与系统是交织在一起的两个部分，互相补充，互为支撑，信号的产生、获取、传输和处理均离不开系统，而系统是专门用于处理信号的载体。人们从信号中获取有用信息，用于科学研究和生产活动，系统则是根据信号特点，将信号按照要求进行处理。通过本课程的学习，学生应具有解决测控系统与仪器工程问题的信号获取、传输及处理等工程基础知识及应用能力，能够运用数学、自然科学和工程科学基本原理，识别与提炼、定义与表达，研究分析测控系统与仪器中信号获取、传输与处理方面的复杂工程问题，具备机电测控系统和电子仪器中复杂工程问题的设计实验、分析数据并通过信息综合分析得到合理有效结论的能力。

本书主要讲述信号在时域、频域及复频域的特性、分析与处理方法；线性系统在时域、频域及复频域的特性及分析方法；信号通过系统响应及在不同变换域的分析方法；数字信号在不同变换域的基本处理方法，以及数字滤波器的特性及初步设计方法。

通过对本书的学习，学生可以了解信号与系统的基本概念和建立知识构架；掌握信号和线性系统的基本理论及分析方法；能够建立简单电路系统的数学模型，并能够根据系统数学模型求解系统的响应；能够在时域、频域及复频域分析信号和系统，能够通过系统方程、卷积、频域和复频域等方法求系统响应；能够在不同变换域研究和分析信号与系统；能够建立数字信号处理的基本概念，并且能够在不同变换域对数字信号进行初步处理；能够掌握数字滤波器的初步设计方法。结合课程的验证性实验和工程性训练题目，学生可以具备应用信号处理方法和手段分析和处理工程实际信号的基本能力，具备分析简单电路系统、求系统响应的能力，具备设计简单数字滤波器的能力，并能够赋予其物理含义，用于解决工程实践问题。

通过对本书的学习，学生可以为以后进一步进行智能信号处理、故障诊断、信息融合、系统分析与设计、参数检测与估计等信号与信息处理，以及简单电路系统设计等后续知识学习和能力培养打下必要的基础。

IV

本书结合多年教学经验、当代学生的学习特点以及多年科研经验，在编写时注重基础知识物理含义的理解，摈弃了实际中不常用的知识和一些纯理论推导，加重知识向能力转化的环节，更加注重实用性。

本书由宋寿鹏主编、邹荣参编，在编写过程中参考了诸多学者编写的教材，从中受益匪浅，如果存在引用不当等问题请随时指出，当然书中的一些观点也可能需要深入推敲，不当之处请批评指正。

编者

目 录

第 1 章

信号与系统基本概念

1.1 引言

人类的社会活动需要广泛交流信息，信息的表征有多种形式，而信号作为信息的一种载体，广泛存在于自然界与社会生活中。信号的表现形式有电、磁、热、光和声等。信号的产生可以是自发的，即主动的，也可以是被动调制产生的。信号的产生、传输以及处理和应用，构成了信号的内涵。研究信号就是先从了解信号开始，信号从哪里来，信号是怎样产生的，信号的表现形式是什么，信号传输信道是什么，信道对信号产生了哪些影响、导致信号发生了哪些变化，怎样从信号中获取信息，怎样理解这些信息，这些信息有什么用。当人们对信号有了初步的了解和认识后，就会根据自己的目的，人为控制信号的产生、传输和处理，进而达到人们应用信号手段实现信息交互的目的。

自然界中产生的各种信号是人们认识自然的重要手段，比如动物的叫声反映了动物间的沟通需求和方法，人们可以通过对动物信号的解读，了解动物活动规律和警示信息等。地震信号是地球内部发生剧烈活动的表现，人们可以利用这些信号进行地震的监测与预防。人类通过语音方式进行信息沟通与传输，以声波信号的形式向外传播，声波是信息的载体，传输信道是大气或其他介质，而这些声音信号中表达的含义就是人们要传输的信息，对方在理解这些信息后，就可以根据信息采取措施，进而达到应用这些信息的目的。为了增加语音信号的传输距离，人们研究语音的传输方式，将语音信号调制在电磁波、光波或其他载体中，产生了语音调制的电磁波信号和光波等信号，实现了语音的长距离传输。从载有语音信息的信号中解读语音信息，就可以达到通过语音传输信息的目的。

在产品和设备的生产和使用的各个环节，即产品全寿命周期，人们为了监控生产现场和利用现场的各种过程和状态，需要通过不同种类的信号去了解各环节的参数和状态变化，比如温度、压力、振动、速度和加速度等，这些信息也是通过信号来表征和传输的。所以，了解信号、传输信号和理解信号构成了研究信号的主线，进而使信号处理更好地为人类服务。

系统是能够实现特定功能的一个整体，既可以是硬件实体，也可以是算法程序，其概念的内涵和外延是动态变化的。信号可以在系统中产生、传输和处理，信号离不开系统，离开了信号的系统也是没有意义的。这也是本书将信号和系统放在一起进行研究的初衷。研究系统实际上就是解决信号经过系统后会产生什么变化、信号会变成什么样的问题，了解和认识系统，进而达到应用系统的目的；而想让信号变成什么样是系统设计，系统设计是为了让信号按人为意图进行变换，进而在系统中产生合适的信号，按设计要求传输和处理信号。

以手机语音通话为例，由微型传声器、微型听音器、模拟信号预处理电路、调制解调器、微处理器、电磁波发射和接收天线、模/数（A/D）和数/模（D/A）转换器、数字信号处理算法以及电源等组成了整个系统，如图 1-1 所示。而其中任意能够实现特定功能的器件又可以构成子系统，比如微型传声器也可以是一个系统，微处理器中的算法程序也可以是一个系统。而语音是信号，在这个系统中进行传输和处理，在整个系统中信号的表现方式经历了由声波信号、电信号、电磁波信号、数字信号、再到声波信号的变换，每一个处理环节，即子系统都对信号进行了处理。所有这些子系统构成的手机语音通话系统，保证了语音信号不失真、清晰、低噪声、低功耗、实时性和足够的传输距离等性能。

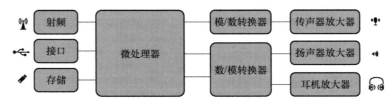

图 1-1　手机语音通话系统组成

1.2　信号的描述和分类

1.2.1　信号的描述

信号的描述就是将信号直观地表示出来，常用的描述手段有数学函数表达式和波形两种方法。用数学函数描述信号时，就是选取一个或几个自变量，用解析表达式表示因变量随自变量变化的关系，比如选取的自变量是时间，因变量是幅值，将它们的关系表达出来就是函数形式的描述。以自变量时间作为横坐标，以幅值作为纵坐标将函数图形画出来就是波形描述。

自变量的选取可以不同，自变量选取为时间，对应的是时域描述信号；自变量选取频率，对应的是频域描述信号；自变量是复数，对应的是复频域描述信号；自变量是空间坐标和时间，对应的是空间-时间域描述信号。

在本书中，由于信号和函数两个概念具有类同性，因此在后续的术语中不予严格区分。

信号描述举例：

1. 时域描述信号

$$f(t) = A_0 \cos(\omega_0 t + \varphi_0) \tag{1-1}$$

式中　A_0——幅值（V）；

　　ω_0——角频率（rad/s）；

　　φ_0——初始相位（rad）。

这 3 个参量也称三角函数的三要素，由这 3 个参量可以表示一个三角函数。

这个三角函数是余弦信号，$f(t)$ 为任意时刻 t 对应的幅值。其波形如图 1-2 所示。

2. 频域描述信号

$$F(\omega) = \frac{1}{a + j\omega} \tag{1-2}$$

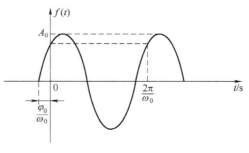

图 1-2　时域信号波形图

式中 ω——自变量，表示频率(Hz)；

a——常数；

$F(\omega)$——不同频率点函数的幅值(V)。

这是一个复数表达式，其模和相位分别为

$$\begin{cases} |F(\omega)| = \dfrac{1}{\sqrt{a^2+\omega^2}} \\ \varphi(\omega) = -\arctan\left(\dfrac{\omega}{a}\right) \end{cases} \quad (1-3)$$

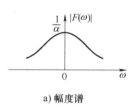
a) 幅度谱

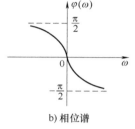
b) 相位谱

其模和相位的波形如图1-3所示。

图1-3 频域信号模和相位的波形图

从信号的时域函数表达式可显式表示信号幅值随时间的变化规律。一般情况下，从实践中直接获取的信号是信号的时域表达。当然，从实践中获取的信号有的可以有明确的数学表达式，有的则没有。其时域波形图可直观地观察到其幅值随时间的变化过程。

信号的频域函数表达式一般是由时域信号变换后得到，并非从实践中直接获取。频域表示信号时，其自变量为频率，函数表达式反映了任意频率点处信号幅值和初始相位的大小，其图形则可直观观察到幅值和相位随频率的变化过程。从频域图上还可以观察得到信号频率的高低、频带的宽度及分布等信息。

1.2.2 信号的分类

信号的分类方法有多种，分类的依据取决于不同信号所具有的共性特征。图1-4列出了信号的一种分类方法。

1. 确定性信号与随机信号

确定性信号：可以用明确的数学表达式表示的信号，当给定任意自变量值时，可以确定函数值，或者说信号在任意一点处的值是可以预知的。研究确定性信号是研究信号的基础。

随机信号：不能用明确的数学函数表达，信号的取值是随机的。当给定某一自变量值时，其函数值并

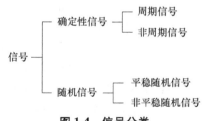
图1-4 信号分类

不确定。当已知随机变量服从某一概率分布后，便可知道此信号取某一数值的概率。一般工程中的信号都是随机信号，确定性信号在传输时混入随机干扰信号后，也变成了随机信号。

在确定性信号中，又分周期信号与非周期信号。周期信号指按固定时间间隔周而复始，且无始无终的信号，满足以下关系式：

$$f(t)=f(t+nT) \quad n=0,\pm1,\pm2,\pm\cdots(n\in \mathbf{Z}) \quad (1-4)$$

满足此关系式的最小T称为信号的周期。只要给出此信号在任一周期内的变化过程，便可确定它在任意时刻的数值。

非周期信号在时间上不具有周而复始的特性。若令周期信号的周期T趋于无限大，即$T\to\infty$，则变成非周期信号。

随机信号又分为平稳随机信号和非平稳随机信号。这是从随机信号所具有的统计特征量随时间的变化特性而言的。统计特征在任意相等的时间区间内不变时为平稳信号；如果随时

间变化，则是非平稳信号。在工程中一般随机信号都是非平稳的，但为了分析方便，在不影响信号主要特性的前提下，可将非平稳信号近似为分段平稳信号进行研究。图 1-5~图 1-7 给出了这几种信号的示例。

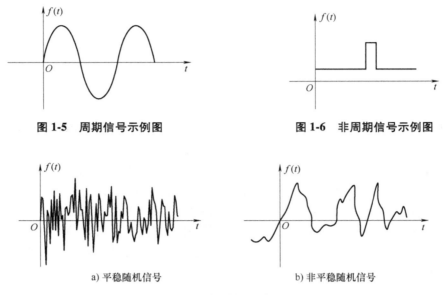

图 1-5　周期信号示例图　　　　　　　　图 1-6　非周期信号示例图

a) 平稳随机信号　　　　　　　　　　b) 非平稳随机信号

图 1-7　随机信号示例图

2. 连续时间信号与离散时间信号

按照时间自变量取值的连续性与离散性，可将信号划分为连续时间信号与离散时间信号（简称连续信号与离散信号）。如果在所讨论的时间间隔内，除若干不连续点之外，对于任意时间值都可给出确定的函数值，此信号就称为连续信号。连续信号的幅值可以是连续的，也可以是离散的（只取某些规定值）。时间和幅值都为连续的信号又称为模拟信号。在实际应用中，模拟信号与连续信号两名词往往不予严格区分。

与连续信号相对应的是离散信号。离散信号在时间上取值是离散的，只在某些不连续的特定时间点处给出函数值，在其他时间点处没有定义。离散信号可以由连续信号通过时间抽样得到，即通过模/数转换得到，也可以由自然界中的离散点直接给出。比如工程中测试得到的信号一般为连续信号，这些信号只有通过模/数转换才能获取到离散信号；而比如社会学中的人口数量统计，时间取值本身是离散的，其离散性是由其自然特性决定的。一般情况下离散信号中时间取值点间的间隔是相等的，称为等间隔或均匀时间间隔。其间隔的大小往往由实际需要确定，时间间隔越小，在波形上就越接近连续信号，但考虑到时间间隔还受其他因素影响，因此并不能笼统地说时间间隔越小越好。另外，工程中的测试信号模/数转换后，其时间间隔在后续处理中也是可以改变，比如通过一定的插值算法可以减小时间间隔，获取更多的数据；也可以通过一定的算法舍弃其中的一些值，扩大离散时间间隔，减少数据量。

连续信号示例如图 1-8 所示。

离散信号示例：

离散信号可看作是一组序列值的集合，以 $\{x(n)\}$ 表示，也称为离散序列。如：

4

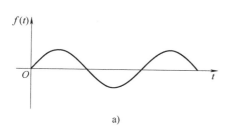 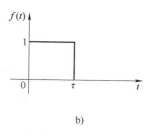

图1-8 连续信号

$$x(n) = \begin{cases} 2 & (n=-2) \\ -1 & (n=-1) \\ 1 & (n=0) \\ 2 & (n=1) \\ 0 & (n=2) \\ 4 & (n=3) \\ -2 & (n=4) \end{cases}$$

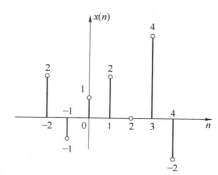

其波形如图1-9所示。

离散时间信号的幅值可以是连续的，也可以是不
连续的，即离散的。当离散信号时间与幅度取值都具

图1-9 离散信号波形

有离散性时，这种信号又称为数字信号。比如模/数转换中经过量化编码的信号就属于数字信
号。微处理器中处理的信号就是数字信号，因为其时间间隔是离散的，幅值经过二进制量
化编码后也是离散的。

3. 能量信号与功率信号

能量信号和功率信号的划分是从信号能量的角度考虑的，信号的能量不同于物理学中的
能量，它是指信号模的二次方和。对于工程中的实信号，信号的能量实际上就是信号幅值
的二次方和。对于连续信号，信号能量是在时间轴上连续积分；对于离散信号，信号能量就
是时间区域内信号幅值的二次方和。

这里首次提到实信号，顺便做一说明，所谓实信号就是只有实部的信号，与之相对应的
就是复信号，复信号是指既有实部，又有虚部的信号。实信号广泛存在于实践中，比如测试
中得到的信号就是实信号。复信号的应用一般在以下两种场合，一是当工程中的信号无法只
用幅值完全表征时，引入复数，此时通过复数的形式既可表示幅值大小，又可以表示相位或
方向；二是为了数学上的需要，引入复数可以使信号的表示更加具有概括性和简洁性。另
外，实函数也可以看作是复函数的特例，复函数的表达在数学上还会引入新的信号和系统分
析和处理手段，这也是本书研究信号和系统在复频域特性的初衷。

能量信号与功率信号的概念是建立在无穷大的时间积分基础上的。因此，当时间间隔
$T \to \infty$ 时，若信号能量为有限值，对应的信号称为能量信号；当信号的能量趋于无穷大时，
对应的信号称为功率信号。对于任意实际信号，能量信号与功率信号这两个概念是不能并存
的，只能为其中之一。

能量信号是指满足能量 E 为有限值的信号，即

$$E = \lim_{T \to \infty} \int_{-T}^{T} |f(t)|^2 \mathrm{d}t \to M \tag{1-5}$$

$$或 E=\sum_{n=1}^{\infty} f(n)^2 \to M, \quad n=1,2,3,\cdots,\infty \tag{1-6}$$

式中　$M \in \mathbf{R}^*$，为有限值。

反之，当信号的能量无穷时为功率信号。即

$$E=\lim_{T\to\infty}\int_{-T}^{T} |f(t)|^2 \mathrm{d}t \to \infty \tag{1-7}$$

$$或 E=\sum_{n=1}^{\infty} f(n)^2 \to \infty, \quad n=1,2,3,\cdots,\infty \tag{1-8}$$

当在工程实际中需要计算信号的能量或功率时，为了具有可计算性，通常选取有限的时间区间作为近似计算时间段。

对于连续信号，其能量的计算公式为

$$E=\int_{t_1}^{t_2} |f(t)|^2 \mathrm{d}t \tag{1-9}$$

式中　t_1，t_2——所选时间区间。

对于离散信号，其能量计算公式为

$$E=\sum_{n=n_1}^{n_2} f(n)^2, \quad n=1,2,3,\cdots,N \tag{1-10}$$

式中　n_1，n_2——所选序列区间，$N=n_2-n_1$。

信号的功率一般取单位时间内的平均能量。

对于连续信号，其功率 P 计算公式为

$$P=\frac{1}{T}\int_0^T |f(t)|^2 \mathrm{d}t \tag{1-11}$$

式中　T——选取的时间区间长度。

对于离散信号，其功率 P 计算公式为

$$P=\frac{1}{N}\sum_{n=n_1}^{n_2} f(n)^2 \tag{1-12}$$

式中　N——选取的时间区间长度。

不难理解，在时间区间无限大的情况下，周期信号都是功率信号；而只存在于有限时间内的信号是能量信号；存在于无限时间内的非周期信号可能是能量信号，也可能是功率信号，这需要根据实际情况判定。

这里再次强调，信号的能量与功率不同于物理学中的能量与功率的概念，其量纲也是不同的，不能混淆。在物理学中，能量与功率的本质是一样的，功都是力对距离的累积，功率都是单位时间内力做的功，力学中的力一般是外力，热力学中的力是分子力也就是能量，电学中的力一般是电场力；同时"距离"的概念也不一样，力学中的距离就是位移，热力学中的距离其实是一种势差，电学则是电流在电路中的移动。所以说物理学中这三者在本质上来说是一样的，但是不能简单地等同。而信号的能量或功率是自变量幅值二次方和，类比于电学中能量与电压或电流的二次方成比例，只是反映了幅值二次方在时间上的累积量，这种信号的能量或功率反映的是信号幅值二次方的时间累积，信号能量越大，可以说信号在特定的时间区间上振荡幅度也大，反之则振荡幅度小，它是信号在特定时间区间上持续振荡强度和振荡持续时间的一种度量。

能量和功率信号波形示例如图 1-10 所示。

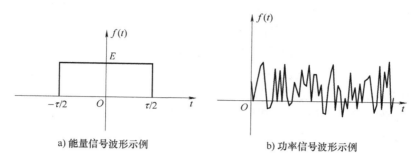

a) 能量信号波形示例　　　　　　　b) 功率信号波形示例

图 1-10　能量和功率信号波形示例

4. 一维信号与多维信号

从数学表达式来看，信号可以表示为一个或多个自变量的函数。语音信号可表示为声压随时间变化的函数，这是一维信号。而一张黑白图像每个点（像素）具有不同的发光强度，任一点又是二维平面坐标中两个变量的函数，这是二维信号，如果考虑图像的三维空间性，再结合时间变量，就可以构成四维信号。电磁波在三维空间传播，同时考虑时间变量也构成四维信号。在本书中，一般情况下只研究一维信号。

1.3　典型信号

1. 正、余弦信号

正、余弦信号是信号分析中最基本，也是最简单的信号，示意图如图 1-11 所示，其数学表达式为

$$余弦信号：f(t) = A_0\cos(\omega_0 t + \varphi_0) \tag{1-13}$$

$$正弦信号：f(t) = A_0\sin(\omega_0 t + \varphi_0) \tag{1-14}$$

式中　A_0——幅值（V）；

ω_0——角频率（rad/s）；在工程实际中，频率一般使用 f_0，单位为 Hz，$\omega_0 = 2\pi f_0$；

φ_0——初始相位。

这 3 个参量也称正、余弦信号的三要素，由这 3 个参量可以确定一个三角函数。

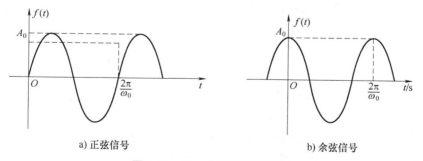

a) 正弦信号　　　　　　　　　　　b) 余弦信号

图 1-11　正、余弦信号示意图

频率 f_0 与正、余弦信号的周期 T 的关系为

$$f_0 = \frac{1}{T} \tag{1-15}$$

至于在书写中采用 ω_0 或是 f_0，可根据需要确定。一般情况下，公式表达式中选用 ω_0 可以使书写更加简洁，而 f_0 的工程含义与实际更加接近。另外，由于正弦信号和余弦信号只是在相位上相差 $\pi/2$，故有时在信号的称谓上也不做严格的区分。

至于说这类信号是最基本的信号，是由于它可以作为基信号，其他信号可以通过变换在该基信号上进行分解，从而得到复杂信号的基本构成，是信号变换与分析的基础。而之所以称其为最简单的信号，是因为这个信号只包含一个频率成分，那就是 f_0。比如，日常生活中用的市电就是正弦信号，其频率为 50Hz。另外，幅值、频率和相位 3 个参量就可以完全确定这类信号，故称其为最基本和最简单的信号。

2. 周期方波

周期为 T 的方波信号的函数表达式为

$$f(t)=\begin{cases}E, & 0\leqslant t<\alpha T \\ 0, & \alpha T\leqslant t<T\end{cases} \tag{1-16}$$

式中 E——常数；

　　　　α——占空比。

周期方波是一种用途非常广泛的信号。它的取值只有两个，一个视为"高"，另一个视为"低"，并且其变化过程是由一个值突变到另一个值。电流或电压的波形为矩形的信号即为矩形波信号，高电平在一个波形周期内占有的时间比值称为占空比，也可理解为电路释放能量的有效释放时间与总释放时间的比值。占空比为 50% 的矩形波称为方波，方波有低电平为零与为负之分。必要时，可加以说明"低电平为零""低电平为负"。电平为零的信号也可看作是将电平为负的信号增加直流偏置后得到的信号。周期方波可以是偶对称的，也可以在时间轴上进行平移，得到非偶对称信号。

在数字电路中，由于一般电子元件只有高和低两种逻辑电平状态，方波可通过数字器件产生。由于方波可快速从一种逻辑状态跳变到另一种状态（即 $0\rightarrow1$ 或 $1\rightarrow0$），所以在电路中经常用于触发同步电路。考虑到周期方波包含多个谐波频率成分（此概念在信号傅里叶变换中讲述），谐波可能会产生电磁波和电流脉波，影响周围的电路，产生噪声和错误，对一些精密仪器转换器影响十分明显，所以设计会使用正弦波作时钟信号来代替方波。

方波其实还可以有不同的函数表达式，比如，

$$f(t)=\mathrm{sgn}(\sin(t)) \tag{1-17}$$

式中   sgn（ ）——符号函数（signum）简写作 sgn。当正弦值为正时上式等于 1，当正弦值为负时上式等于 -1，且 0 在不连续点上，如图 1-12 所示。

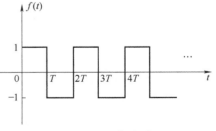

图 1-12　周期方波

3. 矩形窗函数（矩形脉冲信号）

矩形窗函数是一种持续时间有限的信号，在持续时间区间内取值为常数，其余时间点取值为 0。从脉冲信号的定义讲，即持续时间有限的信号可以称为脉冲信号，也称时限信号。它的数学表达式为

$$f(t)=\begin{cases}E, & |t|\leqslant\tau/2 \\ 0, & 其他\end{cases} \tag{1-18}$$

窗函数的来历是这类信号的功能类似玻璃窗户，形状为矩形，称为矩形窗函数，其他形

状的称为其他类型的窗函数，如汉宁窗等。在窗户视野部分的值保留，其余值取零。当 $E=1$ 时，实际上是保留了窗内看到的信号，这也是信号处理中的信号截断原理。矩形窗属于时间变量的零次幂窗。矩形窗使用最多，习惯上不加窗就是使信号通过了矩形窗。这种窗的优点是主瓣比较集中，缺点是旁瓣较高，并有负旁瓣，导致变换中带进了高频干扰和泄漏，甚至出现负谱现象。

矩形窗函数还可以看作是周期方波中取 1 个周期内的高电平信号得到，如图 1-13 所示。从周期方波变换到矩形脉冲，可以帮助读者在后续的章节中理解周期信号傅里叶级数到傅里叶变换的过渡过程。同时，结合周期方波，还可以帮助读者了解不同周期和不同宽度的矩形窗函数对频谱连续性的影响，这些内容在后续章节中会有更加详细的说明。

4. 指数信号

指数信号的表达式为

$$f(t)=Ke^{at} \tag{1-19}$$

式中 a——实数。若 $a>0$，信号幅值将随时间增长而增加；若 $a<0$，信号幅值随时间增加而衰减；在 $a=0$ 的特殊情况下，信号不随时间变化，成为直流信号；

$\quad K$——常数，表示指数信号 $t=0$ 点的初始值。

指数信号的波形如图 1-14 所示。

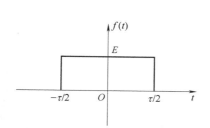

图 1-13 矩形窗函数

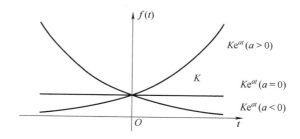

图 1-14 指数信号波形

指数 a 的绝对值大小反映了信号增长或衰减的速率，$|a|$ 越大，增长或衰减的速率越快。通常，把 $|a|$ 的倒数称为指数信号的时间常数，记作 $\tau=\dfrac{1}{|a|}$，即 τ 越大，指数信号增长或衰减的速率越慢。

当指数信号的时间区间取为 $[0,\infty)$ 时，指数信号称为单边指数信号。对应地在 $(-\infty,+\infty)$ 区间取值时，称为双边指数信号。

衰减指数信号在实际应用中较为广泛，其表达式为

$$f(t)=\begin{cases} 0 & (t<0) \\ e^{-\frac{t}{\tau}} & (t\geqslant 0) \end{cases} \tag{1-20}$$

在经过一个时间常数 τ 后，衰减了 63.2%，或为原值的 36.8%。工程电路应用中，一般认为电路换路后，经过 $3\tau\sim5\tau$ 时间过渡过程即告结束。

指数信号的一个重要特性是它对时间的微分和积分仍然包含指数形式，因此在公式推导中应用较为广泛。

当正弦振荡的幅度按指数规律衰减时，就可得到衰减的正弦信号，如图 1-15 所示。在很多自然规律中可以观察到此类信号，其表达式为

$$f(t) = \begin{cases} 0 & (t<0) \\ Ke^{-at}\sin(\omega t) & (t\geq 0) \end{cases} \qquad (1\text{-}21)$$

5. 复指数信号

如果指数信号的指数因子为复数，则称为复指数信号，其表达式为

$$f(t) = Ke^{st} \qquad (1\text{-}22)$$

式中　σ——复数 s 的实部，$s = \sigma + j\omega$；

　　　ω——复数 s 的虚部。

借助欧拉（Euler）公式将式（1-22）展开，可得

$$Ke^{st} = Ke^{(\sigma+j\omega)t} = Ke^{\sigma t}\cos(\omega t) + jKe^{\sigma t}\sin(\omega t) \qquad (1\text{-}23)$$

此结果表明，一个复指数信号可分解为实和虚两部分。其中，实部包含余弦信号，虚部则为正弦信

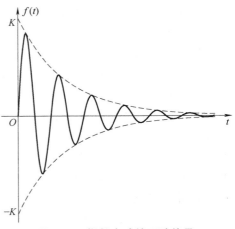

图 1-15　指数衰减的正弦信号

号。指数因子实部 σ 表征了正弦与余弦函数振幅随时间变化的情况。若 $\sigma>0$，正弦、余弦信号是增幅振荡，若 $\sigma<0$，正弦及余弦信号是衰减振荡。指数因子的虚部 ω 则表示正弦与余弦信号的角频率。两个特殊情况是：当 $\sigma=0$，即 s 为虚数，则正弦、余弦信号是等幅振荡；而当 $\omega=0$，即 s 为实数，则复指数信号成为一般的指数信号；最后，若 $\sigma=0$ 且 $\omega=0$，即 $s=0$，则复指数信号的实部和虚部都与时间无关，成为直流信号。部分波形示例如图 1-16 所示。

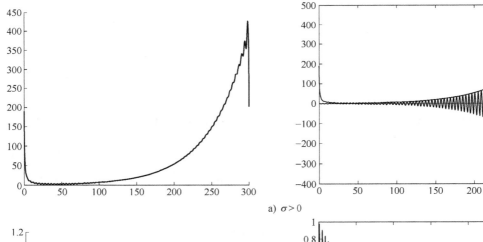

a) $\sigma>0$

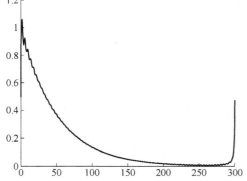

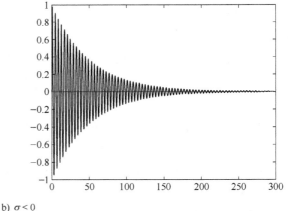

b) $\sigma<0$

图 1-16　复指数信号示例图

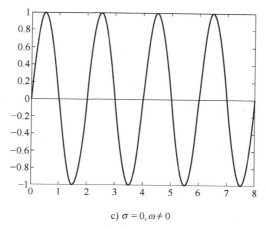

c) $\sigma=0, \omega \neq 0$

图 1-16 复指数信号示例图（续）

虽然实际中不能产生复指数信号，但是它概括了多种情况，可以利用复指数信号来描述多种基本信号，如直流信号、指数信号、正弦或余弦信号以及增长或衰减的正弦与余弦信号等。另外，利用复指数信号可使许多理论分析和推导得以简化，所以它是一种非常重要的基本信号。

正、余弦信号常借助复指数信号来表示，它们之间的转换由欧拉公式实现。因此欧拉公式在信号分析中也有广泛的应用，欧拉公式可表示为

$$\begin{cases} e^{jwt}=\cos(\omega t)+j\sin(\omega t) \\ e^{-jwt}=\cos(\omega t)-j\sin(\omega t) \end{cases} \tag{1-24}$$

或

$$\begin{cases} \sin(\omega t)=\dfrac{1}{2j}(e^{j\omega t}-e^{-j\omega t}) \\ \cos(\omega t)=\dfrac{1}{2}(e^{j\omega t}+e^{-j\omega t}) \end{cases} \tag{1-25}$$

6. Sa(t)信号（抽样信号）

Sa(t)信号是指 $\sin t$ 与 t 之比构成的函数，它的定义为

$$Sa(t)=\frac{\sin t}{t} \tag{1-26}$$

由定义式可知，它是一个偶函数，在 t 的正、负两方向振幅都逐渐衰减，当 $t=\pm\pi$，$\pm 2\pi$，$\cdots$，$\pm n\pi$ 时，函数值等于零。其波形如图 1-17 所示。

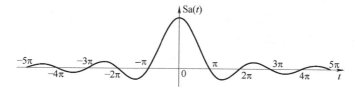

图 1-17 Sa(t)函数波形

Sa(t)函数还具有以下性质：

$$\int_0^\infty Sa(t)\,dt=\frac{\pi}{2} \tag{1-27}$$

$$\int_{-\infty}^{\infty} \mathrm{Sa}(t)\,\mathrm{d}t = \pi \tag{1-28}$$

与 $\mathrm{Sa}(t)$ 函数类似的是 $\mathrm{sinc}(t)$ 函数，它的表达式为

$$\mathrm{sinc}(t) = \frac{\sin(\pi t)}{\pi t} \tag{1-29}$$

有些文献将两种符号通用，即 $\mathrm{Sa}(t)$ 也可用 $\mathrm{sinc}(t)$ 表示。至于为什么有时也称其为抽样信号，这要在后续章节中结合频谱的概念来进行说明。

7. 钟形信号（高斯函数）

钟形信号（或称高斯函数）的表达式为

$$f(t) = E\mathrm{e}^{-\left(\frac{t}{\tau}\right)^2} \tag{1-30}$$

式中　E——常数；

　　　　τ——系数，其大小可决定钟形信号的下降速率。

钟形信号如图 1-18 所示。

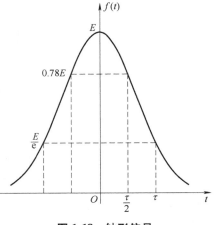

图 1-18　钟形信号

1.4　信号的变换与运算

在信号的传输与处理过程中往往需要对信号进行变换和运算。信号的变换实际上就是对信号进行某种操作，这种操作一般在时域进行，如果将这一方法进行拓展，也可以应用到以其他变量为自变量的信号处理当中。信号在时域的变换物理意义明确，在本书中如不特殊说明，信号的变换就是指信号在时域的变换。这些变换方法可以将原信号或称母信号通过算法规则进行映射，这种变换的特点是可由母信号产生新的子信号，母信号与子信号之间实际上产生了变异，已经不是原信号了，但是若母信号和子信号间的这种变换是可逆的，也就是说可以从母信号变换得到子信号，反之亦可以由子信号反求出母信号。信号的变换是信号处理的基础，由此衍生出许多现代信号处理方法，比如小波变换就是建立在信号变换的基础之上的一种新型信号处理方法。同时，信号的变换也是认识和理解信号时常用的手段，比如可以通过变换获取信号的细节和全貌，从而获知产生这些信号的载体的细微变化和全局变化。人为按某种规则变换信号，可以达到多角度和多尺度理解信号的目的。信号变换后产生的变化及实际应用价值，还需要结合后续章节频域分析的内容才能更全面地理解，这些内容将会在后续章节中再进行补充和说明。

信号的运算主要指信号间的加、乘、微分、积分以及卷积等操作，是信号分析与处理的常用方法，在实际信号的传输和处理中均有大量的应用。

1.4.1　信号的变换

信号变换方法包括信号的移位（时移或延时）、反褶（折迭、反转或取反）和尺度（展缩或压缩与扩展）。信号的变换在操作方法上非常简单，变换前后物理意义的对比和理解是应用信号变换手段解决工程实际问题的基础。信号的变换是对信号直接进行操作，实际中可以通过算法由程序来实现。

1. 移位

信号的移位也称信号时移或延时。从信号的函数表达形式上处理实际上就是将时间自变量增加或减小一个固定时间 t_0，将 $f(t)$ 表达式的自变量 t 更换为 $t \pm t_0$（t_0 为正），这个操作可以用新变量 $t \pm t_0$ 直接转换原信号中的时间变量 t，即 $t \pm t_0 \rightarrow t$。从信号波形上操作，实际上就是将原信号在时间坐标轴上整体进行平移操作，$f(t + t_0)$ 相当于 $f(t)$ 波形在时间 t 轴上整体向左移动 t_0，$f(t - t_0)$ 相当于 $f(t)$ 波形在时间 t 轴上整体向右移动 t_0，如图 1-19 所示。

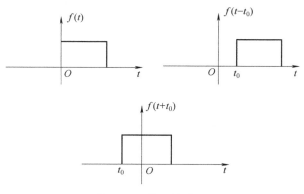

图 1-19　信号的移位

信号时移在实践中是广泛存在的，比如测试得到的信号记录下来后，在后续任何时间均可再进行分析和处理，这本身就是一种时移。再比如当信号通过电路时，信号也会存在滞后，这也是时移。在雷达、通信、声呐以及地震信号检测等问题中，由于传输信道的作用，信号从产生点到测试点也存在时延，这也可以理解为时移。

在信号处理领域，可以人为控制时移量的大小，比如用滑动时窗去捕捉信号，可以得到不同时刻的信号，以便从移动的窗口中观察信号的变化规律。

2. 反褶

信号反褶也称信号折迭、反转或取反。从信号的函数表达式上操作，就是用一个新的变量 $-t$ 直接转换原信号中的时间变量 t，即 $-t \rightarrow t$。从信号的波形上操作就是将信号以纵轴作为对称轴，整体反转 $180°$，反褶过来，如图 1-20 所示。

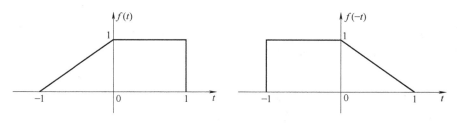

图 1-20　信号的反褶

信号的反褶将原信号的起始点变成了结束点，原信号的结束点变成了起始点，这种改变信号时间顺序的手段作为一种影视特效操作的方法，在影视剧中经常可以看到。

3. 尺度

信号尺度也称信号展缩，即信号在时域的扩展或压缩。如果将信号 $f(t)$ 的自变量 t 乘以正实系数 a，可视作用新变量 at 转换原变量 t，即 $at \rightarrow t$，从而由 $f(t)$ 变换得到 $f(at)$，当 $a > 1$

时对信号压缩，当 $0<a<1$ 时信号扩展。从波形上看，压缩后的信号时间取值范围变小，扩展后的信号时间取值范围加长。而不管是压缩还是扩展，信号的最大幅值始终保持不变。波形示例如图 1-21 所示。

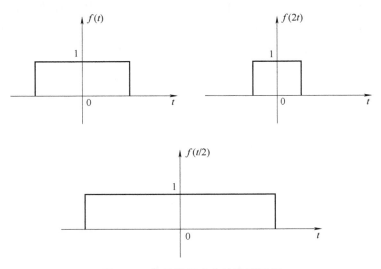

图 1-21　信号的尺度变换波形示例

这种扩展或压缩的概念与电子信息领域信号和文件的压缩在原理和用途上均有不同，比如音频和视频信号压缩、文件压缩等，这些压缩的主要目的是减小数据量，节约信道资源，以便快速传输和存储文件，在压缩后还要对信号进行恢复，追求的目标是高压缩比和无损恢复。而这里的展缩是以信号处理为目的，压缩或扩展除了改变其时间分布区间外，其频谱结构也发生了变化。比如在现代信号处理领域，可以将一个信号进行扩展或压缩，构成一种新的基信号，作为信号分解的手段，揭示信号在这些变换后信号基上的投影，从而更好地分析和理解信号。

信号展缩其实在日常生活中也经常用到，比如若 $f(t)$ 是已录制的声音信号，而 $f(2t)$ 是以二倍速度加快播放的结果，$f\left(\dfrac{t}{2}\right)$ 则表示原磁带放音速度降至一半产生的信号，可以在展缩后以正常速度播放这些音频文件，观察引起的变化。

信号的变换既可以采用单一的变换方法，也可以采用不同变换的组合，形成复合变换，不论是单一变换还是复合变换，均是可逆的。如 $f(at\pm t_0)$ 就是将信号进行了尺度和时移两种变换，$f(-at\pm t_0)$ 就是将信号进行了反褶、尺度和时移三种变换。信号在变换过程中，变换的先后顺序不影响变换结果，可根据实际需要和方便程度自行选择。同时，可以正向变换，如 $f(t)$ 变换为 $f(-at\pm t_0)$，也可以反向变换，如 $f(-at\pm t_0)$ 变换为 $f(t)$。

信号的这些变换方法，构成了现代信号处理方法的基石，如小波变换、匹配追踪和稀疏分解等现代信号处理手段，都是建立在这三种变换的基础上的。

例 1-1　已知信号 $f(t)$ 的波形如图 1-22a 所示，试画出 $f(-3t-2)$ 的波形。

解

1）首先考虑移位的作用，求得 $f(t-2)$ 波形如图 1-22b 所示。

2）将 $f(t-2)$ 做尺度倍乘，求得 $f(3t-2)$ 波形如图 1-22c 所示。

3）将 $f(3t-2)$ 反褶，给出 $f(-3t-2)$ 波形如图 1-22d 所示。

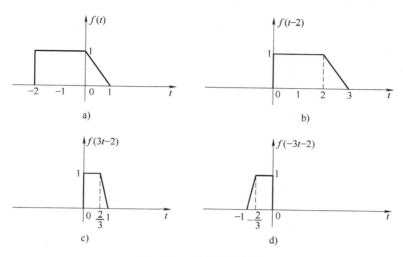

图 1-22 例 1-1 的波形

本题由 $f(t)$ 形成 $f(-3t-2)$ 的过程，按延时、尺度变换和反褶的先后，可组成各种不同的分步次序。但只要注意到每一步的处理都是针对时间变量 t 进行的，则不论如何分步都可以得到相同的结果。

1.4.2 信号的运算

信号的运算包括信号相加（合成）、相乘（取样或调制）、微分、积分和卷积等。

1. 信号的相加

信号的相加也称信号合成或信号叠加，相加的法则是对应点相加，这个对应点指的是对应时刻，不是对应点相加没有意义。设有 N 个信号 $f_i(t)$，则相加后的信号 $f(t)$ 为

$$f(t) = \sum_{i=1}^{N} f_i(t) \tag{1-31}$$

信号相加的例子很多，如卡拉 OK 中演唱者的歌声与背景音乐的混合就是一种信号叠加的过程，影视动画中添加背景也是如此。在信号传输过程中也常有干扰和噪声叠加进来，影响正常信号的传输。

信号相加除了上述自发的相加外，在信号处理领域可以通过多个信号相加来合成新的信号，比如几个正弦信号可以合成一个复杂的信号。信号合成与信号分解是孪生的，是互逆的过程，简单信号可以合成复杂信号，同理复杂信号也可以分解成简单信号。人们可以根据信号处理的目的不同，控制合成需要的信号，也可以将复杂信号按某种规则进行分解，以便更好地理解和应用信号。

2. 信号的相乘

信号相乘就是将不同信号在对应的时刻点相乘，在波形上则是将相同时刻对应的函数值相乘。设有 N 个信号 $f_i(t)$，则相乘后的信号 $f(t)$ 为

$$f(t) = \prod_{i=1}^{N} f_i(t) \tag{1-32}$$

信号相乘则常用于如调制解调、混频和频率变换等场合。信号的调制与解调是通信领域

常用的手段，比如将语音信号调制在电磁波上，以实现语音信号的远距离传输，这个过程是调制，严格地讲是幅值调制。再比如测试领域中经常使用的交流电桥，也是调制的例子。以语音信号调制为例，设语音信号为 $f(t)$，调制波为高频电磁波 $\cos(\omega_0 t)$，则调制后的信号就变成 $f(t)\cos(\omega_0 t)$，由于电磁波频率高，已经超出了人们的可听声范围，所以调制后的信号是无法直接听到的，但调制后的信号中既有电磁波的特性，又包含有语音信息，在接收端通过适当的方法分离出语音信号，就实现了解调，从而使人们重新听到语音信息。

例 1-2 已知信号 $f_1(t)$ 和信号 $f_2(t)$ 分别为

$$f_1(t)=\begin{cases} t+1 & (-1\leqslant t\leqslant 0) \\ 1-t & (0\leqslant t\leqslant 1) \end{cases}, \quad f_2(t)=\begin{cases} t & (0\leqslant t\leqslant 1) \\ 2-t & (1\leqslant t\leqslant 2) \end{cases}$$

其波形如图 1-23 所示。求 $f_1(t)+f_2(t)$，并画出波形。

解　$f_1(t)+f_2(t)=\begin{cases} t+1, & -1\leqslant t\leqslant 0 \\ 1, & 0<t\leqslant 1 \\ 2-t, & 1<t\leqslant 2 \end{cases}$

例 1-3　绘出取样函数 $\mathrm{Sa}(t)=\dfrac{\sin t}{t}$ 的波形。

解　$\mathrm{Sa}(t)$ 可视为 $\sin t$ 与 $\dfrac{1}{t}$ 两信号相乘所得的结果，将图 1-24a、b 两信号 $\sin t$ 与 $\dfrac{1}{t}$ 相应波形对应时间点上函数值相乘，并考虑到在原点处，$\mathrm{Sa}(t)$ 为 0 与 ∞ 的乘积，则有

$$\lim_{t\to 0}\mathrm{Sa}(t)=\frac{(\sin t)'}{t'}\Big|_{t=0}=\cos t\,\big|_{t=0}=1$$

则 $\mathrm{Sa}(t)$ 的波形如图 1-24c 所示。

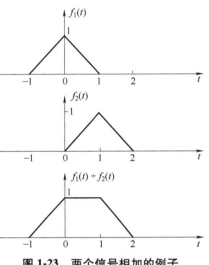

图 1-23　两个信号相加的例子

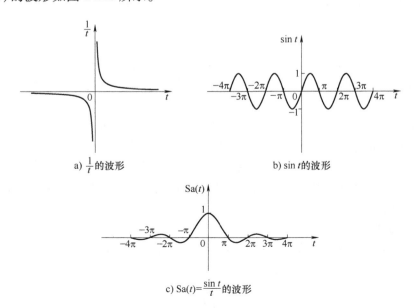

a) $\dfrac{1}{t}$ 的波形　　　　　b) $\sin t$ 的波形

c) $\mathrm{Sa}(t)=\dfrac{\sin t}{t}$ 的波形

图 1-24　信号相乘的例子

3. 微分和积分

信号 $f(t)$ 的微分运算是指 $f(t)$ 对 t 取导数，即

$$f'(t) = \frac{\mathrm{d}}{\mathrm{d}t}f(t) \tag{1-33}$$

信号 $f(t)$ 的积分运算指 $f(\tau)$ 在 $(-\infty, t)$ 区间内的定积分，可表示为

$$y(t) = \int_{-\infty}^{t} f(\tau)\mathrm{d}\tau \tag{1-34}$$

图 1-25 和图 1-26 分别为微分与积分运算的例子。由图 1-25 可见，信号经微分后突出了它的变化部分。$f(t)$ 经微分运算后将使其图形的边缘轮廓突出。在图 1-26 中由波形可见，信号经积分运算后其效果与微分相反，信号的突变部分可变得平滑，利用这一特点可削弱信号中混入的毛刺(噪声)的影响。

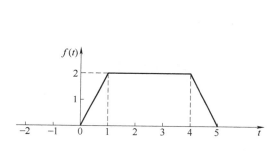
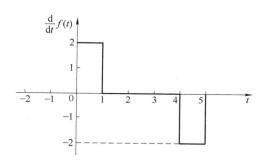

图 1-25　微分运算

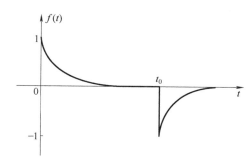
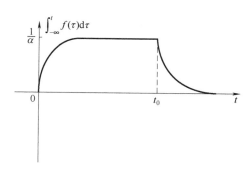

图 1-26　积分运算

1.5　奇异信号

在信号与系统分析中，经常要遇到函数本身有不连续点(跳变点)或其导数与积分有不连续点的情况，这类函数统称为奇异函数或奇异信号。这些信号与实际信号不同，但只要把实际信号按某种理想化条件进行转化，就可运用理想模型进行分析。本节将要介绍的奇异信号包括斜变、阶跃、冲激和冲激偶四种信号，其中，阶跃信号与冲激信号是两种最重要的信号。

1.5.1　单位斜变信号

斜变信号也称斜坡信号或斜升信号。这是指从某一时刻开始随时间正比例增长的信号。

如果增长的变化率是 1，就称为单位斜变信号，其波形如图 1-27 所示，表达式为

$$f(t) = \begin{cases} 0 & (t<0) \\ t & (t\geq 0) \end{cases} \tag{1-35}$$

如果将起始点移至 t_0，则应写作

$$f(t-t_0) = \begin{cases} 0 & (t<t_0) \\ t-t_0 & (t\geq t_0) \end{cases} \tag{1-36}$$

其波形如图 1-28 所示。

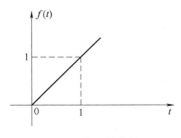

图 1-27 单位斜变信号

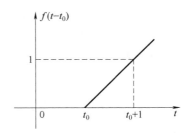

图 1-28 延迟的斜变信号

在实际应用中常遇到"截平的"斜变信号，在时间 τ 以后斜变波形被切平，如图 1-29 所示，其表达式为

$$f_1(t) = \begin{cases} \dfrac{K}{\tau}f(t) & (t<\tau) \\ K & (t\geq \tau) \end{cases} \tag{1-37}$$

如图 1-30 所示三角形脉冲也可用斜变信号表示，写作

$$f_2(t) = \begin{cases} \dfrac{K}{\tau}f(t) & (t\leq \tau) \\ 0 & (t>\tau) \end{cases} \tag{1-38}$$

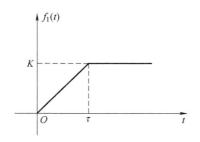

图 1-29 "截平的"斜变信号

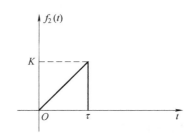

图 1-30 三角形脉冲信号

1.5.2 单位阶跃信号

单位阶跃信号的波形如图 1-31a 所示，通常以符号 $u(t)$ 表示

$$u(t) = \begin{cases} 0 & (t<0) \\ 1 & (t>0) \end{cases} \tag{1-39}$$

在跳变点 $t=0$ 处，函数数值未定义，或在 $t=0$ 处规定函数值 $u(0) = \dfrac{1}{2}$。

　　单位阶跃函数的物理背景是在 $t=0$ 时刻对某一电路接入单位电源(可以是直流电压源或直流电流源),并且保持不变。如图 1-31b 所示电路为接入 1V 直流电压源的情况,在接入端口处电压为阶跃信号 $u(t)$。

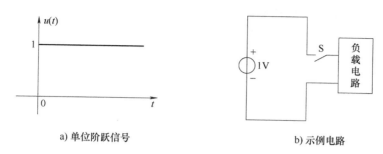

a) 单位阶跃信号　　　　　　　　　　　　　b) 示例电路

图 1-31　单位阶跃函数

　　容易证明,单位斜变函数的导数等于单位阶跃函数。

$$\frac{\mathrm{d}f(t)}{\mathrm{d}t}=u(t) \tag{1-40}$$

　　如果接入电源的时间推迟到 $t=t_0$ 时刻($t_0>0$),那么,可用一个延时的单位阶跃函数表示

$$u(t-t_0)=\begin{cases}0 & (t<t_0)\\ 1 & (t>t_0)\end{cases} \tag{1-41}$$

其波形如图 1-32 所示。

　　为书写方便,常利用阶跃及其延时信号之差来表示矩形脉冲,其波形如图 1-33 所示,对于图 1-33a 所示信号以 $R_T(t)$ 表示:

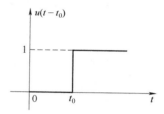

图 1-32　延时的单位
阶跃函数波形

$$R_T(t)=u(t)-u(t-T) \tag{1-42}$$

其中,下标 T 表示矩形脉冲出现在 0 到 T 时刻之间。如果矩形脉冲对于纵坐标左右对称,则以符号 $G_T(t)$ 表示,如图 1-33b 所示信号:

$$G_T(t)=u\left(t+\frac{T}{2}\right)-u\left(t-\frac{T}{2}\right) \tag{1-43}$$

下标 T 表示其宽度。

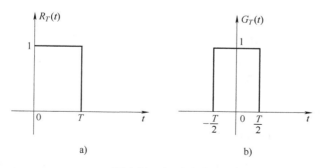

a)　　　　　　　　　　　　　b)

图 1-33　矩形脉冲

　　阶跃信号鲜明地表现出信号的单边特性。即信号在某接入时刻 t_0 以前的幅度为零。利

20

用阶跃信号的这一特性，可以较方便地以数学表达式描述各种信号的接入特性，例如，如图 1-34 所示的波形可写作

$$f_1(t) = (\sin t)u(t) \tag{1-44}$$

而如图 1-35 所示波形则表示为

$$f_2(t) = e^{-t}[u(t) - u(t-t_0)] \tag{1-45}$$

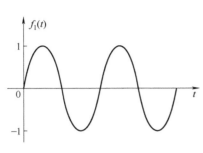

图 1-34　$(\sin t)u(t)$ 波形

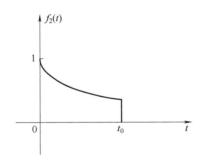

图 1-35　$e^{-t}[u(t) - u(t-t_0)]$ 波形

利用阶跃信号还可以表示符号函数。符号函数定义为

$$\mathrm{sgn}(t) = \begin{cases} 1 & (t>0) \\ -1 & (t<0) \end{cases} \tag{1-46}$$

其波形如图 1-36 所示。与阶跃函数类似，对于符号函数，在跳变点也可不予定义，或规定 $\mathrm{sgn}(0) = 0$。显然，可以利用阶跃信号来表示符号函数

$$\mathrm{sgn}(t) = 2u(t) - 1 \tag{1-47}$$

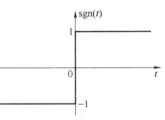

图 1-36　$\mathrm{sgn}(t)$ 信号波形

1.5.3　单位冲激信号

某些物理现象需要用一个时间极短，但取值极大的函数模型来描述，例如力学中瞬间作用的冲击力、电学中的雷击电闪和数字通信中的抽样脉冲等。冲激函数的概念就是以这类实际问题为背景而引出的。

单位冲激函数可由不同的方式来定义。首先分析矩形脉冲如何演变为冲激函数。图 1-37 为宽为 τ、高为 $\dfrac{1}{\tau}$ 的矩形脉冲，当保持矩形脉冲面积 $\tau \times \dfrac{1}{\tau} = 1$ 不变，而使脉宽 τ 趋近于零时，脉冲幅度 $\dfrac{1}{\tau}$ 必趋于无穷大，此极限情况即为单位冲激函数，常记作 $\delta(t)$，又称为 δ 函数。

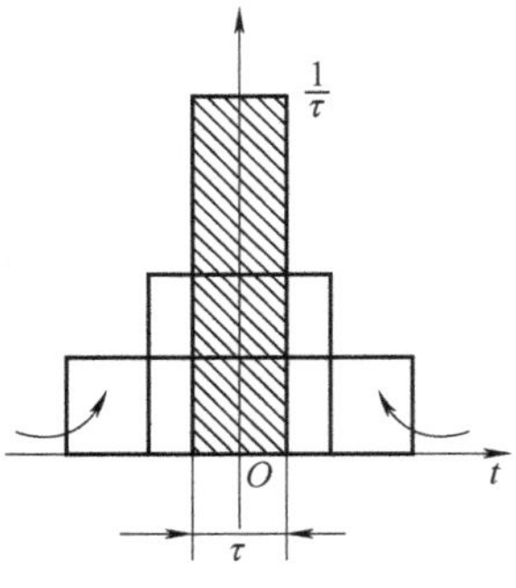

图 1-37　矩形脉冲演变为冲激函数

$$\delta(t) = \lim_{\tau \to 0} \frac{1}{\tau}\left[u\left(t+\frac{\tau}{2}\right) - u\left(t-\frac{\tau}{2}\right)\right] \tag{1-48}$$

冲激函数用箭头表示，如图 1-38 所示。它示意 $\delta(t)$ 只在 $t=0$ 点有值，在 $t=0$ 点以外各处，函数值都是零。

如果矩形脉冲的面积不是固定为 1，而是 E，则表示一个冲激强度为 E 倍单位值的 δ 函

数,即 $E\delta(t)$(在用图形表示时,可将此强度 E 注于箭头旁)。

以上利用矩形脉冲系列的极限来定义冲激函数(这种极限不同于一般的极限概念,可称为广义极限)。为引出冲激函数,规则函数系列的选取不限于矩形,也可换用其他形式。例如,一组底宽为 2τ、高为 $\dfrac{1}{\tau}$ 的三角形脉冲系列(如图 1-39a 所示),若保持其面积等于 1,取 $\tau\rightarrow0$ 的极限,同样可定义为三角形脉冲。此外,还可利用双边指数函数、钟形函数和抽样函数等,这些函数系列分别如图 1-39b~d 所示。它们的表达式如下。

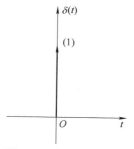

图 1-38 冲激函数 $\delta(t)$

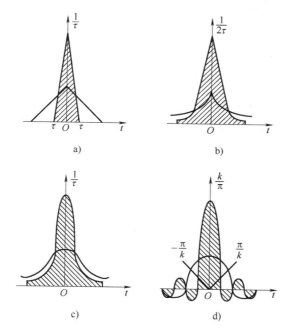

图 1-39 三角形脉冲、双边指数函数、钟形函数以及抽样函数演变为冲激函数

1)三角形脉冲

$$\delta(t)=\lim_{\tau\rightarrow0}\left\{\frac{1}{\tau}\left(1-\frac{|t|}{\tau}\right)\left[u(t+\tau)-u(t-\tau)\right]\right\} \tag{1-49}$$

2)双边指数脉冲

$$\delta(t)=\lim_{\tau\rightarrow0}\left(\frac{1}{2\tau}e^{-\frac{|t|}{\tau}}\right) \tag{1-50}$$

3)钟形脉冲

$$\delta(t)=\lim_{\tau\rightarrow0}\left[\frac{1}{\tau}e^{-\pi\left(\frac{t}{\tau}\right)^{2}}\right] \tag{1-51}$$

4)信号(抽样信号)

$$\delta(t)=\lim_{k\rightarrow0}\left[\frac{k}{\pi}\mathrm{Sa}(kt)\right] \tag{1-52}$$

k 越大,函数的振幅越大,且离开原点时函数振荡越快,衰减越迅速,曲线下的净面积保持 1。当 $k\rightarrow\infty$ 时,得到冲激函数。

狄拉克(Dirac)给出 δ 函数的另一种定义方式

$$\begin{cases} \int_{-\infty}^{\infty} \delta(t)\,\mathrm{d}t = 1 \\ \delta(t) = 0 (\text{当 } t \neq t_0 \text{ 时}) \end{cases} \tag{1-53}$$

有时，也称 δ 函数为狄拉克函数。

仿此，为描述在任一点 $t = t_0$ 处出现的冲激，可有如下的 $\delta(t-t_0)$ 函数之定义

$$\begin{cases} \int_{-\infty}^{\infty} \delta(t-t_0)\,\mathrm{d}t = 1 \\ \delta(t-t_0) = 0 (\text{当 } t \neq t_0 \text{ 时}) \end{cases} \tag{1-54}$$

此函数图形如图 1-40 所示。如果单位冲激信号 $\delta(t)$ 与一个在 $t=0$ 点连续(且处处有界)的信号 $f(t)$ 相乘，则其乘积仅在 $t=0$ 处得到 $f(0)$ $\delta(t)$，其余各点之乘积均为零，于是对于冲激函数有如下的性质，

$$f(t)\delta(t) = f(0)\delta(t)$$

$$\int_{-\infty}^{\infty} f(t)\delta(t)\,\mathrm{d}t = f(0) \tag{1-55}$$

类似地，对于延迟 t_0 的单位冲激信号有

$$\int_{-\infty}^{\infty} \delta(t-t_0)f(t)\,\mathrm{d}t = \int_{-\infty}^{\infty} \delta(t-t_0)f(t_0)\,\mathrm{d}t = f(t_0) \tag{1-56}$$

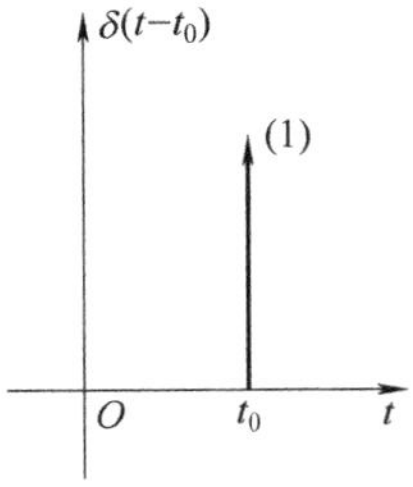

以上两式表明了冲激信号的抽样特性(或称筛选特性)。连续时间信号 $f(t)$ 与单位冲激信号 $\delta(t)$ 相乘并在 $-\infty$ 到 ∞ 时间内取积分，可以得到 $f(t)$ 在 $t=0$ 点(抽样时刻)的函数值 $f(0)$，也即"筛选"出 $f(0)$。若将单位冲激移到 t_0 时刻，则抽样值取 $f(t_0)$。另外，δ 函数尺度运算为

$$\delta(at) = \frac{1}{|a|}\delta(t) \tag{1-57}$$

冲激函数还具有以下的性质：

$$\delta(t) = \delta(-t) \tag{1-58}$$

也即，δ 函数是偶函数，可利用下式证明

$$\int_{-\infty}^{\infty} \delta(-t)f(t)\,\mathrm{d}t = \int_{\infty}^{-\infty} \delta(\tau)f(-\tau)\,\mathrm{d}(-\tau) = \int_{-\infty}^{\infty} \delta(\tau)f(0)\,\mathrm{d}\tau = f(0) \tag{1-59}$$

这里，用到变量置换 $\tau = -t$。将所得结果与式(1-55)对照，即可得出 $\delta(t)$ 与 $\delta(-t)$ 相等的结论。

冲激函数的积分等于阶跃函数：

$$\begin{cases} \int_{-\infty}^{t} \delta(\tau)\,\mathrm{d}\tau = 1 \quad (t > 0) \\ \int_{-\infty}^{t} \delta(\tau)\,\mathrm{d}\tau = 0 \quad (t < 0) \end{cases} \tag{1-60}$$

将这对等式与 $u(t)$ 的定义式比较，就可给出：

$$\int_{-\infty}^{t} \delta(\tau)\,\mathrm{d}\tau = u(t) \tag{1-61}$$

反过来，阶跃函数的微分应等于冲激函数：

$$\frac{\mathrm{d}}{\mathrm{d}t}u(t) = \delta(t) \tag{1-62}$$

图 1-40　t_0 时刻出现的冲激

此结论也可做如下的解释：阶跃函数在除 $t=0$ 以外的各点都取固定值，其变化率都等于零。而在 $t=0$ 有不连续点，此跳变的微分对应在零点的冲激。

考察一个电路问题，试从物理方面理解 δ 函数的意义。在图 1-41 中，电压源 $v_C(t)$ 接电容元件 C，假定 $v_C(t)$ 是斜变信号，则

$$v_C(t)=\begin{cases} 0 & \left(\text{当 } t<-\dfrac{\tau}{2}\text{时}\right) \\[2mm] \dfrac{1}{\tau}\left(t+\dfrac{\tau}{2}\right) & \left(\text{当} -\dfrac{\tau}{2}\leqslant t\leqslant\dfrac{\tau}{2}\text{时}\right) \\[2mm] 1 & \left(\text{当 } t>\dfrac{\tau}{2}\text{时}\right) \end{cases} \qquad (1\text{-}63)$$

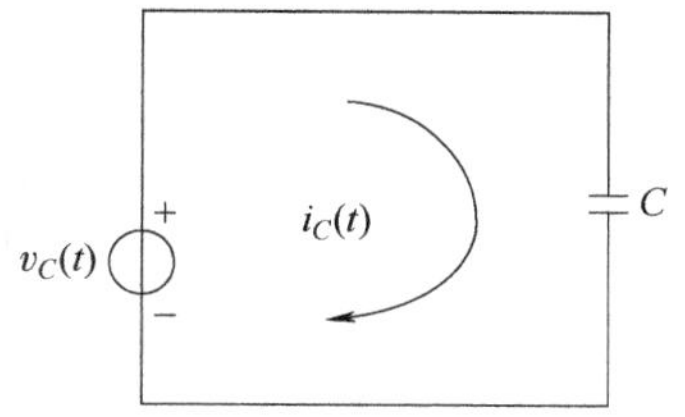

图 1-41　电压源接电容元件

其波形如图 1-42a 所示。电流 $i_C(t)$ 的表达式为

$$i_C(t)=C\frac{\mathrm{d}v_C(t)}{\mathrm{d}t}=\frac{C}{\tau}\left[u\left(t+\frac{\tau}{2}\right)-u\left(t-\frac{\tau}{2}\right)\right] \qquad (1\text{-}64)$$

此电流为矩形脉冲，波形如图 1-42b 所示。

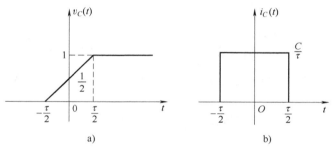

图 1-42　$v_C(t)$ 与 $i_C(t)$ 波形

当逐渐减小 τ，则 $i_C(t)$ 的脉冲宽度也随之减小，而其高度 $\dfrac{C}{\tau}$ 则相应加大，电流脉冲的面积 $\tau\times\dfrac{C}{\tau}=C$ 应保持不变。如果取 $\tau\to0$ 的极限情况，则 $v_C(t)$ 成为阶跃信号，它的微分，即电流 $i_C(t)$ 是冲激函数，写出表达式为

$$i_C(t)=\lim_{\tau\to0}\left[C\frac{\mathrm{d}}{\mathrm{d}t}v_C(t)\right]=\lim_{\tau\to0}\left\{\frac{C}{\tau}\left[u\left(t+\frac{\tau}{2}\right)-u\left(t-\frac{\tau}{2}\right)\right]\right\}=C\,\delta(t)$$

此变化过程的波形示意如图 1-43 所示。

若要使电容两端在无限短时间内建立一定的电压，那么，在此无限短时间内必须提供足够的电荷，这就需要一个冲击电流。或者说，由于冲击电流的出现，允许电容两端电压跳变。

上述概念也可用于理想电感模型。设电感 L 的端电压为 $v_L(t)$，电流为 $i_L(t)$，因为有 $v_L(t)=L\dfrac{\mathrm{d}}{\mathrm{d}t}i_L(t)$，所以当 $i_L(t)$ 是阶跃函数时，$v_L(t)$ 为电压冲激函数。若要使电感在无限短时间内建立一定的电流，那么，在此无限短时间内必须提供足够的磁链，这就需要一个冲击电压。或者说，由于冲击电压的出现，允许电感电流跳变。

当然，由于实际电路中不存在冲击电流和冲击电压，所以实际电路中无法使电容电压和电感电流产生跳变。在有限的电流和电压条件下，电容的电压和电感中的电流是缓慢且连续变化的。

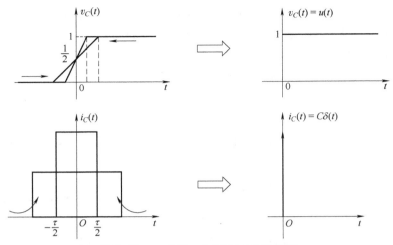

图 1-43 $\tau \rightarrow 0$ 时 $v_C(t)$ 与 $i_C(t)$ 的波形

1.5.4 冲激偶信号

冲激函数的微分(阶跃函数的二阶导数)将呈现正、负极性的一对冲激,称为冲激偶信号,以 $\delta'(t)$ 表示。可以利用规则函数系列取极限的概念引出 $\delta'(t)$,在此借助三角形脉冲系列,波形如图 1-44 所示。三角形脉冲 $s(t)$ 其底宽为 2τ,高度为 $\frac{1}{\tau}$,当 $\tau \rightarrow 0$ 时,$s(t)$ 成为单位冲激函数 $\delta(t)$。在图 1-44 左下端画出 $\dfrac{ds(t)}{dt}$ 波形,它是正、负极性的两个矩形脉冲,称为脉冲偶对。其宽度都为 τ,高度分别为 $\pm \dfrac{1}{\tau^2}$,面积都是 $\dfrac{1}{\tau}$。随着 τ 减小,脉冲偶对宽度变窄,幅度增高,面积为 $\dfrac{1}{\tau}$。当 $\tau \rightarrow 0$ 时 $\dfrac{ds(t)}{dt}$ 是正、负极性的两个冲激函数,其强度均为无限大,示意为图 1-44 右下端,这就是冲激偶 $\delta'(t)$。

冲激偶的一个重要性质是

$$\int_{-\infty}^{\infty} \delta'(t)f(t)\,dt = -f'(0) \tag{1-65}$$

这里,$f'(t)$ 在零点连续,$f'(0)$ 为 $f(t)$ 导数在零点的取值。此关系式可由分部积分展开而得到证明

$$\int_{-\infty}^{\infty} \delta'(t)f(t)\,dt = f(t)\delta(t)\Big|_{-\infty}^{\infty} - \int_{-\infty}^{\infty} f'(t)\delta(t)\,dt = -f'(0)$$

对于延迟 t_0 的冲激偶 $\delta'(t-t_0)$,同样有

$$\int_{-\infty}^{\infty} \delta'(t-t_0)f(t)\,dt = -f'(t_0) \tag{1-66}$$

冲激偶信号的另一个性质是,它所包含的面积等于零,这是因为正、负两个冲激的面积相互抵消了。于是有

$$\int_{-\infty}^{\infty} \delta'(t)\,dt = 0 \tag{1-67}$$

关于冲激偶的其他性质,可以查阅相关资料。

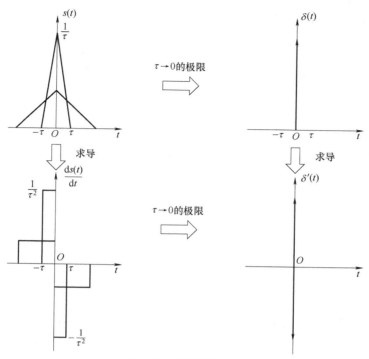

图 1-44　冲激偶的形成

1.6　信号的分解

对信号进行分解，是信号处理的重要内容。通过对信号的分解，可揭示信号中蕴藏的信息及分布规律，是理解信号和应用信号、为工程技术服务的基石。对信号分解概念的理解，可以从空间矢量分解中得到借鉴。信号的分解实际上就是将信号投影（映射）到某一组向量基中，看信号中有没有包含该向量基，包含的程度有多大。如果分解系数为 0，说明不包含该分量。分解可以是在完备正交的基上进行，保证了信号能量的不泄漏，即能量守恒，这种情况下信号分解后往往存在逆过程，也称逆变换。同时，信号的分解也可以在非完备、非正交的基上进行，此时往往不以追求信号能量不泄漏为目标，也不存在逆变换，但要求分解过程中残差是收敛的，否则分解就失去了意义。

信号的分解方法层出不穷，实际上很多信号处理方法都是建立在信号分解基础之上的，如傅里叶变换就可以看作信号在一组正交完备的三角函数基上的分解，也存在逆变换。信号分解时，其分解基的数量可以是无穷多的，也可以是有限的。

信号可以从不同角度分解，选择什么样的分解方法，主要取决于想要从信号中获取哪方面的信息，是为信号的最终理解和应用服务的。

1.6.1　直流分量与交流分量

信号平均值即信号的直流分量。从原信号中去掉直流分量即得信号的交流分量。设原信号为 $f(t)$，分解为直流分量 f_D 与交流分量 $f_A(t)$，表示为

$$f(t) = f_D + f_A(t)$$

$$(1-68)$$

若直流分量 $f_D = 0$，说明该信号中不存在直流分量。

若此时间函数为电流信号，则在时间间隔 T 内流过单位电阻所产生的平均功率应等于

$$P = \frac{1}{T} \int_{-\frac{T}{2}}^{\frac{T}{2}} f^2(t)\,\mathrm{d}t = \frac{1}{T} \int_{-\frac{T}{2}}^{\frac{T}{2}} [f_D + f_A(t)]^2 \mathrm{d}t = \frac{1}{T} \int_{-\frac{T}{2}}^{\frac{T}{2}} [f_D^2 + 2f_D f_A(t) + f_A^2(t)]\,\mathrm{d}t$$

$$= f_D^2 + \frac{1}{T} \int_{-\frac{T}{2}}^{\frac{T}{2}} f_A^2(t)\,\mathrm{d}t \tag{1-69}$$

在推导过程中用到 $f_D f_A(t)$ 的积分等于零。由式(1-69)可见，一个信号的平均功率等于直流功率与交流功率之和。

1.6.2 偶分量与奇分量

偶分量的定义为

$$f_e(t) = f_e(-t) \tag{1-70}$$

奇分量的定义为

$$f_o(t) = -f_o(-t) \tag{1-71}$$

任何信号都可分解为偶分量与奇分量两部分之和。因为任何信号总可写成

$$f(t) = \frac{1}{2}[f(t) + f(-t)] + \frac{1}{2}[f(t) - f(-t)] \tag{1-72}$$

显然，式(1-72)中第一部分是偶分量，第二部分是奇分量，也即

$$f_e(t) = \frac{1}{2}[f(t) + f(-t)] \tag{1-73}$$

$$f_o(t) = \frac{1}{2}[f(t) - f(-t)] \tag{1-74}$$

图 1-45 为信号分解为偶分量与奇分量的两个实例。

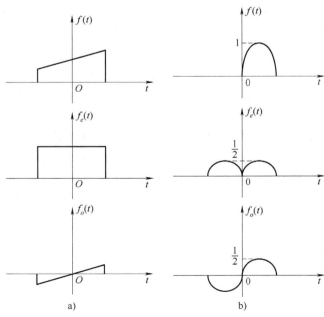

图 1-45　信号分解为偶分量与奇分量

用类似的方法可以证明：信号的平均功率等于它的偶分量功率与奇分量功率之和。

1.6.3　脉冲分量

一个信号可近似分解为许多脉冲分量之和。这里，又分为两种情况：一是分解为矩形窄脉冲分量，如图 1-46a 所示，窄脉冲组合的极限情况就是冲激信号的叠加；另一种情况是分解为阶跃信号分量叠加，见图 1-46b。

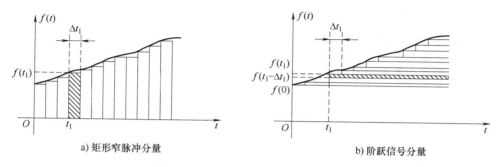

a) 矩形窄脉冲分量　　　　　　　　　　　　　　b) 阶跃信号分量

图 1-46　信号分解为脉冲分量之叠加

按图 1-46a 的分解方式，将函数 $f(t)$ 近似写作窄脉冲信号的叠加，设在 t_1 时刻被分解的矩形脉冲高度为 $f(t_1)$，宽度为 Δt_1，于是此窄脉冲的表示式就为

$$f(t_1)[u(t-t_1)-u(t-t_1-\Delta t_1)] \tag{1-75}$$

从 $t=-\infty$ 到 $t=\infty$ 将许多这样的矩形脉冲单元叠加，即得 $f(t)$ 的近似表示式

$$f(t)\approx\sum_{t_1=-\infty}^{\infty}f(t_1)[u(t-t_1)-u(t-t_1-\Delta t_1)]=\sum_{t_1=-\infty}^{\infty}f(t_1)\frac{[u(t-t_1)-u(t-t_1-\Delta t_1)]}{\Delta t_1}\times\Delta t_1 \tag{1-76}$$

取 $\Delta t_1\to 0$ 的极限，可以得到

$$f(t)=\lim_{\Delta t_1\to 0}\sum_{t_1=-\infty}^{\infty}f(t_1)\frac{[u(t-t_1)-u(t-t_1-\Delta t_1)]}{\Delta t_1}\times\Delta t_1=\lim_{\Delta t_1\to 0}\sum_{t_1=-\infty}^{\infty}f(t_1)\delta(t-t_1)\Delta t_1$$

$$=\int_{-\infty}^{\infty}f(t_1)\delta(t-t_1)\mathrm{d}t_1 \tag{1-77}$$

若将此积分式中的变量 t_1 改以 t 表示，而将所观察时刻 t 以 t_0 表示，则

$$f(t_0)=\int_{-\infty}^{\infty}f(t)\delta(t_0-t)\mathrm{d}t \tag{1-78}$$

注意到冲激函数是偶函数，$\delta(\tau)=\delta(-\tau)$，将 $\delta(t_0-t)$ 用 $\delta(t-t_0)$ 代换，于是有

$$f(t_0)=\int_{-\infty}^{\infty}f(t)\delta(t-t_0)\mathrm{d}t \tag{1-79}$$

与这种分解方式相对应，还可按图 1-46b 将函数 $f(t)$ 近似写作阶跃信号的叠加。不失一般性，为使以下推导简洁，假定当 $t<0$ 时 $f(t)=0$。由图可见，当 $t=0$ 时出现的第一个阶跃信号为 $f(0)u(t)$，此后，在任一时刻 t_1 所产生的分解阶跃信号为

$$[f(t_1)-f(t_1-\Delta t_1)]u(t-t_1) \tag{1-80}$$

于是，$f(t)$ 可近似写作

$$f(t)\approx f(0)u(t)+\sum_{t_1=\Delta t_1}^{\infty}[f(t_1)-f(t_1-\Delta t_1)]u(t-t_1)$$

$$=f(0)u(t)+\sum_{t_1=\Delta t_1}^{\infty}\frac{\left[f(t_1)-f(t_1-\Delta t_1)\right]}{\Delta t_1}u(t-t_1)\Delta t_1 \tag{1-81}$$

取 $\Delta t_1 \to 0$ 之极限，可导出它的积分形式

$$f(t)=f(0)u(t)+\int_0^{\infty}\frac{\mathrm{d}f(t_1)}{\mathrm{d}t_1}u(t-t_1)\mathrm{d}t_1 \tag{1-82}$$

将信号分解为冲激信号叠加的方法应用很广，在第 2 章将由此引出卷积积分的概念，并进一步研究它的应用。

1.6.4　实部分量与虚部分量

对于瞬时值为复数的信号 $f(t)$ 可分解为实、虚两个部分之和，即

$$f(t)=f_r(t)+\mathrm{j}f_i(t) \tag{1-83}$$

它的共轭复函数是

$$f^*(t)=f_r(t)-\mathrm{j}f_i(t)) \tag{1-84}$$

于是有实部和虚部的表示式

$$f_r(t)=\frac{1}{2}\left[f(t)+f^*(t)\right] \tag{1-85}$$

$$\mathrm{j}f_i(t)=\frac{1}{2}\left[f(t)-f^*(t)\right] \tag{1-86}$$

还可利用 $f(t)$ 与 $f^*(t)$ 来求 $|f(t)|^2$，即

$$|f(t)|^2=f(t)f^*(t)=f_r^2(t)+f_i^2(t) \tag{1-87}$$

虽然实际产生的信号都为实信号，但在信号分析理论中，常借助复信号来研究某些实信号的问题，它可以建立某些有益的概念或简化运算。例如，复指数常用于表示正弦、余弦信号。近年来，在通信系统、网络理论和数字信号处理等方面，复信号的应用日益广泛。

1.6.5　正交函数分量

如果用正交函数集来表示一个信号，那么组成信号的各分量就是相互正交的。例如，用各次谐波的正弦与余弦信号叠加表示一个矩形脉冲，各正弦、余弦信号就是此矩形脉冲信号的正交函数分量。

把信号分解为正交函数分量的研究方法在信号与系统理论中占有重要地位，这将是本书讨论的主要课题。第 3 章开始介绍的傅里叶级数、傅里叶变换的理论和应用就是一些应用实例。

1.6.6　利用分形理论描述信号

分形(Fractal)几何理论简称分形理论或分数维理论。这一理论的创始人 B. B. Mandelbrot 在 20 世纪 80 年代中期明确指出：分形是"其部分与整体有相似性的体系"，是一类"组成部分与整体相似的形态"。图 1-47 为 Sierpinski(谢尔平斯基)三角形集合的几何图形，读者容易看出图中依次演变的规律，每幅图形中的局部与整体具有明显的相似性。

分形是简单空间中出现的复杂几何体，它具有任意小尺度下的细节，或者说有精细的结构，它不能用传统的几何语言描述，不是满足某些约束下点集的轨迹，也不是某些简单方程的解集。分形集可以具有形态、功能和信息等方面的自相似性，这种自相似性可以是严格确

定的，也可以是统计意义上的。对于人们感兴趣的许多分形问题大多可由不复杂的方法定义，通过迭代、变换产生。

自然界中的许多事物都表现出局部与整体具有自相似性的分形特征，如云彩的边界、山地的轮廓、海岸线的分布、流体的湍流、粒子的布朗运动轨道以及生物的形态等，图 1-48 为分形图例。正是由于这一原因，分形几何被称为更接近大自然的数学。自然界的这种分形特征为人们利用分形理论进行科学与技术研究提供了客观依据。近年来，分形理论已广泛应用于生物学、化学、物理学、天文学、地球物理学、材料科学、经济学以及语言和情报学等领域。目前，在信号传输与信号处理领域应用分形技术

图 1-47　Sierpinski 三角形集合

的实例表现在以下几方面：图像数据压缩、语音合成、地震信号或石油探井信号分析、声呐或雷达信号检测、通信网业务流量描述等。这些信号的共同特点都是有一定的自相似性，借助分形理论可提取信号特征，并利用一定的数学迭代方法大大简化信号的描述，或自动生成某些具有自相似特征的信号。

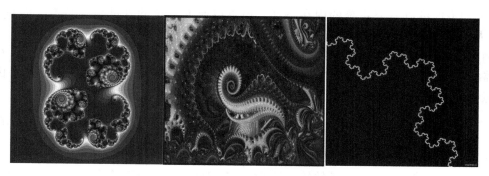

图 1-48　分形图例

分形理论及其应用的研究方兴未艾，而人们已经注意到它显示的独特风格和进一步应用的潜力，因此，目前有关这一领域的研究内容相当丰富。读者可在以后的专门课程或研究工作中进一步学习它的原理和方法。

信号的分解方法还有很多，它们构成现代信号分析与处理的基石之一，比如小波变换就可以理解为建立在一组正交小波基上的分解方法，信号的稀疏分解就是用最少的信号基表示信号的一种方法，这些分解方法从不同的视角给出了信号的全新解释，使人们可以更换视角，从多角度认识和理解信号。

1.7　系统模型及其分类

1.7.1　系统模型的概念及作用

系统是指能够实现特定功能的事物，既可以是硬件，也可以是算法和软件。系统的内涵非常丰富，外延具有很大的弹性，也不固定。一个系统可以分解成为若干子系统，实现不同的功能。

建立系统模型是开展系统研究不可避开的环节，任何一个系统原理上都可以由抽象出的数学参数表示，系统模型是物理对象的一种数学表达。由于数学模型的高度概括性，不同的事物可以用同样的数学模型来表示，这也为人们利用相同的数学模型研究不同物理对象提供了理论依据。人们可以通过建立系统模型，发现系统中各参量间的关系、对结果的影响规律及程度。人们不可能穷尽所有的参数下的物理系统，但可以通过数学模型描述、通过仿真检验系统的特性。所以说，建立系统模型是分析和研究系统的重要手段。比如，人们可以通过建立连续系统的微分方程，或建立离散系统的差分方程，来达到分析系统特性的目标。但工程实际中，系统往往是比较复杂的，系统也不仅仅局限于单输入单输出的系统，要真正意义上建立复杂系统的数学模型是比较困难的。工程中常采用的方法是将复杂系统分解为简单系统，建立简单系统的模型，再通过级联关系建立复杂系统模型，尽管这是一种有效的系统模型建立和分析方法，但并不是所有工程中的系统都能够建立其数学模型的，此时，人们往往通过输入已知激励，观察系统输出，通过类似的方法来研究复杂工程系统。如果说能够建立系统的模型，说明系统的内部构成及逻辑关系是清楚的，此时系统可以看作是"白箱"；如果只是通过输入观察系统输出，此时系统内部是未知的，可以看作是"黑箱"。不论系统对观察者是"白箱"或是"黑箱"，均可以通过上述方法对系统展开分析和研究，只是对于"白箱"，人们不仅可以研究系统的内在特性，还可以研究系统的外部整体特性，而对于"黑箱"，人们只能研究其整体外部特性。

例如，由电阻器、电容器和线圈组合而成的串联回路，若 R 代表电阻器的阻值，C 代表电容器的容量，L 代表线圈的电感量。若激励信号是电压源 $e(t)$，欲求解电流 $i(t)$，由元件的理想特性与 KVL（基尔霍夫电压定律）可以建立如下的微分方程式：

$$LC\frac{\mathrm{d}^2 i}{\mathrm{d}t^2} + RC\frac{\mathrm{d}i}{\mathrm{d}t} + i = C\frac{\mathrm{d}e}{\mathrm{d}t} \tag{1-88}$$

这就是电阻器、电容器与线圈串联组合系统的数学模型。

系统模型的建立是有一定条件的，对于同一物理系统，在不同条件之下，可以得到不同形式的数学模型。严格讲，只能得到近似的模型。如果系统数学模型、起始状态以及输入激励信号都已确定，即可运用数学方法求解其响应。一般情况下可以对所得结果做出物理解释、赋予物理意义。综上所述，系统分析的过程，是从实际物理问题抽象为数学模型，经数学解析后再回到物理实际的过程。

除利用数学表达式描述系统模型之外，也可借助框图（block diagram）表示系统模型。每个框图反映某种数学运算功能，给出该框图输出与输入信号的约束条件，若干个框图组成一个完整的系统。对于线性微分方程描述的系统，它的基本运算单元是相加、倍乘（标量乘法运算）和积分（或微分）。图 1-49a～c 分别为这三种基本单元的框图及其运算功能对应的部件。

虽然也可不采用积分单元而用微分运算构成基本单元，但是在实际应用中考虑到抑制突发干扰（噪声）信号的影响，往往选用积分单元。

如果一阶微分方程的表达式分别为

$$\frac{\mathrm{d}}{\mathrm{d}t}r(t) + a_0 r(t) = b_0 e(t) \tag{1-89}$$

$$\frac{\mathrm{d}}{\mathrm{d}t}r(t) + a_0 r(t) = b_1 \frac{\mathrm{d}}{\mathrm{d}t}e(t) \tag{1-90}$$

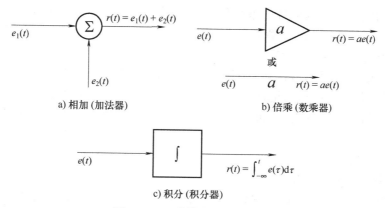

图 1-49　三种基本单元的框图

容易导出相应的系统框图分别如图 1-50、图 1-51 所示。两图中，输出端的相乘因子 b_0 或 b_1 也可写在输入端 [即 $e(t)$ 乘因子后再相加]，其效果不变。

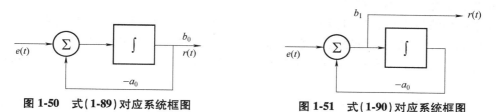

图 1-50　式 (1-89) 对应系统框图　　　　图 1-51　式 (1-90) 对应系统框图

对于如图 1-52a 所示的电路，其数学表达式为 $LC\dfrac{\mathrm{d}^2 i}{\mathrm{d}t^2} + RC\dfrac{\mathrm{d}i}{\mathrm{d}t} + i = C\dfrac{\mathrm{d}e}{\mathrm{d}t}$，可以建立二阶系统的框图模型，如图 1-52b 所示，注意图中有两个积分器。对于高阶系统，框图中将包含更多的积分器。

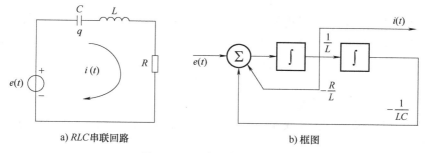

a) RLC 串联回路　　　　　　　　　　b) 框图

图 1-52　二阶系统电路框图

如前文所述，不同的系统可以具有相同的数学模型，因而，它们也可具有相同的框图。例如，如图 1-52 所示的二阶系统框图也可表征某种机械系统或其他的物理系统以及非物理系统。

1.7.2　系统的分类

系统的分类方法有多种，不同的分类方法考虑了其所具有的共性特点，当然不同分类方法突出的侧重点也不同，可根据实际需求选择分类方法。常用的分类方法主要有以下几种：

1. 连续时间系统与离散时间系统

主要从输入系统的信号的连续性和离散性上对系统进行区分，能处理连续信号的系统称为连续系统，而能处理离散信号的系统称为离散系统。连续时间系统的数学模型是微分方程，而离散时间系统则用差分方程。

2. 即时系统与动态系统

如果系统的输出信号只取决于同时刻的激励信号，与它过去的工作状态（历史）无关，则称此类系统为即时系统（或无记忆系统）。例如，只由电阻元件组成的系统就是即时系统。如果系统的输出信号不仅取决于同时刻的激励信号，而且与它过去的工作状态有关，这种系统称为动态系统（或记忆系统）。凡是包含记忆作用的元件（如电容、电感和磁心等）或记忆电路（如寄存器）的系统都属此类。

3. 线性系统与非线性系统

满足叠加性与均匀性（也称齐次性，homogeneity）的系统称为线性系统。所谓叠加性是指当几个激励信号同时作用于系统时，总的输出响应等于每个激励单独作用系统所产生的响应之和；而均匀性的含义是指当输入信号乘以常数时，响应也乘以相同的常数。反之，不满足叠加性或均匀性的系统是非线性系统。

4. 时变系统与时不变系统

如果系统的参数不随时间而变化，则称此系统为时不变系统（或非时变系统、定常系统）；如果系统的参量随时间改变，则称其为时变系统（或参变系统）。

综合以上两方面的情况，可能遇到线性时不变、线性时变、非线性时不变和非线性时变等系统。

若 L、C、R 都是线性、时不变元件，就可组成一个线性时不变系统，其数学模型是一个常系数线性微分方程。

若电容 C 受某种外加控制作用而改变其容量，也即 $C(t)$ 也是时间的函数，则方程式为变参线性微分方程，这是一个线性时变系统。若响应以电荷 $q(t)$ 表示，则微分方程写作：

$$LC(t)\frac{\mathrm{d}^2 q}{\mathrm{d}t^2}+RC(t)\frac{\mathrm{d}q}{\mathrm{d}t}+q=C(t)e(t) \tag{1-91}$$

如果 R 是非线性电阻，设其电压、电流之间关系为 $v=Ri^2$，而 L、C 仍保持线性、时不变，于是建立非线性常系数微分方程为

$$LC\frac{\mathrm{d}^2 i}{\mathrm{d}t^2}+2RCi\frac{\mathrm{d}i}{\mathrm{d}t}+i=C\frac{\mathrm{d}e}{\mathrm{d}t} \tag{1-92}$$

这是一个非线性时不变系统。

与此对应，也可以出现线性或非线性、常系数或变参差分方程，作为描述离散时间系统的数学模型。

5. 可逆系统与不可逆系统

若系统在不同的激励信号作用下产生不同的响应，则称此系统为可逆系统。对于每个可逆系统都存在一个"逆系统"，当原系统与此逆系统级联组合后，输出信号与输入信号相同。

例如，输出 $r_1(t)$ 与输入 $e_1(t)$ 具有如下约束的系统是可逆的：

$$r_1(t)=5e_1(t) \tag{1-93}$$

此可逆系统的逆系统输出 $r_2(t)$ 与输入 $e_1(t)$ 满足如下关系：

$$r_2(t)=\frac{1}{5}e_1(t) \tag{1-94}$$

不可逆系统的一个实例为

$$r_3(t) = e_3^2(t) \tag{1-95}$$

显然无法根据给定的输出 $r_3(t)$ 来决定输入 $e_3(t)$ 的正负号，也即，不同的激励信号产生了相同的响应，因而它是不可逆的。

可逆系统的概念在信号传输与处理技术领域中得到广泛的应用。例如在通信系统中，为满足某些要求可将待传输信号进行特定的加工（如编码），在接收信号之后仍要恢复原信号，此编码器应当是可逆的。这种特定加工的一个实例：如在发送端为信号加密，在接收端需要正确解密。

除以上几种划分方式之外，还可按照系统的性质将它们划分为因果系统与非因果系统，以及稳定系统与非稳定系统等。

6. 因果系统与非因果系统

称一个系统是"因果"的，是指此系统满足因果性。因果系统是指当且仅当输入信号激励系统时，才会出现输出（响应）的系统。即因果系统的输出（响应）不会出现在输入信号激励系统的之前时刻；也就是说系统的输出仅与当前、过去的输入有关，而与将来的输入无关。因此，因果系统是"物理可实现的"。

因果系统又称非超前系统，即输出不可能在输入到达之前出现的系统。也就是说，系统 n 时刻的输出，只取决于系统 n 时刻以及 n 时刻之前的输入，而与 n 时刻之后的输入无关。系统的这种性质称为因果特性。与之相对应的是非因果系统或反因果系统。

系统的冲激响应函数 $h(n)$，在 $t<0$ 的条件下，$h(n)=0$，则此系统为因果系统。

7. 稳定系统与非稳定系统

稳定系统是指输入有界，则输出必有界的系统。或者说输入为有限值时，其输出必定也是有限值的系统。对线性时不变系统，当且仅当系统的单位脉冲响应 $h(t)$ 绝对可积[对于离散系统 $h(n)$ 为绝对可和]时，系统稳定，反之系统为非稳定系统。

$$连续稳定系统：\int_{-\infty}^{\infty} |f(t)| \, \mathrm{d}t < \infty \tag{1-96}$$

$$离散稳定系统：\sum_{n=-\infty}^{\infty} |h(n)| < \infty \tag{1-97}$$

工程中的绝大部分系统均属于稳定系统。

1.8 线性时不变系统的特性分析

线性时不变（Linear Time Invariant，LTI）系统简称 LTI 系统。LTI 系统可以从系统的线性和时不变性两个层面进行分析。

所谓线性系统是指能同时满足均匀性和叠加性的系统。

1. 均匀性

设系统的激励信号为 $e(t)$，响应信号为 $r(t)$，则均匀性具有以下特性：

$$e(t) \rightarrow r(t) \Rightarrow ke(t) \rightarrow kr(t) \tag{1-98}$$

式中 k——常数；

"$\rightarrow$"——信号经过系统；

"$\Rightarrow$"——推论。

2. 叠加性

设第 i 个激励 $e_i(t)$ 经过相同的系统得到第 i 个响应 $r_i(t)$，$i=1$，2，$\cdots$，n，则

$$\left.\begin{array}{c} e_1(t) \to r_1(t) \\ \vdots \\ e_n(t) \to r_n(t) \end{array}\right\} \Rightarrow e_1(t)+e_2(t)+\cdots+e_n(t) \to r_1(t)+r_2(t)+\cdots+r_n(t) \qquad (1\text{-}99)$$

同时满足均匀性和叠加性可表示为

$$\left.\begin{array}{c} k_1 e_1(t) \to k_1 r_1(t) \\ \vdots \\ k_n e_n(t) \to k_n r_n(t) \end{array}\right\} \Rightarrow k_1 e_1(t)+k_2 e_2(t)+\cdots+k_n e_n(t) \to k_1 r_1(t)+k_2 r_2(t)+\cdots+k_n r_n(t)$$

式中　k_i——常数。

3. 判断方法

对于系统线性的判断可根据其是否同时满足均匀性和叠加性来衡量。对于系统时变性的判断可先让激励经过系统得到响应后，再对响应进行延时，如果此时延时后的信号与先让激励延时后再经过系统的响应相等，则该系统是时不变系统，反之为时变系统。可以将这一判断过程简述为满足先线性运算，再经系统＝先经系统，再线性运算的系统为线性时不变系统。

由常系数线性微分方程描述的系统，如果起始状态为零，则系统满足叠加性与均匀性（齐次性）。若起始状态非零，必须将外加激励信号与起始状态的作用分别处理才能满足叠加性与均匀性，否则可能引起混淆。

 习题

1-1　判断下列信号是否为周期信号，如是周期信号，计算其周期。

（1）$\cos(10t)-\cos(30t)$

（2）$\cos(10\pi t)-\cos(30\pi t)$

（3）e^{j10t}

（4）$[5\sin(8t)]^2$

1-2　绘出下列各信号的波形。

（1）$[1+\sin(\omega t)]\sin(8\omega t)$

（2）$\sin(\omega t)+\sin(8\omega t)$

（3）$u(t)-u(t-t_0)$，其中 t_0 为正实常数

（4）$\mathrm{Sa}(t)=\dfrac{\sin t}{t}$

（5）$f(t)=e^{-t}\cos(10\pi t)[u(t-1)-u(t-2)]$

（6）$f(t)=\sin(\omega t)u(t)$

1-3　计算下列各式。

（1）$\displaystyle\int_{-\infty}^{+\infty} f(t-t_0)\delta(t)\,\mathrm{d}t$

（2）$\displaystyle\int_{-\infty}^{+\infty} f(t_0-t)\delta(t)\,\mathrm{d}t$

（3）$\int_{-\infty}^{+\infty} \delta(t-t_0) u\left(t-\dfrac{t_0}{2}\right) \mathrm{d}t$

（4）$\int_{-\infty}^{+\infty} \delta(t-t_0) u(t-2t_0) \mathrm{d}t$

（5）$\int_{-\infty}^{+\infty} (e^{-t}+t) \delta(t+2) \mathrm{d}t$

（6）$\int_{-\infty}^{+\infty} (t+\sin t) \delta\left(t-\dfrac{\pi}{6}\right) \mathrm{d}t$

1-4　电容 C_1 与 C_2 串联，以阶跃电压源 $v(t)=Eu(t)$ 串联接入，试分别写出回路中的电流 $i(t)$，每个电容两端电压 $v_{C1}(t)$、$v_{C2}(t)$ 的表达式。

1-5　电感 L_1 与 L_2 并联，以阶跃电流源 $i(t)=Iu(t)$ 并联接入，试分别写出电感两端电压 $v(t)$，每个电感支路电流 $i_{L1}(t)$、$i_{L2}(t)$ 的表达式。

1-6　已知电阻 R 和电容 C 组成串联电路，试写出电容和电阻两端的电压表达式 $v_C(t)$ 和 $v_R(t)$。

1-7　已知描述系统的微分方程为 $\dfrac{\mathrm{d}}{\mathrm{d}t}r(t)+a_0 r(t)=b_0 e(t)+b_1 \dfrac{\mathrm{d}}{\mathrm{d}t}e(t)$，绘出其仿真框图。

1-8　判断下列系统是否为线性的、时不变的及因果的。

（1）$r(t)=\dfrac{\mathrm{d}e(t)}{\mathrm{d}t}$

（2）$r(t)=e(t)u(t)$

（3）$r(t)=\sin[e(t)]u(t)$

（4）$r(t)=e(1-t)$

（5）$r(t)=e(2t)$

1-9　若输入信号 $f(t)=\cos(2\omega_0 t)$，写出其经过 LTI 系统后其输出的表达式。

1-10　已知信号 $f(t)=\cos(10t)$，求其频率、角频率及周期。

1-11　绘出 $f(t)=\sum\limits_{k=-\infty}^{\infty} \delta(t-kT_0)$ 的波形，T_0 为常数。

1-12　查阅资料，了解目前信号有哪些压缩方法，并分析这些信号压缩方法与信号做尺度压缩的异同点。

1-13　借助实验室的信号发生器产生不同频率的方波和正弦信号，并了解任意波形产生的原理和方法，观察波形变化，并掌握信号发生器的正确使用方法，了解信号发生器的主要性能参数指标，写出实验报告。

1-14　自行设计 RC 电路，输入信号由信号发生器产生，用示波器观察输入信号频率和幅值变化后电阻和电容两端输出波形的变化，信号源可采用正弦信号、方波信号和阶跃信号，写出实验报告。

1-15　利用手机采集个人语音信号，观察各自语音信号的时域波形，对比不同人之间语音信号时域波形的差异，总结个人语音信号时域特点。

1-16　查阅资料，画出手机语音信号功能组成框图，分析语音信号在各功能模块进行了何种处理，各模块输出信号有什么变化。

1-17　尝试将手机语音信号的波形和数据导出，进行二次处理，比如多人语音合成，语音信号数乘、尺度、时移以及反褶，利用计算机音频播放，观察处理后语音信号产生的变化。

第 2 章

连续时间系统时域分析

2.1 引言

连续时间系统时域分析是时域了解系统和分析系统的重要手段,为后续系统选择应用和设计服务。其核心内容就是在时域求解系统的响应,主要解决激励信号经过系统之后会变成什么的问题,也即系统的响应产生哪些变化。在时域求系统响应的方法主要有两类,一类是将系统视为"白箱",根据系统的构成与信号传输关系,建立系统的常系数线性微分方程,再确定微分方程的初始条件,进而求解得到系统的响应;另一类是将系统视为"黑箱",在不清楚系统内部具体结构的条件下,通过卷积方法求解系统的响应。

系统的复杂性常由系统的阶数来表示,系统阶数就是该系统的微分方程的阶数,阶数越高,系统就越复杂。在系统的微分方程中,包含有表示激励和响应的时间函数以及它们对于时间的各阶导数的线性组合。求解系统的微分方程在时域内进行,所涉及的函数自变量是时间 t,这种分析方法称为时域分析法(time-domain method)。这种方法的特点是比较直观、物理概念清楚、不涉及任何变换,可以直接求解系统的微分方程。如果为了便于求解方程而将时间变量变换成其他变量,则称为变换域分析法(transform domain method)。例如,在傅里叶变换中将时间变量变换为频率变量去进行分析,就称为频域分析法(frequency-domain method)。

20 世纪 50 年代以前,时域分析方法着重研究微分方程的经典法求解。在用微分方程求解高阶系统或系统的激励信号较复杂时,计算过程烦琐,求解过程很不方便。利用经典法求解系统微分方程时,其解的形式为解析解,由于实际系统的复杂性,所以应用微分方程求解范围有限,制约了这种方法在实际系统分析时的应用,但通过求解典型系统,可以帮助人们对简单和特定的系统特性有所了解,是分析系统的基础。由于计算机技术的普及,如果能建立复杂系统的微分方程,并能确定初始条件,人们可以通过计算机编程求微分方程的数值解,可以大大扩充能求解系统微分方程的范围,使该类方法得到更广泛的应用。

考虑到时域求解的困难性,人们又集中于研究变换域分析,例如借助拉普拉斯变换求解微分方程。而 20 世纪 60 年代以后,一方面由于计算机的广泛应用和各种软件工具的开发,从时域求解微分方程的技术又变得比较方便;另一方面,在 LTI 系统中借助卷积方法求解响应日益受到重视,因而,时域分析的研究与应用又得到进一步发展。卷积积分方法有清楚的物理概念,一般情况下计算过程比较方便,并且能够适应计算机编程求解。此外,卷积原理在变换域方法中同样得到广泛应用,它是连接时间域与变换域两类方法的一条纽带。在 LTI 系统理论中,卷积概念占有十分重要的地位。

2.2　连续时间系统的描述

如果一个系统的输入激励与输出响应都为连续时间信号，且在系统内部都是连续时间信号，则该系统称为连续时间系统。连续时间系统的种类多种多样，应用场合也各异，可以用微分方程来描述连续时间系统的数学模型，也可以用框图表示系统的激励与响应之间的数学运算关系。本书所研究的系统均为 LTI 系统，在后续章节中就不重复说明了。

2.2.1　系统的数学模型

要分析一个系统，首先要建立描述该系统基本特性的数学模型，然后用数学方法进行求解，并对所得结果做出物理解释、赋予物理意义。例如，图 2-1 所示系统是由电阻、电容串联构成，若激励信号是电压源 $v_i(t)$，系统响应为电容两端的电压 $v_C(t)$，根据元件的理想特性与 KVL 可建立如下的微分方程：

$$RC\frac{\mathrm{d}v_C(t)}{\mathrm{d}t}+v_C(t)=v_i(t) \tag{2-1}$$

式（2-1）就是该系统的数学模型。

对于不同的物理系统，经过抽象和近似，有可能得到形式上完全相同的数学模型。即使对于理想元件组成的系统，在不同电路结构情况下，其数学模型也有可能一致，例如，图 2-1 与图 2-2 所示系统可得到形式相同的微分方程式（2-3），两个系统为相似系统。如图 2-2 所示系统是由电阻、电感串联构成，若激励信号是电压源 $v_i(t)$，系统响应为回路中的电流 $i(t)$，根据元件的理想特性与 KVL 可建立如下的微分方程：

$$L\frac{\mathrm{d}i(t)}{\mathrm{d}t}+Ri(t)=v_i(t) \tag{2-2}$$

式（2-2）就是该系统的数学模型。

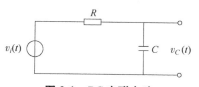

图 2-1　RC 串联电路

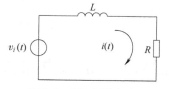

图 2-2　RL 串联电路

将式（2-1）和式（2-2）抽去具体的物理含义，微分方程写成：

$$y'(t)+a_0 y(t)=b_0 f(t) \tag{2-3}$$

对于较复杂的系统，其数学模型可能是一个高阶微分方程，规定此微分方程的阶次就是系统的阶数，例如，图 2-3 所示的 RLC 并联电路，激励信号是电流源 i_s，系统响应为电容两端的电压 $v_C(t)$，根据元件的理想特性与 KCL（基尔霍夫电流定律）可建立如下的微分方程：

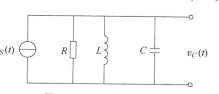

图 2-3　RLC 并联电路

$$C\frac{\mathrm{d}^2 v_C(t)}{\mathrm{d}t^2}+\frac{1}{R}\frac{\mathrm{d}v_C(t)}{\mathrm{d}t}+\frac{1}{L}v_C(t)=\frac{\mathrm{d}i_s(t)}{\mathrm{d}t} \tag{2-4}$$

该系统是二阶系统，也可以把这种高阶微分方程改成一阶联立方程组的形式给出，这是同一个系统模型的两种不同表现形式。

2.2.2　系统的框图表示

除了利用数学方程描述系统模型外，也可以借助框图表示系统的激励与响应之间的数学运算关系。每个框图反映某种数学运算功能，可表示一个子系统，给出该框图输出与输入信号的约束条件，若干个框图组成一个完整的系统。每个框图内部的具体结构并非考察重点，只注重其输入、输出之间的关系。积分器的抗干扰性比微分器好。

对于如图 2-1 和图 2-2 所示的电路，按照它们的抽去物理意义的数学表达式式 (2-3) 可以建立一阶系统的框图模型，如图 2-4 所示。

例 2-1　某连续系统的框图如图 2-5 所示，写出该系统的微分方程。

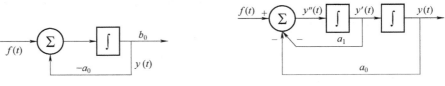

图 2-4　式 (2-3) 对应的框图　　　　图 2-5　例 2-1 图

解　系统框图中有两个积分器，故描述该系统的是二阶微分方程。由于积分器的输出是其输入信号的积分，因而积分器的输入信号是其输出信号的一阶导数。图 2-5 中设右方积分器的输出信号为 $y(t)$，则其输入信号为 $y'(t)$，则左方积分器的输入信号为 $y''(t)$。

由加法器的输出，得

$$y''(t) = -a_1 y'(t) - a_0 y(t) + f(t)$$

整理得

$$y''(t) + a_1 y'(t) + a_0 y(t) = f(t)$$

上式就是描述如图 2-5 所示系统的微分方程。

注意到图中有两个积分器。对于高阶系统，框图中将包含更多的积分器。

2.3　微分方程的建立与求解

2.3.1　系统的数学模型 (微分方程) 建立

对于电路系统，构成系统微分方程的基本依据是电网络的两类约束特性。其一是元件约束特性，即表征电路元件模型的关系式。例如二端元件电阻、电容和电感各自的电压与电流关系，以及多端元件互感、受控源和运算放大器等输出端口与输入端口之间的电压或电流关系。其二是网络拓扑约束，即由网络结构决定的各电压、电流之间的约束关系，以 KVL 和 KCL 给出。下面举例说明电路微分方程的建立过程。

例 2-2　图 2-6 所示为由电阻器、电容器和线圈组合而成的串联回路。激励是电压源 $u_S(t)$，响应为电容两端电压 $u_C(t)$，求描述该系统的数学模型。

解　由 KVL 有

$$u_L(t) + u_R(t) + u_C(t) = u_S(t)$$

根据各元件端电压与电流的关系，得

$$i(t) = Cu'_C(t)$$

$$u_R(t) = Ri(t) = RCu'_C(t)$$

$$u_L(t) = Li'(t) = LCu''_C(t)$$

将它们代入并稍加整理，得

$$u''_C(t) + \frac{R}{L}u'_C(t) + \frac{1}{LC}u_C(t) = \frac{1}{LC}u_S(t)$$

它是二阶线性微分方程，这就是电阻器、电容器与线圈串联组合系统的数学模型，为求得该方程的解，还需已知初始条件 $u_C(0)$ 和 $u'_C(0)$ $\left[\text{本例中 } u'_C(0) = \dfrac{i(0)}{C}\right]$。

例 2-3　图 2-7 为一个简单的力学系统。系统中物体质量为 m，弹簧的弹性系数为 K，物体与地面的摩擦系数为 α，质量为 m 的物体受外力 $x(t)$ 的作用将产生位移 $y(t)$。将外力 $x(t)$ 看作激励，位移 $y(t)$ 看作响应。求描述该系统的数学模型。

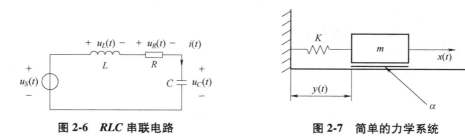

图 2-6　*RLC* 串联电路　　　　　　图 2-7　简单的力学系统

解　根据胡克定律，弹簧在弹性限度内产生的恢复力与位移成正比，弹簧产生的恢复力为

$$f_x(t) = Ky(t)$$

物体 m 与地面的摩擦力为

$$f_r(t) = \alpha y'(t)$$

根据牛顿第二定律，作用于该系统的合力［以外力 $x(t)$ 为参考方向］应等于：

$$my''(t) = x(t) - f_r(t) - f_x(t) = x(t) - \alpha y'(t) - Ky(t)$$

移项整理得

$$y''(t) + \frac{\alpha}{m}y'(t) + \frac{K}{m}y(t) = \frac{1}{m}x(t)$$

它也是二阶微分方程，为求得方程的解，还需已知初始条件 $y(0)$（物体的初始位置）和 $y'(0)$（物体的初始速度）。

用微分方程不仅可以建立描述电路、机械等工程系统的数学模型，而且还可用于构建生物系统、经济系统和社会系统等各种科学领域。不同领域建立的数学模型可以是相同的，尽管其物理含义不同，但具有相同的数学抽象。这也为人们采用不同的领域的系统仿真其他领域系统提供了便利，比如人们可以借助电路来模拟力学系统，也可以用力学系统模拟电路系统，来开展系统分析与研究，从中获取数学模型中各参量间的变化规律，达到用简单系统仿真的效果，降低研究的成本和周期等。

2.3.2　用时域经典法求解微分方程

系统的微分方程建立后，如果给定激励信号函数形式以及系统的初始状态（微分方程的初始条件），即可求解所需的响应。对于一阶或二阶微分方程描述的电路系统，读者已在数学与电路等课程中了解其求解方法。

如果组成系统的元件都是参数恒定的线性元件，则相应的数学模型是一个线性常系数常微分方程（简称定常系统）。若此系统中各元件起始无储能，则构成一个线性时不变系统。

一般而言，如果单输入与单输出系统的激励为 $e(t)$，响应为 $r(t)$，则描述 LTI 连续系统激励与响应之间关系的数学模型是 n 阶常系数线性微分方程，可写为

$$C_0 \frac{\mathrm{d}^n r(t)}{\mathrm{d}t^n} + C_1 \frac{\mathrm{d}^{n-1} r(t)}{\mathrm{d}t^{n-1}} + \cdots + C_{n-1} \frac{\mathrm{d}r(t)}{\mathrm{d}t} + C_n r(t)$$

$$= E_0 \frac{\mathrm{d}^m e(t)}{\mathrm{d}t^m} + E_1 \frac{\mathrm{d}^{m-1} e(t)}{\mathrm{d}t^{m-1}} + \cdots + E_{m-1} \frac{\mathrm{d}e(t)}{\mathrm{d}t} + E_m e(t) \tag{2-5}$$

由微分方程的时域经典求解方法可知，式(2-5)的完全解由齐次解 $r_h(t)$ 与特解 $r_p(t)$ 组成，即

$$r(t) = r_h(t) + r_p(t) \tag{2-6}$$

此外，还需借助初始条件求出待定系数。

下面依次举例说明齐次解和特解的求解过程。

1. 求齐次解 $r_h(t)$

当式(2-5)中的激励项 $e(t)$ 及其各阶导数都为零时，此方程的解即为齐次解，它应满足：

$$C_0 \frac{\mathrm{d}^n r(t)}{\mathrm{d}t^n} + C_1 \frac{\mathrm{d}^{n-1} r(t)}{\mathrm{d}t^{n-1}} + \cdots + C_{n-1} \frac{\mathrm{d}r(t)}{\mathrm{d}t} + C_n r(t) = 0 \tag{2-7}$$

此方程也称为式(2-5)的齐次方程。齐次解的形式是形如 Ae^{at} 函数的线性组合，令 $r(t) = Ae^{\lambda t}$ 代入式(2-7)则有：

$$C_0 A \lambda^n e^{\lambda t} + C_1 A \lambda^{n-1} e^{\lambda t} + \cdots + C_{n-1} A \lambda e^{\lambda t} + C_n A e^{\lambda t} = 0 \tag{2-8}$$

简化为

$$C_0 \lambda^n + C_1 \lambda^{n-1} + \cdots + C_{n-1} \lambda + C_n = 0 \tag{2-9}$$

式(2-9)为微分方程式式(2-8)的特征方程，对应的 $\lambda_i (i = 1, 2, \cdots, n)$ 称为微分方程的特征根，由特征根可以得到齐次解的函数形式，见表2-1。

表 2-1 不同特征根所对应的齐次解

特征根 λ	齐次解 $r_h(t)$
单实根	$Ae^{\lambda t}$
不同实根 λ_i（无重根）	$\sum_{i=1}^{n} A_i e^{\lambda_i t}$
r 重实根	$(A_{r-1} t^{r-1} + A_{r-2} t^{r-2} + \cdots + A_1 t + A_0) e^{\lambda t}$
一对共轭复根 $\lambda_{1,2} = \alpha \pm j\beta$	$e^{\lambda t} [C\cos(\beta t) + D\sin(\beta t)]$ 或 $A\cos(\beta t - \theta)$，其中 $Ae^{\lambda t} = C + jD$
r 重共轭复根	$[A_{r-1} t^{r-1} \cos(\beta t + \theta_{r-1}) + A_{r-2} t^{r-2} \cos(\beta t + \theta_{r-2}) + \cdots + A_0 \cos(\beta t + \theta_0)] e^{\lambda t}$

齐次解中的待定系数 A_i 需要通过系统初始条件来确定，本书后文专门就初始条件的确定进行分析。

例 2-4 求微分方程 $r'''(t)+2r''(t)-7r'(t)+4r(t)=e(t)$ 的齐次解。

解 系统的特征方程为

$$\lambda^3+2\lambda^2-7\lambda+4=0$$
$$(\lambda-1)^2(\lambda+4)=0$$

特征根 $\qquad\qquad\lambda_1=1(重根)，\lambda_2=-4$

因而对应的齐次解为

$$r_h(t)=(A_1+A_2)e^{-t}+A_3e^{-4t}$$

齐次解中的待定系数 A_i 由系统初始条件确定。

2. 求特解 $r_p(t)$

特解的函数形式与激励函数的形式有关。表 2-2 列出了几种典型激励函数及其所对应的特解。

表 2-2 几种典型激励函数及其所对应的特解

激励函数 $e(t)$	响应函数 $r(t)$ 的特解
E（常数）	B
t^p	$B_1t^p+B_2t^{p-1}+\cdots+B_pt+B_{p+1}$
e^{at}	Be^{at}
$\cos\omega t$	$B_1\cos(\omega t)+B_2\sin(\omega t)$
$\cos\omega t$	
$t^pe^{at}\cos(\omega t)$	$(B_1t^p+\cdots+B_pt+B_{p+1})e^{at}\cos(\omega t)+$
$t^pe^{at}\sin(\omega t)$	$(D_1t^p+\cdots+D_pt+D_{p+1})e^{at}\sin(\omega t)$

将激励代入方程式的右端，化简后右端函数式称为"自由项"，观察自由项选定特解，并将特解代入到原微分方程求出各待定系数 B_i、D_i，即可得到方程的特解。

例 2-5 描述某 LTI 系统的微分方程为 $r''(t)+2r'(t)+3r(t)=e'(t)+e(t)$，已知 $e(t)=t^2$，求其特解。

解 将 $e(t)=t^2$ 代入微分方程右端，得到：

$$r''(t)+2r'(t)+3r(t)=t^2+2t$$

选特解为

$$y_p(t)=B_1t^2+B_2t+B_3$$

这里 B_1、B_2、B_3 为待定系数。将特解及其导数代入微分方程得到：

$$3B_1t^2+(4B_1+3B_2)t+(2B_1+2B_2+3B_3)=t^2+2t$$

等式两端各对应幂次的系数应相等，于是有：

$$\begin{cases}3B_1=1\\4B_1+3B_2=2\\2B_1+2B_2+3B_3=0\end{cases}$$

联解得到 $B_1=\dfrac{1}{3}$，$B_2=\dfrac{2}{9}$，$B_3=-\dfrac{10}{27}$

所以，特解为

$$r_p(t) = \frac{1}{3}t^2 + \frac{2}{9}t - \frac{10}{27}$$

3. 借助初始条件求待定系数

给定系统的微分方程和激励信号 $e(t)$，方程有无数解。为使方程有唯一解，还必须给出一组求解区间内的边界条件，用以确定特解中的常数 A_i。

对于 n 阶微分方程，若将 $e(t)$ 在 $t=0$ 时刻接入，则把求解区间定为 $0 \leqslant t < \infty$。边界条件实际上就是指在接入激励信号的时刻，系统中的储能元件是否有储能，如果系统内所有储能元件均没有储能，则系统初始边界条件为 0；如果元件有储能，则需要根据系统储能情况来确定初始边界条件。

所谓一组边界条件实际上就是 $t=0$ 接入激励信号时刻，系统响应及其各阶导数在此时刻的值。为了区分激励信号接入系统前后的系统状态，分别用 0_- 和 0_+ 来表示。这一组边界条件可表示为 $r(0_+)$，$\dfrac{\mathrm{d}}{\mathrm{d}t}r(0_+)$，$\dfrac{\mathrm{d}^2}{\mathrm{d}t^2}r(0_+)$，$\cdots$，$\dfrac{\mathrm{d}^{n-1}}{\mathrm{d}t^{n-1}}r(0_+)$，或者简化为 $r^{(k)}(0)(k=0,1,\cdots,n-1)$，将其代入全解就能求出唯一确定常数 $A_i(i=1,2,\cdots,n)$。边界条件在数学上直接给出，而对于实际的物理系统，则要根据实际情况进行确定，后面会专门对电路系统边界条件的确定进行分析。

例 2-6 描述某 LTI 系统的微分方程为 $r''(t) + 5r'(t) + 6r(t) = e(t)$，求输入 $e(t) = 2\mathrm{e}^{-t}$，$t \geqslant 0$；$r(0) = 2$，$r'(0) = -1$ 时的全解。

解

1) 齐次解。系统的特征方程为

$$\lambda^2 + 5\lambda + 6 = 0$$
$$(\lambda + 2)(\lambda + 3) = 0$$

特征根 $\qquad\qquad\qquad\lambda_1 = -2, \lambda_2 = -3$

因而对应的齐次解为 $r_h(t) = A_1 \mathrm{e}^{-2t} + A_2 \mathrm{e}^{-3t}$

上式中的常数 A_1、A_2 将在求得全解后，由初始条件确定。

2) 特解。当输入为 $e(t) = 2\mathrm{e}^{-t}$ 时，设其特解为 $r_p(t) = B\mathrm{e}^{-t}$

将 $r''(t)$、$r'(t)$、$r(t)$ 和 $e(t)$ 代入原微分方程得

$$B\mathrm{e}^{-t} - 5B\mathrm{e}^{-t} + 6B\mathrm{e}^{-t} = 2\mathrm{e}^{-t}$$

由上式可得 $B = 1$。于是微分方程的特解为

$$r_p(t) = \mathrm{e}^{-t}$$

微分方程的全解为

$$r(t) = r_h(t) + r_p(t) = A_1 \mathrm{e}^{-2t} + A_2 \mathrm{e}^{-3t} + \mathrm{e}^{-t}$$

其一阶导数 $r'(t) = -2A_1 \mathrm{e}^{-2t} - 3A_2 \mathrm{e}^{-3t} - \mathrm{e}^{-t}$

令 $t=0$，并将初始值代入，得

$$r(0) = A_1 + A_2 + 1 = 2$$
$$r'(0) = -2A_1 - 3A_2 - 1 = -1$$

由 $r(0)$ 和 $r'(0)$ 两式联立求解，可解得 $A_1 = 3$，$A_2 = -2$

最后得到微分方程的全解为

$$r(t) = \overbrace{3\mathrm{e}^{-2t} - 2\mathrm{e}^{-3t}}^{\text{齐次解}} + \overbrace{\mathrm{e}^{-t}}^{\text{特解}}, \quad t \geqslant 0$$

由以上可见，LTI 系统的数学模型——常系数线性微分方程的全解由齐次解和特解组成，齐次解的函数形式仅仅依赖于系统本身的特性，而与激励 $f(t)$ 的函数形式无关，称为系统的自由响应或固有响应。特征方程的根 λ_i 称为系统的"固有频率"，它决定了系统自由响应的形式。但应注意齐次解的系数 A_i 是与激励有关的。特解的形式由激励信号确定，称为强迫响应。

综上所述，求解微分方程的步骤如图 2-8 所示。

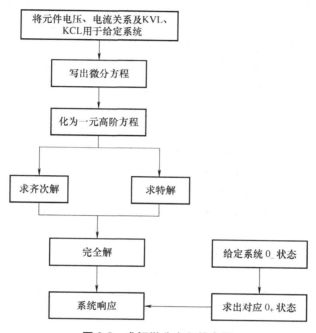

图 2-8　求解微分方程的步骤

对于一个可以用低阶微分方程描述的系统，如果激励信号又是直流、正弦或指数之类的简单形式的函数，那么用上述经典求解微分方程的办法去分析线性系统是很方便的。但是，如果激励信号是某种较为复杂的函数，求方程的特解就不是这样容易了。特别是当系统用高阶微分方程描述时，利用经典法求解微分方程的工作将变得格外困难。

2.3.3　电路系统初始边界条件确定

1. 电路系统 0_- 到 0_+ 状态跳变的换路法则

在数学上求解微分方程时，往往给定微分方程的初始条件，利用这组数据可以确定方程解中的系数 A_i。然而对于实际的系统，初始条件要根据激励信号接入瞬时系统所处的状态决定。在某些情况下，系统的初始状态有时会在激励信号加入的前后不相等。即初始状态在起始点的跳变，这将使确定初始条件的工作复杂化。这也是为什么专门对电路初始条件进行分析的原因。

由于激励信号的作用，响应 $r(t)$ 及其各阶导数有可能在 $t=0$ 时刻发生跳变，为区分跳变前后的状态，以 0_- 状态表示激励接入之前的瞬时，也称"起始状态"，以 0_+ 状态表示激励接入以后的瞬时，也称"初始状态"。

一般情况下，用时域经典法求得微分方程的解对应的时间区间为 $0_+ < t < \infty$，由于系统不同，同时系统在激励信号接入前的状态具有随机性，因此要想确定系统的初始边界条件，需

要清楚系统在激励信号接入前的状态，即系统中的储能元件的储能情况，也需要清楚系统的特性，只有这两个条件满足后才能正确求取系统的初始边界条件。考虑到电路系统在有储能元件时，接入信号会产生跳变，这也提示了在使用仪器时，应避免快速开关电源，以免造成仪器的损坏。

对于实际的电路系统，为决定其数学模型的初始条件，可以利用系统内部储能的连续性，这包括电容储存电荷的连续性以及电感储存磁链的连续性。具体表现规律为：在没有冲激电流（或阶跃电压）强迫作用于电容的条件下，电容两端电压 $v_C(t)$ 不会发生跳变，电流 $i_C(t)$ 会产生跳变；在没有冲激电压（或阶跃电流）强迫作用于电感的条件下，流经电感的电流 $i_L(t)$ 不会发生跳变，而电感两端的电压 $v_L(t)$ 会发生跳变。这时有：

$$v_C(0_+) = v_C(0_-) \tag{2-10}$$
$$i_L(0_+) = i_L(0_-) \tag{2-11}$$

这两条规律也称为电路系统的换路规则，是求解电路系统初始边界条件的法则。在此基础上，再根据元件特性求出 0_+ 时刻其他电流或电压值。但是当有冲激电流强迫作用于电容或有冲激电压强迫作用于电感，0_- 到 0_+ 状态就会发生跳变。

2. 冲激响应匹配法求解系统初始边界条件

冲激响应匹配法求电路系统初始边界条件的思路是当系统用微分方程表示时，系统从 0_- 到 0_+ 状态有没有跳变取决于微分方程右端自由项是否包含 $\delta(t)$ 及其各阶导数项。如微分方程等号右端不含冲激函数及其各阶导数，响应 $r(t)$ 在 $t=0$ 处是连续的，其 0_+ 值等于 0_- 值。当发生跃变时，可按下述步骤由 0_- 值求得 0_+ 值（以二阶系统为例）：

1）将输入 $e(t)$ 代入微分方程。如等号右端含有 $\delta(t)$ 及其各阶导数，根据微分方程等号两端各奇异函数的系数对应相等的原理，判断方程左端 $r(t)$ 的最高阶导数 [对于二阶系统为 $r''(t)$] 所含 $\delta(t)$ 导数的最高阶次 [例如为 $\delta''(t)$]。

2）令 $r''(t) = a\delta''(t) + b\delta'(t) + c\delta(t) + r_0(t)$，对 $r''(t)$ 进行积分（积分区间：$-\infty$ 到 t），逐次求得 $r'(t)$ 和 $r(t)$。

3）将 $r''(t)$、$r'(t)$ 和 $r'(t)$ 代入微分方程，根据方程等号两端各奇异函数的系数对应相等，从而求得 $r''(t)$ 中的各待定系数。

4）分别对 $r'(t)$ 和 $r''(t)$ 等号两端从 0_- 到 0_+ 进行积分，依次求得各 0_+ 值，比如 $r(0_+)$ 和 $r'(0_+)$。

例 2-7　图 2-9 为 RC 一阶电路，电路中无储能，起始电压和电流都为 0，激励信号 $e(t) = u(t)$，求 $t>0$ 系统的响应——电阻两端电压 $v_R(t)$。

解　根据 KVL 和元件特性写出微分方程式：

$$\frac{\mathrm{d}v_R(t)}{\mathrm{d}t} + \frac{1}{RC}v_R(t) = \frac{\mathrm{d}e(t)}{\mathrm{d}t}$$

在激励信号 $e(t)$ 接入电路之前，$v_R(0_-) = 0$，当输入端接入激励信号时，由于激励信号为单位阶跃信号，发生跳变时，电容两端电压应保持连续值，仍等于 0，而根据 KVL，电阻两端电压将产生跳变，即 $v_R(0_+) = 1$。

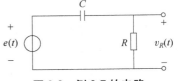

图 2-9　例 2-7 的电路

依经典法求得该系统齐次解为 $Ae^{-\frac{t}{RC}}$，其中 A 为待定系数；由于微分方程式右端 $t>0_+$ 特解为 0。写出完全解为

$$v_R(t) = Ae^{-\frac{t}{RC}}$$

将 0_+ 条件代入求出 $A = 1$，最终给出全解为

$$v_R(t) = e^{-\frac{t}{RC}}, \quad (t \geqslant 0)$$

激励及响应波形如图 2-10a、b 所示。

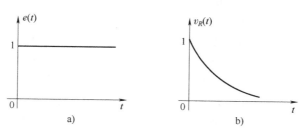

图 2-10　激励及响应波形

从该电路系统的激励波形和响应波形上，观察发生了哪些变化，并解释产生这些变化的原因。

在以上分析过程中，利用了电容两端电压连续性这一物理概念求得 $v_R(0_+)$ 值。实际上，也可以不考虑物理意义，从微分方程的数学规律求得这一结果。为说明这一分析方法，将 $e(t) = u(t)$ 代入微分方程式右端，可以得到

$$\frac{dv_R(t)}{dt} + \frac{1}{RC}v_R(t) = \delta(t)$$

为保持方程左、右两端各阶奇异函数平衡，可以判断，等式左端最高阶项应包含 $\delta(t)$ 值，由此推出 $v_R(t)$ 应包含单位跳变值，也即 $v_R(0_+) = v_R(0_-) + 1 = 1$，从而求得初始边界条件。

不难发现，随着系统阶次的升高，无论从电路物理概念或借助方程左、右端奇异函数平衡的方法都将使求解过程更加麻烦。实际上，利用拉普拉斯变换方法可以比较简便地绕过求解 0_+ 状态的过程，直接利用 0_- 状态导出微分方程的完全解。另外，还可以利用 δ 函数平衡原理按经典法直接求完全解中的待定系数，同样可绕过从 0_- 求 0_+ 状态的过程，使推演步骤略有简化。

2.4　零输入响应与零状态响应

连续时间 LTI 系统的数学模型是常系数线性微分方程，分析信号通过系统的响应可以采用求解微分方程的方法。但利用经典法分析系统响应存在许多局限，若描述系统的微分方程中激励项较复杂，则难以设定相应的特解形式；若激励信号发生变化，则系统响应需全部重新求解；若初始条件发生变化，则系统响应也要全部重新求解。此外，经典法是一种纯数学方法，无法突出系统响应的物理概念。

这种微分方程的经典解法，是在高等数学中已经讨论过的直接解法。该解法将微分方程式的解分为两个组成部分，一部分为该方程相应的齐次方程（即令该式右方为零所得的方程）的通解，另一部分为满足此非齐次方程的特解。齐次方程的通解为 n 个指数项之和，其中包含有 n 个待定常数，要用 n 个初始条件确定。作为系统的响应来说，解的这部分就是自

然响应(natural response)或称自由响应。满足非齐次方程的特解,要根据方程右边函数即系统的激励函数的具体形式来求解,解的这部分就是受迫响应(forced response)。

系统的响应并不一定要划分为自然响应和受迫响应两部分,也可以把它分为零输入响应(zero-input response)和零状态响应(zero-state response)两部分。零输入响应是系统在无输入激励的情况下仅由初始条件引起的响应;零状态响应是系统在无初始储能或称为状态为零的情况下,仅由外加激励源引起的响应。根据叠加原理,在分别求得了这两个响应分量后再进行叠加,就可得全响应。在求零输入响应时,只要解出上述齐次方程并利用初始条件确定解中的待定系数,这个工作一般困难不大。在求零状态响应时,则须求解含有激励函数而初始条件为零的非齐次方程;还可用卷积求解零状态响应,此部分在2.6节介绍。对于复杂信号激励下的线性系统,为求解该系统的非齐次方程,除用直接解方程法和变换域法外,还可以在时域中应用分解与合成方法。此方法是将激励信号分解为一些用较为简单的时间函数表示的单元信号,分别求取这种简单信号激励下的系统响应,然后根据线性系统的特性,将对各单元信号的响应进行合成而得到总的零状态响应。

在连续时间LTI系统的时域分析中,可以将系统的初始状态作为一种输入激励。根据系统的线性特性,将系统的响应看作是初始状态与输入激励分别单独作用于系统而产生的响应叠加。其中,没有外加激励信号的作用,只由起始状态(起始时刻系统储能)所产生的响应称为零输入响应,以 $r_{zi}(t)$ 表示;而不考虑起始时刻系统储能的作用(起始状态等于零),由系统外加激励信号所产生的响应称为零状态响应,以 $r_{zs}(t)$ 表示。因此,系统的完全响应 $r(t)$ 为

$$r(t) = r_{zi}(t) + r_{zs}(t) \tag{2-12}$$

按照上述定义,$r_{zi}(t)$ 必然满足方程

$$C_0 \frac{\mathrm{d}^n}{\mathrm{d}t^n} r_{zi}(t) + C_1 \frac{\mathrm{d}^{n-1}}{\mathrm{d}t^{n-1}} r_{zi}(t) + \cdots + C_{n-1} \frac{\mathrm{d}}{\mathrm{d}t} r_{zi}(t) + C_n r_{zi}(t) = 0 \tag{2-13}$$

并符合起始状态 $r^{(k)}(0_-)$ 的约束。它是齐次解中的一部分,可以写出:

$$r_{zi}(t) = \sum_{k=1}^{n} A_{zik} \mathrm{e}^{\alpha_k t} \tag{2-14}$$

由于从 $t<0$ 到 $t>0$ 都没有激励的作用,而且系统内部结构不会发生改变,因而系统的状态在零点不会发生变化,也即 $r^{(k)}(0_+) = r^{(k)}(0_-)$。常系数 A_{zik} 可由 $r^{(k)}(0_-)$ 决定。

而 $r_{zs}(t)$ 应满足方程

$$C_0 \frac{\mathrm{d}^n}{\mathrm{d}t^n} r_{zs}(t) + C_1 \frac{\mathrm{d}^{n-1}}{\mathrm{d}t^{n-1}} r_{zs}(t) + \cdots + C_{n-1} \frac{\mathrm{d}}{\mathrm{d}t} r_{zs}(t) + C_n r_{zs}(t)$$

$$= E_0 \frac{\mathrm{d}^m}{\mathrm{d}t^m} e(t) + E_1 \frac{\mathrm{d}^{m-1}}{\mathrm{d}t^{m-1}} e(t) + \cdots + E_{m-1} \frac{\mathrm{d}}{\mathrm{d}t} e(t) + E_m e(t) \tag{2-15}$$

并符合 $r^{(k)}(0_-) = 0$ 的约束。其表达式为

$$r_{zs}(t) = \sum_{k=1}^{n} A_{zik} \mathrm{e}^{\alpha_k t} + B(t) \tag{2-16}$$

其中,$B(t)$ 是特解。可见,在激励信号作用下,零状态响应包括两个部分,即自由响应的一部分与强迫响应之和。

综上所述,LTI系统的全响应可分为自由(固有)响应和强迫响应,也可分为零输入响应和零状态响应。

同时给出以下重要结论：

1）自由响应和零输入响应都满足齐次方程的解。

2）然而，它们的系数完全不同。零输入响应的 A_{zik} 仅由起始储能情况决定，而自由响应的 A_k 要同时取决于起始状态和激励信号。

3）自由响应由两部分组成，其中，一部分由起始状态决定，另一部分由激励信号决定。二者都由系统本身特性决定，与外加激励形式无关，对应于齐次解；强迫响应形式取决于外加激励，对应于特解。

4）若系统起始无储能，即 0_ 状态为零，则零输入响应为零，但自由响应可以不为零，由激励信号与系统参数共同决定。

5）零输入响应由 0_ 时刻到 0_+ 时刻不跳变，此时刻若发生跳变可能出现在零状态响应分量之中。

下面给出一个简单的例题。通过一些具体数字的计算可以理解上述一般分析。

例 2-8　描述某系统的微分方程式为

$$r''(t)+3r'(t)+2r(t)=2e'(t)+6e(t)$$

已知 $r(0_-)=2$，$r'(0_-)=1$，$e(t)=u(t)$，求该系统的零输入响应、零状态响应、自由响应、强迫响应和全响应。

解

1）零输入响应 $r_{zi}(t)$ 满足方程

$$r''_{zi}(t)+3r'_{zi}(t)+2r_{zi}(t)=0$$

其 0_+ 值

$$r_{zi}(0_+)=r_{zi}(0_-)=r(0_-)=2$$
$$r'_{zi}(0_+)=r'_{zi}(0_-)=r'(0_-)=1$$

方程的特征根 $\lambda_1=-1$，$\lambda_2=-2$，故零输入响应为

$$r_{zi}(t)=C_{zi1}\mathrm{e}^{-t}+C_{zi2}\mathrm{e}^{-2t}$$

将初始值代入上式及其导数，得

$$r_{zi}(0_+)=C_{zi1}+C_{zi2}=2$$
$$r'_{zi}(0_+)=-C_{zi1}-2C_{zi2}=1$$

由上式解得 $C_{zi1}=5$，$C_{zi2}=-3$。将它们代入，得系统的零输入响应为

$$r_{zi}(t)=5\mathrm{e}^{-t}-3\mathrm{e}^{-2t}，\quad t\geqslant 0$$

2）零状态响应 $r_{zs}(t)$ 是初始状态为零，且 $e(t)=u(t)$ 时，即 $r_{zs}(t)$ 满足方程

$$r''_{zs}(t)+3r'_{zs}(t)+2r_{zs}(t)=2\delta(t)+6u(t)$$

及初始状态 $y_{zs}(0_-)=y'_{zs}(0_+)=0$。先求 $y_{zs}(0_+)$ 和 $y'_{zs}(0_-)$，由于上式等号右端含有 $\delta(t)$，令

$$r''_{zs}(t)=a\delta(t)+r_0(t)$$

积分（从 $-\infty$ 到 t）得

$$r'_{zs}(t)=r_1(t)$$
$$r_{zs}(t)=r_2(t)$$

将 $r''_{zs}(t)$、$r'_{zs}(t)$ 和 $r_{zs}(t)$ 代入，可求得 $a=2$。

考虑 $\displaystyle\int_{0_-}^{0_+}r_0(t)\,\mathrm{d}t=0$，$\displaystyle\int_{0_-}^{0_+}r_1(t)\,\mathrm{d}t=0$，可求得

$$r'_{zs}(0_+)-r'_{zs}(0_-)=a=2$$

$$r_{zs}(0_+) - r_{zs}(0_-) = 0$$

解得 $r'_{zs}(0_+) = 2$，$r'_{zs}(0_-) = 0$

对于 $t>0$，有

$$r''_{zs}(t) + 3r'_{zs}(t) + 2r_{zs}(t) = 6$$

不难求得其齐次解为 $C_{zs1}e^{-1} + C_{zs2}e^{-2t}$，其特解为常数 3。于是：

$$r_{zs}(t) = C_{zs1}e^{-t} + C_{zs2}e^{-2t} + 3$$

将初始值 $r'_{zs}(0_+) = 2$，$r'_{zs}(0_-) = 0$ 代入上式及其导数可求得 $C_{zs1} = -4$，$C_{zs2} = 1$，得系统的零状态响应为

$$r_{zs}(t) = -4e^{-t} + e^{-2t} + 3, \quad t \geq 0$$

3）全响应 $r(t)$。

通过上面的分析，可得系统的全响应为

$$r(t) = r_{zi}(t) + r_{zs}(t) = \underbrace{\overbrace{5e^{-t} - 3e^{-2t}}^{零输入响应}}_{自由响应} \underbrace{\overbrace{-4e^{-t} + e^{-2t}}^{零状态响应}}_{自由响应} + \underbrace{3}_{强迫响应}, \quad t \geq 0 = \underbrace{e^{-t} - 2e^{-2t}}_{自由响应} + \underbrace{3}_{强迫响应}$$

注意到

$$r(0_+) = r_{zi}(0_+) + r_{zs}(0_+) = 2 + 0 = 2$$

$$r'(0_+) = r'_{zi}(0_+) + r'_{zs}(0_+) = 1 + 2 = 3$$

对于 LTI 系统响应的分解，除按以上两种方式划分之外，另一种情况是将完全响应分解为"瞬态（暂态）响应"和"稳态响应"的组合。暂态响应是指激励信号接入一段时间内，完全响应中暂时出现的有关成分，随着时间 $t \to \infty$ 时，它将消失。稳态响应是指 $t \to \infty$ 时保留下来的分量，由完全响应中减去暂态响应分量即得稳态响应分量。

基于观察问题的不同角度，形成了上述三种系统响应的分解方式。其中，自由响应与强迫响应分量的构成是沿袭经典法求解微分方程的传统概念，将完全响应划分为与系统特征对应以及和激励信号对应的两个部分。而零输入响应与零状态响应则是依据引起系统响应的原因来划分，前者是由系统内部储能引起的，而后者是外加激励信号产生的输出。至于瞬态与稳态响应的组合，只注重分析响应的结果，将长时间稳定之后的表现与短时间的过渡状态区分开来。

在工程 LTI 系统研究领域中，零状态响应的概念应用最多，这是由于：

1）大量的通信与电子系统实际问题只需研究零状态响应。

2）为求解零状态响应，可以不再采用比较烦琐的经典法，而是利用卷积方法求解，这样可使问题简化并且便于和各种变换域方法沟通。

3）按零输入响应与零状态响应分解有助于理解线性系统叠加性和齐次性的特征。

2.5 连续系统的冲激响应与阶跃响应

冲激函数与阶跃函数代表了两种典型信号，求它们引起的零状态响应是线性系统分析中常见的典型问题，这是人们对这两种响应感兴趣的原因之一。系统的单位冲激响应和单位脉冲响应反映了系统的时域特性，以及系统的因果性、稳定性的判断等，在系统的零状态响应求解中起着十分重要的作用。

另外，由于任意信号都可分解为冲激信号和阶跃信号之和，为了求系统对激励信号的零状态响应，可以分别计算系统对各子信号的响应，然后利用线性叠加规则得到所需要的结果。这也是用卷积求零状态响应的基本原理。

2.5.1　连续系统的单位冲激响应

连续系统的冲激响应定义为在系统初始状态为零的条件下，以单位冲激信号激励系统所产生的输出响应，以符号 $h(t)$ 表示，也就是说，冲激响应是激励为单位冲激函数 $\delta(t)$ 时，系统的零状态响应。由于系统冲激响应 $h(t)$ 要求系统在零状态条件下，且输入激励为单位冲激信号 $\delta(t)$，因而冲激响应 $h(t)$ 仅取决于系统的内部结构及其元件参数。因此，系统的冲激响应 $h(t)$ 可以表征系统本身的特性。换句话说，不同的系统会有不同的冲激响应 $h(t)$。连续时间 LTI 系统的冲激响应 $h(t)$ 在求解系统零状态响应 $r_{zs}(t)$ 中起着十分重要的作用。单位冲激信号 $\delta(t)$ 与响应信号 $h(t)$ 的关系可以用以下关系来描述：

$$\delta(t) \to h(t)$$

或

$$\delta(t) \xrightarrow{\text{“0”}} h(t)$$

$$\delta(t) \to \boxed{\text{LTI}} \to h(t)$$

若已知描述系统的微分方程，在给定激励 $e(t)$ 为单位冲激信号的条件下求 $r(t)$，即冲激响应 $h(t)$。很明显，将 $e(t) = \delta(t)$ 代入方程，则等式右端就出现了冲激函数和它的逐次导数，即各阶的奇异函数。待求的 $h(t)$ 函数式应保证系统微分方程左、右两端奇异函数相平衡。$h(t)$ 的形式将与 m 和 n 的相对大小有着密切关系。一般情况下有 $n>m$，所以着重讨论这种情况。此时，方程式左端的项 $\dfrac{d^n r(t)}{dt^n}$ 应包含冲激函数的 m 阶导数 $\dfrac{d^m \delta(t)}{dt^m}$ 以便与右端相匹配，依次有 $\dfrac{d^{n-1} r(t)}{dt^{n-1}}$ 项对应 $\dfrac{d^{m-1}\delta(t)}{dt^{m-1}}$，…。若 $n=m+1$，则 $\dfrac{dr(t)}{dt}$ 项要对应有 $\delta(t)$，而 $r(t)$ 项将不包含 $\delta(t)$ 及其各阶导数项。这表明，在 $n>m$ 的条件下，冲激响应 $h(t)$ 中将不包含 $\delta(t)$ 及其各阶导数项。

根据定义，$\delta(t)$ 及其各阶导数在 $t>0$ 时都等于零。于是，系统微分方程的右端在 $t>0$ 时恒等于零，因此，冲激响应 $h(t)$ 应与齐次解的形式相同，如果特征根包括 n 个非重根，则

$$h(t) = \sum_{k=1}^{n} C_k e^{\alpha_k t} \tag{2-17}$$

此结果表明，$\delta(t)$ 信号的加入，在 $t=0$ 时刻引起了系统的能量储存，而在 $t=0_+$ 以后，系统的外加激励不复存在，只有由冲激引入的能量储存作用，这样，就把冲激信号源转换（等效）为非零的起始条件，响应形式必然与零输入响应相同（相当于求齐次解）。余下的问题是如何确定系数 C_k。通常有两种方法，一种方法是按照经典法的严格步骤从 0_- 值求得 0_+ 值，再由 0_+ 状态解出系数 C_k，另一方法则是利用方程式两端奇异函数系数匹配直接求出系数 C_k，这样可以省去求 0_+ 状态的过程，使问题简化。

如果 $n=m$，冲激响应 $h(t)$ 将包含一个 $\delta(t)$ 项。而 $n<m$ 时，$h(t)$ 还要包含 $\delta(t)$ 的导数项。各奇异函数项系数的求法仍由方程式两边系数平衡而得到。

例 2-9　描述某二阶 LTI 系统的微分方程为

$$r''(t) + 5r'(t) + 6r(t) = e''(t) + 2e'(t) + 3e(t)$$

求其冲激响应 $h(t)$。

解　根据冲激响应的定义，当 $e(t) = \delta(t)$ 时，系统的零状态响应 $r_{zs}(t) = h(t)$，由系统微分方程可知 $h(t)$ 满足

$$\begin{cases} h''(t)+5h'(t)+6h(t)=\delta''(t)+2\delta'(t)+3\delta(t) \\ h'(0_-)=h(0_-)=0 \end{cases}$$

首先求出 0_+ 时刻的初始值 $h(0_+)$ 和 $h'(0_+)$，根据前面讨论的由 0_- 值求 0_+ 值的方法，由于上式右端含 $\delta''(t)$，故设

$$h''(t)=a\delta''(t)+b\delta'(t)+c\delta(t)+r_0(t)$$

对其从 $-\infty$ 到 t 积分得

$$h'(t)=a\delta'(t)+b\delta(t)+r_1(t)$$

$$h(t)=a\delta(t)+r_2(t)$$

其中 $r_0(t)$、$r_1(t)$ 和 $r_2(t)$ 不含 $\delta(t)$ 及其各阶导数。将 $h''(t)$、$h'(t)$ 和 $h(t)$ 各式代入上式，并由等号两端冲激函数及其各阶导数相平衡，可求得

$$a=1$$

$$b+5a=2$$

$$c+5b+6a=3$$

解得 $a=1$，$b=-3$，$c=12$。对 $h''(t)$、$h'(t)$ 等号两端从 0_- 到 0_+ 积分，并考虑到 $\int_{0_-}^{0_+} r_0(t)\,\mathrm{d}t=0$，$\int_{0_-}^{0_+} r_1(t)\,\mathrm{d}t=0$，可求得

$$h'(0_+)-h'(0_-)=c$$

$$h(0_+)-h(0_-)=b$$

移项得

$$h'(0_+)=h'(0_-)+c=0+12=12$$

$$h(0_+)=h(0_-)+b=0-3=-3$$

当 $t>0$ 时，$h(t)$ 满足方程

$$h''(t)+5h'(t)+6h(t)=0$$

它的特征根 $\lambda_1=-2$，$\lambda_2=-3$。故系统的冲激响应

$$h(t)=C_1\mathrm{e}^{-2t}+C_2\mathrm{e}^{-3t}, \quad t>0$$

式中待定常数 C_1、C_2 由初始值 $h(0_+)=-3$ 和 $h'(0_+)=12$ 确定，将初始值代入，得

$$h(0_+)=C_1+C_2=-3$$

$$h'(0_+)=-2C_1-3C_2=12$$

解得 $C_1=3$，$C_2=-6$。由于 $t>0$ 时，$h(t)=0$，故得系统的冲激响应

$$h(t)=\delta(t)+(3\mathrm{e}^{-2t}-6\mathrm{e}^{-3t})\varepsilon(t)$$

例 2-10 描述某二阶 LTI 系统的微分方程为

$$y''(t)+4y'(t)+3y(t)=f'(t)+2f(t)$$

求其冲激响应 $h(t)$。

解 首先求其特征根为

$$\lambda_1=-1, \quad \lambda_2=-3$$

于是有

$$h(t)=(C_1\mathrm{e}^{-t}+C_2\mathrm{e}^{-3t})u(t)$$

对 $h(t)$ 逐次求导得到

$$h'(t) = (C_1 e^{-t} + C_2 e^{-3t}) \delta(t) + (-C_1 e^{-t} - 3C_2 e^{-3t}) u(t)$$

考虑到 $\delta(t)$ 与函数相乘特性，$h'(t)$ 可改写为

$$h'(t) = (C_1 + C_2) \delta(t) + (-C_1 e^{-t} - 3C_2 e^{-3t}) u(t)$$

则

$$h''(t) = (C_1 + C_2) \delta'(t) + (-C_1 - 3C_2) \delta(t) + (C_1 e^{-t} + 9C_2 e^{-3t}) u(t)$$

将 $y(t) = h(t)$，$f(t) = \delta(t)$ 代入给定的微分方程，则有

$$(C_1 + C_2) \delta'(t) + (3C_1 + C_2) \delta(t) + 6C_2 e^{-3t} u(t) + 3h(t) = \delta'(t) + 2\delta(t)$$

利用对应项系数相等原理，得到

$$\begin{cases} C_1 + C_2 = 1 \\ 3C_1 + C_2 = 2 \end{cases}$$

解得

$$C_1 = \frac{1}{2}, \quad C_2 = \frac{1}{2}$$

冲激响应的表达式为

$$h(t) = \frac{1}{2}(e^{-t} + e^{-3t}) u(t)$$

注意，在本例中，绕过了求 $h(0_+)$ 与 $h'(0_+)$ 的问题，将 $h(t)$ 表达式代入方程，利用奇异函数项平衡的原理，直接求出系数 C。

2.5.2　连续系统的单位阶跃响应

连续系统的单位阶跃响应定义为在系统初始状态为零的条件下，以单位阶跃信号 $u(t)$ 激励系统所产生的输出响应，以符号 $g(t)$ 表示，也就是说，单位阶跃响应是激励为单位阶跃函数 $u(t)$ 时系统的零状态响应。

同理，对于描述系统的方程式式 (2-8) 在给定 $e(t)$ 为单位阶跃信号的条件下求 $r(t)$，即单位阶跃响应 $g(t)$，方程式右端可能包括阶跃函数、冲激函数及其导数。这时，求阶跃响应的方法与求冲激响应的方法类似，但应注意，由于方程右端阶跃函数的出现，在阶跃响应的表达式中除齐次解之外还应增加特解项（阶跃函数项）。

在 $n > m$ 的条件下，单位阶跃响应 $g(t)$ 可表示为

$$g(t) = \left(\sum_{k=1}^{n} C_k e^{C_k t} + \frac{1}{a_0} \right) u(t)$$

式中 $\dfrac{1}{a_0}$——特解项，待定常数由 0_+ 初始值确定。

如果微分方程的等号右端含有 $e(t)$ 及其各阶导数，如式 (2-8)，则可根据 LTI 系统的线性性质和微分特性求得其阶跃响应。冲激响应与阶跃响应完全由系统本身决定，与外界因素无关。这两种响应之间有一定的依从关系，当已求得其中之一，则另一响应即可确定。

单位阶跃函数 $u(t)$ 与单位冲激函数 $\delta(t)$ 的关系为

$$\delta(t) = \frac{\mathrm{d}u(t)}{\mathrm{d}t}$$

$$u(t) = \int_{-\infty}^{t} \delta(x) \, \mathrm{d}x$$

由 LTI 系统的基本特性可知，若系统的输入由原激励信号改为其导数时，输出也由原响

应函数变成其导数。显然，此结论也适用于激励信号由阶跃经求导而成为冲激的这一特殊情况。因此，同一系统的阶跃响应与冲激响应的关系为

$$h(t) = \frac{\mathrm{d}g(t)}{\mathrm{d}t}$$

$$g(t) = \int_{-\infty}^{t} h(x)\,\mathrm{d}x$$

冲激响应与阶跃响应除在时域中直接求解外，也可以比较方便地由取系统函数的拉普拉斯反变换来求得，关于这个问题要在第 5 章进行讨论。本章介绍的方法着重说明这两种响应的基本概念，而拉普拉斯变换方法更简便、实用。以后将看到，在信号与系统分析中，时域方法往往与变换域方法相互补充、配合运用。

例 2-11 如图 2-11 所示的二阶电路，已知 $L = 0.2\mathrm{H}$，$C = 1\mathrm{F}$，$R = 0.5\Omega$，若以 $i_S(t)$ 为输入，以 $i_L(t)$ 为输出，求该电路的冲激响应和阶跃响应。

解 分析如图 2-11 所示电路，可列写如下微分方程

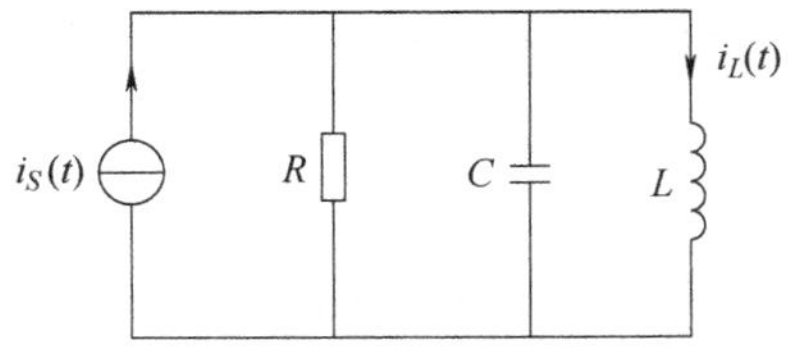

$$u_L(t) = L\frac{\mathrm{d}i_L(t)}{\mathrm{d}t}$$

$$i_S(t) = i_L(t) + \frac{u_L(t)}{R} + C\frac{\mathrm{d}u_L(t)}{\mathrm{d}t}$$

图 2-11　例 2-11 图

消去 $u_L(t)$ 并整理可得

$$i_L''(t) + \frac{1}{RC}i_L'(t) + \frac{1}{LC}i_L(t) = \frac{1}{LC}i_S(t)$$

将各元件参数代入上式得微分方程

$$i_L''(t) + 2i_L'(t) + 5i_L(t) = 5i_S(t)$$

根据阶跃响应的定义，当 $i_S(t) = u(t)$ 时，$i_L(t) = g(t)$，将 $u(t)$ 和 $g(t)$ 代入以上方程，有

$$g''(t) + 2g'(t) + 5g(t) = 5u(t)$$

且

$$g'(0_-) = 0$$

由于右端无 $\delta(t)$ 及其导数，故有

$$y'(0_+) = g'(0_-) = 0$$

$$g(0_+) = g(0_-) = 0$$

对于 $t>0$，可写成

$$g''(t) + 2g'(t) + 5g(t) = 5$$

其特征根 $\lambda_{1,2} = -1\pm2\mathrm{j}$，故齐次解为 $\mathrm{e}^{-t}[C_1\cos(2t) + C_2\sin(2t)]$，易求得其特解为 1。因而阶跃响应

$$g(t) = \mathrm{e}^{-t}[C_1\cos(2t) + C_2\sin(2t)] + 1, \quad t>0$$

将初始值代入上式，有

$$g(0_+) = C_1 + 1 = 0$$

$$g'(0_+) = 2C_2 - C_1 = 0$$

解得 $C_1 = -1$，$C_2 = -\dfrac{1}{2}$。故阶跃响应

$$g(t) = \left\{ 1 - e^{-t} \left[\cos(2t) + \frac{1}{2}\sin(2t) \right] \right\} u(t)$$

从而冲激响应

$$h(t) = \frac{\mathrm{d}g(t)}{\mathrm{d}t} - \delta(t) + \frac{5}{2} e^{-t}\sin(2t) u(t) - \delta(t) = \frac{5}{2} e^{t}\sin(2t) u(t)$$

在系统理论研究中，常利用冲激响应或阶跃响应表征系统的某些基本性能，例如，因果系统的充分必要条件可表示为：当 $t<0$ 时，冲激响应（或阶跃响应）等于零，即

$$h(t) = 0 \, (t<0)$$
$$g(t) = 0 \, (t<0)$$

2.6　卷积及其性质

卷积（convolution）方法在信号与系统理论中占有重要地位。这里所要讨论的卷积积分是将输入信号分解为众多的冲激函数之和（这里是积分），利用冲激响应，求解 LTI 系统对任意激励的零状态响应。

如果将施加于线性系统的信号分解，而且对于每个分量作用于系统产生之响应易于求得，那么，根据叠加定理，将这些响应求和即可得到原激励信号引起的响应。这种分解可表示为诸如冲激函数、阶跃函数或三角函数、指数函数这样一些基本函数之组合。卷积方法的原理就是将信号分解为冲激信号之和，借助系统的冲激响应，从而求解系统对任意激励信号的零状态响应。卷积可以体现在信号分解与求响应环节，在本书中，卷积的应用如图 2-12 所示。

卷积计算在数学上也有明确的表达，设任意两信号 $x(t)$ 和 $y(t)$，则其卷积 $f(t)$ 可表示为

$$f(t) = \int_{-\infty}^{\infty} x(\tau) y(t-\tau) \mathrm{d}\tau$$

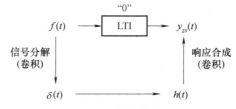

图 2-12　卷积的应用

随着信号与系统理论研究的深入以及计算机技术的发展，卷积方法得到日益广泛的应用。在现代信号处理技术的多项领域，如通信系统、地震勘探、超声诊断、光学成像和系统辨识等方面都在借助卷积或解卷积（反卷积——卷积的逆运算）解决问题。许多有待深入开发研究的新课题也都依赖卷积方法。读者将看到，卷积原理的应用几乎贯穿于本书的每一章。

2.6.1　从信号分解角度导出卷积

设任意有始信号 $f(t)$ 可以分解为矩形窄脉冲信号的和，如图 2-13a 所示，有

$$f(t) \approx f_0 + f_1 + f_2 + \cdots + f_k + \cdots \tag{2-18}$$

其中

$$f_0 = f(0)\left[u(t) - u(t-\tau) \right]$$
$$f_1 = f(\tau)\left[u(t-\tau) - u(t-2\tau) \right]$$
$$\vdots$$
$$f_k = f(\tau)\left[u(t-k\tau) - u(t-(k+1)\tau) \right]$$
$$\vdots$$

将各分项代入，即

$$f(t) \approx \sum_{k=0}^{m} f(k\tau)\left[u(t-k\tau)-u(t-(k+1)\tau)\right] \tag{2-19}$$

当 $\tau \to 0$ 时，如图 2-13b 所示，有

$$f(t) = \lim_{\tau \to 0} \sum_{k=0}^{n} f(k\tau)\delta(t-k\tau)\tau \tag{2-20}$$

进而得到

$$f(t) = \int_{0}^{t} f(\tau)\delta(t-\tau)\,\mathrm{d}\tau = f(t) * \delta(t) \tag{2-21}$$

式 (2-21) 表明，任意有始信号可分解为一系列具有不同幅度和不同时延冲激信号的叠加，这种过程就是卷积积分。

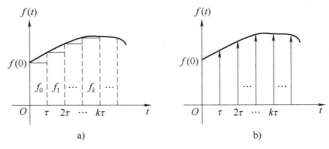

图 2-13 由信号分解导出卷积示意图

将任意有始信号 $f(t)$ 分解为一系列冲激信号，这个过程可以用卷积积分来表示。这个卷积中含有奇异信号 $\delta(t)$，实际上可以看作是卷积的一个特例，这个结论可以概括为任意信号与单位冲激信号的卷积还是其本身，通过与 $\delta(t)$ 的卷积，其结果不变。

2.6.2 从信号响应合成角度导出卷积

对于 LTI 系统，当激励为单位冲激 $\delta(t)$ 时，零状态响应为 $h(t)$，记为 $\delta(t) \to h(t)$，考虑到任意有始信号 $f(t)$ 分解成冲激信号的过程中，$f(k)\tau$ 为常量，再结合 LTI 系统的线性特性，则有

$$\delta(t) \to h(t)$$
$$f(0)\delta(t)\tau \to f(0)h(t)\tau$$
$$\vdots$$
$$f(k\tau)\delta(t-k\tau)\tau \to f(k\tau)h(t-k\tau)\tau$$
$$\vdots$$

按照线性合成法则，将激励信号合成，则相应的响应信号也按相同的线性法则合成，因此有

$$\sum_{k=0}^{n} f(k\tau)\delta(t-k\tau)\tau \to \sum_{k=0}^{n} f(k\tau)h(t-k\tau)\tau$$

当令 $\tau \to 0$ 时，有

$$\lim_{\tau \to 0} \sum_{k=0}^{n} f(k\tau)\delta(t-k\tau)\tau \to \lim_{\tau \to 0} \sum_{k=0}^{n} f(k\tau)h(t-k\tau)\tau$$

即

$$\int_{0}^{t} f(\tau)\delta(t-\tau)\,\mathrm{d}\tau \to \int_{0}^{t} f(\tau)h(t-\tau)\,\mathrm{d}\tau$$

上式中，左侧为任意激励信号，右侧为响应信号，因此上述过程可描述为当任意有始信号 $f(t)$ 经过 *LTI* 系统后，若已知该系统的单位冲激响应为 $h(t)$，则系统对 $f(t)$ 的响应 $y_{zs}(t)$ 为

$$y_{zs}(t) = \int_0^t f(\tau)h(t-\tau)\,\mathrm{d}\tau = f(t) * h(t) \tag{2-22}$$

系统对激励的响应等于激励信号与系统单位冲激响应的卷积。这就是系统利用卷积求响应的原理，当不清楚系统的具体构成或者无法建立系统的数学模型时，可以借助系统对单位冲激信号的响应，通过卷积求出响应，这是前面提到的"黑箱"系统时域求响应的卷积方法。应注意的是利用卷积求响应时要保证系统的初始状态为 0。

上述导出过程也可用表 2-3 概括。很明显，这是在 LTI 系统条件下得到的结果。

表 2-3 卷积表达式的导出(卷积求响应)

激励信号	响应信号	理论依据
$\delta(t)$	$h(t)$	定义
$\delta(t-\tau)$	$h(t-\tau)$	时不变特性
$[f(\tau)\tau]\delta(t-\tau)$	$[f(\tau)\tau]h(t-\tau)$	线性：齐次性+叠加性
$\displaystyle\sum_{\tau=0}^t f(\tau)\delta(t-\tau)\tau$	$\displaystyle\sum_{\tau=0}^t f(\tau)h(t-\tau)\tau$	
$\displaystyle f(t)=\int_0^t f(\tau)\delta(t-\tau)\,\mathrm{d}\tau$	$\displaystyle y_{zs}(t)=\int_0^t f(\tau)h(t-\tau)\,\mathrm{d}\tau$	$\Delta\tau\to 0$，求和，积分

例 2-12 已知如图 2-2 所示 *RL* 串联电路，激励信号为电压源 $e(t)$，先求冲激响应 $h(t)$，再利用卷积积分求系统对 $e(t)=u(t)-u(t-t_0)$ 的响应。

解 由电路可写出微分方程

$$L\frac{\mathrm{d}i(t)}{\mathrm{d}t} + Ri(t) = e(t)$$

特征根

$$\lambda = -\frac{R}{L}$$

容易求得系统的冲激响应为

$$h(t) = \frac{1}{L}\mathrm{e}^{-\frac{R}{L}t}u(t)$$

若 $e(t)=u(t)-u(t-t_0)$，利用卷积积分求 $i(t)$，即

$$i(t) = \int_0^t \left[u(\tau)-u(\tau-t_0)\right] \cdot \frac{1}{L}\mathrm{e}^{-\frac{R}{L}(t-\tau)}\,\mathrm{d}\tau$$

$$= \int_0^t \frac{1}{L} \cdot \mathrm{e}^{-\frac{R}{L}(t-\tau)}\,\mathrm{d}\tau \cdot u(t) - \int_{t_0}^t \frac{1}{L} \cdot \mathrm{e}^{-\frac{R}{L}(t-\tau)}\,\mathrm{d}\tau \cdot u(t-t_0)$$

$$= \frac{1}{R}\mathrm{e}^{-\frac{R}{L}(t-\tau)}\Big|_0^t \cdot u(t) - \frac{1}{R}\mathrm{e}^{-\frac{R}{L}(t-\tau)}\Big|_{t_0}^t \cdot u(t-t_0)$$

$$= \frac{1}{R}\left(1-\mathrm{e}^{-\frac{R}{L}t}\right)u(t) - \frac{1}{R}\left[1-\mathrm{e}^{-\frac{R}{L}(t-t_0)}\right]u(t-t_0)$$

卷积的方法借助于系统的冲激响应。与此方法对照，还可以利用系统的阶跃响应求系统对任意信号的零状态响应，这时，应把激励信号分解为许多阶跃信号之和，分别求其响应然后再叠加，其原理与卷积类似，由于应用不多，所以此处不再讨论。

2.6.3 卷积积分限的确定

上面的分析从信号的角度定义了卷积，具有明确的物理含义。将其中的物理意义剥离，就是高等数学上卷积的定义，下面从不同的角度再做一些分析，以便对卷积有更加深入的理解。

在数学上，设函数$f_1(t)$与函数$f_2(t)$具有相同的变量t，将$f_1(t)$与$f_2(t)$经以下的积分可得到第三个相同变量的函数$f(t)$：

$$f(t) = f_1(t) * f_2(t) = \int_{-\infty}^{\infty} f_1(\tau) f_2(t-\tau) \mathrm{d}\tau \tag{2-23}$$

此积分称为卷积积分，常用简写符号"$*$"表示$f_1(t)$与$f_2(t)$的卷积运算。卷积是一种数学运算法则，通过卷积可以获取另外一种函数，也可以称将两个函数映射成另一个函数。卷积时对信号分别进行了变量置换、反褶、时移、相乘和积分的运算。

在数学上，一般认定积分的上下限分别为$(-\infty, \infty)$，而在信号处理时，积分上下限需要根据信号特点来确定。

如果对于$t<0$，$f_1(t) = 0$，那么，卷积中的$f_1(t)$可表示为$f_1(\tau)$，因此积分下限应从零开始，于是有

$$f_1(t) * f_2(t) = \int_0^{\infty} f_1(\tau) f_2(t-\tau) \mathrm{d}\tau \tag{2-24}$$

相反，若$f_1(t)$不受此限，而当$t<0$时$f_2(t) = 0$，那么，卷积中的函数$f_2(t-\tau)$对于$t-\tau<0$的时间范围（即$\tau>t$范围）应等于零，因此积分上限取t，于是有

$$f_1(t) * f_2(t) = \int_{-\infty}^{t} f_1(\tau) f_2(t-\tau) \mathrm{d}\tau \tag{2-25}$$

若$f_1(t)$与$f_2(t)$在$t<0$时都等于零，就会得到

$$f_1(t) * f_2(t) = \begin{cases} 0 & (t<0) \\ \int_0^t f_1(\tau) f_1(\tau) f_2(t-\tau) \mathrm{d}\tau & (t \geq 0) \end{cases} \tag{2-26}$$

在信号卷积处理中，由于激励信号$e(t)$在$t=0$时刻接入，也即在$t<0$时$e(t)$等于零，而且对于因果系统，其冲激响应$h(t)$在$t<0$时也等于零，因此，卷积积分的积分限应与式(2-26)一致，是$(0,t)$。

2.6.4 卷积的图形演示

借助卷积的图形解释，能够使人们对卷积有更加深入的理解，同时也可以把积分上下限的关系看得更清楚。考虑到图形解释上的便利性，取参与卷积积分的两信号均为时限信号。

设系统的激励信号为$e(t)$，冲激响应为$h(t)$，利用卷积求零状态响应$r_{zs}(t)$的一般表达式为

$$r_{zs}(t) = e(t) * h(t) = \int_{-\infty}^{\infty} e(\tau) h(t-\tau) \mathrm{d}\tau \tag{2-27}$$

根据卷积积分的定义，式中积分变量为 τ，而 $h(t-\tau)$ 表示在 τ 的坐标系中 $h(\tau)$ 需要进行反褶和移位，然后将 $e(\tau)$ 与 $h(t-\tau)$ 相乘，对其乘积结果积分即可计算出卷积的结果。按照上述理解可将卷积运算分解为以下五个步骤：

1）置换图形横坐标自变量，波形仍保持原状，将 t 改写为 τ，τ 成为函数的新自变量。

2）把其中的一个信号反褶，如将 $h(\tau)$ 翻转得 $h(-\tau)$。

3）把反褶后的信号移位，如将 $h(-\tau)$ 平移 t，成为 $h(t-\tau)$，移位量是 t，这里 t 是一个参变量。在 τ 坐标系中，$t>0$ 图形右移，$t<0$ 图形左移。

4）两信号重叠部分相乘，$e(\tau)h(t-\tau)$。

5）完成相乘后图形的积分。

下面通过例题说明。

例 2-13 已知信号 $x(t)$ 和 $h(t)$ 的波形如图 2-14a、b 所示，计算这两个不等宽脉冲卷积 $r(t)=x(t)*h(t)$。

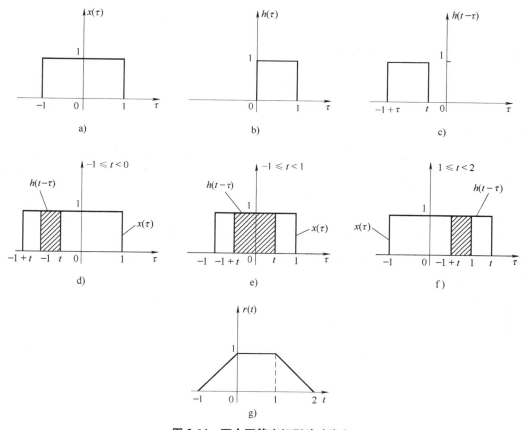

图 2-14 两个不等宽矩形脉冲卷积

解 首先将 $x(t)$ 和 $h(t)$ 中的自变量由 t 改为 τ，如图 2-14a、b 所示；再将 $h(\tau)$ 翻转平移为 $h(t-\tau)$，如图 2-14c 所示。然后观察 $x(\tau)$ 与 $h(t-\tau)$ 乘积随着参变量时移 t 变化而变化的情况，从而将 t 分成不同的区间，分别计算卷积积分的结果，计算过程如下：

1）当 $t<-1$ 时，$h(t-\tau)$ 的波形与 $x(\tau)$ 的波形没有相遇，因此 $x(\tau)h(t-\tau)=0$，故

$$r(t)=x(t)*h(t)=\int_{-\infty}^{\infty}x(\tau)(t-\tau)\mathrm{d}\tau=0$$

2）当时$-1 \leqslant t < 0$，$h(t-\tau)$的波形与$x(\tau)$的波形相遇，而且随着t的增加，其重合区间增大，如图2-14d所示，重合区间为$(-1, t)$。因此卷积积分的上、下限取t与-1，即有

$$r(t) = x(t) * h(t) = \int_{-\infty}^{\infty} x(\tau)(t-\tau)\mathrm{d}\tau = \int_{-1}^{t} 1 \cdot 1\mathrm{d}\tau = t+1$$

3）当$0 \leqslant t < 1$时，$h(t-\tau)$的波形与$x(\tau)$的波形一直相遇，随着t的增加，其重合区间的长度不变，如图2-14e所示，重合区间为$(-1+t, t)$。因此卷积积分的上、下限取t与$-1+t$，即有

$$r(t) = x(t) * h(t) = \int_{-\infty}^{\infty} x(\tau)(t-\tau)\mathrm{d}\tau = \int_{-1+t}^{t} 1 \cdot 1\mathrm{d}\tau = 1$$

4）当$1 \leqslant t < 2$时，$h(t-\tau)$的波形与$x(\tau)$的波形继续相遇，但随着t的增加，其重合区间逐渐减小，如图2-14f所示，重合区间为$(-1+t, 1)$，因此卷积积分的上、下限取1与$-1+t$，即有

$$r(t) = x(t) * h(t) = \int_{-\infty}^{\infty} x(\tau)(t-\tau)\mathrm{d}\tau = \int_{-1+t}^{1} 1 \cdot 1\mathrm{d}\tau = 2-t$$

5）当$t \geqslant 3$时，$h(t-\tau)$的波形与$x(\tau)$的波形又不再相遇。此时$x(\tau)h(t-\tau) = 0$，故

$$r(t) = x(t) * h(t) = \int_{-\infty}^{\infty} x(\tau)(t-\tau)\mathrm{d}\tau = 0$$

卷积$r(t) = x(t) * h(t)$的各段积分结果如图2-14g所示。可见两个不等宽的矩形脉冲的卷积为一个等腰梯形。

从以上图形卷积的计算过程可以清楚地看到，卷积积分包括信号的变量置换、翻转、平移、乘积和积分五个过程，在此过程中关键是确定积分区间与被积函数表达式。卷积结果$r(t)$的起点等于$x(t)$与$h(t)$的起点之和，$r(t)$的终点等于$x(t)$与$h(t)$的终点之和。若卷积的两个信号不含有冲激信号或其各阶导数，则卷积的结果必定为一个连续函数，不会出现间断点。此外，翻转信号时，尽可能翻转较简单的信号，以简化运算过程。

若待卷积的两个信号能用解析函数式表达，则可以采用解析法，直接按照卷积的积分表达式进行计算。

例2-14 已知$x_1(t) = \mathrm{e}^{-3t}u(t)$，$x_2(t) = \mathrm{e}^{-5t}u(t)$，试计算卷积$x_1(t) * x_2(t)$。

解 根据卷积积分的定义，可得

$$x_1(t) * x_2(t) = \int_{-\infty}^{\infty} x_1(\tau) \cdot x_2(t-\tau)\mathrm{d}\tau$$

$$= \int_{-\infty}^{\infty} \mathrm{e}^{-3\tau}u(\tau) \cdot \mathrm{e}^{-5(t-\tau)}u(t-\tau)\mathrm{d}\tau$$

$$= \begin{cases} \int_0^t \mathrm{e}^{-3\tau} \cdot \mathrm{e}^{-5(t-\tau)}\mathrm{d}\tau, & t > 0 \\ 0, & t \leqslant 0 \end{cases}$$

$$= \begin{cases} \dfrac{1}{2}(\mathrm{e}^{-3t} - \mathrm{e}^{-5t}), & t > 0 \\ 0, & t \leqslant 0 \end{cases}$$

$$= \frac{1}{2}(\mathrm{e}^{-3t} - \mathrm{e}^{-5t})u(t)$$

2.6.5　卷积的代数运算

卷积是一种数学运算，它有许多重要的性质（运算规则），灵活地运用它们能简化系统分析。以下的讨论均设卷积积分是收敛的（或存在的），这时二重积分的次序可以交换，导数与积分的次序也可交换。

1. 交换律

设 $f_1(t)$ 和 $f_2(t)$ 分别是参与卷积的两信号，则

$$f_1(t) * f_2(t) = f_2(t) * f_1(t) \tag{2-28}$$

把积分变量 τ 改换为 $t-\lambda$，即可证明此定律。

$$f_1(t) * f_2(t) = \int_{-\infty}^{\infty} f_1(\tau) f_2(t-\tau) \mathrm{d}\tau = \int_{-\infty}^{\infty} f_2(\lambda) f_1(t-\lambda) \mathrm{d}\lambda = f_2(t) * f_1(t)$$

这意味着两函数在卷积积分中的次序是可以交换的。

设系统的单位冲激响应为 $h(t)$，激励为 $f(t)$，从系统的角度看卷积交换律如图 2-15 所示。

$$f(t) \rightarrow \boxed{h(t)} \rightarrow y_{zs}(t) \quad \Longleftrightarrow \quad h(t) \rightarrow \boxed{f(t)} \rightarrow y_{zs}(t)$$

图 2-15　卷积交换律的系统解释

系统的交换律表明信号和系统是可以互换的，信号不仅是信息的一种体现，也是系统时间特性的一种体现。或者说信号可由系统来实现，系统可用信号来仿真。

2. 分配律

设 $f_1(t)$、$f_2(t)$ 和 $f_3(t)$ 分别是参与卷积的信号，则

$$f_1(t) * [f_2(t) + f_3(t)] = f_1(t) * f_2(t) + f_1(t) * f_3(t) \tag{2-29}$$

这个关系式由卷积定义可直接导出，即

$$f_1(t) * [f_2(t) + f_3(t)] = \int_{-\infty}^{\infty} f_1(\tau) [f_2(t-\tau) + f_3(t-\tau)] \mathrm{d}\tau$$

$$= \int_{-\infty}^{\infty} f_1(\tau) f_2(t-\tau) \mathrm{d}\tau + \int_{-\infty}^{\infty} f_1(\tau) f_3(t-\tau)] \mathrm{d}\tau$$

$$= f_1(t) * f_2(t) + f_1(t) * f_3(t)$$

分配律表明，信号相加后与另一信号的卷积等于分别卷积后再相加。

从系统的角度来理解分配律的含义，设两并联系统的单位冲激响应分别为 $h_1(t)$ 和 $h_2(t)$，则并联系统的单位冲激响应为 $h(t) = h_1(t) + h_2(t)$，若激励为 $f(t)$，则卷积分配律的系统解释如图 2-16 所示。

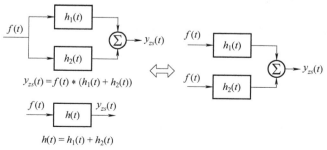

图 2-16　卷积分配律的系统解释

它的物理含义可以这样理解，并联系统对激励的响应等于各子系统对激励的响应之和。

3. 结合律

设 $f_1(t)$、$f_2(t)$ 和 $f_3(t)$ 分别是参与卷积的信号，则

$$[f_1(t) * f_2(t)] * f_3(t) = f_1(t) * [f_2(t) * f_3(t)] \tag{2-30}$$

这里包含两次卷积运算，是一个二重积分，只要改换积分次序即可证明此定律：

$$[f_1(t) * f_2(t)] * f_3(t) = \int_{-\infty}^{\infty} \left[\int_{-\infty}^{\infty} f_1(\lambda) f_2(\tau-\lambda) d\lambda \right] f_3(t-\tau) d\tau$$

$$= \int_{-\infty}^{\infty} f_1(\lambda) \left[\int_{-\infty}^{\infty} f_2(\tau-\lambda) f_3(t-\tau) d\tau \right] d\lambda$$

$$= \int_{-\infty}^{\infty} f_1(\lambda) \left[\int_{-\infty}^{\infty} f_2(\tau) f_3(t-\tau-\lambda) d\tau \right] d\lambda$$

$$= f_1(t) * [f_2(t) * f_3(t)]$$

从系统分析的角度看，设两串联系统的单位冲激响应分别为 $h_1(t)$ 和 $h_2(t)$，其总系统的冲激响应为 $h(t) = h_1(t) * h_2(t)$，则响应 $y_{zs}(t)$ 可用图 2-17 解释。

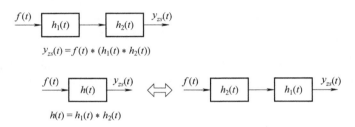

图 2-17　卷积结合律的系统解释

从系统的角度看，两串联子系统构成的系统，改变两子系统的前后顺序不影响其响应。但在实际物理系统中，是否可以改变两子系统的顺序，还要看系统的电气接口参数是否匹配，如果不匹配就不能改变顺序。

2.6.6　卷积的典型运算

1. 卷积的微分

两个函数卷积后的导数等于其中一函数的导数与另一函数的卷积，其表示式为

$$\frac{d}{dt}[f_1(t) * f_2(t)] = f_1(t) * \frac{df_2(t)}{dt} = \frac{df_1(t)}{dt} * f_2(t) \tag{2-31}$$

由卷积定义可证明此关系式

$$\frac{d}{dt}[f_1(t) * f_2(t)] = \frac{d}{dt} \int_{-\infty}^{\infty} f_1(\tau) f_2(t-\tau) d\tau = \int_{-\infty}^{\infty} f_1(\tau) \frac{df_2(t-\tau)}{dt} d\tau = f_1(t) * \frac{df_2(t)}{dt}$$

同样可以证得

$$\frac{d}{dt}[f_2(t) * f_1(t)] = f_2(t) * \frac{df_1(t)}{dt}$$

显然，$f_2(t) * f_1(t)$ 也即 $f_1(t) * f_2(t)$，故上式成立。

2. 卷积的积分

两函数卷积后的积分等于其中一函数之积分与另一函数之卷积，其表示式为

$$\int_{-\infty}^{t}\left[f_{1}(\lambda)*f_{2}(\lambda)\right]\mathrm{d}\lambda=f_{1}(t)*\int_{-\infty}^{t}f_{2}(\lambda)\mathrm{d}\lambda=f_{2}(t)*\int_{-\infty}^{t}f_{1}(\lambda)\mathrm{d}\lambda \tag{2-32}$$

证明如下：

$$\int_{-\infty}^{t}\left[f_{1}(\lambda)*f_{2}(\lambda)\right]\mathrm{d}\lambda=\int_{-\infty}^{t}\left[\int_{-\infty}^{\infty}f_{1}(\tau)f_{2}(\lambda-\tau)\mathrm{d}\tau\right]\mathrm{d}\lambda$$

$$=\int_{-\infty}^{\infty}f_{1}(\tau)\left[\int_{-\infty}^{t}f_{2}(\lambda-\tau)\mathrm{d}\lambda\right]\mathrm{d}\tau=f_{1}(t)*\int_{-\infty}^{t}f_{2}(\lambda)\mathrm{d}\lambda$$

借助卷积交换律同样可求得 $f_{2}(t)$ 与 $f_{1}(t)$ 之积分相卷积的形式，于是上式全部得到证明。

应用类似的推演可以导出卷积的高阶导数或多重积分之运算规律。

设 $s(t)=\left[f_{1}(t)*f_{2}(t)\right]$，则有

$$s^{(i)}(t)=f_{1}^{(j)}(t)*f_{2}^{(i-j)}(t) \tag{2-33}$$

此处，当 i，j 取正整数时为导数的阶次，取负整数时为重积分的次数。读者可自行证明。一个简单的例子是

$$\frac{\mathrm{d}f_{1}(t)}{\mathrm{d}t}*\int_{-\infty}^{t}f_{2}(\lambda)\mathrm{d}\lambda=f_{1}(t)*f_{2}(t) \tag{2-34}$$

注意 $f_{1}(t)$ 和 $f_{2}(t)$ 应满足时间受限条件，当 $t\to-\infty$ 时函数值应等于零。

例 2-15　求图 2-18 中函数 $f_{1}(t)$ 与 $f_{2}(t)$ 的卷积。

解　图 2-18 中，直接求 $f_{1}(t)$ 与 $f_{2}(t)$ 的卷积将比较复杂，利用函数与冲激函数的卷积将较为简便。

对 $f_{1}(t)$ 求导得 $f_{1}^{(1)}(t)$，对 $f_{2}(t)$ 求积分得 $f_{2}^{(-1)}(t)$，其波形如图 2-19a、b 所示，卷积为

$$f_{1}(t)*f_{2}(t)=f_{1}^{(1)}(t)*f_{2}^{(-1)}(t)=2\delta(t-1)*f_{2}^{(-1)}(t)-2\delta(t-3)*f_{2}^{(-1)}(t)$$

$$=2f_{2}^{(-1)}(t-1)-2f_{2}^{(-1)}(t-3)$$

如图 2-19c 所示。

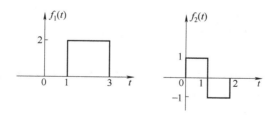

图 2-18　例 2-15 图

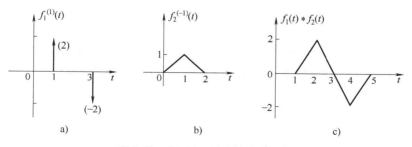

图 2-19　$f_{1}(t)$ 与 $f_{2}(t)$ 的卷积运算

3. 信号与冲激的卷积

信号 $f(t)$ 与单位冲激函数 $\delta(t)$ 卷积的结果仍然是函数 $f(t)$ 本身。根据卷积定义以及冲激函数的特性容易证明

$$f(t) * \delta(t) = \int_{-\infty}^{\infty} f(\tau)\delta(t-\tau)\mathrm{d}\tau = f(t) \tag{2-35}$$

这里用到 $\delta(x) = \delta(-x)$，因此 $\delta(t-\tau) = \delta(\tau-t)$。

式(2-35)表明，某函数与冲激函数的卷积就是它本身。后文将看到，在信号与系统分析中，此性质应用广泛。

将其进一步推广有

$$f(t) * \delta(t-t_1) = \int_{-\infty}^{\infty} f(\tau)\delta(t-t_1-\tau)\mathrm{d}\tau = f(t-t_1) \tag{2-36}$$

这表明，任意信号 $f(t)$ 与时延冲激信号 $\delta(t-t_1)$ 信号相卷积，其结果等于函数本身延迟 t_1。

如令 $f(t) = \delta(t-t_2)$，则有

$$\delta(t-t_1) * \delta(t-t_2) = \delta(t-t_2) * \delta(t-t_1) = \delta(t-t_1-t_2) \tag{2-37}$$

此外还有

$$f(t-t_1) * \delta(t-t_2) = f(t-t_2) * \delta(t-t_1) = f(t-t_1-t_2) \tag{2-38}$$

以上公式请读者自行证明。

卷积的交换律、结合律可得以下的重要结论，两个函数经延时后的卷积，等于两函数卷积后延时，其延时量为两函数分别延时量的和。即若

$$f(t) = f_1(t) * f_2(t)$$

则有

$$f_1(t-t_1) * f_2(t-t_2) = f_1(t-t_2) * f_2(t-t_1) = f(t-t_1-t_2) \tag{2-39}$$

证明如下：

$$\begin{aligned} f_1(t-t_1) * f_2(t-t_2) &= [f_1(t) * \delta(t-t_1)] * [f_2(t) * \delta(t-t_2)] \\ &= [f_1(t) * \delta(t-t_2)] * [f_2(t) * \delta(t-t_1)] = f_1(t-t_2) * f_2(t-t_1) \end{aligned}$$

而且有

$$\begin{aligned} f_1(t-t_1) * f_2(t-t_2) &= [f_1(t) * \delta(t-t_1)] * [f_2(t) * \delta(t-t_2)] = f_1(t) * f_2(t) * \delta(t-t_1) * \delta(t-t_2) \\ &= f(t) * \delta(t-t_1-t_2) = f(t-t_1-t_2) \end{aligned}$$

4. 信号与阶跃信号的卷积

利用卷积的微分、积分特性，不难得到以下一系列结论。

对于冲激偶 $\delta'(t)$，有

$$f(t) * \delta'(t) = f'(t) \tag{2-40}$$

式(2-40)表明任意信号 $f(t)$ 与冲激偶信号 $\delta'(t)$ 的卷积，其结果为信号 $f(t)$ 的一阶导数。如果一个系统的冲激响应为冲激偶信号 $\delta'(t)$，则此系统称为微分器。

对于单位阶跃函数 $u(t)$，可以求得

$$f(t) * u(t) = \int_{-\infty}^{t} f(\lambda)\mathrm{d}\lambda \tag{2-41}$$

式(2-41)表明任意信号 $f(t)$ 与阶跃信号 $u(t)$ 的卷积，其结果为信号 $f(t)$ 本身对时间的积分。如果一个系统的冲激响应为阶跃信号 $u(t)$，则此系统称为积分器。

推广到一般情况可得

$$f(t) * \delta^{(k)}(t) = f^{(k)}(t) \tag{2-42}$$

$$f(t) * \delta^{(k)}(t-t_0) = f^{(k)}(t-t_0) \tag{2-43}$$

式中 k——求导或取重积分的次数，当 k 取正整数时表示导数阶次，k 取负整数时为重积分的次数，例如 $\delta^{(-1)}(t)$ 即 $\delta(t)$ 的积分，等于单位阶跃函数 $u(t)$，$u(t)$ 与 $f(t)$ 之卷积得到 $f^{(-1)}(t)$，即 $f(t)$ 的一次积分式。

一些常用函数卷积积分的结果可查阅相关资料得到，以节约时间。

卷积的性质可以用来简化卷积运算，下面举例说明。

例 2-16 设系统的激励信号为 $e(t)$，冲激响应为 $h(t)$，如图 2-20 所示。利用卷积求零状态响应。

解 $r(t) = e(t) * h(t) = \dfrac{\mathrm{d}}{\mathrm{d}t} e(t) * \displaystyle\int_{-\infty}^{t} h(\lambda) \mathrm{d}\lambda$

其中

$$\frac{\mathrm{d}}{\mathrm{d}t} e(t) = \delta\left(t+\frac{1}{2}\right) - \delta(t-1)$$

其图像如图 2-21a 所示。

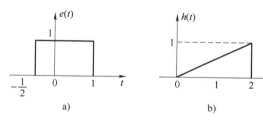

图 2-20 例 2-16 图

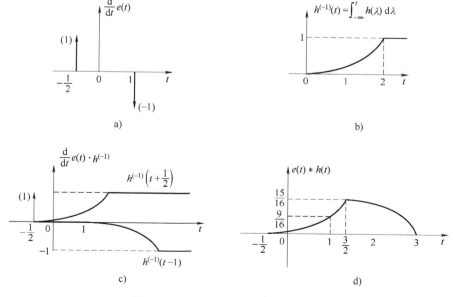

图 2-21 利用卷积性质简化卷积运算

$$h^{(-1)}(t) = \int_{-\infty}^{t} h(\lambda)\,\mathrm{d}\lambda = \int_{-\infty}^{t} \frac{1}{2}\lambda\left[u(\lambda)-u(\lambda-2)\right]\mathrm{d}\lambda = \left(\int_{0}^{t}\frac{1}{2}\lambda\,\mathrm{d}\lambda\right)u(t) - \left(\int_{2}^{t}\frac{1}{2}\lambda\,\mathrm{d}\lambda\right)u(t-2)$$

$$= \frac{1}{4}t^2 u(t) - \frac{1}{4}(t^2-4)u(t-2) = \frac{1}{4}t^2\left[u(t)-u(t-2)\right]+u(t-2)$$

其图像如图 2-21b 所示。

$$\frac{\mathrm{d}}{\mathrm{d}t}e(t) * \int_{-\infty}^{t} h(\lambda)\,\mathrm{d}\lambda = \frac{1}{4}\left(t+\frac{1}{2}\right)^2\left[u\left(t+\frac{1}{2}\right)-u\left(t-\frac{3}{2}\right)\right]+u\left(t-\frac{3}{2}\right) -$$

$$\left\{\frac{1}{4}(t-1)^2\left[u(t-1)-u(t-3)\right]+u(t-3)\right\}$$

$$= \begin{cases} \frac{1}{4}\left(t+\frac{1}{2}\right)^2 & -\frac{1}{2}\le t<1 \\[2mm] \frac{1}{4}\left(t+\frac{1}{2}\right)^2-\frac{1}{4}(t-1)^2 = \frac{3}{4}\left(t-\frac{1}{4}\right) & 1\le t<\frac{3}{2} \\[2mm] 1-\frac{1}{4}(t-1)^2 & \frac{3}{2}\le t<3 \end{cases}$$

如图 2-21c、d 所示。

 习题

2-1 已知电路系统如图 2-22 所示，试分别列出电容两端电流 $i_C(t)$ 和电阻两端电压 $v_R(t)$ 作为响应端的微分方程，并求其对冲激信号和阶跃信号的响应。

2-2 已知电路系统如图 2-23 所示，试列出以电容两端电压为输出的系统微分方程，并求单位冲激和单位阶跃响应。

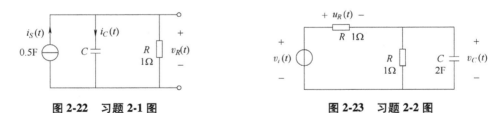

图 2-22　习题 2-1 图　　　　　　　　图 2-23　习题 2-2 图

2-3 已知描述某连续时间 LTI 系统的微分方程为

$$y'(t)+3y(t)=f(t)$$

$y(0_+)=1$，试求该系统在下列输入激励作用下系统的全响应。

(1) $f(t)=u(t)$　　　　　　　　　(2) $f(t)=\mathrm{e}^{-t}u(t)$

(3) $f(t)=\cos t u(t)$　　　　　　　(4) $f(t)=\mathrm{e}^{-3t}\cos t u(t)$

2-4 已知两信号分别为 $f_1(t)$ 和 $f_2(t)$，如图 2-24 所示，试求 $f_1(t)*f_2(t)$，并画出波形图。

2-5 已知 $x(t)$ 为三角波，冲激串信号 $\delta_r(t)=\sum\limits_{k=-\infty}^{\infty}\delta(t-kT)$，如图 2-25 所示，试求这两信号的卷积，并绘出波形图。观察并分析 τ 和 T 大小变化对卷积的影响。

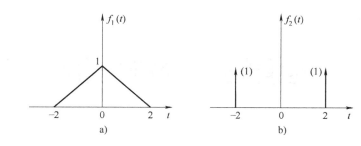

图 2-24 习题 2-4 图

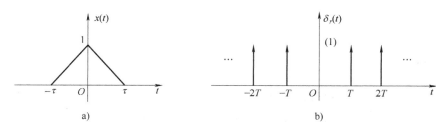

图 2-25 习题 2-5 图

2-6 求信号 $f(t)=\cos\omega t$ 的自相关函数，并分析幅值、频率和相位的变化。

2-7 已知 $y''(t)+4y'(t)+3y(t)=f(t)$，$y(0_-)=1$，$y'(0)=1$，求当激励 $f(t)=\delta(t)$ 时的响应。

2-8 求信号 $f(t)=e^{-at}u(t)(a>0)$ 的自相关函数。

2-9 已知信号 $f_1(t)=e^{-a_1t}\varepsilon(t)(a_1>0)$，$f_2(t)=e^{-a_2t}\varepsilon(t)(a_2>0)$，求互相关函数 $R_{12}(\tau)$ 和 $R_{21}(\tau)$，并分析 $R_{12}(\tau)$ 和 $R_{21}(\tau)$ 间的关系。

2-10 已知系统的微分方程为 $y(t)+3y'(t)+2y(t)=x'(t)+3x(t)$，用 MATLAB 求其冲激响应和阶跃响应（零状态）。

2-11 已知系统由三个子系统级联而成，如图 2-26 所示，试给出系统总的冲激响应表达式，并分析卷积代数定律在信号与系统冲激响应信号间的应用，分析在数学上可以改变子系统的前后顺序，在实际系统中能不能改变，并说明原因。

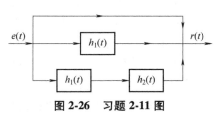

图 2-26 习题 2-11 图

2-12 若描述某系统的微分方程和初始状态为 $y''(t)+5y'(t)+4a_0y(t)=2f'(t)$，$y(0_-)=1$，$y'(0_-)=5$，用 MATLAB 计算系统的零输入响应。

2-13 用 MATLAB 求 $f_1(t)=u(t)-0.5u(t-2)$ 与 $f_2(t)=2e^{-3t}u(t)$ 的卷积积分，并画出信号波形，其中 $u(t)$ 代表阶跃信号。

2-14 自己动手设计并制作任意一阶和二阶电路，用信号发生器产生激励信号，观察并记录不同元件两端输出电压变化规律，信号源可选择不同频率的正弦信号和方波信号，尝试解释输出波形的变化原因。

第 3 章

连续信号频域分析

3.1 引言

信号的时域分析是以时间为自变量，而信号的频域分析是以频率为自变量。工程中直接测试得到的信号一般为时域信号，要想从时域信号中获取频域信息，需要借助数学工具，即傅里叶变换来实现。

信号频域分析就是建立信号幅值（或能量）随频率变化的规律模型，从模型中解读信号有哪些频率成分，知道各频率对信号贡献大小（对应频率处幅值或能量的大小），从不同于时域的角度去分析和解读信号。

在信号和系统分析中，变换域的思想是一直贯穿其中的，通俗地讲，在变换域分析信号和系统，就是变换看问题的角度，从不同的角度可以获得更多的关于信号和系统的信息。本书中讲的变换域主要有时域、频域以及复频域。变换域的转换在数学上可以理解为信号的分解或映射，傅里叶变换、拉普拉斯变换的本质实际上就是分解或映射。

傅里叶分析的研究与应用至今已经历了一百余年。1822 年法国数学家傅里叶（J. Fourier，1768—1830）在研究热传导理论时发表了《热的分析理论》，提出并证明了将周期函数展开为正弦级数的原理，奠定了傅里叶级数的理论基础。其后，泊松（Poisson）、高斯（Gauss）等人把这一成果应用到电学中去。虽然在电学工程中，三角函数、指数函数以及傅里叶分析等数学工具早已得到广泛的应用，但是在通信系统中普遍应用这些数学工具还经历了一段过程，进入 20 世纪以后，人们逐渐认识到，在通信与控制系统的理论研究和实际应用之中，采用频域的分析方法较之经典的时域分析方法有许多突出的优点。因此，傅里叶分析方法已经成为信号分析与系统设计的重要工具。20 世纪 70 年代以来，随着计算机、数字集成电路技术的发展，在傅里叶分析方法中出现了快速傅里叶变换（Fast Fourier Transform，FFT），它解决了以前利用硬件电路或计算机进行傅里叶变换的时效性差和硬件成本高等难题，才使得傅里叶变换能够借助现代计算机或微处理器进行快速的计算与分析。目前，傅里叶变换的算法和在相关领域的研究与应用已相当成熟，已经成为信号和系统分析与设计的常规手段。

傅里叶分析方法在电力工程、通信、控制、力学、光学、量子物理和各种线性系统分析等许多有关数学、物理和工程技术领域中得到广泛而普遍的应用。

傅里叶介绍：

1768 年出生于法国，1807 年提出"任何周期函数都可用正弦级数表示"，当时拉格朗日反对发表，直到 1822 年该理论首次发表在《热的分析理论》一书中，在 1829 年狄利克雷第一个给出了其收敛条件。傅里叶主要的贡献可概括为两个，一是"周期函数都可以表示为成谐波关系的正弦函数的加权和"，称为傅里叶的第一个主要论点；二是"非周期函数都可以用正弦函数的加权积分表示"，称为傅里叶的第二个主要论点。

3.2　周期信号的傅里叶级数分析

3.2.1　周期信号的三角函数傅里叶级数展开

在数学课中，读者已经接触过傅里叶三角函数展开的概念和方法。由于数学是对工程实际问题的抽象，所以只是以函数分解或变换的角度去讲解。人们往往对其工程应用缺乏认识，所以本书的讲解思路是先回顾已有的数学知识，再讲授如何应用知识去分析和解决问题。

设周期函数 $f(t)$，其周期为 T_1，对应的角频率 $\omega_1 = \dfrac{2\pi}{T_1}$，频率 $f_1 = \dfrac{1}{T_1}$，其中角频率的单位是 rad/s，频率的单位是 Hz，二者的关系为 $\omega_1 = 2\pi f_1$。则这一周期信号可以用傅里叶级数展开为

$$f(t) = a_0 + a_1\cos(\omega_1 t) + b_1\sin(\omega_1 t) + a_2\cos(2\omega_1 t) + b_2\sin(2\omega_1 t) + \cdots + a_n\cos(n\omega_1 t) + b_n\sin(n\omega_1 t) + \cdots$$

$$= a_0 + \sum_{n=1}^{\infty} \left[a_n\cos(n\omega_1 t) + b_n\sin(n\omega_1 t) \right] \tag{3-1}$$

式中　n——正整数。

各次谐波成分的幅度值按以下各式计算：

直流分量

$$a_0 = \frac{1}{T_1}\int_{t_0}^{t_0+T_1} f(t)\,\mathrm{d}t \tag{3-2}$$

余弦分量的幅度

$$a_n = \frac{2}{T_1}\int_{t_0}^{t_0+T_1} f(t)\cos(n\omega_1 t)\,\mathrm{d}t \tag{3-3}$$

正弦分量的幅度

$$b_n = \frac{2}{T_1}\int_{t_0}^{t_0+T_1} f(t)\sin(n\omega_1 t)\,\mathrm{d}t \tag{3-4}$$

式中，$n = 1$，2，$\cdots$，为方便起见，通常积分区间 $t_0 \sim t_0 + T_1$ 取 $0 \sim T_1$ 或 $-\dfrac{T_1}{2} \sim +\dfrac{T_1}{2}$ 均可以。

周期信号利用三角函数集展开实际上就是将周期信号在一组完备的正交函数集上进行分解或投影，从而将周期信号分解成一系列无穷多个三角函数组成的多项式，每一个三角函数实际上就是正弦（或余弦）信号，均包含幅值、频率和相位这三个要素。

必须指出，并非任意周期信号都能进行傅里叶级数展开。周期信号 $f(t)$ 需要在满足狄利克雷条件的条件下才能进行傅里叶级数展开，这个条件表述如下：

1）在一周期内，如果有间断点存在，则间断点的数目应是有限的。

2）在一周期内，极大值和极小值的数目应是有限的。

3) 在一周期内，信号是绝对可积的，即 $\int_{t_0}^{t_0+T_1}|f(t)|\mathrm{d}t$ 小于或等于有限值(T_1 为周期)。

一般情况下，周期性信号都能满足狄利克雷条件，后面章节中如没有特别需要，不再讨论这一条件。

3.2.2 周期信号的三角函数傅里叶级数展开的简化

周期信号的傅里叶级数展开式中，包含有正弦项和余弦项，如式(3-1)。根据三角函数的性质，可以将同频率的正弦项和余弦函数进行合并，从而简化展开公式的表达形式，所以，周期信号的傅里叶级数展开式有了第二种书写形式：

$$f(t) = c_0 + \sum_{n=1}^{\infty} c_n \cos(n\omega_1 t + \varphi_n) \tag{3-5}$$

或

$$f(t) = d_0 + \sum_{n=1}^{\infty} d_n \sin(n\omega_1 t + \theta_n) \tag{3-6}$$

比较式(3-5)和式(3-6)，可以看出傅里叶级数中各个量之间有如下关系：

$$\left.\begin{array}{l} a_0 = c_0 = d_0 \\[6pt] c_n = d_n = \sqrt{a_n^2 + b_n^2} \\[6pt] a_n = c_n\cos\varphi_n = d_n\sin\theta_n \\[6pt] b_n = -c_n\sin\varphi_n = d_n\cos\theta_n \\[6pt] \tan\theta_n = \dfrac{a_n}{b_n} \\[10pt] \tan\varphi_n = -\dfrac{b_n}{a_n} \\[10pt] (n = 1,\ 2,\ \cdots) \end{array}\right\} \tag{3-7}$$

3.2.3 周期信号傅里叶级数展开的复指数表达形式

其实对于周期信号的傅里叶级数展开，前面讲的第一种表达方式，即同时含有正弦项和余弦项的方式是最原始的级数展开形式，第二种表达方式是对第一种表达方式进行了合并，在形式上更加简单。在数学上，还有另外一种展开的表达方式，即复指数展开表达式，这种表达形式在数学上更加简化。这三种形式的三角函数级数展开式中，除了形式上的不同外，其表达的含义是相同的，只不过前两种方法更加适合于对其工程含义的理解，后一种方法更加适合于数学上的推导。

周期信号还可以展开成复指数函数 $\mathrm{e}^{jn\omega_1 t}$ 的线性组合：

$$f(t) = \sum_{n=-\infty}^{\infty} F_n \mathrm{e}^{jn\omega_1 t} \tag{3-8}$$

这就是指数形式的傅里叶级数展开，其中，系数公式

$$F_n = \frac{1}{T_1}\int_{-\infty}^{\infty} f(t)\mathrm{e}^{-jn\omega_1 t}\mathrm{d}t \tag{3-9}$$

式(3-8)中，$n \in (-\infty, +\infty)$，负频率的引入是由数学上完备性决定的，是为了平衡正频

率从而使求和的结果为实数值，工程实际中是不存在负频率的。

3.2.4　周期信号的频域分析

周期信号可以用傅里叶级数展开，不同的表达方式只是形式不同而已，其内在本质并没有发生变化。接下来的问题是已经将周期信号分解展开了，怎样从分解展开后的表达形式中获取周期信号的频域信息，了解周期信号的频率构成和频率成分对信号的贡献，才是应用傅里叶级数对周期信号进行频域分析的关键。

正弦信号中包含三个要素，分别是幅值、频率和相位，傅里叶展开是在正弦信号集上开展的。幅值表示这个正弦信号强度的大小，频率表示这个正弦信号的频率，注意一个正弦信号只有一个频率，属于纯频信号，频率高低反映信号变化的快慢，而相位则表示这个频率的正弦信号的初始起振点的状态。对于分解集中的每一个正弦信号，其频率变化是有规律的，最小的频率成分是由信号周期决定的，称为基频 $f_1\left(f_1=\dfrac{1}{T_1}\right)$，后续频率逐渐增加，增加的幅度是基频的整数倍，分别是 $2f_1$、$3f_1$、…，依次称为二次谐波、三次谐波、……，一直到无穷，有时统称为谐波。而展开式中每一个正弦信号的幅值大小实际上就是周期信号中，这个频率的正弦信号的分解系数，这个系数越大，这个频率成分对周期信号的贡献就越大，如果这个系数为 0，说明周期信号中不含有这个频率分量。展开式中每一个正弦信号相位表示这个频率的正弦信号的初始相位大小，可以是 0，也可以是 2π 范围内的任意值(说明：后续课程中不再严格区分正弦和余弦的概念，因为它们之间只相差一个 $\pi/2$ 的相位)。

从周期信号的傅里叶级数展开中，得到了不同频率对应的幅值和相位的信息，如果把所有的频率组成横坐标，对应的幅值为纵坐标画一个图就得到了幅值随频率的变化规律；同样以频率为横坐标，对应的相位值为纵坐标，就得到了相位随频率的变化规律。分别称为周期信号的幅值频谱图和相位频谱图，简称幅频和相频。因为正弦信号的幅值、频率和相位在工程信号中有明确的对应关系，能与实际信号建立起联系，所以，周期信号经过傅里叶级数展开后，就能建立起以频率为自变量、幅值和相位为因变量的数学模型，从而实现了周期信号从时域到频域的转换。可以通过这种关系，明确周期信号中含有哪些频率成分，每个频率成分的幅值是多少、相位是多少，进而对信号进行频域的分析和处理。展开式中的常量是直流分量，表明这个信号中有无直流成分，其对应的频率为 0。

周期信号傅里叶级数展开有三种表达方式，其幅值频谱和相位频谱也有相应的画法，不论采用何种画法，其揭示的信号的频域信息都是相同的，即包含哪些频率成分，对应的频率的幅值和相位分别是多少。

通过傅里叶级数将周期信号从时域转换到频域，既可以从时域获取周期信号的周期大小、波动幅度大小、有无直流分量和信号起始点($t=0$)的起振位置等信息；同时，从频域可以获取信号由哪些频率成分组成，每一个频率成分(对应于纯频信号)的幅度大小、在周期信号中的权重，以及每个纯频信号起振点信息。通过频域分析，也可以为后续系统设计提供部分设计依据，比如设计的系统能不能允许某个频率的信号通过，通过后有没有衰减，系统能不能通过其中的频率成分等。而且还可以帮助人们对系统设计产生的一些现象进行解释，比如当周期信号通过某电路后，发现输出不再是严格意义上的周期信号，这是因为电路的通频带是有限的，而周期信号中的频率成分是无限的，导致高频成分没有通过系统。实际上工程中的任何系统都不是全通系统，某些频率无法通过时，要评估造成的信号失真能否接受，不可能所有的频率成分都无衰减地通过任何系统。

例 3-1 已知周期方波信号为

$$f(t) = \begin{cases} E, & -\dfrac{T}{4} \leqslant t < \dfrac{T}{4} \\[2mm] -E, & \dfrac{T}{4} \leqslant t < \dfrac{3T}{4} \end{cases}$$

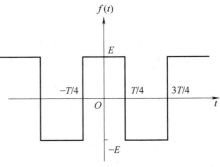

且满足 $f(t) = f(t+T)$，其时域波形如图 3-1 所示，试用傅里叶级数对其展开，并画出频谱图，解释周期方波的频谱构成。

图 3-1　例 3-1 图

解　本例中的周期方波为偶对称，因此其傅里叶级数展开项 $b_n = 0$。应用傅里叶级数展开的第一种表达式，得

$$a_0 = \frac{1}{T} \int_0^T f(t)\, \mathrm{d}t = 0$$

$$a_n = \frac{2}{T} \int_{-T/2}^{T/2} f(t)\cos(n\omega t)\, \mathrm{d}t = (-1)^{\frac{n-1}{2}} \frac{4E}{n\pi}, \quad n = 1,\ 3,\ 5,\ \cdots$$

则周期方波的傅里叶级数展开为

$$f(t) = \frac{4E}{\pi}\left(\cos\omega t - \frac{1}{3}\cos 3\omega t + \frac{1}{5}\cos 5\omega t - \cdots\right)$$

将展开式中各频率分量对应的幅值和相位用图形表示，周期方波频谱图如图 3-2 所示。

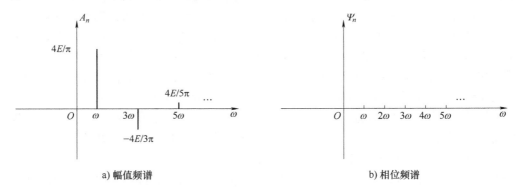

a) 幅值频谱　　　　　　　　　　　　　　　b) 相位频谱

图 3-2　周期方波频谱图

幅值频谱有时用 $|A_n|$ 表示纵坐标，此时幅值频谱如图 3-3 所示。

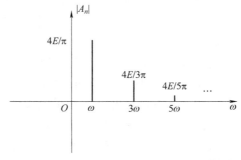

图 3-3　周期方波幅值频谱图的另一种表示

如果以复指数形式展开，则

$$F_n = \frac{1}{T}\int_{-T/2}^{T/2} f(t)\,\mathrm{e}^{-\mathrm{j}n\omega t}\,\mathrm{d}t = \mathrm{j}\frac{E}{n\pi}(\cos n\pi - 1) , \quad n = 0, \pm1, \pm2, \pm3, \cdots$$

$$f(t) = \sum_{n=-\infty}^{\infty} F_n \mathrm{e}^{\mathrm{j}n\omega_1 t} = -\mathrm{j}\frac{E}{\pi}\sum_{n=-\infty}^{\infty}\frac{1}{n}(1-\cos n\pi)\mathrm{e}^{\mathrm{j}n\omega t} , \quad n = 0, \pm1, \pm2, \pm3, \cdots$$

此时

$$\begin{cases} F_{nI} = -\dfrac{E}{n\pi}(1-\cos n\pi) \\ F_{nR} = 0 \end{cases} , \quad n = 0, \pm1, \pm2, \pm3, \cdots$$

$$|F_n| = \sqrt{F_{nI}^2 + F_{nR}^2} = \begin{cases} \left|\dfrac{2E}{n\pi}\right| , & n = \pm1, \pm3, \cdots \\ 0, & n = 0, \pm2, \pm4, \cdots \end{cases}$$

$$\varphi_n = \arctan\frac{F_{nI}}{F_{nR}} = \begin{cases} -\dfrac{\pi}{2}, & n = +1, +3, +5, \cdots \\ \dfrac{\pi}{2}, & n = -1, -2, -5, \cdots \\ 0, & n = 0, \pm2, \pm4, \pm6, \cdots \end{cases}$$

在复指数形式下，同样可以画出周期方波的频谱图，如图 3-4 所示。

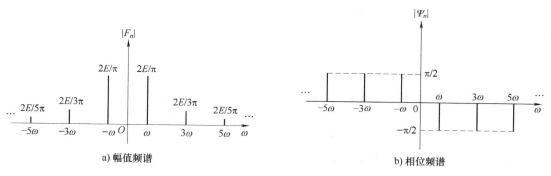

a) 幅值频谱　　　　　　　　　　　b) 相位频谱

图 3-4　周期方波复指数频谱图

解释周期方波频谱的含义：

从傅里叶级数展开式中，可以看出周期方波的频谱构成情况，其频谱图更加直观。周期方波中不包含直流分量，也不包含偶次谐波分量，只包含奇次谐波分量，其中一次谐波分量也称为基频，是周期信号对应的周期的倒数，幅频谱中包含无穷多个频率成分，但低频成分的幅值大，对周期方波构成的贡献大，随着频率的增加，幅值是呈衰减趋势的，也可以看出构成周期方波的频率成分是离散的，不是连续的。周期方波的相位频谱为 0，说明其中每个正弦频率分量的初始起振点均为 0 点。

这里需要说明的一点是，直观地从不同形式表示的周期方波频谱上看，存在一些差异，主要表现在幅频谱上，三角函数展开式中只有正频率，这个比较好理解，但在复指数形式展开式中，存在负频率，负频率没有实际的物理意义，只是复数形式表示时数学上的一种表现而已，但注意由于负频率的引入，对应频率上的幅值变为三角函数展开式的 1/2。相位频谱中，三角函数展开式中相位为 0，而在复指数展开式中相位取为 ±π/2，这也是复指数引入造成的。另外，引入复指数后，展开式实际上已经变成了复数，因此具有实部和虚部。但这些频谱图上的细微差异，并不影响人们对周期方波中包含哪些频率成分、各频率成分幅值大小及相位的了解，只要注意这些形式上的变化就行了。

周期信号频谱有以下特点：

1）频谱是离散的。

2）包含无穷多的频率成分（正、余弦除外）。

3）随着频率的增加，幅值呈下降趋势，信号中低频成分贡献大。

4）信号平均值为 0，说明该周期信号中不包含直流分量。

5）周期信号偶对称时，正弦分量为 0，奇对称时余弦分量为 0。

6）各谐波分量的频率均为基频的整数倍，也就是说周期信号中的频率分量只包含基频整数倍的频率成分。

3.2.5 有限项级数表示傅里叶级数

在讲解有限项级数表示傅里叶变换时，需要先了解周期信号的功率特性。周期信号的能量是无限的，因此为功率信号，周期信号的功率 P 可以用傅里叶级数的三角函数展开式或复指数展开式进行计算，实际上就是一个周期内的平均能量。

$$P = \overline{f^2(t)} = \frac{1}{T}\int_{t_0}^{t_0+T} f^2(t)\,\mathrm{d}t \tag{3-10}$$

利用三角函数及复指数函数的正交性，可以得到周期信号平均功率与傅里叶系数的关系。

$$P = a_0^2 + \frac{1}{2}\sum_{n=1}^{\infty}(a_n^2+b_n^2) = c_0^2 + \frac{1}{2}\sum_{n=1}^{\infty}c_n^2 = \sum_{n=-\infty}^{\infty}|F_n|^2 \tag{3-11}$$

周期信号平均功率等于其傅里叶级数展开各谐波分量有效值的二次方和，此时信号的时域和频域能量守恒，这实际上是由于信号的分解是在完备和正交的三角函数基上完成的，因此，时域能量等于频域能量，这一规律称为帕塞瓦尔定理。

周期信号可以用傅里叶级数展开，得到其频谱信息。可以看出，周期信号的频率成分是无穷多的（纯频信号除外）。与傅里叶级数展开相对应，可以用无穷多个纯频信号合成周期信号，在实际中往往采用有限项傅里叶级数来表示，那么用有限项表示会带来什么问题，对信号有什么影响，是本节要阐述的问题。

设任意满足绝对可积条件的周期信号 $f(t)$ 可以用傅里叶级数展开为

$$f(t) = a_0 + \sum_{n=1}^{\infty}\left[a_n\cos(n\omega_1 t) + b_n\sin(n\omega_1 t)\right]$$

当用有限项级数表示时，变为

$$f_N(t) = a_0 + \sum_{n=1}^{N}\left[a_n\cos(n\omega_1 t) + b_n\sin(n\omega_1 t)\right] \tag{3-12}$$

不难看出，用有限项级数表示周期信号时必然产生误差。一般情况下，误差用均方误差来衡量，设误差 ε_N 为

$$\varepsilon_N(t) = f(t) - f_N(t) \tag{3-13}$$

均方误差 E_N 为

$$E_N = \overline{\varepsilon_N^2(t)} = \frac{1}{T} \int_{t_0}^{t_0+T} \varepsilon_N^2(t) \, dt = \overline{f^2(t)} - \left[a_0^2 + \frac{1}{2} \sum_{n=1}^{N} (a_n^2 + b_n^2) \right] \tag{3-14}$$

以偶对称周期方波为例，如图 3-1 所示，其傅里叶级数展开式中只含有奇次谐波的余弦项。

$$a_n = \frac{4E}{n\pi} \sin\left(\frac{n\pi}{2}\right), \quad n = 0, 1, 2, 3, \cdots$$

$$f(t) = \frac{4E}{\pi} \left(\cos(\omega_1 t) - \frac{1}{3} \cos(3\omega_1 t) + \frac{1}{5} \cos(5\omega_1 t) - \cdots \right)$$

$N = 1$ 时，$f_1 = \frac{4E}{\pi} \cos(\omega_1 t)$，$E_1 \approx 0.2E^2$

$N = 2$ 时，$f_2 = \frac{4E}{\pi} \left[\cos(\omega_1 t) - \frac{1}{3} \cos(3\omega_1 t) \right]$，$E_2 \approx 0.08E^2$

$N = 3$ 时，$f_3 = \frac{4E}{\pi} \left[\cos(\omega_1 t) - \frac{1}{3} \cos(3\omega_1 t) + \frac{1}{5} \cos(5\omega_1 t) \right]$，$E_3 \approx 0.04E^2$

其对应的波形如图 3-5 所示。

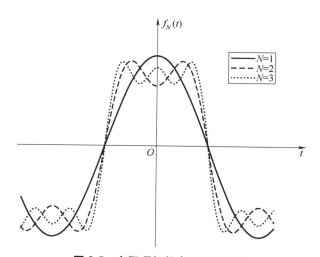

图 3-5　有限项级数表示周期方波

从图 3-5 中可以看出，N 越大，误差就越小，波形就越接近周期方波。以 $N = 6$ 为例，合成信号波形如图 3-6 所示。

总结其特性，可以发现以下规律：

1）N 越大，越接近方波。

2）快变信号，高频分量，主要影响跳变沿。

3）慢变信号，低频分量，主要影响顶部。

4）任一分量的幅度或相位发生相对变化时，波形将会失真。

5）在合成信号突变处存在起伏振荡现象，并且逐渐衰减下去，称吉布斯现象。

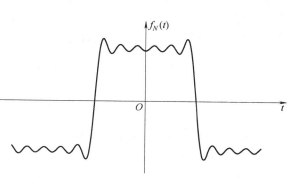

图 3-6　$N = 6$ 时合成信号波形

用有限项表示无穷项级数时，相当于滤除了信号中的高频成分，实际上相当于让周期信号经过了一个具有低通特性的系统。

3.3　典型周期信号的傅里叶级数

周期信号种类很多，考虑到周期矩形脉冲在后续会经常出现，主要以周期矩形脉冲为例来讨论其傅里叶级数展开，以及频谱结构，其他周期信号读者可自行分析。

设周期矩形脉冲的数学表达式为

$$f(t) = \begin{cases} E, & nT - \dfrac{\tau}{2} < t < nT + \dfrac{\tau}{2} \\ 0, & nT + \dfrac{\tau}{2} < t < (n+1)T - \dfrac{\tau}{2} \end{cases}$$

式中　τ——周期矩形脉冲的脉宽；

T——周期；

E——脉冲高度。

或用单位阶跃信号表示为

$$f(t) = E\left[u\left(t + \frac{\tau}{2}\right) - u\left(t - \frac{\tau}{2}\right)\right]$$

其波形如图 3-7 所示。

将周期矩形脉冲按三角函数级数展开：

$$a_0 = \frac{1}{T}\int_{-\frac{\tau}{2}}^{\frac{\tau}{2}} E\,\mathrm{d}t = \frac{E\tau}{T}$$

$$a_n = \frac{2}{T}\int_{-\frac{\tau}{2}}^{\frac{\tau}{2}} E\cos(n\omega t)\,\mathrm{d}t = \frac{2E}{n\pi}\sin\left(\frac{n\pi\tau}{T}\right)$$

$$b_n = 0$$

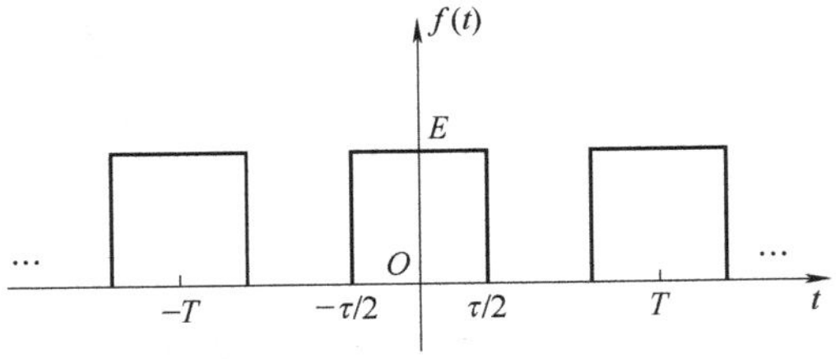

图 3-7　周期矩形脉冲波形

a_n 还可变换为

$$a_n = \frac{2E\tau}{T}\mathrm{Sa}\left(\frac{n\pi\tau}{T}\right) = \frac{E\tau\omega}{\pi}\mathrm{Sa}\left(\frac{n\omega\tau}{2}\right) \tag{3-15}$$

其中，Sa 来源于英文 Sample（抽样），抽样是模拟信号数字化的环节，之所以将其写成 Sa 函数的形式，主要是考虑到抽样过程可以近似为用周期窄矩形脉冲乘以模拟信号，Sa 函数是理论分析抽样的重要环节，在后续的章节中还会有分析。Sa 函数类似 sinc 函数，有些资料中将两个符号通用，sinc 函数有两种表达形式，分别是：

$$归一化\ sinc\ 函数：sinc(t) = \frac{\sin(\pi t)}{\pi t} \tag{3-16}$$

$$非归一化\ sinc\ 函数：sinc(t) = \frac{\sin(t)}{t} \tag{3-17}$$

$sinc(t)$ 函数的性质在高等数学中已经学习过，后面会直接应用其特性进行分析。

将周期矩形脉冲展开如下：

$$f(t) = \frac{E\tau}{T} + \frac{2E\tau}{T}\sum_{n=1}^{\infty}\mathrm{Sa}\left(\frac{n\pi\tau}{T}\right)\cos(n\omega t)$$

或

$$f(t) = \frac{E\tau}{T} + \frac{E\tau\omega}{\pi} \sum_{n=1}^{\infty} \mathrm{Sa}\left(\frac{n\omega\tau}{2}\right)\cos(n\omega t)$$

其复指数形式为

$$F_n = \frac{1}{T}\int_{-\frac{\tau}{2}}^{\frac{\tau}{2}} E\mathrm{e}^{-\mathrm{j}\omega t}\mathrm{d}t$$

$$f(t) = \sum_{n=-\infty}^{\infty} F_n\mathrm{e}^{\mathrm{j}\omega t} = \frac{E\tau}{T}\mathrm{Sa}\left(\frac{n\omega\tau}{2}\right)\mathrm{e}^{\mathrm{j}\omega t}$$

周期矩形脉冲的频谱如图 3-8 所示。

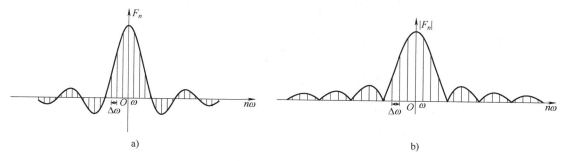

a)　　　　　　　　　　　　　　b)

图 3-8　周期矩形脉冲频谱

周期矩形脉冲在实际中应用很多，比如高低电平的跳变，雷达中发射的脉冲波，超声波检测中发射的脉冲波等。有时，用到这种信号的占空比，即在一个脉冲循环周期内，通电时间相对于周期的比值 τ/T。

从周期矩形脉冲的频谱可以看出，其包络为 Sa 函数，频谱是离散的，离散间隔 $\Delta\omega$ 就是周期信号的基频，$\Delta\omega = \omega$，该信号中直流分量不为 0，随着频率的提高，其幅值呈下降趋势，并且周期越大，其频谱的间隔就越小，反之亦然。

在信号频谱分布中，常常有频谱宽度，或带宽的概念，这里的带宽实际上就是指满足一定幅值范围限制的频率变化范围。在不同的条件下，信号带宽是可变的，比如周期矩形脉冲中，如果以幅值为 0 限定其带宽，则该信号带宽为无限，若以包络第一过零点的范围记为带宽，则带宽为 $2\pi/\tau$（对应角频率）或 $1/\tau$（对应频率）。在有些场合也常用到 $-3\mathrm{dB}$ 或 $-6\mathrm{dB}$ 带宽的概念，是指幅值下降到对应的分贝时对应的频率分布范围。

3.4　傅里叶变换

3.4.1　傅里叶变换的由来

在确定性信号中，除了周期信号外，还有一类信号是非周期信号。前面通过傅里叶级数将周期信号从时域转换到了频域。接下来，将傅里叶级数进行拓展，将这种方法推广到非周期信号中，得到傅里叶变换。

以周期矩形信号为例，如图 3-7 所示，当周期 $T\to\infty$ 时，则周期信号就转化为非周期性的单脉冲信号。所以可以把非周期信号看成是周期趋于无限大的信号。当周期 $T\to\infty$ 时，周期信号变为非周期信号，相应地，一些参量发生如下变化。

周期信号中的基频 ω_1，它实际上也是周期信号频谱图中谱线的间隔，即 $\Delta\omega = \omega_1 = \left(\dfrac{2\pi}{T}\right) = 2\pi f_1$，若周期 T 趋于无限大，则谱线的间隔趋于无限小，$\omega_1 \rightarrow 0 \rightarrow \mathrm{d}\omega$，这时，离散的频谱就变成连续频谱了。同时，由于周期信号中各次谐波间隔为无穷小了，所以有 $n\omega_1 \rightarrow \omega$，由离散变量变为连续变量。周期信号傅里叶级数展开式中的 $\sum(\cdot) \rightarrow \int(\cdot)$。周期信号的傅里叶级数展开式 $f(t) = \sum\limits_{n=-\infty}^{\infty} F_n \mathrm{e}^{jn\omega_1 t}$ 就变成了下面的形式：

$$f(t) = \int_{-\infty}^{\infty} \frac{1}{2\pi}\left[\int_{-\infty}^{\infty} f(t)\,\mathrm{e}^{-j\omega t}\mathrm{d}t\right]\mathrm{e}^{j\omega t}\mathrm{d}\omega \tag{3-18}$$

式中，周期信号中的傅里叶分解系数 $F_n = \dfrac{1}{T_1}\displaystyle\int_{-\infty}^{\infty} f(t)\,\mathrm{e}^{-jn\omega_1 t}\mathrm{d}t$ 变为

$$\text{傅里叶变换：} \quad F(\omega) = \int_{-\infty}^{\infty} f(t)\,\mathrm{e}^{-j\omega t}\mathrm{d}t \tag{3-19}$$

此时，也可以把 $f(t)$ 简写成

$$\text{傅里叶积分（逆变换）：} \quad f(t) = \frac{1}{2\pi}\int_{-\infty}^{\infty} F(\omega)\,\mathrm{e}^{j\omega t}\mathrm{d}\omega \tag{3-20}$$

从上面的公式可以看出 $F(\omega)$ 对应于周期信号傅里叶级数展开时的各次谐波的系数，$F(\omega)$ 是关于自变量 ω 的函数，在 ω 无穷大区间上取任意值都会有一个幅值与其对应，ω 是频率，那么就建立起了非周期信号频域变换的关系式，称为傅里叶变换（Fourier Transform，FT）。而 $f(t)$ 的表达式对应于周期信号中的级数展开式，称为傅里叶积分，或者更多场合称之为傅里叶逆变换（Inverse Fourier Transform，IFT）。

傅里叶变换也称傅里叶正变换，它与傅里叶逆变换是一对傅里叶变换对，架起了非周期信号时域和频域转换的桥梁，可以根据需要对信号进行时域或频域的变换。由于傅里叶变换是在完备正交的基上进行的，所以存在逆变换，换言之，并不是所有的变换都存在逆变换。

傅里叶变换和其逆变换有以下的表述形式，仅供读者参考。

$$f(t) = F^{-1}(F(\omega))$$
$$F(\omega) = F(f(t))$$
$$f(t) \underset{\text{IFT}}{\overset{\text{FT}}{\rightleftharpoons}} F(\omega)$$

并不是所有的非周期信号都存在傅里叶变换，要满足以下条件：

$$\int_{-\infty}^{\infty} |f(t)|\,\mathrm{d}t < \infty \tag{3-21}$$

从广义函数的角度分析，允许奇异函数如阶跃信号、冲激信号这类函数存在傅里叶变换。

可以从周期方波信号周期逐渐增大一直到无穷的渐变过程中观察从傅里叶级数到傅里叶变换的过程，以增加对傅里叶变换的理解，从周期信号的离散频谱到非周期信号的连续频谱如图 3-9 所示。

对于周期方波信号，当周期 $T_1 \rightarrow \infty$，重复频率 $\omega_1 \rightarrow 0$，谱线间隔 $\Delta\omega \rightarrow \mathrm{d}\omega$，而离散频率 $n\omega_1$ 如变成连续频率 ω，在这种极限情况下离散频谱变成一个连续函数。

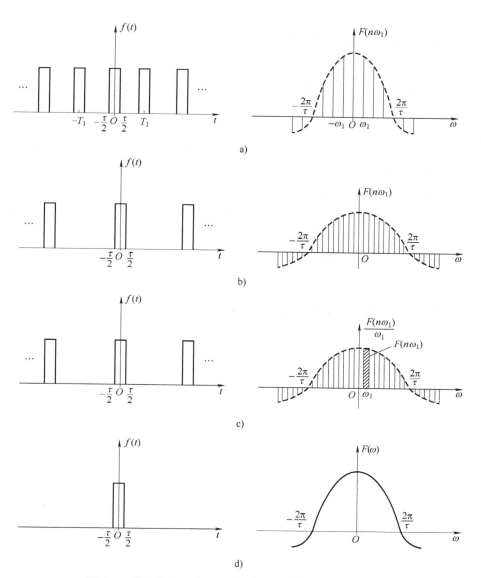

图 3-9　从周期信号的离散频谱到非周期信号的连续频谱

与周期信号相类似，也可以将傅里叶变换改写为三角函数形式，即

$$f(t)=\frac{1}{2\pi}\int_{-\infty}^{\infty}F(\omega)\mathrm{e}^{\mathrm{j}\omega t}\mathrm{d}\omega=\frac{1}{2\pi}\int_{-\infty}^{\infty}|F(\omega)|\mathrm{e}^{\mathrm{j}[\omega t+\varphi(\omega)]}\mathrm{d}\omega$$

$$=\frac{1}{2\pi}\int_{-\infty}^{\infty}|F(\omega)|\cos[\omega t+\varphi(\omega)]\mathrm{d}\omega+\frac{\mathrm{j}}{2\pi}\int_{-\infty}^{\infty}|F(\omega)|\sin[\omega t+\varphi(\omega)]\mathrm{d}\omega \tag{3-22}$$

若 $f(t)$ 是实函数，$|F(\omega)|$ 和 $\varphi(\omega)$ 分别是频率 ω 的偶函数与奇函数。这样，上式化简为

$$f(t)=\frac{1}{2\pi}\int_{-\infty}^{\infty}|F(\omega)|\cos[\omega t+\varphi(\omega)]\mathrm{d}\omega=\frac{1}{\pi}\int_{0}^{\infty}|F(\omega)|\cos[\omega t+\varphi(\omega)]\mathrm{d}\omega \tag{3-23}$$

可见，非周期信号和周期信号一样，也可以分解成许多不同频率的正、余弦分量。所不同的是，由于非周期信号的周期趋于无限大，基频趋于无限小，于是它包含了从零到无限高的所有频率分量。

3.4.2 傅里叶变换中蕴含的工程物理意义

傅里叶变换将非周期信号从时域变换到频域，建立起了信号频率与幅值的关系。其幅值不为0对应的频率取值范围就是信号中包含的频率成分，不同于周期信号，它的频率分量是在区间上连续取值的。每一个频率成分幅值的大小反映了该频率对信号的贡献。同样，可以画出幅值随频率的变化曲线，称为幅频；相位随频率的变化曲线，称为相频。幅频和相频统称频谱。只不过工程信号中，大多数情况下并不关心相位频谱，所以幅值频谱是重点。

信号的频谱除了能够反映出信号中所包含的频率成分及其分布外，信号的频谱也是电路系统设计的重要参考依据，比如电子元件、集成电路等都有频率和带宽的技术指标，设计电路时在选用元器件上就要充分考虑频率的通过性及响应特性，同时，所设计的电路系统也有频率响应范围和频率选择性，注意要满足所处理的信号的基本要求。

另外，非周期信号的频谱是连续谱，包含了从0到无穷的频率成分，各频率成分之间不再成谐波关系。

3.5 典型非周期信号的傅里叶变换

本节对一些典型非周期信号求解傅里叶变换，画出频谱密度图，分析它们的频域特性，理解信号傅里叶变换的深层含义。

1. 单边指数信号

单边指数信号的时域表达式：

$$f(t) = e^{-at}u(t)，a>0$$

根据傅里叶变换公式：

$$F(\omega) = \int_{-\infty}^{+\infty} f(t) e^{-j\omega t} dt = \int_{0}^{+\infty} e^{-at} e^{-j\omega t} dt = \int_{0}^{+\infty} e^{-(a+j\omega)t} dt = \frac{e^{-(a+j\omega)t}}{-(a+j\omega)}\bigg|_{0}^{+\infty} = \frac{1}{a+j\omega} \quad (3-24)$$

这是一个复数表达式，求其模和相位，得到幅度频谱密度函数和相位频谱密度函数：

$$\begin{cases} |F(\omega)| = \dfrac{1}{\sqrt{a^2+\omega^2}} \\ \varphi(\omega) = -\arctan(\omega/a) \end{cases}$$

画出其幅度频谱密度和相位频谱密度，频谱图如图3-10所示。非周期信号的频谱密度是连续曲线。

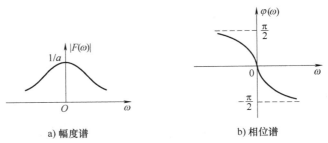

a) 幅度谱　　　　　　　　　　b) 相位谱

图3-10　单边指数信号的频谱图

2. 双边指数信号

双边指数信号的时域表达式：

$$f(t) = \mathrm{e}^{-a\,|\,t\,|}, \quad a > 0$$

其傅里叶变换(频域表达式)为

$$F(\omega) = \int_{-\infty}^{0} \mathrm{e}^{at}\,\mathrm{e}^{-\mathrm{j}\omega t}\,\mathrm{d}t + \int_{0}^{+\infty} \mathrm{e}^{-at}\,\mathrm{e}^{-\mathrm{j}\omega t}\,\mathrm{d}t = \frac{2a}{a^2 + \omega^2} \tag{3-25}$$

双边指数信号的傅里叶变换是一个正实数,因此:

$$\begin{cases} |F(\omega)| = \dfrac{2a}{a^2 + \omega^2} \\[2mm] \varphi(\omega) = 0 \end{cases}$$

其频谱图如图 3-11 所示,由于是正实数,因此该图也是双边指数信号的幅度谱,相位谱为零。

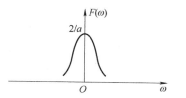

图 3-11　双边指数信号的频谱图

3. 矩形脉冲信号

这里所说的矩形脉冲实际上是门限信号,工程中有时将具有矩形波形的信号统称为方波脉冲。

矩形脉冲信号的傅里叶变换为

$$F(\omega) = \int_{-\frac{\tau}{2}}^{\frac{\tau}{2}} E\,\mathrm{e}^{-\mathrm{j}\omega t}\,\mathrm{d}t = E\tau\,\mathrm{Sa}\!\left(\frac{\omega\tau}{2}\right) \tag{3-26}$$

矩形脉冲信号的傅里叶变换是抽样函数,波形如图 3-12 所示。

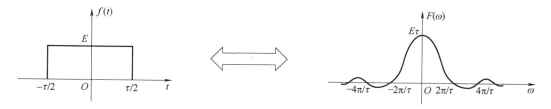

图 3-12　矩形脉冲信号的波形及其傅里叶变换

由于 $F(\omega)$ 是实函数,因此,幅度谱是 $F(\omega)$ 的绝对值,相位根据 $F(\omega)$ 的正或负取 0 或 ±π。

$$|F(\omega)| = \left| E\tau\,\mathrm{Sa}\!\left(\frac{\omega\tau}{2}\right) \right|$$

$$\varphi(\omega) = \begin{cases} 0, & F(\omega) > 0 \\ \pm\pi, & F(\omega) < 0 \end{cases}$$

图 3-13 为其幅度谱和相位谱。

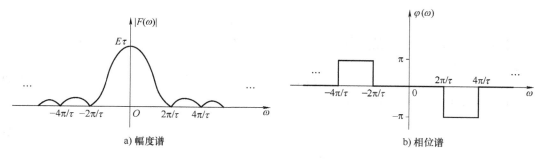

a) 幅度谱　　　　　　　　　　　　　　　　　b) 相位谱

图 3-13　矩形脉冲信号的频谱

4. 钟形脉冲信号

钟形脉冲信号也称为高斯函数，时间函数表达式：

$$f(t) = E e^{-(t/\tau)^2}$$

其傅里叶变换为

$$F(\omega) = \sqrt{\pi} E\tau e^{-(\omega\tau/2)^2} \tag{3-27}$$

高斯函数的傅里叶变换依然是高斯的，高斯信号及其频谱如图 3-14 所示。

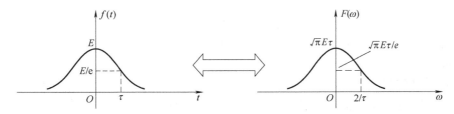

图 3-14　高斯信号及其频谱

高斯函数是速降函数。

$$\begin{cases} |F(\omega)| = \sqrt{\pi} E\tau e^{-(\omega\tau/2)^2} \\ \varphi(\omega) = 0 \end{cases}$$

一个有意思的情况是，如果令 $E=1$，$\tau = 1/\sqrt{\pi}$，则

$$F(e^{-\pi t^2}) = e^{-\pi j^2} \tag{3-28}$$

上面四个信号既典型又实用，下面分析几个典型但特殊的信号，这些信号中有的不符合傅里叶积分的收敛条件，但引入冲激函数的概念后依然可以进行傅里叶分析。

5. 直流信号

直流信号不满足绝对可积条件，不能直接由傅里叶变换公式求得。为了对直流信号进行傅里叶分析，可借助于矩形信号，当矩形信号的脉宽取极限时就得到直流信号。因此，将矩形脉冲的傅里叶变换取极限，即可得到直流信号的傅里叶变换。

直流信号：

$$f(t) = E$$

其傅里叶变换：

$$F(E) = \int_{-\infty}^{+\infty} E e^{-jat} dt = \lim_{\tau \to \infty} \int_{-\tau}^{\tau} E e^{-j\omega t} dt = \lim_{\tau \to \infty} \frac{2E}{\omega} \sin(\omega\tau) = 2\pi E \lim_{\tau \to \infty} \left[\frac{\tau}{\pi} \mathrm{Sa}(\omega\tau) \right]$$

根据式 $\delta(t) = \lim_{K \to \infty} \left[\dfrac{K}{\pi} \mathrm{Sa}(Kt) \right]$，可得

$$F(E) = 2\pi E \delta(\omega) \tag{3-29}$$

直流信号的傅里叶变换是"零频"，这与实际是吻合的，如图 3-15 所示。

令 $E=1$，有

$$F(1) = 2\pi \delta(\omega) \tag{3-30}$$

显然式（3-31）、式（3-32）成立

$$\int_{-\infty}^{+\infty} e^{\pm j\omega t} dt = 2\pi \delta(\omega) \tag{3-31}$$

$$\int_{-\infty}^{+\infty} e^{\pm j\omega t} d\omega = 2\pi \delta(t) \tag{3-32}$$

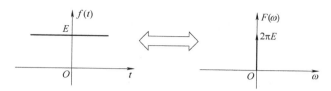

图 3-15　直流信号的傅里叶变换

6. 符号函数

符号函数也不满足绝对可积条件，不能应用傅里叶积分公式进行求解。将符号函数表示成如下的极限形式：

$$f(t) = \mathrm{sgn}(t) = \mathrm{e}^{-a|t|}\,\mathrm{sgn}(t)\big|_{a\to0} = \lim_{a\to0}\big[\,\mathrm{e}^{-at}u(t) - \mathrm{e}^{at}u(-t)\,\big]$$

因此

$$F(\omega) = \lim_{a\to0}\left[\int_0^{+\infty}\mathrm{e}^{-at}\mathrm{e}^{-\mathrm{j}\omega t}\mathrm{d}t - \int_{-\infty}^0 \mathrm{e}^{at}\mathrm{e}^{-\mathrm{j}\omega t}\mathrm{d}t\right] = \lim_{a\to0}\left[\frac{1}{a+\mathrm{j}\omega} - \frac{1}{a-\mathrm{j}\omega}\right] = \frac{2}{\mathrm{j}\omega} \tag{3-33}$$

符号函数的傅里叶变换是一个纯虚数，其幅度频谱和相位频谱如图 3-16 所示。

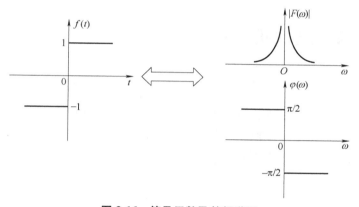

图 3-16　符号函数及其频谱图

7. 单位冲激信号

$$F(\delta(t)) = \int_{-\infty}^{+\infty}\delta(t)\mathrm{e}^{-\mathrm{j}\omega t}\mathrm{d}t$$

由于 $\delta(t)\mathrm{e}^{-\mathrm{j}\omega t} = \delta(t)$，故

$$F(\delta(t)) = 1 \tag{3-34}$$

$\delta(t)$ 的傅里叶变换是常数，说明它等量地含有所有的频率成分，频谱密度是均匀的，通常称为均匀谱或白色谱，如图 3-17 所示。

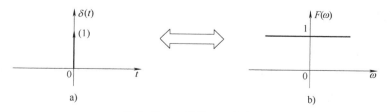

图 3-17　冲激信号及其频谱

8. 单位阶跃信号

单位阶跃信号可以表示成直流信号和符号函数相加，即

$$u(t) = \frac{1}{2} + \frac{1}{2}\text{sgn}(t)$$

由直流信号和符号函数的傅里叶变换可得

$$F(u(t)) = \pi\delta(\omega) + \frac{1}{\text{j}\omega}$$

单位阶跃信号的波形及其幅度频谱如图 3-18 所示。

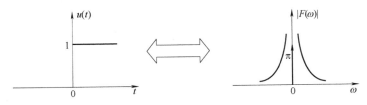

图 3-18　单位阶跃信号的波形及其幅度频谱

3.6　傅里叶变换的性质

非周期信号 $f(t)$ 的傅里叶变换 $F(\omega) = \int_{-\infty}^{\infty} f(t)\text{e}^{-\text{j}\omega t}\text{d}t$ 将时域信号转换到频域，得到了时域信号 $f(t)$ 的频谱。一般情况下，可以根据傅里叶变换公式对时域信号进行直接运算，得到其频谱。但总结和归纳傅里叶变换的一些共性特性，可以帮助人们更好地理解和应用这一公式开展信号的频谱分析，同时也可以更方便地解释一些信号分析时出现的现象。

1. 线性（叠加性）

若 $f_1(t) \leftrightarrow F_1(\omega)$，$f_2(t) \leftrightarrow F_2(\omega)$，设 α_1 和 α_2 为常数，则有

$$\alpha_1 f_1(t) + \alpha_2 f_2(t) \leftrightarrow \alpha_1 F_1(\omega) + \alpha_2 F_2(\omega)$$

上式表明，对于任意两个满足傅里叶变换条件的非周期信号 $f_1(t)$ 和 $f_2(t)$，如果它们的傅里叶变换分别是 $F_1(\omega)$ 和 $F_2(\omega)$，则 $f_1(t)$ 和 $f_2(t)$ 通过线性组合后得到一个新的信号，这个新的信号的频谱可以由原来两个信号的频谱通过相同的线性组合规则得到。这一特性可以推广到多个信号组成的信号中，

若 $f_i(t) \leftrightarrow F_i(\omega)$，$i = 1, 2, \cdots, n$，则有

$$\sum_{i=1}^{n} a_i f_i(t) \leftrightarrow \sum_{i=1}^{n} a_i F_i(\omega)$$

式中　a_i——常数；

n——正整数。

这个推论可以通过傅里叶变换的定义公式证明。由此性质可知，傅里叶变换是一种线性运算，它满足叠加定理。所以，线性组合信号的频谱等于各个单独信号的频谱按相同的线性规则组合。这一特性在信号的分解与合成中经常用到，以上的表述实际上是从信号合成的角度阐述的。反过来，从信号分解的角度，可以理解为将复杂信号分解成多个简单信号，再由简单信号的频谱求得复杂信号的频谱。

2. 对称性

若 $f(t) \leftrightarrow F(\omega)$，则将 $F(\omega)$ 中的角频率 ω 转换成时间 t，得到 $F(t)$，则 $F(t)$ 的频谱为

$$F(F(t)) = 2\pi f(-\omega) \tag{3-35}$$

证明：考虑到

$$f(t) = \frac{1}{2\pi} \int_{-\infty}^{\infty} F(\omega) e^{j\omega t} d\omega$$

那么，可以得到

$$f(-t) = \frac{1}{2\pi} \int_{-\infty}^{\infty} F(\omega) e^{-j\omega t} d\omega$$

再将 t 与 ω 互换，可以得到

$$2\pi f(-\omega) = \int_{-\infty}^{\infty} F(t) e^{-j\omega t} dt$$

整理后得到

$$F(F(t)) = 2\pi f(-\omega)$$

证明完毕。

如果 $f(t)$ 是偶函数，则对称性公式可以变成

$$F(F(t)) = 2\pi f(\omega) \tag{3-36}$$

下面给出两个偶对称信号对称性的示例，其中一个信号是矩形脉冲，另一个信号是单位冲激信号。时间函数与频谱函数的对称性举例如图 3-19、图 3-20 所示。

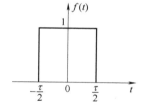
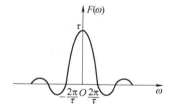
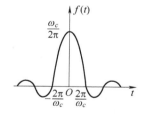
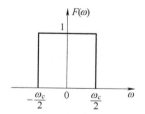

图 3-19　时间函数与频谱函数的对称性举例 1

3. 尺度变换特性

若 $f(t) \leftrightarrow F(\omega)$，则 $f(t)$ 经过尺度 a 之后，得到 $f(at)$，其傅里叶变换为

$$F(f(at)) = \frac{1}{|a|} F\left(\frac{\omega}{a}\right) \tag{3-37}$$

式中　a——非零的实常数。

证明：信号 $f(at)$ 的傅里叶变换为

$$F(f(at)) = \int_{-\infty}^{\infty} f(at) e^{-j\omega t} dt$$

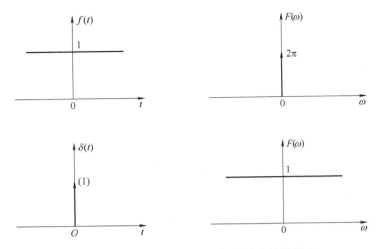

图 3-20   时间函数与频谱函数的对称性举例 2

令 $x=at$，当 $a>0$ 时：

$$F(f(at)) = \frac{1}{a}\int_{-\infty}^{\infty} f(x)\, \mathrm{e}^{-\mathrm{j}\omega\frac{x}{a}}\mathrm{d}x = \frac{1}{a}F\left(\frac{\omega}{a}\right)$$

当 $a<0$ 时：

$$F(f(at)) = \frac{1}{a}\int_{-\infty}^{\infty} f(x)\, \mathrm{e}^{-\mathrm{j}\omega\frac{x}{a}}\mathrm{d}x = -\frac{1}{a}\int_{-\infty}^{\infty} f(x)\, \mathrm{e}^{-\mathrm{j}\omega\frac{x}{a}}\mathrm{d}x = \frac{1}{-a}F\left(\frac{\omega}{a}\right)$$

综合 a 的取值，可以合并表示为

$$F(f(at)) = \frac{1}{|a|}F\left(\frac{\omega}{a}\right)$$

证明完毕。

推论：信号 $f(t)$ 反褶后，其频谱为原信号频谱的反褶，即

$$F(f(-t)) = F(-\omega) \tag{3-38}$$

这个推论可以由 $a=-1$ 直接得到，也可以由傅里叶变换定义公式得到，这实际上也是傅里叶变换线性特性的表现。

下面以矩形脉冲信号在时域尺度为例，示意说明信号尺度变换后，其频谱的变化及规律，示例图如图 3-21 所示。

信号在时域压缩后，其频谱是扩展的，即频带变宽，频带变宽的本质实际上就是信号中高频成分及其对信号的贡献加强。同理，信号在时域扩展后，其频谱是压缩的，即频带变窄，信号中低频成分及其对信号的贡献增强。从信号失真的角度讲，不论信号是压缩还是扩展，都是失真的，但这种信号失真是可逆的。

在电路系统设计时，如果涉及信号的压缩或扩展，应充分考虑其带宽变化给系统造成的影响，特别是通信系统中，通信速度和占用频带宽度是一对矛盾。

4. 时移特性

若 $f(t)\leftrightarrow F(\omega)$，则信号 $f(t)$ 时移后变为 $f(t\pm t_0)$，时移后的信号与其傅里叶变换有如下关系：

$$f(t\pm t_0)\leftrightarrow \mathrm{e}^{\pm\mathrm{j}\omega t_0}F(\omega)$$

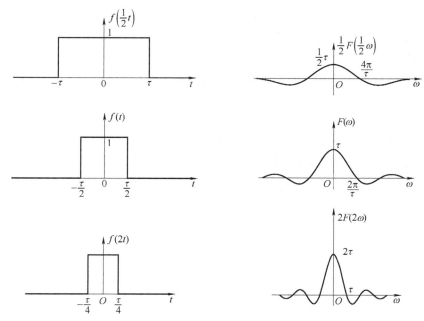

图 3-21　尺度变换特性的举例说明

从时移后信号的频谱可以看出，时移后信号的幅频谱不变，而相频谱发生了变化。各频率分量的相位比原信号 $f(t)$ 各频率分量的相位线性滞后 $\pm\omega t_0$。

证明：时移后信号的傅里叶变换为

$$F(f(t\pm t_0)) = \int_{-\infty}^{\infty} f(t\pm t_0)\,e^{-j\omega t}\,dt \qquad (3-39)$$

令 $t\pm t_0 = \tau$，则式（3-39）可写为

$$F(f(t\pm t_0)) = \int_{-\infty}^{\infty} f(\tau)\,e^{-j\omega(\pm t_0+\tau)}\,d\tau = e^{\pm j\omega t_0}\int_{-\infty}^{\infty} f(\tau)\,e^{-j\omega\tau}\,d\tau = e^{\pm j\omega t_0} F(\omega)$$

证明完毕。

在工程实际中，当时域的移动量为一个常数，其幅频特性不变，变化的只是相频，而一些工程实际中往往不会太多关注相频特性，故对整体时移引起的变化没有太多的关注。信号经过电路后，信号时移是常态（纯电阻网络除外），由于电路时间常数的影响，一定会产生时移，不同频率成分的时移量还不同，此时产生的滞后不同于信号整体时移，在电路系统设计时要注意区分。

5. 频移特性

若 $f(t)\leftrightarrow F(\omega)$，则信号的频谱在 ω 轴上整体移动 ω_0 后，其中 ω_0 为实常数，则称信号产生了频移，信号频移后，其与时域信号之间的关系为

$$F(f(t)\,e^{j\omega_0 t}) = F(j(\omega-\omega_0)) \qquad (3-40)$$

证明：信号 $f(t)\,e^{j\omega_0 t}$ 的傅里叶变换为

$$F(f(t)\,e^{j\omega_0 t}) = \int_{-\infty}^{\infty} f(t)\,e^{j\omega_0 t}\,e^{-j\omega t}\,dt = \int_{-\infty}^{\infty} f(t)\,e^{-j(\omega-\omega_0)t}\,dt = F(j(\omega-\omega_0))$$

此性质表明，在频域中将频谱沿频率轴右移 ω_0，则在时域中，对应于将信号 $f(t)$ 乘以虚指数函数 $e^{j\omega_0 t}$。同理可知，信号在频域向左移动 ω_0，则有

$$F(f(t)e^{-j\omega_0 t}) = F(j(\omega + \omega_0)) \tag{3-41}$$

对于信号频移后时域信号产生的变化，即变为 $f(t)e^{j\omega_0 t}$ 这样的复信号，可能读者不好直接理解，不妨借助欧拉公式 $e^{j\omega_0 t} = \cos(\omega_0 t) + j\sin(\omega_0 t)$ 来理解，如果原信号是一个实信号，则相当于原信号被三角函数调制，调制范围内的信号幅度是不变的。频率向右移动，一般信号由低频变为高频；频率向左移动，一般信号由高频变为低频。

频移性质在实际中仍有着广泛的应用。特别在无线电领域中，诸如调制、混频、同步解调、超高频与超带宽信号采样等都需要进行频谱的搬移。频谱搬移的原理是将信号 $f(t)$ 乘以载频信号 $\cos\omega_0 t$ 或 $\sin\omega_0 t$，从而得到 $f(t)\cos\omega_0 t$ 或 $f(t)\sin\omega_0 t$ 的信号。因为：

$$\cos\omega_0 t = \frac{1}{2}(e^{j\omega_0 t} + e^{-j\omega_0 t}) \tag{3-42}$$

$$\sin\omega_0 t = \frac{1}{2j}(e^{j\omega_0 t} - e^{-j\omega_0 t}) \tag{3-43}$$

依据频移性质，可以推导出：

$$F(f(x)\cos\omega_0 t) = \frac{1}{2}[F(j(\omega - \omega_0)) + F(j(\omega + \omega_0))] \tag{3-44}$$

$$F(f(x)\sin\omega_0 t) = \frac{1}{2j}[F(j(\omega - \omega_0)) - F(j(\omega + \omega_0))] \tag{3-45}$$

这实际上就是信号幅值调制的原理。

例 3-2 求高频脉冲信号 $f(t)$（见图 3-22a）的频谱。

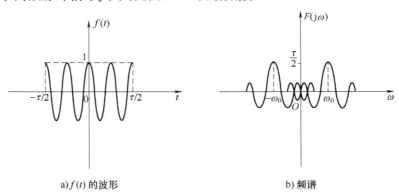

a) $f(t)$ 的波形   b) 频谱

图 3-22 高频脉冲信号及其频谱

解   如图 3-22a 所示高频脉冲信号 $f(t)$ 可以表述为门函数 $g_\tau(t)$ 与 $\cos\omega_0 t$ 相乘，即

$$f(t) = g_\tau(t)\cos\omega_0 t$$

因为

$$g_\tau(t) \leftrightarrow \tau Sa\left(\frac{\omega\tau}{2}\right)$$

根据调制定理有

$$F(f(x)) = \frac{\tau}{2}\left[Sa\left(\frac{(\omega - \omega_0)\tau}{2}\right) + Sa\left(\frac{(\omega + \omega_0)\tau}{2}\right)\right]$$

$f(t)$ 的频谱可以将如图 3-21 所示频谱左右各移 ω_0，如图 3-22b 所示。

6. 时域微分特性

若 $f(t) \leftrightarrow F(\omega)$，则

$$F\left(\frac{\mathrm{d}f(t)}{\mathrm{d}t}\right) = \mathrm{j}\omega F(\omega) \tag{3-46}$$

证明：信号 $f(t)$ 的傅里叶积分为

$$f(t) = \frac{1}{2\pi}\int_{-\infty}^{\infty} F(\omega)\,\mathrm{e}^{\mathrm{j}\omega t}\,\mathrm{d}\omega$$

上式两端对 t 求微分，从而得

$$\frac{\mathrm{d}f(t)}{\mathrm{d}t} = \frac{\mathrm{d}}{\mathrm{d}t}\left[\frac{1}{2\pi}\int_{-\infty}^{\infty} F(\omega)\,\mathrm{e}^{\mathrm{j}\omega t}\,\mathrm{d}\omega\right] = \frac{1}{2\pi}\int_{-\infty}^{\infty} F(\mathrm{j}\omega)\frac{\mathrm{d}\mathrm{e}^{\mathrm{j}\omega t}}{\mathrm{d}t}\,\mathrm{d}\omega = \frac{1}{2\pi}\int_{-\infty}^{\infty} \mathrm{j}\omega F(\omega)\,\mathrm{e}^{\mathrm{j}\omega t}\,\mathrm{d}\omega$$

因此，微分信号 $\dfrac{\mathrm{d}f(t)}{\mathrm{d}t}$ 和 $\mathrm{j}\omega F(\omega)$ 是一对傅里叶变换对，有：

$$\frac{\mathrm{d}f(t)}{\mathrm{d}t} \leftrightarrow \mathrm{j}\omega F(\omega)$$

证明完毕。

对于冲激信号，有 $\delta(t)\leftrightarrow 1$，利用上述性质显然有：

$$F(\delta'(t)) = \mathrm{j}\omega \tag{3-47}$$

即冲激偶的傅里叶变换是 $\mathrm{j}\omega$。

此性质还可推广到 $f(t)$ 的 n 阶导数，即

$$F\left(\frac{\mathrm{d}^n f(t)}{\mathrm{d}t^n}\right) = (\mathrm{j}\omega)^n F(\omega) \tag{3-48}$$

此性质经常被用到频域求解系统响应或求系统频率响应特性中。

7. 时域积分特性

若 $f(t)\leftrightarrow F(\omega)$，则信号 $f(t)$ 的积分为

$$\int_{-\infty}^{t} f(\tau)\,\mathrm{d}\tau = \frac{F(\omega)}{\mathrm{j}\omega} + \pi F(0)\delta(\omega) \tag{3-49}$$

若 $F(0)=0$，则信号 $f(t)$ 的积分与 $F(\omega)/\mathrm{j}\omega$ 是傅里叶变换对，即

$$\int_{-\infty}^{t} f(\tau)\,\mathrm{d}\tau \leftrightarrow F(\omega)/\mathrm{j}\omega \tag{3-50}$$

证明：信号 $f(t)$ 的积分可以看作是信号 $f(t)$ 与单位阶跃信号 $u(t)$ 的卷积，即

$$f(t)*u(t) = \int_{-\infty}^{\infty} f(\tau)u(t-\tau)\,\mathrm{d}\tau = \int_{-\infty}^{t} f(\tau)\,\mathrm{d}\tau$$

利用时域卷积定理，可以得到积分后信号的傅里叶变换：

$$\int_{-\infty}^{t} f(\tau)\,\mathrm{d}\tau \leftrightarrow \frac{F(\mathrm{j}\omega)}{\mathrm{j}\omega} + \pi F(0)\delta(\omega)$$

证明完毕。

8. 频域微分特性

若 $f(t)\leftrightarrow F(\omega)$，则

$$F^{-1}\left(\frac{\mathrm{d}F(\omega)}{\mathrm{d}\omega}\right) = -\mathrm{j}tf(t) \tag{3-51}$$

证明：已知 $F(\omega)$ 是信号 $f(t)$ 的傅里叶变换，所以有

$$F(\omega) = \int_{-\infty}^{\infty} f(t)\,\mathrm{e}^{-\mathrm{j}\omega t}\,\mathrm{d}t$$

对其两边求 ω 的导数，得到

$$\frac{\mathrm{d}F(\omega)}{\mathrm{d}\omega} = \int_{-\infty}^{\infty} f(t)\mathrm{e}^{-\mathrm{j}\omega t}(-\mathrm{j}t)\mathrm{d}t = \int_{-\infty}^{\infty}\left[(-\mathrm{j}t)f(t)\right]\mathrm{e}^{-\mathrm{j}\omega t}\mathrm{d}t$$

再根据傅里叶变换的定义，可以看出 $(-\mathrm{j}t)f(t)$ 与 $\dfrac{\mathrm{d}F(\omega)}{\mathrm{d}\omega}$ 是一对傅里叶变换，即

$$(-\mathrm{j}t)f(t) \leftrightarrow \frac{\mathrm{d}F(\omega)}{\mathrm{d}\omega}$$

证明完毕。

同理可以推论出：

$$(-\mathrm{j}t)^n f(t) = F^{-1}(F^{(n)}(\omega)) \tag{3-52}$$

9. 频域积分特性

若 $f(t) \leftrightarrow F(\omega)$，则

$$\frac{f(t)}{-\mathrm{j}t} + \pi f(0)\delta(t) \leftrightarrow \int_{-\infty}^{\infty} F(\omega)\mathrm{d}\omega \tag{3-53}$$

证明略。

例 3-3 已知 $f(t) = \dfrac{\sin t}{t}$，$f(0) = 0$，求 $F(\mathrm{j}\omega)$。

解 因为

$$\sin t = \frac{1}{2\mathrm{j}}(\mathrm{e}^{\mathrm{j}t} - \mathrm{e}^{-\mathrm{j}t}) \Leftrightarrow \frac{2\pi}{2\mathrm{j}}\left[\delta(\omega-1) - \delta(\omega+1)\right] = \mathrm{j}\pi\left[\delta(\omega+1) - \delta(\omega-1)\right]$$

由频域积分得

$$\frac{f(t)}{t} = \frac{\sin t}{t} \Leftrightarrow \frac{1}{\mathrm{j}}\int_{-\infty}^{\infty}\mathrm{j}\pi\left[\delta(x+1) - \delta(x-1)\right]\mathrm{d}x = \pi\left[u(\omega+1) - u(\omega-1)\right]$$

3.7 帕塞瓦尔定理

信号的能量（功率）恒等于此信号在完备正交函数集中各分量能量（功率）之和。这就是帕塞瓦尔定理。

可用符号形式表述如下：

若 $f(t) \leftrightarrow F(\omega)$，则

$$\int_{-\infty}^{\infty} f^2(t)\mathrm{d}t = \frac{1}{2\pi}\int_{-\infty}^{\infty}|F(\omega)|^2\mathrm{d}\omega \tag{3-54}$$

帕塞瓦尔定理表明在完备正交的函数集中做分解，能量是不泄漏的。所以，要得到信号的能量，可以在时域进行计算，也可以在频域进行计算，二者是相等的。

3.8 时域卷积定理和频域卷积定理

1. 时域卷积定理

如果 $f_1(t) \leftrightarrow F_1(\omega)$，$f_2(t) \leftrightarrow F_2(\omega)$，则

$$F(f_1(t) * f_2(t)) = F_1(\mathrm{j}\omega)F_2(\mathrm{j}\omega) \tag{3-55}$$

存在傅里叶变换的任意两个信号在时域卷积后，如果仍然存在傅里叶变换，则其傅里叶变换就是两信号傅里叶变换的乘积。这就是时域卷积定理。

时域卷积是系统求响应的方法之一，利用时域卷积定理就可以在频域直接求得响应信号的频谱，同样在已知激励频谱和响应频谱的情况下，也可以利用时域卷积定理求得系统的频率响应函数。这个过程可以表述如下。

若已知系统激励为 $f(t)$ 及系统的单位冲激响应 $h(t)$，且 $f(t) \leftrightarrow F(\omega)$，$h(t) \leftrightarrow H(j\omega)$，则系统的零状态响应 $y_f(t)$ 为

$$y_f(t) = f(t) * h(t)$$

根据时域卷积定理，响应的频谱为

$$F(y_f(t)) = F(\omega)H(j\omega)$$

当已知 $y_f(t) \leftrightarrow Y_f(\omega)$ 时，系统的频率响应为

$$H(j\omega) = \frac{Y_f(\omega)}{F(\omega)} \tag{3-56}$$

2. 频域卷积定理

如果 $f_1(t) \leftrightarrow F_1(\omega)$，$f_2(t) \leftrightarrow F_2(\omega)$，则有

$$F(f_1(t)f_2(t)) = \frac{1}{2\pi}F_1(j\omega) * F_2(j\omega) \tag{3-57}$$

如果任意两信号在时域相乘，其频谱就等于各自频谱卷积的 $\frac{1}{2\pi}$ 倍。这就是频域卷积定理。

两信号在时域相乘实际上就可以看作是信号的幅值调制过程，调制后的信号的频谱就可以用各自频谱的卷积求得。在电路系统幅值调制时，常常采用正（余）弦信号作为载波，其频谱就可以通过卷积求得，再结合后面要讲解的周期信号的傅里叶变换的特性，可以使这种卷积变得非常方便。

3.9　周期信号的傅里叶变换

前面分析了周期信号的傅里叶级数展开及其频谱、非周期信号的傅里叶变换及其频谱。为了简化，将其统一归纳为傅里叶变换，对于周期信号而言，它是不满足整个时间域内绝对可积条件的，因此不能直接进行傅里叶变换，但借助冲激函数，可以求其傅里叶变换，它所蕴含的物理意义没有发生变化，只是形式上进行了统一。

3.9.1　一般周期信号的傅里叶变换

周期信号的傅里叶变换表示：周期信号 $f_{T_1}(t)$ 可以表示成单个周期内信号 $f_1(t)$ 与冲激串（冲激序列）的卷积，即

$$f_{T_1}(t) = f_1(t) * \sum_{n=-\infty}^{+\infty} \delta(t-nT_1) \tag{3-58}$$

结合时域卷积定理，则其傅里叶变换为

$$F(f_{T_1}(t)) = F\left(f_1(t) * \sum_{n=-\infty}^{+\infty} \delta(t-nT_1)\right) = F(f_1(t)) \cdot F\left(\sum_{n=-\infty}^{+\infty} \delta(t-nT_1)\right)$$

$$= F_1(\omega) \left[\omega_1 \sum_{n=-\infty}^{+\infty} \delta(\omega - n\omega_1) \right]$$

考虑到 ω 的取值是离散的，在各次谐波 $n\omega_1$ 处，因此可以将 $F_1(\omega)$ 改写成 $F_1(n\omega_1)$，则一般周期信号的傅里叶变换可以写为

$$F(f_{T_1}(t)) = \sum_{k=-\infty}^{+\infty} \omega_1 F_1(n\omega_1)\delta(\omega - n\omega_1) \tag{3-59}$$

一般周期信号的傅里叶变换是一系列在谐波频率点上的冲激，冲激的强度为 $\omega_1 F_1(n\omega_1)$，按照单周期信号傅里叶变换的 ω_1 倍的包络变化（对于已知的周期信号，$\omega_1 = \dfrac{2\pi}{T_1}$ 为定值），其频谱密度示意图如图 3-23 所示。

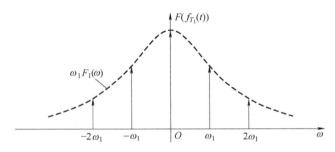

图 3-23   一般周期信号的频谱密度示意图

例 3-4   已知矩形脉冲信号 $f_1(t)$，如图 3-24 所示。

1）求 $f_1(t)$ 的傅里叶变换并画出其频谱图。

2）如果将 $f_1(t)$ 以 $T_1 = 4$ 为周期进行周期延拓得到周期信号 $f(t)$，求 $f(t)$ 的傅里叶级数展开式，并画出周期信号 $f(t)$ 的频谱图。

3）求周期信号 $f(t)$ 的傅里叶变换，画出频谱密度图。

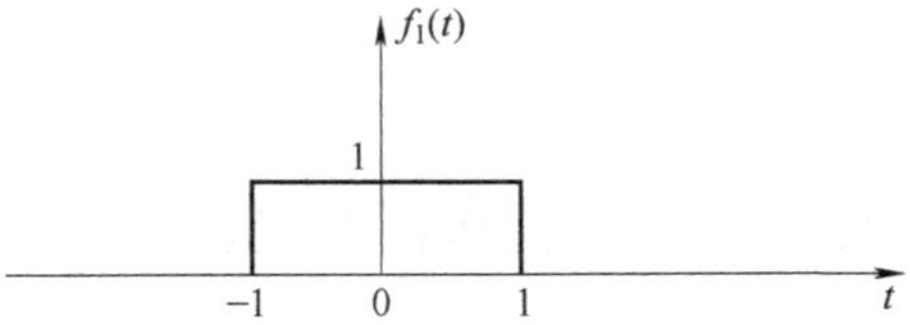

解

1）$f_1(t)$ 的傅里叶变换：

$$F_1(\omega) = 2\mathrm{Sa}(\omega)$$

图 3-24   矩形脉冲信号

2）周期信号 $f(t)$ 的傅里叶级数的系数：

$$F_n = \frac{1}{T_1} F_1(\omega) \Big|_{\omega = n\omega_1} = \frac{1}{2}\mathrm{Sa}(n\omega_1)$$

式中，$\omega_1 = \dfrac{2\pi}{T_1} = \dfrac{\pi}{2}$。

则 $f(t)$ 的傅里叶级数展开式为

$$f(t) = \sum_{n=-\infty}^{+\infty} \frac{1}{2}\mathrm{Sa}(n\omega_1)\,\mathrm{e}^{jn\omega_1 t}$$

3）周期信号的傅里叶变换：

$$F(\omega) = \sum_{n=-\infty}^{+\infty} \pi\mathrm{Sa}(n\omega_1)\delta(\omega - n\omega_1)$$

图 3-25 分别画出了矩形脉冲信号 $f_1(t)$ 的频谱密度、周期信号 $f(t)$ 的频谱图和频谱密度图。

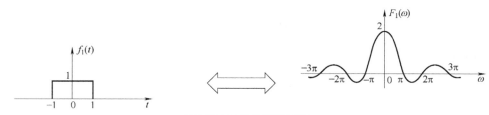

a) 矩形脉冲信号的频谱密度图

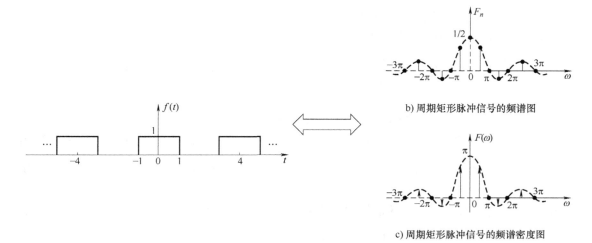

b) 周期矩形脉冲信号的频谱图

c) 周期矩形脉冲信号的频谱密度图

图 3-25 例 3-4 图

周期信号按傅里叶级数展开时得到的频谱是各谐波处傅里叶级数的系数，而周期信号按傅里叶变换得到的频谱是一个密度函数，二者在数学表达式和频谱图的表示上存在差异，频谱中谱线的取值前者为有限值，后者为冲激，但在形式上也有相同点：时域周期，频域离散。

不管周期信号采用哪种方式转换到频域，其频谱均能揭示信号中包含哪些频率成分、每个频率成分对信号的贡献大小（幅值系数大小）、谱线间隔和频率范围等信息。所以，它们在反映信号频域信息上是等价的。只不过在学过前面的知识后，在分析确定性信号的频谱时，不需要再区分是周期信号，还是非周期信号，二者都能够通过傅里叶变换得到其频谱，反映其频域物理含义。同时，将二者统一起来后，可以使表述更加方便和简化。

3.9.2 典型周期信号的傅里叶变换

1. 正（余）弦信号的傅里叶变换

由前面的信号频移特性可知，$f(t)\mathrm{e}^{\mathrm{j}\omega_0 t}\leftrightarrow F(\mathrm{j}(\omega-\omega_0))$，当 $f(t)=1$ 时，再结合对称特性，可以得到

$$\mathrm{e}^{\mathrm{j}\omega_0 t}\leftrightarrow\delta(\mathrm{j}(\omega-\omega_0))$$

同理也可以得到

$$\mathrm{e}^{-\mathrm{j}\omega_0 t}\leftrightarrow\delta(\mathrm{j}(\omega+\omega_0))$$

根据欧拉公式：

$$\cos(\omega_1 t)=\frac{1}{2}(\mathrm{e}^{\mathrm{j}\omega_1 t}+\mathrm{e}^{-\mathrm{j}\omega_1 t})$$

$$\sin(\omega_1 t) = \frac{1}{2j}(e^{j\omega_1 t} - e^{-j\omega_1 t})$$

可以得到

$$F(\cos(\omega_1 t)) = \frac{1}{2}[2\pi\delta(\omega-\omega_1) + 2\pi\delta(\omega+\omega_1)]$$

整理可以得到

$$F(\cos(\omega_1 t)) = \pi\delta(\omega-\omega_1) + \pi\delta(\omega+\omega_1)$$

$\cos(\omega_1 t)$ 的频谱密度如图 3-26 所示。

同样可以得到正弦函数的傅里叶变换：

$$F(\sin(\omega_1 t)) = F\left(\frac{1}{2j}(e^{j\omega_1 t} - e^{-j\omega_1 t})\right) = \frac{1}{2j}[2\pi\delta(\omega-\omega_1) - 2\pi\delta(\omega+\omega_1)]$$

即

$$F(\sin(\omega_1 t)) = -j\pi\delta(\omega-\omega_1) + j\pi\delta(\omega+\omega_1)$$

正弦函数的傅里叶变换也是 $\pm\omega_1$ 的 δ 函数，其频谱密度如图 3-27 所示。与余弦函数相比，二者幅频特性一样，相频特性是相位相差 $-\frac{\pi}{2}$。其实，数学上正弦函数与余弦函数的相角相差就是 $-\frac{\pi}{2}$，这也说明正弦信号和余弦信号是正交的。读者也可以思考一下，它与级数展开时得到的频谱图在反映物理含义上有没有差别。

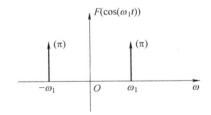

图 3-26　$\cos(\omega_1 t)$ 的频谱密度

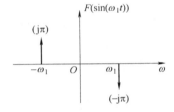

图 3-27　$\sin(\omega_1 t)$ 的频谱密度

2. 周期冲激信号的傅里叶变换

周期冲激信号是单位冲激信号移位加权后合成的信号，因为移位量相同，时间轴上取值范围为无穷，每隔同样的时移量重复出现，因此称为周期冲激信号。严格地讲，该周期信号不满足绝对可积的条件，但通过引入频域冲激可以对其进行傅里叶变换。周期冲激信号的时域表达式为

$$\delta_{T_1}(t) = \sum_{n=-\infty}^{+\infty}\delta(t-nT_1) = \sum_{n=-\infty}^{+\infty}\frac{1}{T_1}e^{jn\omega_1 t}$$

式中　T_1——周期；

　　　ω_1——角频率，$\omega_1 = 2\pi/T_1$；

　　　n——整数。

两端进行傅里叶变换：

$$F(\delta_{T_1}(t)) = F\left(\sum_{n=-\infty}^{+\infty}\frac{1}{T_1}e^{jn\omega_1 t}\right) = \frac{1}{T_1}\sum_{n=-\infty}^{+\infty}F(e^{jn\omega_1 t}) = \frac{1}{T_1}\sum_{n=-\infty}^{+\infty}2\pi\delta(\omega-n\omega_1)$$

故

$$F(\delta_{T_1}(t)) = \omega_1 \sum_{-\infty}^{+\infty} \delta(\omega - n\omega_1)$$

可见周期冲激信号的傅里叶变换是位于谐波点 $n\omega_1$ 处的一系列冲激，其频率成分是谐波成分 $n\omega_1$，其时域波形和频谱分别如图 3-28a、b 所示。

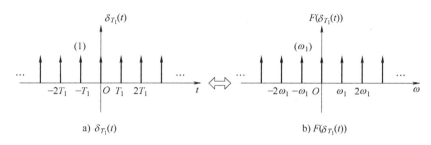

a) $\delta_{T_1}(t)$　　　　　　b) $F(\delta_{T_1}(t))$

图 3-28　周期冲激信号及其频谱密度

通过分析其频谱可知，周期冲激信号时域间隔越小，频域间隔就越大，反之亦然。周期冲激信号也称周期冲激序列，在波形分布上就像一把"梳子"一样，所以有时形象地称为"梳状函数"。这个信号在后面的信号数字化时会用到，是理论分析信号由模拟变离散的重要工具。

3.10　信号离散化原理与抽样定理

3.10.1　信号离散化原理

模拟信号输入计算机等数字设备时都需要对信号进行离散化，离散化过程有时也称抽样。抽样后的序列再经过量化编码就得到了计算机可以处理的数字序列。本节只讲离散化原理及过程，不涉及量化编码，这部分内容在微机原理等课程中有讲解，也可以参考相关的技术资料。

设模拟信号（或称连续信号）$f(t)$，其离散化过程就是用一个抽样序列 $s(t)$ 从 $f(t)$ 中"抽取"一系列离散样本值的过程。一般情况下，抽样序列就是周期冲激信号序列。如果 $f(t)$ 是一个带限信号，且其傅里叶变换为 $F(\omega)$，抽样序列 $s(t)$ 为

$$s(t) = \delta_T(t) = \sum_{n=-\infty}^{+\infty} \delta(t - nT_s) \tag{3-60}$$

式中　T_s——抽样冲激序列的间隔（周期），其傅里叶变换 $S(\omega)$ 见式（3-61）。

$$S(\omega) = \omega_s \sum_{n=-\infty}^{+\infty} \delta(\omega - n\omega_s) \tag{3-61}$$

则抽样后的信号 $f_s(t)$ 可以表示为

$$f_s(t) = f(t)\delta_T(t) = \sum_{n=-\infty}^{\infty} f(nT_s)\delta(t - nT_s) \tag{3-62}$$

其傅里叶变换 $F_s(\omega)$ 为

$$F_s(\omega) = \frac{1}{2\pi}F(\omega) * S(\omega) = \frac{1}{T_s}\sum_{n=-\infty}^{\infty} F(\omega - n\omega_s) \tag{3-63}$$

以图例的方式可将上述过程表示如图 3-29 所示。

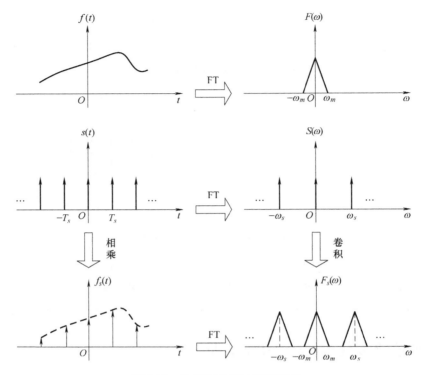

图 3-29 信号离散化过程示意图

对连续信号抽样是信号数字化的必经过程，那么抽样后的信号如何才能保证尽量不丢失或少丢失原信号的信息，特别是还能不能从抽样后的序列中还原信号，是进行抽样必须要考虑的问题。以下面的图 3-30 为例，演示了不同的抽样序列抽样后的信号及其频谱，抽样间隔对离散化的影响如图 3-30 所示。

1）当 $\omega_s > 2\omega_m (f_s > 2f_m)$ 时，即抽样角频率大于信号中最大有效角频率的 2 倍，或 $T_s < \dfrac{2}{T_m}$，

其中 f_s 为抽样频率，f_m 为信号最大有效频率，$T_m = \dfrac{1}{f_m}$，抽样后信号的频谱变为周期重复的频谱，且周期频谱是分离的。

2）当 $\omega_s = 2\omega_m (f_s = 2f_m)$ 时，即抽样角频率等于信号中最大有效角频率的 2 倍，或 $T_s = \dfrac{2}{T_m}$，抽样后信号的频谱首尾交叠在一起。

3）当 $\omega_s < 2\omega_m (f_s < 2f_m)$ 时，抽样后信号的频谱发生混叠现象。

从以上三种情况可以看出，抽样后信号的频谱变成周期重复的，只有当 $f_s \geqslant 2f_m$ 时，频谱是可分离的。也就是说采样时，采样时间间隔越小，抽样后的信号频谱越不易产生混叠，或者说采样时间间隔越小，对应的频谱的频率间隔就越大。如果抽样后信号的频谱不产生混叠，就表明频谱具有可分离性，只要在后续采用低通滤波器就可以恢复出原信号时域波形，如果产生了频率混叠现象，就无法分离出原信号的频谱了，也就无法再获取到原模拟信号的时域波形了。

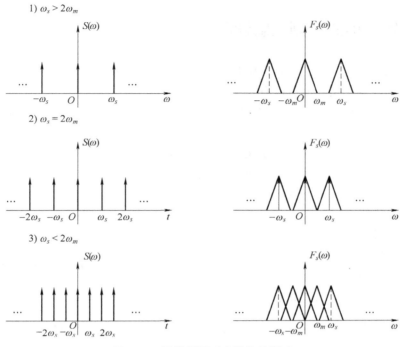

图 3-30 抽样间隔对离散化的影响

3.10.2 时域抽样定理

设一个最高频率为 f_m 的有限带宽信号 $f(t)$，可用均匀间隔对其进行抽样离散化，只要抽样频率 f_s 大于或等于 2 倍的 f_m，或抽样间隔 T_s 小于或等于 $\dfrac{1}{2f_m}$，就可从抽样得到的离散序列 $f_s(t)$ 中通过低通滤波器来恢复出原模拟信号，这就是信号的时域抽样定理。

由于抽样定理是由奈奎斯特提出、由香农完善的，所以在有的资料中称为奈奎斯特抽样定理，或奈奎斯特-香农抽样定理。对应的几个概念比如奈奎斯特抽样间隔、奈奎斯特抽样频率，其实对应的就是 T_s 和 f_s。

关于从抽样序列 $f_s(t)$ 中恢复信号 $f(t)$，只要选择一个理想低通滤波器就可以了。

关于时域抽样定理有以下几点需要说明：

1) 抽样定理是目前工程领域模拟信号离散化的主要手段和方法，在器件实现上有专门的 A/D（模/数）转换芯片，或内嵌在微处理器中的集成电路。

2) 奈奎斯特抽样定理是建立在频域信息不丢失的思想下的一种信号离散化方法，因此，信号中的时域信息在不同程度上有丢失现象。一般情况下，抽样时间间隔越小，时域丢失的信息就越少，工程上一般取抽样频率大于信号中最大有效频率的 3~5 倍，如果选取的时间间隔过小，则会导致采集数据量太多的问题，给信号的传输、存储和处理带来不便。

3) 在工程中如果信号是无限带宽的信号，一般预先让信号通过低通滤波器，变成频带有限信号，避免产生频率混叠现象，在行业中也称抗混叠处理。

4) 时域信号抽样方法不止奈奎斯特采样一种方法，还有很多不同的采样方法，比如随机采样、稀疏采样以及基于信号信息自由度的采样方法等。

3.11　信号的幅值调制与解调原理

　　信号的调制分为幅值调制、频率调制和相位调制，也称调幅、调频和调相。本节主要讲解幅值调制。幅值调制实际上可以看作是频移的一个应用案例。

　　所谓调制，实际上就是使一个信号的某些参数按另一个信号的变化规律而变化的措施。调制后的信号保留了两个参与调制的信号的信息，兼具了两个信号各自的特性。幅值调制就是用一个信号去控制另一个信号的幅值变化。从时域的角度看，信号幅值调制过程如图 3-31 所示。

　　信号幅值调制的时域就是两信号在时域直接相乘，表达为

$$y(t)=f(t)s(t)=f(t)\cos(\omega_0 t) \tag{3-64}$$

式中　$s(t)$——载波；

　　　　ω_0——载波频率；

　　　　$f(t)$——被调制信号；

　　　　$y(t)$——调制后的信号，称为调制波。

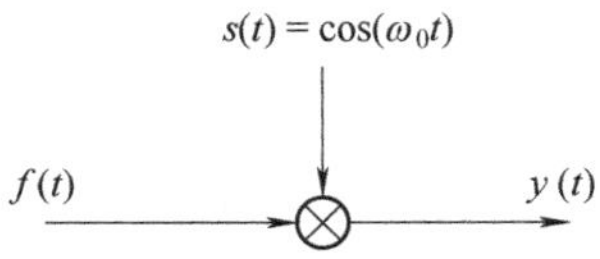

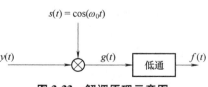

图 3-31　信号幅值调制过程

　　调制信号的频谱可利用频域卷积定理来推导，由式(3-64)可知，$y(t)$ 的频谱 $Y(\omega)$ 为

$$Y(\omega)=\frac{1}{2\pi}F(\omega)*S(\omega)=\frac{1}{2\pi}F(\omega)*\pi[\delta(\omega-\omega_0)+\delta(\omega+\omega_0)]$$

$$=\frac{1}{2}[F(\omega-\omega_0)+F(\omega+\omega_0)] \tag{3-65}$$

式中　$F(\omega)$——$f(t)$ 的频谱；

　　　　$S(\omega)$——$s(t)$ 的频谱。

图 3-32 通过示例演示调制前后信号频谱的变化过程。

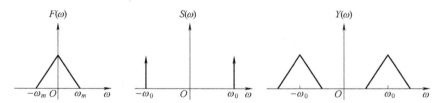

图 3-32　信号幅值调制前后频谱的变化过程

　　信号经调制后，如果想恢复原信号 $f(t)$，其过程可以描述如下，解调原理如图 3-33 所示。

　　解调时常用的方法是再将调制后的信号 $y(t)$ 在时域乘以载波信号 $s(t)$，得到再次调制后的信号 $g(t)$，然后通过低通滤波器，滤波器的输出就是解调后的原信号。解调原理可用数学模型推导如下。

图 3-33　解调原理示意图

$$g(t)=y(t)s(t)=f(t)\cos^2(\omega_0 t)=\frac{f(t)}{2}+\frac{1}{2}f(t)\cos(2\omega_0 t)$$

$$G(\omega)=\frac{1}{2\pi}Y(\omega)*S(\omega)=\frac{1}{2}F(\omega)+\frac{1}{4}[F(\omega-2\omega_0)+F(\omega+2\omega_0)]$$

式中　$G(\omega)$——$g(t)$ 的频谱。

可以看出在 $g(t)$ 中包含有 $f(t)$，只要滤除其中的高频成分，就可以得到原信号，只不过经过几次信号的处理后幅值的大小发生了变化，这并不会影响获取 $f(t)$。

图 3-34 通过示例演示解调前后信号频谱的变化过程。

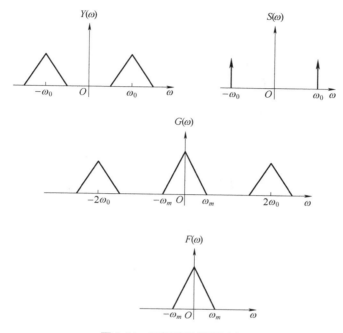

图 3-34　图例演示解调过程

3.12　相关系数与相关函数

3.12.1　相关系数和相关函数的定义

在信号分析中，有时要求比较两个信号波形是否相似，希望给出二者相似程度的统一描述。这种相关性其实在前面的知识中也有接触，只是没有从这个角度独立分析而已。比如信号在三角函数组成的基中的分解，其本质就是衡量信号与基函数的相关性的一种表现。

信号相关系数的来历是由一个函数去表示另一个函数，通过衡量其逼近程度（一般用误差来表示），来得到二者的相关系数。

假定 $f_1(t)$ 和 $f_2(t)$ 是能量有限的实信号，选择适当的系数 c_{12}，用 $c_{12}f_2(t)$ 去逼近 $f_1(t)$，利用方均误差（能量误差）$\overline{\varepsilon^2}$ 来说明二者的相似程度。

令

$$\overline{\varepsilon^2} = \int_{-\infty}^{\infty} \left[f_1(t) - c_{12}f_2(t) \right]^2 \mathrm{d}t \tag{3-66}$$

选择 c_{12} 使误差 $\overline{\varepsilon^2}$ 最小，即要求：

$$\frac{\mathrm{d}\overline{\varepsilon^2}}{\mathrm{d}c_{12}} = 2\int_{-\infty}^{\infty} \left[f_1(t) - c_{12}f_2(t) \right] \left[-f_2(t) \right] \mathrm{d}t = 0$$

于是求得

$$c_{12} = \frac{\int_{-\infty}^{\infty} f_1(t) f_2(t)\, \mathrm{d}t}{\int_{-\infty}^{\infty} f_2^2(t)\, \mathrm{d}t}$$

此时，能量误差为

$$\overline{\varepsilon^2} = \int_{-\infty}^{\infty} \left[f_1(t) - f_2(t) \frac{\int_{-\infty}^{\infty} f_1(t) f_2(t)\, \mathrm{d}t}{\int_{-\infty}^{\infty} f_2^2(t)\, \mathrm{d}t} \right]^2 \mathrm{d}t$$

将被积函数展开并化简，得到

$$\overline{\varepsilon^2} = \int_{-\infty}^{\infty} f_1^2(t)\, \mathrm{d}t - \frac{\left[\int_{-\infty}^{\infty} f_1(t) f_2(t)\, \mathrm{d}t \right]^2}{\int_{-\infty}^{\infty} f_2^2(t)\, \mathrm{d}t}$$

令相对能量误差为

$$\frac{\overline{\varepsilon^2}}{\int_{-\infty}^{\infty} f_1^2(t)\, \mathrm{d}t} = 1 - \rho_{12}^2$$

式中

$$\rho_{12} = \frac{\int_{-\infty}^{\infty} f_1(t) f_2(t)\, \mathrm{d}t}{\left[\int_{-\infty}^{\infty} f_1^2(t)\, \mathrm{d}t \int_{-\infty}^{\infty} f_2^2(t)\, \mathrm{d}t \right]^{\frac{1}{2}}} \tag{3-67}$$

通常把 ρ_{12} 称为 $f_1(t)$ 与 $f_2(t)$ 的相关系数。不难发现借助柯西－施瓦茨不等式可以求得

$$\left| \int_{-\infty}^{\infty} f_1(t) f_2(t)\, \mathrm{d}t \right| \leqslant \left[\int_{-\infty}^{\infty} f_1^2(t)\, \mathrm{d}t \int_{-\infty}^{\infty} f_2^2(t)\, \mathrm{d}t \right]^{\frac{1}{2}} \tag{3-68}$$

所以

$$|\rho_{12}| \leqslant 1 \tag{3-69}$$

由式(3-67)和相关系数可以看出，对于两个能量有限信号，相关系数 ρ_{12} 的大小由两信号的内积所决定。

$$\rho_{12} = \frac{\langle f_1(t), f_2(t) \rangle}{\left[\langle f_1(t), f_1(t) \rangle \langle f_2(t), f_2(t) \rangle \right]^{\frac{1}{2}}} = \frac{\langle f_1(t), f_2(t) \rangle}{\| f_1(t) \|_2 \| f_2(t) \|_2} \tag{3-70}$$

式中 $\langle \cdot \rangle$——内积；

$\| \cdot \|$——范数。

当两个信号完全一样时，相关系数取得最大值，$\rho_{12} = 1$；当两个信号反相时，相关系数 $\rho_{12} = -1$；当 $f_1(t)$ 与 $f_2(t)$ 为正交函数时 $\rho_{12} = 0$，此时 $\overline{\varepsilon^2}$ 最大。对于其他情况，其相关系数的绝对值介于 0~1 之间。相关系数 ρ_{12} 从信号之间能量误差的角度描述了它们的相关特性。

相关系数是一个值，实际上它反映了两个信号在同一时刻的相关性。有时候需要知道不同时刻两个信号的相关性，比如信号 $f_1(t)$ 和 $f_2(t)$ 由于某种原因产生了时差、雷达站接收到

两个不同距离目标的反射信号，这就需要专门研究两信号在时移过程中的相关性，为此需引出相关函数的概念。

如果 $f_1(t)$ 与 $f_2(t)$ 是能量有限信号且为实函数，它们之间的相关函数定义为

$$R_{12}(\tau) = \int_{-\infty}^{\infty} f_1(t) f_2(t-\tau)\,\mathrm{d}t = \int_{-\infty}^{\infty} f_1(t+\tau) f_2(t)\,\mathrm{d}t \tag{3-71}$$

$$R_{21}(\tau) = \int_{-\infty}^{\infty} f_1(t-\tau) f_2(t)\,\mathrm{d}t = \int_{-\infty}^{\infty} f_1(t) f_2(t+\tau)\,\mathrm{d}t \tag{3-72}$$

显然，相关函数 $R(\tau)$ 是两信号之间时差的函数，注意式（3-71）和式（3-72）中下标 1 与 2 的顺序不能互换，一般情况下 $R_{12}(\tau) \neq R_{21}(\tau)$。不难证明：

$$R_{12}(\tau) = R_{21}(-\tau) \tag{3-73}$$

若 $f_1(t)$ 与 $f_2(t)$ 是同一信号，即 $f_1(t)=f_2(t)=f(t)$，此时相关函数无须加注下标，以 $R(\tau)$ 表示，称为自相关函数或自关函数。

$$R(\tau) = \int_{-\infty}^{+\infty} f(t) f(t-\tau)\,\mathrm{d}t = \int_{-\infty}^{+\infty} f(t+\tau) f(t)\,\mathrm{d}t \tag{3-74}$$

显然，对自关函数有如下性质：

$$R(\tau) = R(-\tau) \tag{3-75}$$

可见，实函数的自相关函数是时移 τ 的偶函数。

与自关函数相对照，一般的两信号之间的相关函数也称为互相关函数。自相关函数有以下特性。

1）自相关函数是 τ 的偶函数，$R_x(\tau)=R_x(-\tau)$。

2）当 $\tau=0$ 时，自相关函数具有最大值。

3）周期信号的自相关函数仍然是同频率的周期信号，但不保留原信号的相位信息。

4）随机噪声信号的自相关函数将随 τ 的增大快速衰减。

5）两周期信号的互相关函数仍然是同频率的周期信号，且保留了原信号的相位信息。

6）两个非同频率的周期信号互不相关。

自相关函数的典型波形如图 3-35 所示。

互相关函数有以下特性：

1）两个周期信号具有相同的频率成分时有相关函数，不同频率的成分不相关。

2）两个信号作互相关时，可能存在一个时间间隔 τ 使得互相关函数出现最大值，这个时间间隔反映了两信号之间主传输通道的滞后时间。

3）当两信号产生的信号源相同或相近时，其互相关函数最大值对应的时延可以反映其在不同信道传输时的路程差。

互相关函数的典型波形如图 3-36 所示。

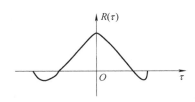

图 3-35　自相关函数典型波形示意图

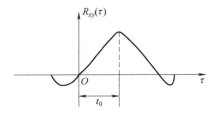

图 3-36　互相关函数典型波形示意图

3.12.2 相关函数的应用

相关函数实际上是一种时域处理信号的手段，在实际工程领域有着广泛的应用，下面通过两个示例解释相关函数的应用，希望读者可以举一反三，将其应用在不同的领域。

1. 相关滤波

设周期信号 $f(t) = E\cos(\omega_0 t)$，则信号的自相关函数为

$$R_\tau = \frac{1}{T} \int_0^T f(t) f(t-\tau) \, dt = \frac{E^2}{2} \cos(\omega_0 \tau)$$

式中　T——周期，$\omega_0 = \dfrac{2\pi}{T}$。

由上式可知，余弦信号的自相关函数是一个余弦函数，如图 3-37 所示，在 $\tau = 0$ 时具有最大值，但随着 τ 的增加，自相关函数并不会衰减到 0，它保留了原信号的幅值和频率信息，而丢失了初始相位信息。自相关后的信号仍然是同频率的周期信号。

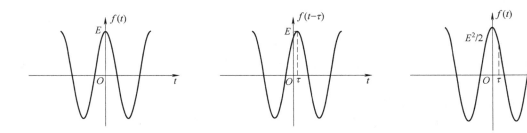

图 3-37　余弦信号的自相关函数

假设周期信号 $f(t)$ 受到随机噪声 $n(t)$ 的干扰，变为 $s(t) = f(t) + n(t)$，则 $s(t)$ 也变成了随机信号。借助同频相关、不同频不相关的知识，可知随机噪声自身，以及随机噪声与周期信号不具备相关性，因此通过相关函数可以有效去除其中的随机噪声，而保留同频率的周期信号，进而达到滤除噪声的目的。证明如下：

$$R_\tau = \int_{-\infty}^{\infty} s(t) s(t-\tau) \, dt = \int_{-\infty}^{\infty} [f(t) + n(t)][f(t-\tau) + n(t-\tau)] \, dt = \int_{-\infty}^{\infty} f(t) f(t-\tau) \, dt$$

从上式可以看出，如果 $f(t)$ 为周期信号，在受随机噪声干扰后，其自相关函数仍然为同频率的信号，并去除了其中的噪声，达到滤波的效果。余弦信号通过自相关去除噪声如图 3-38 所示。

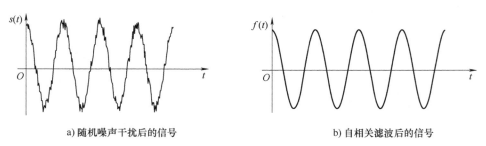

a) 随机噪声干扰后的信号　　　　　　　　　　b) 自相关滤波后的信号

图 3-38　余弦信号通过自相关去除噪声

2. 管道渗漏故障定位

管道是一种重要的介质输送手段，当埋地管道发生渗漏时，很难及时发现，造成经济损失和环境污染，可以通过测振传感器对管道渗漏故障进行检测与定位。

当管道传输介质时，为了实现传输一般需要对介质进行加压，当出现渗漏时，会在管道壁上产生特定频率的振动信号，将两传感器如图 3-39a 所示进行布设，因为渗漏点处未知，当两传感器分别接收到渗漏产生的振动信号后，这两个信号必定存在时间差，根据这个时间差就能确定渗漏点的位置。

将两个传感器接收到的信号进行互相关，必然存在互相关函数的最大值，这个最大值的产生是由于任意时刻由渗漏点发出的振动信号在到达两个传感器时，同一时刻的信号的相关性最大。将出现相关函数最大值的时间设为 τ_m，如图 3-39b 所示，振动波在管道中的传播速度为 v，设 S 为两传感器安装中心线到渗漏点处的距离，则

$$S = \frac{1}{2}v\tau_m$$

确定管道渗漏点的位置后，就可在该位置进行处理。

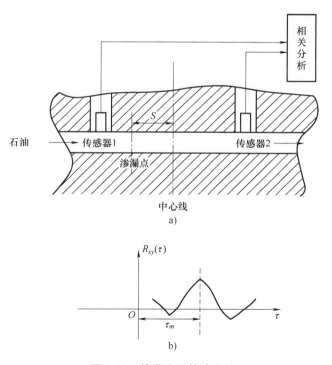

图 3-39　管道渗漏故障定位

相关函数还可以应用在不同的领域，比如医学上微血管红细胞流速测量、地震测量、转速测量以及电缆故障诊断等场合，其本质与上面的分析类似，读者可自行分析。

3.12.3　相关函数与卷积的关系

函数 $f_1(t)$ 与 $f_2(t)$ 的卷积表达式为

$$f_1(t) * f_2(t) = \int_{-\infty}^{\infty} f_1(\tau) f_2(t-\tau)\,\mathrm{d}\tau$$

函数 $f_1(t)$ 与 $f_2(t)$ 的互相关表达式为

$$R_{12}(\tau) = \int_{-\infty}^{\infty} f_1(t) f_2(t-\tau) \, \mathrm{d}t$$

为便于和相关函数表达式相比较，把自相关中的变量 t 与 τ 互换，这样，实函数的互相关函数表达式可写作

$$R_{12}(t) = \int_{-\infty}^{\infty} f_1(\tau) f_2(\tau-t) \, \mathrm{d}\tau \tag{3-76}$$

从卷积公式和互相关公式对比中不难发现存在下面的关系式

$$R_{12}(\tau) = f_1(t) * f_2(-t) \tag{3-77}$$

可见，将 $f_2(t)$ 反褶（变量取负号）后与 $f_1(t)$ 卷积即得 $f_1(t)$ 与 $f_2(t)$ 的相关函数 $R_{12}(\tau)$。

和卷积类似，也可利用图解方法说明相关函数的意义，在图 3-40 中同时画出了信号 $f_1(t)$ 与 $f_2(t)$ 求卷积和求相关函数的图解过程。这两种运算都包含移位、相乘和积分三个步骤，其差别在于卷积运算开始时需要对 $f_2(t)$ 进行反褶而相关运算不需要反褶。若 $f_1(t)$ 与 $f_2(t)$ 为实偶函数时，则卷积与相关完全相同。

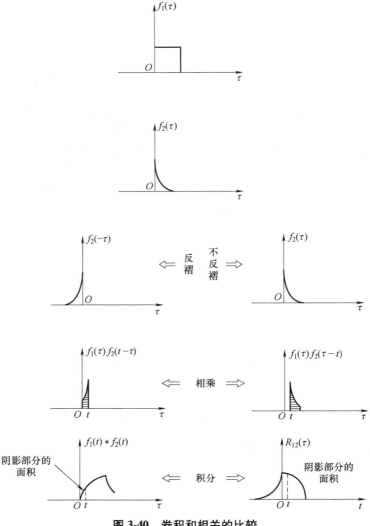

图 3-40 卷积和相关的比较

3.12.4　相关定理

若已知任意两信号 $f_1(t)$ 和 $f_2(t)$ 的傅里叶变换分别为 $F(f_1(t))$ 和 $F(f_2(t))$，即

$$F(f_1(t)) = F_1(\omega)$$
$$F(f_2(t)) = F_2(\omega)$$

则相关定理可表述为

$$F(R_{12}(\tau)) = F_1(\omega) F_2^*(\omega) \tag{3-78}$$

证明：由相关定义可知

$$R_{12}(\tau) = \int_{-\infty}^{\infty} f_1(t) f_2^*(t-\tau) \, \mathrm{d}t$$

对其取傅里叶变换

$$F(R_{12}(\tau)) = \int_{-\infty}^{\infty} R_{12}(\tau) \mathrm{e}^{-\mathrm{j}\omega\tau} \mathrm{d}\tau = \int_{-\infty}^{\infty} \left[\int_{-\infty}^{\infty} f_1(t) f_2^*(t-\tau) \mathrm{d}t \right] \mathrm{e}^{-\mathrm{j}\omega\tau} \mathrm{d}\tau$$

$$= \int_{-\infty}^{\infty} f_1(t) \left[\int_{-\infty}^{\infty} f_2^*(t-\tau) \mathrm{e}^{-\mathrm{j}\omega\tau} \mathrm{d}\tau \right] \mathrm{d}t = \int_{-\infty}^{\infty} f_1(t) F_2^*(\omega) \mathrm{e}^{-\mathrm{j}\omega t} \mathrm{d}t$$

$$F(R_{12}(\tau)) = F_1(\omega) F_2^*(\omega)$$

同理，可得

$$F(R_{21}(\tau)) = F_1^*(\omega) F_2(\omega)$$

若 $f_1(t) = f_2(t) = f(t)$，$F(f(t)) = F(\omega)$，则自相关函数为

$$F(R(\tau)) = |F(\omega)|^2 \tag{3-79}$$

可见，两信号互相关函数的傅里叶变换等于其中第一个信号的变换与第二个信号变换取共轭二者之乘积，这就是相关定理。若 $f_2(t)$ 是实偶函数，可知它的傅里叶变换 $F_2(\omega)$ 是实函数，此时相关定理与卷积定理具有相同的结果。作为一种特定情况，对于自相关函数，它的傅里叶变换等于原信号幅度谱的二次方。

3.13　信号的能量谱和功率谱

频谱（幅度谱与相位谱）是在频域中描述信号特征的方法之一，它反映了信号所含分量的幅度和相位随频率的分布情况。除此之外，也可以用能量谱（简称能谱）或功率谱来描述信号。能谱和功率谱是表示信号的能量或功率密度在频域中随频率的变化情况，它对研究信号的能量（或功率）的分布、决定信号所占有的频带等问题有着重要的作用。在工程应用中，常常采用能量谱或功率谱来描述它的频域特性。

3.13.1　能量谱

因为能量有限信号 $f(t)$ 的自相关函数为 $R(\tau) = \int_{-\infty}^{\infty} f(t) f^*(t-\tau) \mathrm{d}t$，所以

$$R(0) = \int_{-\infty}^{\infty} |f(t)|^2 \mathrm{d}t \tag{3-80}$$

若已知 $F(f(t)) = F(\omega)$，由相关定理知 $F(R(\tau)) = |F(\omega)|^2$

$$R(\tau) = \frac{1}{2\pi} \int_{-\infty}^{\infty} |F(\omega)|^2 \mathrm{e}^{\mathrm{j}\omega\tau} \mathrm{d}\omega \tag{3-81}$$

所以

$$R(0) = \frac{1}{2\pi}\int_{-\infty}^{\infty} |F(\omega)|^2 \mathrm{d}\omega$$

得到下列关系：

$$R(0) = \int_{-\infty}^{\infty} |f(t)|^2 \mathrm{d}t = \frac{1}{2\pi}\int_{-\infty}^{\infty} |F(\omega)|^2 \mathrm{d}\omega = \int_{-\infty}^{\infty} |F_1(f)|^2 \mathrm{d}f \qquad (3\text{-}82)$$

若 $f(t)$ 为实函数，上式可以写成

$$R(0) = \int_{-\infty}^{\infty} f^2(t)\mathrm{d}t = \frac{1}{2\pi}\int_{-\infty}^{\infty} |F(\omega)|^2 \mathrm{d}\omega = \int_{-\infty}^{\infty} |F(f)|^2 \mathrm{d}f \qquad (3\text{-}83)$$

式(3-82)即为帕塞瓦尔方程，它表明对能量有限信号，时域内 $f^2(t)$ 曲线所覆盖的面积等于频域内 $|F(f)|^2$ 覆盖的面积，且等于在原点的自相关函数值 $R(0)$。也就是说，时域内信号的能量等于频域内信号的能量，即信号经傅里叶变换，其总能量保持不变，这是符合能量守恒定律的。

因为信号能量 E 等于：

$$E = \frac{1}{2\pi}\int_{-\infty}^{\infty} |F(\omega)|^2 \mathrm{d}\omega = \int_{-\infty}^{\infty} |F(f)|^2 \mathrm{d}f$$

所以 $|F(\omega)|^2$ 反映了信号的能量在频域的分布情况，把 $|F(\omega)|^2$ 称为能量谱密度(简称能谱)。它表示单位带宽的能量，通常把 $f(t)$ 的能谱记作 $\delta(\omega)$，这样：

$$\delta(\omega) = |F(\omega)|^2$$
$$E = \frac{1}{2\pi}\int_{-\infty}^{\infty} \delta(\omega)\mathrm{d}\omega = \int_{-\infty}^{\infty} \delta(f)\mathrm{d}f \qquad (3\text{-}84)$$

因为

$$E = \frac{1}{2\pi}\int_{-\infty}^{\infty} \delta(\omega)\mathrm{d}\omega = \int_{-\infty}^{\infty} \delta(f)\mathrm{d}f \qquad (3\text{-}85)$$

所以，信号的能量在数值等于 $\delta(f)$ 曲线下所覆盖的面积，$\delta(f)$ 的单位是 J/H。因为它是频率的实偶函数，可写成：

$$E = \frac{1}{\pi}\int_{0}^{\infty} \delta(\omega)\mathrm{d}\omega = 2\int_{0}^{\infty} \delta(f)\mathrm{d}f \qquad (3\text{-}86)$$

图 3-41 为矩形脉冲信号的能谱。

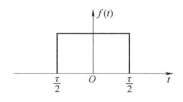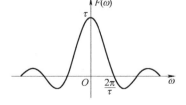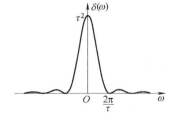

图 3-41　矩形脉冲信号的能谱

由上面分析可知

$$\delta(\omega) = F(R(\tau)) \qquad (3\text{-}87)$$
$$R(\tau) = F^{-1}(\delta(\omega)) \qquad (3\text{-}88)$$

所以，能谱函数 $\delta(\omega)$ 与自相关函数 $R(\tau)$ 是一对傅里叶变换。

3.13.2　功率谱

若 $f(t)$ 是功率有限信号，从 $f(t)$ 中截取 $|t| \leqslant \dfrac{T}{2}$ 的一段，得到一个截尾函数 $f_T(t)$，它可以表示为

$$f_T(t) = f(t),\ |t| \leqslant \frac{T}{2}$$

$$f_T(t) = 0,\ |t| > \frac{T}{2}$$

如果 T 是有限值，则 $f_T(t)$ 的能量也是有限的，如图 3-42 所示。

令

$$F(f_T(t)) = F_T(\omega)$$

此时 $f(t)$ 的能量 E_T 可表示为

$$E_T = \int_{-\infty}^{\infty} f_T^2(t)\,\mathrm{d}t = \frac{1}{2\pi}\int_{-\infty}^{\infty} |F_T(\omega)|^2\,\mathrm{d}\omega \qquad (3-89)$$

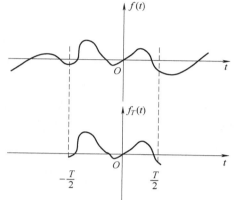

图 3-42　功率有限信号的截尾函数

因为 $\displaystyle\int_{-\infty}^{\infty} f_T^2(t)\,\mathrm{d}t = \int_{-\frac{T}{2}}^{\frac{T}{2}} f^2(t)\,\mathrm{d}t$，所以 $f(t)$ 的平均功率为

$$P = \lim_{T\to\infty} \frac{1}{T}\int_{-\frac{T}{2}}^{\frac{T}{2}} f^2(t)\,\mathrm{d}t = \frac{1}{2\pi}\int_{-\infty}^{\infty} \lim_{T\to\infty} \frac{|F_T(\omega)|^2}{T}\,\mathrm{d}\omega \qquad (3-90)$$

当 T 增加时，$f_T(t)$ 的能量增加，$|F_T(\omega)|^2$ 也增加。当 $T\to\infty$ 时，$f_T(t)\to f(t)$，此时量 $\dfrac{|F_T(\omega)|^2}{T}$ 可能趋近于一极限。假若此极限存在，定义它是 $f(t)$ 的功率密度函数，或简称功率谱，记作 $P(\omega)$。这样便得到 $f(t)$ 的功率谱为

$$P(\omega) = \lim_{T\to\infty} \frac{|F_T(\omega)|^2}{T} \qquad (3-91)$$

则得到

$$P = \frac{1}{2\pi}\int_{-\infty}^{\infty} P(\omega)\,\mathrm{d}\omega \qquad (3-92)$$

由上式可见，功率谱 $P(\omega)$ 表示单位频带内信号功率随频率的变化情况，也就是说它反映了信号功率在频域的分布状况。显然，功率谱曲线 $P(\omega)$ 所覆盖的面积在数值上等于信号的总功率。$P(\omega)$ 是频率 ω 的偶函数，它保留了频谱 $F_T(\omega)$ 的幅度信息而丢掉了相位信息，因此，凡是具有同样幅度谱而相位谱不同的信号都有相同的功率谱。

3.13.3　信号的功率谱函数与自相关函数的关系

注意到 $f(t)$ 的自相关函数是

$$P(\tau) = \lim_{T\to\infty} \frac{1}{T}\int_{-\frac{T}{2}}^{\frac{T}{2}} f(t)f^*(t-\tau)\,\mathrm{d}t \qquad (3-93)$$

利用相关定理，对式(3-93)两端乘以 $\dfrac{1}{T}$ 并取 $T\to\infty$ 之极限，可以得到

$$R(\tau)=\frac{1}{2\pi}\int_{-\infty}^{\infty}P(\omega)\,\mathrm{e}^{\mathrm{j}\omega\tau}\mathrm{d}\omega \tag{3-94}$$

$$P(\omega)=\int_{-\infty}^{\infty}R(\tau)\,\mathrm{e}^{-\mathrm{j}\omega\tau}\mathrm{d}\tau \tag{3-95}$$

也可以简写成

$$P(\omega)=F(R(\tau)) \tag{3-96}$$

$$R(\tau)=F^{-1}(P(\omega)) \tag{3-97}$$

可见功率有限信号的功率谱函数与自相关函数是一对傅里叶变换，称为维纳-辛钦（Wiener-Khintchine）关系。对 $R(\tau)$、$P(\omega)$ 来说，有关傅里叶变换的性质在这里同样适用。在实际中，有些信号无法求它的傅里叶变换，但可用求自相关函数的方法，达到求功率谱的目的。

例 3-5　已知周期性余弦信号 $f(t)=E\cos(\omega_1 t)$，$f(t)$ 的自相关函数为 $R(\tau)=\dfrac{E^2}{2}\cos(\omega_1\tau)$，求 $f(t)$ 的功率谱。

解　由维纳-辛钦关系可求出功率谱为

$$P(\omega)=\int_{-\infty}^{\infty}R(\tau)\,\mathrm{e}^{-\mathrm{j}\omega\tau}\mathrm{d}\tau=\frac{E^2\pi}{2}\big[\delta(\omega-\omega_1)+\delta(\omega+\omega_1)\big]$$

其波形如图 3-43 所示。

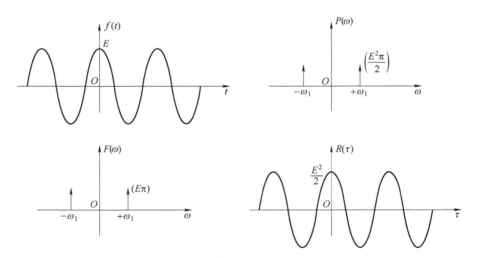

图 3-43　周期性余弦信号的功率谱和自相关函数

为了进一步理解功率谱与自相关函数的概念，给出一种随机信号的例子。在各类噪声信号中白噪声是一种典型信号。白噪声对于所有的频率其功率谱密度都为常数，这一特征与白色光谱包含了所有可见光频率的概念类似，因而取名时借用了"白"字。按此定义可写出白噪声的功率谱密度表达式：

$$P_N(\omega)=N,\ -\infty<\omega<\infty \tag{3-98}$$

利用维纳-辛钦关系式，求 $P_N(\omega)$ 的傅里叶逆变换可得自相关函数：

$$R_N(\tau) = N\delta(\tau) \tag{3-99}$$

可见，白噪声信号的自相关函数为冲激信号，这表明白噪声信号在各时刻的取值杂乱无章，没有任何相关性，因而对于 $\tau \neq 0$ 的所有时刻 $R_N(\tau)$ 都取零值，仅在 $\tau = 0$ 时为强度等于 N 的冲激，白噪声是一种理想化的模型。

习题

3-1　已知周期方波如图 3-44 所示，重复频率为 $f = 5\text{kHz}$，脉宽 $\tau = 20\mu\text{s}$，幅度 $E = 10\text{V}$，分别求其傅里叶级数(三角函数形式与指数形式)，并比较和解释两种波形展开级数的异同点，给出两种波形中信号直流分量大小以及基波、二次和三次谐波的有效值。

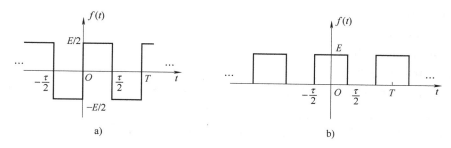

图 3-44　习题 3-1 图

3-2　已知 RC 低通滤波器如图 3-45a 所示，电路初始状态为 0，激励电信号 $v_i(t)$ 如图 3-45b 所示，$v_i(t)$ 的重复频率 $f_0 = \dfrac{1}{T} = 1\text{kHz}$，电压幅度 $E = 1\text{V}$，$R = 1\text{k}\Omega$，$C = 0.1\mu\text{F}$。求电容两端的输出电压，并比较激励信号与响应信号的差异，解释产生差异的原因。

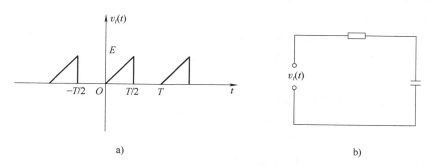

图 3-45　习题 3-2 图

3-3　已知 $F(f(t)) = F(\omega)$，利用傅里叶变换的性质确定 $f(t) = (t-2)f(-2t)$ 的傅里叶变换。

3-4　已知矩形脉冲信号波形如图 3-46 所示，求其傅里叶变换，画出频谱图，并解释频谱的物理意义。

3-5　已知信号 $f(t)$ 的频谱 $F(\omega)$ 为有限带宽，且最大频率为 ω_m，如图 3-47 所示，求时域相乘信号 $f(t)\cos(\omega_0 t)$，$f(t)\text{e}^{\text{j}\omega_0 t}$ 的频谱，并画出波形，解释时域相乘后信号频谱的变化($\omega_0 > 2\omega_m$)

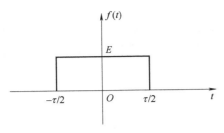

图 3-46　习题 3-4 图

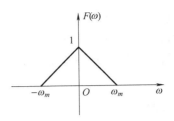

图 3-47　习题 3-5 图

3-6　确定下列信号的最低抽样率。

(1) $\cos(\omega_0 t)$

(2) $\cos^2(\omega_0 t)$

(3) $\cos(2\omega_0 t + \varphi_0)$

(4) $\cos(\omega_0 t) + \cos(3\omega_0 t)$

(5) $\mathrm{Sa}(100t) + \mathrm{Sa}(50t)$

3-7　已知信号 $f(t) = \cos(\omega_0 t) + n(t)$，其中 $n(t)$ 为高斯白噪声，求其自相关函数，并解释自相关后信号产生的变化及原因。

3-8　利用 MATLAB 求 $f(t) = u(2t+1) - u(2t-1)$ 的频谱函数。

3-9　利用 MATLAB 求频谱 $F(\omega) = -\mathrm{j}\dfrac{2\omega}{16+\omega^2}$ 的傅里叶反变换。

3-10　已知系统微分方程和激励信号为 $y'(t) + 1.5y(t) = f'(t)$，$f(t) = \cos(2t)$。试用 MATLAB 程序求系统的稳态响应。

3-11　设有三个不同频率的正弦信号，频率分别为 $f_1 = 100\mathrm{Hz}$，$f_2 = 200\mathrm{Hz}$，$f_3 = 3500\mathrm{Hz}$。现在使用抽样频率 $f_s = 4000\mathrm{Hz}$ 对这三个信号进行抽样，使用 MATLAB 命令画出各抽样信号的波形和频谱，解释频谱的变化及含义。

3-12　用手机记录一段语音信号，利用 MATLAB 提取语音信号的数据作为二次开发使用，分析记录语音信号的频谱，对比不同人之间语音信号频谱的差异，解释差异点及可能的原因。

3-13　寻找自然界中的声源，记录并导出声音信号，分析该信号的频谱，并与语音信号的频谱进行比对，分析不同频率成分的分布规律。

3-14　将语音信号运用仿真程序进行调制与解调，画出波形图，并进行语音信号的自相关和互相关分析，解释相关函数幅值最大值出现的位置及原因。

第 4 章

连续时间系统频域分析

4.1 引言

在连续时间系统的时域分析中，已经能够建立起激励信号、系统以及系统响应之间的关系。对于已知系统，可以通过建立其微分方程，即系统的时域数学模型，来观察系统对激励信号的处理过程，响应会随着系统的不同而不同；对于系统内部结构不清楚的系统，可以通过系统的单位冲激响应来建立起激励信号、系统以及系统响应之间的关系，系统的单位冲激响应具备唯一描述系统时域特性的属性，是系统的标识，不同的系统其单位冲激响应也不同。不论采取哪种时域分析系统的方法，最终都是得到信号在时域的特征，这在分析系统中揭示的信息是有限的，为了更好地理解系统，本章从频域的角度认识和分析系统，进而在频域求得系统的响应。

频域分析系统是建立在时域分析系统的基础之上的，时域分析可以得知信号经过系统后幅值随时间变化的特性，而频域分析实际上是要搞清楚不同频率的信号经过系统后，系统对这些频率成分进行了怎样的处理。任何信号均可分解为一系列冲激信号，而冲激信号的频谱是"均匀谱"，包含了所有的频率成分，也就是说包含了无穷多的纯频信号，纯频信号就是正余弦信号，经过 LTI 系统后只改变幅值和相位，再应用 LTI 系统叠加性，将每个纯频信号的响应合成就是系统的响应，而在这个求响应的过程中，可以知道每一个频率成分是怎样通过系统的，系统对每一个频率成分进行了怎样的处理，进而获知系统的频域特性。

如果系统的初始状态为零，则可用图 4-1 来描述时域和频域分析系统的过程及对比。

频域分析法理解系统与时域分析法理解系统，除了切入的自变量角度不同，其物理含义也是不同的，从不同的角度去理解系统，可以使人们对系统有更加深入的了解，是系统分析与系统设计的重要基础。从数学角度讲，频域分析系统避开了求解微分方程或求解卷积的过程，可以进一步简化系统分析步骤，然后通过傅里叶正、逆变换实现其在时域和频域的自由转换。

表征系统时域整体特性的函数是系统的单位冲激响应 $h(t)$，与之相对应，引入系统的频率响应函数 $H(j\omega)$ 来表征系统的频域整体特性，为此首先引入系统频率响应函数的定义。

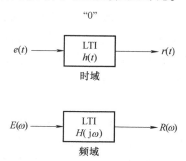

图 4-1　时域和频域分析法对比

4.2 系统频率响应函数概念

系统频率响应函数是系统在频域的整体表征，可以用不同的方法得到系统的频率响应函数。

4.2.1 直接定义系统频率函数

可以直接定义系统的频率函数 $H(j\omega)$ 为

$$H(j\omega) = \frac{R(j\omega)}{E(j\omega)} \tag{4-1}$$

式中　$R(j\omega)$——系统时域响应信号的频谱，或称时域响应信号的傅里叶变换；

　　　$E(j\omega)$——系统激励的频谱，或激励信号的傅里叶变换。

这种系统频率响应函数定义方法更加直接，但不便于初学者把握其物理含义和本质，为此，从已知系统内部结构的微分方程角度和已知系统单位冲激响应的角度分别给出系统的频率响应函数求法，从求解过程中可以增加对系统频率响应函数物理含义的理解。

4.2.2 由微分方程求系统频率响应函数

已知 n 阶线性系统的微分方程一般表示为

$$\frac{d^n r(t)}{dt^n} + a_{n-1}\frac{d^{n-1}r(t)}{dt^{n-1}} + \cdots + a_1\frac{dr(t)}{dt} + a_0 r(t) = b_m\frac{d^m e(t)}{dt^m} + b_{m-1}\frac{d^{m-1}e(t)}{dt^{m-1}} + \cdots + b_1\frac{de(t)}{dt} + b_0 e(t)$$

$$\tag{4-2}$$

式中　$r(t)$——系统响应；

　　　$e(t)$——系统激励。

对式(4-2)两边取傅里叶变换，根据傅里叶变换的微分特性，得到

$$[(j\omega)^n + a_{n-1}(j\omega)^{n-1} + \cdots + a_1(j\omega) + a_0]R(j\omega) = [b_m(j\omega)^m + b_{m-1}(j\omega)^{m-1} + \cdots + b_1(j\omega) + b_0]E(j\omega)$$

$$\tag{4-3}$$

从而得到

$$H(j\omega) = \frac{R(j\omega)}{E(j\omega)} = \frac{b_m(j\omega)^m + b_{m-1}(j\omega)^{m-1} + \cdots + b_1(j\omega) + b_0}{(j\omega)^n + a_{n-1}(j\omega)^{n-1} + \cdots + a_1(j\omega) + a_0} \tag{4-4}$$

通过系统微分方程得到系统的频率响应函数，从式(4-4)中可以看出，系统的频率响应函数 $H(j\omega)$ 只与表示系统复杂程度的微分阶数和表征系统元器件参数的系数 b_m 和 a_n 有关，实际上 $H(j\omega)$ 只与系统本身有关，与激励和响应具体形式无关。同时也可以看出，$H(j\omega)$ 是复数，可以写成

$$H(j\omega) = |H(j\omega)|e^{j\varphi(\omega)} \tag{4-5}$$

其模 $|H(j\omega)|$ 和相位 $\varphi(\omega)$ 分别对应系统的幅频特性和相频特性。系统的幅频特性反映了频率为 ω 的纯频信号经过系统后，其幅值的变化情况。如果幅值增加说明信号被放大了，如果幅值减小说明信号被衰减了。其相位特性反映了频率为 ω 的纯频信号经过系统后，其相位的延迟情况。注意理解系统的幅频和相频特性与信号的幅频和相频特性物理含义的差异。

例 4-1 已知某系统的微分方程为 $\dfrac{\mathrm{d}^2 r(t)}{\mathrm{d}t^2} + 4\dfrac{\mathrm{d}r(t)}{\mathrm{d}t} + 2r(t) = \dfrac{\mathrm{d}e(t)}{\mathrm{d}t} + 3e(t)$，求系统函数 $H(j\omega)$。

解 对微分方程两边同时取傅里叶变换，得到

$$[(j\omega)^2 + 4(j\omega) + 2]R(j\omega) = [(j\omega) + 3]E(j\omega)$$

因此系统函数为

$$H(j\omega) = \frac{R(j\omega)}{E(j\omega)} = \frac{(j\omega) + 3}{(j\omega)^2 + 4(j\omega) + 2}$$

例 4-2 如图 4-2a 所示电路，输入是激励电压 $e(t)$，输出是电容电压 $r(t)$，求系统函数 $H(j\omega)$。

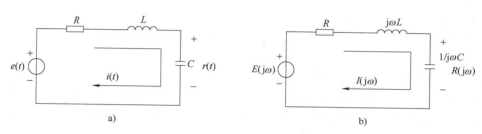

a)   b)

图 4-2 例 4-2 电路

解 无初始储能的动态元件时域与频域电压电流关系分别为

$$v_L(t) = L\frac{\mathrm{d}}{\mathrm{d}x}i(t) \leftrightarrow V_L(j\omega) = j\omega L \cdot I(j\omega)$$

$$v_C(t) = r(t) = \frac{1}{C}\int_{-\infty}^{t} i(\tau)\,\mathrm{d}\tau \leftrightarrow R(j\omega) = \frac{1}{j\omega C} \cdot I(j\omega)$$

频域电路如图 4-2b 所示。

根据 KVL，$Ri(t) + v_L(t) + v_C(t) = e(t)$，将 $v_L(t)$ 和 $v_C(t)$ 代入，得

$$Ri(t) + L\frac{\mathrm{d}}{\mathrm{d}x}i(t) + \frac{1}{C}\int_{-\infty}^{t} i(\tau)\,\mathrm{d}\tau = e(t)$$

两边求傅里叶变换，化简后得系统的频率响应函数为

$$H(j\omega) = \frac{R(j\omega)}{E(j\omega)} = \frac{1/j\omega C}{R + j\omega L + 1/j\omega C} = \frac{1}{(j\omega)^2 LC + j\omega RC + 1}$$

4.2.3 由系统的冲激响应 $h(t)$ 求系统频率响应函数

若已知系统的单位冲激响应 $h(t)$，然后对 $h(t)$ 求傅里叶变换，就得到系统函数。

$$H(j\omega) = \mathrm{FT}[h(t)] \tag{4-6}$$

从这种求系统频率响应函数的方法中可知，系统的频率响应函数 $H(j\omega)$ 与系统的单位冲激响应 $h(t)$ 为一对傅里叶变换对，一个是系统时域特性的整体表征，另一个是系统频域特性的整体表征。对于一个特定的系统，时域表征和频域表征均具有唯一性。

例 4-3 已知系统的单位冲激响应 $h(t) = u(t) - u(t-2)$，求系统频率响应函数。

解 $H(j\omega) = \pi\delta(\omega) + \dfrac{1}{j\omega} - \left(\pi\delta(\omega) + \dfrac{1}{j\omega}\right)\mathrm{e}^{-2j\omega} = \dfrac{1}{j\omega}(1 - \mathrm{e}^{-2j\omega})$

111

4.2.4 由特定激励求系统频率响应函数

设系统激励 $e(t) = e^{j\omega t}$，系统的单位冲激响应为 $h(t)$，则由卷积法求响应原理求得系统的响应 $r(t)$ 为

$$r(t) = e(t) * h(t) = \int_{-\infty}^{\infty} e(t-\tau) h(\tau) d\tau = \int_{-\infty}^{\infty} e^{j\omega(t-\tau)} h(\tau) d\tau = e^{j\omega t} \int_{-\infty}^{\infty} e^{-j\omega\tau} h(\tau) d\tau = e^{j\omega t} H(j\omega)$$

从上式可以解得

$$H(j\omega) = \frac{r(t)}{e^{j\omega t}} \tag{4-7}$$

由式(4-7)可知，只要知道输入为 $e^{j\omega t}$ 时的响应，就可以求得系统的频率响应函数。

上面讲述了四种求系统频率响应函数的方法，借助时域卷积求响应原理 $r(t) = e(t) * h(t)$，可知激励信号频域响应为 $R(\omega) = E(\omega) H(j\omega)$，借助傅里叶逆变换可得到时域响应 $r(t)$，即

$$r(t) = F^{-1}(R(w)) \tag{4-8}$$

这就是频率求响应方法的原理。

另外，$R(\omega)$、$E(\omega)$ 以及 $H(j\omega)$ 只要知道其中两个函数，就可求得另外一个，若求 $R(\omega)$ 或 $r(t)$ 称为求响应；若求 $E(\omega)$ 或 $e(t)$ 称为求激励，对应信号的测试；若求 $H(j\omega)$ 或 $h(t)$，即求频率响应函数，对应系统辨识。

借助时域卷积定理求系统响应可以避免求解卷积带来的不便，当然增加了求傅里叶逆变换的环节。

系统的频率响应是反映系统在频域特性的函数，以图 4-3 为例，分析系统频率响应的物理含义。

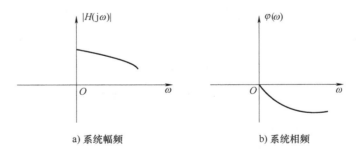

a) 系统幅频　　　　　　　　　b) 系统相频

图 4-3　系统频率响应函数示例

对于图 4-3 示例的系统幅频特性，可知该系统具有低通特性，即在频率低时，幅值较大，随着频率的增加，信号的幅值呈衰减趋势，高频成分衰减大于低频成分。而从相位特性上可以看出，不同频率的成分引起的相位延迟也存在差异。

4.3　周期信号的稳态响应

周期信号是无始无终，且每隔一个固定的时间间隔重复出现的信号，周期信号中除了有正、余弦信号外，还有其他的周期信号，这些信号可通过傅里叶级数分解成正、余弦信号的和，对于 LTI 系统其响应也可以由这些正、余弦信号的响应合成。再由 LTI 系统的频率保持

性可知，纯频信号响应只改变幅值和相位，考虑到周期信号持续时间为无穷，在研究周期信号响应时认为系统的暂态响应早已趋于零，系统输出就只有稳态响应。

4.3.1　正(余)弦信号的响应

设系统的激励信号为正弦信号，$e(t) = \sin\omega_0 t$，$-\infty < t < \infty$，其傅里叶变换为 $E(\omega) = j\pi[\delta(\omega+\omega_0)-\delta(\omega-\omega_0)]$，当系统的单位冲激响应 $h(t)$ 为实函数时，其频率响应函数为 $H(j\omega) = |H(j\omega)|e^{j\varphi(j\omega)}$，则响应信号 $r(t)$ 的频谱 $R(\omega)$ 为

$$R(\omega) = H(j\omega)E(\omega) = j\pi |H(j\omega)| e^{j\varphi(j\omega)}[\delta(\omega+\omega_0)-\delta(\omega-\omega_0)] \tag{4-9}$$

系统对正(余)弦周期信号的响应为

$$r(t) = F^{-1}(R(\omega)) = \frac{1}{2\pi}\int_{-\infty}^{\infty} R(\omega)e^{j\omega t}d\omega = |H(j\omega)| \frac{1}{2j}\left[e^{j(\omega_0 t+\varphi(j\omega))}-e^{-j(\omega_0 t+\varphi(j\omega))}\right]$$

$$= |H(j\omega)| \sin[\omega_0 t+\varphi(j\omega)] \tag{4-10}$$

从正弦周期信号的响应也可以看出，频率保持不变，仍为 ω_0，幅值变为激励正弦信号幅值的 $|H(j\omega)|$ 倍，相位变化为 $\varphi(j\omega)$。所以，正弦信号经 LTI 系统后仍然为同频率的正弦信号，只不过幅值和相位发生了变化。

例 4-4　已知某线性系统的系统函数为 $H(j\omega) = \dfrac{1}{a+j\omega}$，求系统对激励 $e(t) = \sin\omega_0 t$ 的响应。

解

$$H(j\omega_0) = \frac{1}{a+j\omega_0} = |H(j\omega_0)| e^{j\varphi(\omega_0)} = \frac{1}{\sqrt{a^2+\omega_0^2}}e^{-j\arctan\frac{\omega_0}{a}}$$

所以，系统对激励信号的响应为

$$r(t) = |H(j\omega_0)| \sin[\omega_0 t+\varphi(\omega_0)] = \frac{1}{\sqrt{a^2+\omega_0^2}}\sin\left(\omega_0 t-\arctan\frac{\omega_0}{a}\right)$$

若正弦激励信号 $e(t) = A\sin(\omega_0 t+\varphi_0)$，通过系统函数为 $|H(j\omega)| e^{j\varphi(j\omega)}$ 的系统后，其响应可以直接表示为

$$r(t) = A|H(j\omega)| \sin[\omega_0 t+\varphi(j\omega)+\varphi_0]$$

4.3.2　其他周期信号的响应

将周期信号展开为傅里叶级数，实际上周期信号可以看作是一系列频率成谐波关系正弦信号的合成，求每个正弦信号的响应再合成，就可以得到非正弦周期信号的响应。计算步骤为

1) 将激励 $e_T(t)$ 分解为无穷多个正弦分量之和，即将激励信号展开为傅里叶级数。

2) 求出系统函数 $H(j\omega) = \{H(0),H(j\omega_0),H(j2\omega_0),\cdots\}$。

3) 利用正弦稳态分析法计算第 n 次谐波的响应为

$$r_n(t) = E_n H(jn\omega_0)e^{jn\omega_0 t} \tag{4-11}$$

4) 将各谐波分量的响应值相加，得到非正弦周期信号通过线性系统的响应

$$r_T(t) = r_0(t)+r_1(t)+r_2(t)+\cdots+r_n(t)+\cdots = \sum_{n=-\infty}^{\infty} E_n H(jn\omega_0)e^{jn\omega_0 t} \tag{4-12}$$

设周期激励信号 $e_T(t)$ 及其频谱 $E_T(\omega)$ 分别为

$$e_T(t) = \sum_{n=-\infty}^{\infty} E_n e^{jn\omega_0 t} \leftrightarrow E_T(\omega) = 2\pi \sum_{n=-\infty}^{\infty} E_n \delta(\omega - \omega_0) \tag{4-13}$$

系统频率响应函数为 $H(j\omega)$，则频域响应 $R_T(\omega)$ 为

$$R_T(\omega) = E_T(\omega) H(j\omega) = 2\pi \sum_{n=-\infty}^{\infty} E_n \delta(\omega - \omega_0) H(j\omega) = 2\pi \left[\sum_{n=-\infty}^{\infty} E_n H(jn\omega_0) \delta(\omega - n\omega_0) \right] \tag{4-14}$$

则周期激励信号 $e_T(t)$ 的响应 $r_T(t)$ 为

$$r_T(t) = F^{-1}(R_T(\omega)) = \frac{1}{2\pi} \int_{-\infty}^{\infty} R_T(j\omega) e^{j\omega t} d\omega = \sum_{n=-\infty}^{\infty} E_n H(jn\omega_0) e^{jn\omega_0 t} \tag{4-15}$$

例 4-5 若系统频率特性 $H(j\omega) = \dfrac{1}{j\omega+1}$，激励信号 $e(t) = \cos t + \cos(3t)$，试求系统的响应 $r(t)$。

解

$$H(j\omega)\big|_{\omega=1} = \frac{1}{j+1} = \frac{1}{\sqrt{2}} e^{-j45°}$$

$$H(j\omega)\big|_{\omega=3} = \frac{1}{j3+1} = \frac{1}{\sqrt{10}} e^{-j71.6°}$$

所以，系统的响应为

$$r(t) = \frac{1}{\sqrt{2}} \cos(t - 45°) + \frac{1}{\sqrt{10}} \cos(3t - 71.6°)$$

4.4　非周期信号响应

设 LTI 系统的单位冲激响应为 $h(t)$，其频率响应函数为 $H(j\omega)$，激励信号为 $e(t)$，其频谱为 $E(\omega)$，零状态响应 $r(t) = h(t) * e(t)$，再根据卷积性质可得 $R(j\omega) = H(j\omega)E(\omega)$，再通过傅里叶逆变换求得时域响应 $r(t)$。可将求响应步骤归纳如下：

1）对激励信号 $e(t)$ 进行傅里叶变换得 $E(\omega)$。
2）求系统频率响应函数 $H(j\omega)$。
3）求输出频率响应 $R(j\omega) = H(j\omega)E(j\omega)$。
4）求 $R(j\omega)$ 傅里叶逆变换，得出系统输出信号 $r(t)$。

例 4-6 已知系统函数 $H(j\omega) = \dfrac{j\omega+3}{(j\omega+1)(j\omega+2)}$，激励 $e(t) = e^{-3t}u(t)$，求响应 $r(t)$。

解　激励信号的傅里叶变换为

$$E(\omega) = \frac{1}{j\omega+3}$$

则响应的频谱为

$$R(j\omega) = H(j\omega)E(\omega) = \frac{1}{(j\omega+1)(j\omega+2)} = \frac{1}{j\omega+1} - \frac{1}{j\omega+2}$$

因此，系统的零状态响应为

$$r(t) = F^{-1}(R(j\omega)) = (e^{-t} - e^{-2t})u(t)$$

由于非周期信号持续时间有限，因此其响应在时间趋于无穷时为 0，故有时也称这种响应为瞬态响应。

例 4-7　已知一阶系统如图 4-4 所示，当激励 $x(t)$ 为矩形脉冲信号时，求其响应 $y(t)$，并分析系统频率响应函数特性和信号频率变化。

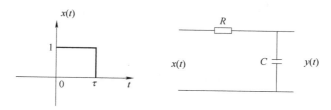

图 4-4　例 4-7 图

解　该电路系统的微分方程为

$$\tau\frac{\mathrm{d}y(t)}{\mathrm{d}t}+y(t)=x(t)$$

式中　$\tau=RC$。

通过对微分方程两边求傅里叶变换，并整理得系统频率响应函数为

$$H(\mathrm{j}\omega)=\frac{1}{\mathrm{j}\omega\tau+1}$$

不难求得其幅频和相频分别为

$$A(\omega)=\frac{1}{\sqrt{(\omega\tau)^2+1}}$$

$$\varphi(\omega)=-\arctan(\tau\omega)$$

激励信号为矩形脉冲，其频谱为

$$X(\omega)=\frac{1}{\mathrm{j}\omega}(1-\mathrm{e}^{\mathrm{j}\omega\tau})=\tau\mathrm{e}^{-\mathrm{j}\frac{\omega\tau}{2}}\mathrm{Sa}\left(\frac{\omega\tau}{2}\right)$$

则响应的频谱为

$$Y(\omega)=H(\mathrm{j}\omega)X(\omega)=\frac{1}{\sqrt{(\omega\tau)^2+1}}\left[\tau\mathrm{Sa}\left(\frac{\omega\tau}{2}\right)\right]\mathrm{e}^{-\mathrm{j}\left[\frac{\omega\tau}{2}-\arctan\left(\frac{\omega}{2}\right)\right]}$$

再对 $Y(\omega)$ 求傅里叶逆变换，得

$$y(t)=\left(1-\mathrm{e}^{\frac{t}{\tau}}\right)u(t)-\left(1-\mathrm{e}^{\left(1-\frac{t}{\tau}\right)}\right)u(t-\tau)$$

响应的时域波形如图 4-5 所示。

该系统幅频和相频分别如图 4-6a、b 所示。

有时为了放缓频谱的变化幅度，改变视觉效果，也常常采用波特图来表示系统的频谱，纵坐标采用原频谱图中的对数值，横坐标采用 $\omega\tau$，如图 4-7 所示。

从系统频率响应特性可以看出，该系统具有低通特性，因此高频成分衰减较大，导致响应信号中的高频成分对信号的贡献减小，原激励信号中的突变部分变得圆滑。

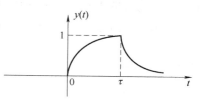

图 4-5　矩形脉冲一阶系统响应的时域波形

115

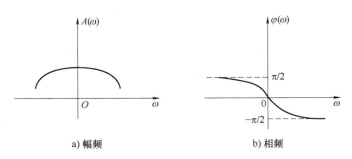

a) 幅频   b) 相频

图 4-6　一阶系统频率响应

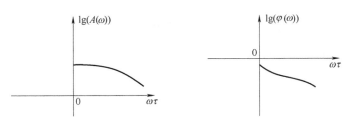

图 4-7　系统频率响应的波特图

4.5　系统无失真传输条件

系统的响应波形与激励波形一般存在差异，这些差异就造成了信号的失真。所谓信号的失真是指响应信号无论在时域波形上，还是频域波形上，均与激励信号有所变化。实际传输信号时，总是希望这种失真越小越好。但对于特定的信号处理方法，比如信号滤波等，信号在传输过程中产生失真是必然的。本节仅限于讨论不失真的情况。

线性系统引起信号失真有两方面因素：

1）幅度失真。系统对信号中各频率分量的幅度产生不同程度的衰减，使响应信号各频率分量的相对幅度产生了变化。

2）相位失真。系统对信号中各频率分量产生的相移与频率不成比例，使响应各频率分量在时间轴上的相对位置发生变化，即引起相位失真。

从信号分解与合成的角度讲，如果幅度和相位在不同频率成分中发生了变化，合成后的信号必定与原信号存在差异，这就是造成信号失真的原因。对于电路系统，由于任何电路都不能保证所有频率成分全部通过，因此实际中的电路系统必然造成传输信号的失真。为了减少信号传输时的失真，首先应该明白何为不失真，这就是研究不失真的目的。

如果系统激励信号为 $e(t)$，响应信号应为

$$r(t) = Ke(t-t_0) \tag{4-16}$$

式中　K——常数；

　　　t_0——固定滞后时间。

满足此条件时，$r(t)$ 波形是 $e(t)$ 波形经 t_0 时间的滞后，虽然幅度方面有系数 K 倍的变化，但波形形状不变。式（4-16）为系统不产生失真的时域条件。线性系统的无失真传输时域信号如图 4-8 所示。

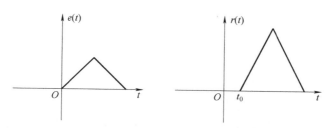

图 4-8　线性系统的无失真传输时域信号

设 $r(t)$ 与 $e(t)$ 的傅里叶变换分别为 $R(j\omega)$ 与 $E(\omega)$。则其频谱关系为

$$R(j\omega) = KE(\omega)e^{-j\omega t_0} \tag{4-17}$$

考虑到

$$R(j\omega) = H(j\omega)E(\omega)$$

所以，为满足无失真传输应有

$$H(j\omega) = Ke^{-j\omega t_0} \tag{4-18}$$

式(4-18)就是针对系统的频率响应特性提出的无失真传输条件，即系统不产生失真的频域条件。欲使信号在通过线性系统时不产生任何失真，必须在信号的全部频带内，要求系统响应的幅度特性是一常数，相位特性是一通过原点的直线。如图 4-9 所示，图中幅度特性的常数为 K，相位特性的斜率为 $-t_0$。

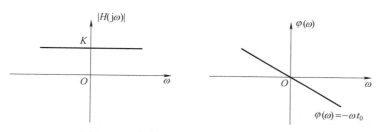

图 4-9　无失真传输系统的幅度和相位特性

实际系统的响应不会使所有频率成分幅值均保持恒定，并且相位为反斜直线。所以，任何实际物理系统对传输的信号都会产生失真，而在设计系统时可以尽量保证在通频带内接近理想条件。

4.6　理想低通滤波器

4.6.1　理想低通的频域特性

滤波器是信号传输和处理环节中应用非常广泛的系统，它的作用就是滤除干扰成分，保留有用成分。当然何为干扰，是一个相对概念，凡是降低传输信号信噪比的信号均可视作是干扰，所以干扰既可以是随机噪声，也可以是其他频率成分的信号。

在设计或使用滤波器时，总会希望在滤波器的通频带内，信号完整保留，不在通频带范围内的信号应该全部被滤除，实际上这是不切实际的，也是无法在现实中实现的。那么应该对滤波器提出什么样的设计指标才能达到滤波的目的？事实上对滤波器的理想化要求是符合滤波的功能和作用的，只是无法在现实中找到实现理想滤波器的器件或算法，但这并不妨碍对理想的追求。

在研究系统特性时需要建立一些理想化的系统模型，所谓理想滤波器就是在通频带内具有矩形幅度特性和线性相移特性的理想滤波器。这种滤波器使通频带内的频率成分无任何失真，而通频带外的信号被全部截止。

以理想低通滤波器为例，其频谱如图 4-10 所示。其中，ω_c 称为截止频率，即频率小于 ω_c 的成分全部等幅度通过，在通频带外频率大于 ω_c 的成分全部滤除，幅值变为 0。而相位则是在通频带内保持直线，在通频带外为 0。

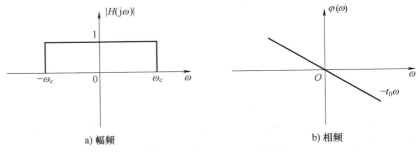

a) 幅频　　　　　　　　　　　b) 相频

图 4-10　理想低通滤波器特性

设理想低通滤波器的频率响应函数为 $H(\mathrm{j}\omega) = |H(\mathrm{j}\omega)| \mathrm{e}^{\mathrm{j}\varphi(\omega)}$，则应满足以下条件：

$$|H(\mathrm{j}\omega)| = \begin{cases} K, & (-\omega_c < \omega < \omega_c) \\ 0, & (\omega \text{ 为其他值}) \end{cases} \tag{4-19}$$

$$\varphi(\omega) = \begin{cases} -t_0\omega, & (-\omega_c < \omega < \omega_c) \\ 0, & (\omega \text{ 为其他值}) \end{cases} \tag{4-20}$$

式中　K，t_0——常数。

以此类推，可以得到理想高通、带通和带阻滤波器的频率特性。

实际上也可以借助第 1 章中因果系统的概念来解释理想滤波器为何不能物理实现。

对 $H(\mathrm{j}\omega)$ 进行傅里叶逆变换，不难求得冲激响应为

$$h(t) = F^{-1}(H(\mathrm{j}\omega)) = \frac{1}{2\pi}\int_{-\infty}^{\infty} H(\mathrm{j}\omega) \mathrm{e}^{\mathrm{j}\omega t}\mathrm{d}\omega = \frac{K}{2\pi}\int_{-\infty}^{\infty} \mathrm{e}^{-\mathrm{j}\omega t_0}\mathrm{e}^{\mathrm{j}\omega t}\mathrm{d}\omega$$

$$= \frac{K}{2\pi}\frac{\mathrm{e}^{\mathrm{j}\omega(t-t_0)}}{\mathrm{j}(t-t_0)}\bigg|_{-\omega_c}^{\omega_c} = \frac{K\omega_c}{\pi}\frac{\sin[\omega_c(t-t_0)]}{\omega_c(t-t_0)}$$

理想低通滤波器的冲激响应如图 4-11 所示。这是一个峰值位于 t_0 时刻的 Sa 函数，或写作 $\dfrac{\omega_c}{\pi}\mathrm{Sa}(\omega_c(t-t_0))$。

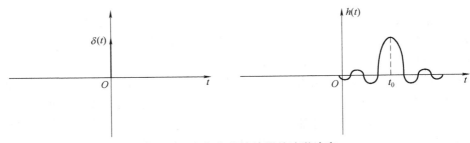

图 4-11　理想低通滤波器的冲激响应

从其时域波形上可以看出，响应先于激励出现，是非因果系统，因此在实际电路中不可能实现。

然而，有关理想滤波器的研究并不会因其无法实现而失去价值，实际滤波器的分析与设计往往需要理想滤波器的理论作指导。

4.6.2　理想低通滤波器的冲激响应

单位冲激信号 $\delta(t)$ 具有均匀谱，且包含了所有频率成分，通过理论或实践手段观察系统对该信号的响应，可以有效地得到系统的唯一性特性，就像一个"万能工具"可以用来测量每个不同系统的特性。同时，观察单位冲激响应的变化情况，也有助于发现系统对信号进行了怎样的处理，便于解释响应变化现象的内在原因。

设单位冲激信号为 $\delta(t)$，响应为 $h(t)$，系统频率响应函数为 $H(j\omega)$，则

$$h(t) = \frac{1}{2\pi}\int_{-\infty}^{\infty} H(j\omega)e^{j\omega t}d\omega = \frac{1}{2\pi}\int_{-\omega_c}^{\omega_c} Ke^{j\omega t_0}e^{j\omega t}d\omega = \frac{K}{\pi} \cdot \frac{1}{(t-t_0)} \cdot \frac{1}{2j}\left[e^{j\omega_c(t-t_0)} - e^{-j\omega_c(t-t_0)}\right]$$

$$= \frac{K\omega_c}{\pi} \cdot \frac{\sin\omega_c(t-t_0)}{\omega_c(t-t_0)} = \frac{K\omega_c}{\pi}Sa(\omega_c(t-t_0))$$

其响应如图 4-12 所示。

从 $\delta(t)$ 经过理想低通滤波器的响应 $h(t)$ 的波形变化可以看出：

1）$h(t)$ 与 $\delta(t)$ 比较，已经发生了较严重的失真。

2）其响应为抽样信号，峰值为 $\dfrac{K\omega_c}{\pi}$。

3）理想低通滤波器限制了单位冲激信号中的高频成分。

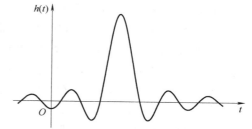

图 4-12　单位冲激信号在理想
低通滤波器中的响应

4）$t<0$ 时，$h(t) \neq 0$，因此该系统为非因果系统，不可物理实现。

5）物理可实现的滤波器其幅频特性要满足 Paley-Wiener（佩利-维纳）准则：

$$\int_{-\infty}^{\infty} \frac{|\ln H(j\omega)|}{1+\omega^2}d\omega < \infty \tag{4-21}$$

4.6.3　理想低通滤波器的阶跃响应

阶跃信号具有跃变不连续点，即通过突变跃升到恒定值，这种信号也常被用来分析和研究系统特性，观察系统对突变信号的响应。

阶跃信号 $u(t)$ 经过理想低通滤波器 $H(j\omega)$，其响应为 $r(t)$，已知 $u(t)$ 的傅里叶变换为 $U(\omega) = \pi\delta(\omega) + \dfrac{1}{j\omega}$，则响应的频谱为

$$R(\omega) = H(j\omega)U(\omega) = K\left[\pi\delta(\omega) + \frac{1}{j\omega}\right]e^{-j\omega t_0}(-\omega_c < \omega < \omega_c)$$

可以利用卷积或直接取逆变换的方法求得阶跃响应，按逆变换定义有

$$r(t) = F^{-1}(R(\omega)) = \frac{K}{2\pi}\int_{-\omega_c}^{\omega_c}\left[\pi\delta(\omega) + \frac{1}{j\omega}\right]e^{-j\omega t_0}e^{j\omega t}d\omega$$

$$= \frac{K}{2} + \frac{K}{2\pi}\int_{-\omega_c}^{\omega_c}\frac{e^{j\omega(t-t_0)}}{j\omega}d\omega = \frac{K}{2} + \frac{K}{\pi}\int_0^{\omega_c}\frac{\sin[\omega(t-t_0)]}{\omega(t-t_0)}d\omega$$

注意到正弦积分函数 $\mathrm{Si}(x) = \int_0^x\frac{\sin t}{t}dt$，则上式可写成

$$r(t) = \frac{K}{2} + \frac{K}{\pi}\mathrm{Si}(\omega_c(t-t_0))$$

经过理想低通滤波器后，阶跃信号响应的变化如图 4-13 所示。

理想低通滤波器的截止频率 ω_c 越低，输出 $r(t)$ 上升越缓慢。如果定义输出由最小值到最大值所需上升时间为上升时间 t_r，则

$$t_r = 2\cdot\frac{\pi}{\omega_c} = \frac{1}{B} \qquad (4\text{-}22)$$

式中 B——截止频率，$B = \dfrac{\omega_c}{2\pi}$，是将角频率折合成频率的滤波器带宽（截止频率）。

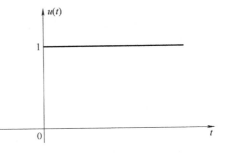

可以看出阶跃响应的上升时间与系统的截止频率（带宽）成反比。例如，一阶 RC 低通滤波器的阶跃响应为指数上升波形，上升时间与 RC 时间常数成正比，但从频域特性来看，此低通滤波器的带宽却与 RC 乘积值成反比，这里，阶跃响应上升时间与带宽成反比的现象和理想低通滤波器的分析是一致的。

一般来讲，滤波器阶跃响应上升时间与带宽不能同时减小，对不同的滤波器二者之乘积取不

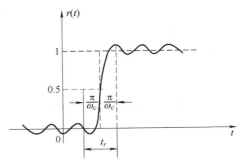

图 4-13　理想低通滤波器的阶跃响应

同的常数值，而且此常数值具有下限，这将由著名的"测不准原理"所决定，此处不加以赘述。

4.6.4　理想低通滤波器的矩形脉冲响应

设激励信号为矩形脉冲 $e(t) = u(t) - u(t-\tau)$，应用叠加定理，可求得响应 $r(t)$ 为

$$r(t) = \frac{1}{\pi}\left[\mathrm{Si}(\omega_c(t-t_0)) - \mathrm{Si}(\omega_c(t-t_0-\tau))\right]$$

其波形变化过程如图 4-14 所示。

必须注意，这里画的是 $\dfrac{2\pi}{\omega_c}\ll\tau$ 的情形。如果 $\dfrac{2\pi}{\omega_c}$ 与 τ 接近或大于 τ，$r_1(t)$ 波形失真将更加严重，有点像正弦波。这意味着，矩形脉冲经理想低通传输时，必须使脉宽 τ 与滤波器的截止频率相适应 $\left(\tau\gg\dfrac{2\pi}{\omega_c}\right)$，才能得到大体上为矩形的响应脉冲，如果 τ 过窄（或 ω_c 过小）则响应波形上升与下降时间连在一起，完全丢失了激励信号的脉冲形状。

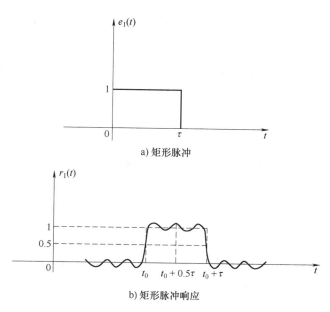

a) 矩形脉冲

b) 矩形脉冲响应

图 4-14 矩形脉冲通过理想低通滤波器

4.7 物理可实现系统

4.7.1 系统的物理可实现性

就时域特性而言，一个物理可实现系统的冲激响应 $h(t)$ 在 $t<0$ 时必须为零。或者说冲激响应 $h(t)$ 波形的出现必须是有起因的，不能在冲激作用之前就产生响应，有时把这一要求称为因果条件。

从频率特性来看，如果 $|H(j\omega)|$ 满足二次方可积条件，即

$$\int_{-\infty}^{\infty} |H(j\omega)|^2 d\omega < \infty \tag{4-23}$$

4.7.2 佩利-维纳准则

佩利和维纳证明了对于幅度函数 $H(j\omega)$ 物理可实现的必要条件是

$$\int_{-\infty}^{\infty} \frac{|\ln|H(j\omega)||}{1+\omega^2} d\omega < \infty \tag{4-24}$$

式(4-24)称为佩利-维纳准则。不满足此准则的幅度函数，此系统的冲激响应就是无起因的，即响应先于冲激激励出现。

如果系统函数幅度特性在某一限定的频带内为零，也即 $|H(j\omega)| = 0$，这时 $|\ln|H(j\omega)|| \to \infty$，于是，式(4-24)积分不收敛，违反了佩利-维纳准则，系统是非因果的。对于物理可实现系统，可以允许 $|H(j\omega)|$ 特性在某些不连续的频率点上为零，但不允许在一个有限频带内为零。按此原理，理想低通、理想高通、理想带通和理想带阻等理想滤波器都是不可实现的。

可以证明，对于有理多项式函数构成的幅度特性，能够满足式(4-24)的条件。这表明，

佩利-维纳准则要求可实现的幅度特性其总的衰减不能过于迅速。总之，佩利-维纳准则既不允许系统特性在一频带内为零，也限制了幅度特性的衰减速度。

佩利-维纳准则只从幅度特性提出要求，而对相位特性却没有给出约束。因此，可以说，维纳-佩利准则是系统物理可实现的必要条件，而不是充分条件。如果 $|H(j\omega)|$ 已被检验满足此准则，于是，就可找到适当的相位函数 $\varphi(\omega)$ 与 $|H(j\omega)|$ 一起构成一个物理可实现的系统函数。

4.8 激励和响应的能量谱（功率谱）和自相关

4.8.1 能量谱和功率谱

如果激励为 $e(t)$，系统响应为 $r(t)$，$e(t)$ 和 $r(t)$ 的频谱分别为 $E(\omega)$ 和 $R(\omega)$，系统的频率响应为 $H(j\omega)$，$e(t)$ 和 $r(t)$ 的能量谱密度分别为 $E_e(\omega)$ 和 $E_r(\omega)$，对于非能量有限的激励和响应，其功率谱分别为 $P_e(\omega)$ 和 $P_r(\omega)$，$E_T(\omega)$ 和 $R_T(\omega)$ 分别表示有限时间 T 内的功率，有

$$E_e(\omega) = |E(\omega)|^2 \qquad (4\text{-}25)$$

$$E_r(\omega) = |R(\omega)|^2 \qquad (4\text{-}26)$$

或

$$P_e(\omega) = \lim_{T\to\infty}\frac{1}{T}|E_T(\omega)|^2 \qquad (4\text{-}27)$$

$$P_r(\omega) = \lim_{T\to\infty}\frac{1}{T}|R_T(\omega)|^2 \qquad (4\text{-}28)$$

因为 $|R(j\omega)|^2 = |H(j\omega)|^2|E(j\omega)|^2$，所以

$$E_r(\omega) = |H(j\omega)|^2 E_e(\omega) \qquad (4\text{-}29)$$

同理可知

$$P_r(\omega) = |H(j\omega)|^2 P_e(\omega) \qquad (4\text{-}30)$$

为了方便理解和记忆，将从激励和响应的形式表示能量谱或功率谱，系统激励和响应对比如图 4-15 所示。

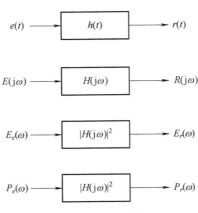

图 4-15　系统激励和响应对比

4.8.2　激励和响应的自相关

能量谱和功率谱的响应还可以写成如下形式：

$$E_r(\omega) = H(j\omega)H^*(j\omega)E_e(\omega) \tag{4-31}$$

$$P_r(\omega) = H(j\omega)H^*(j\omega)P_e(\omega) \tag{4-32}$$

考虑到

$$H(j\omega) = F(h(t)) \tag{4-33}$$

$$H^*(j\omega) = F(h(-t)) \tag{4-34}$$

则有

$$R_r(\tau) = R_e(\tau) * h(t) * h(-t) = R_e(\tau) * R_h(\tau) \tag{4-35}$$

自相关的响应如图 4-16 所示。

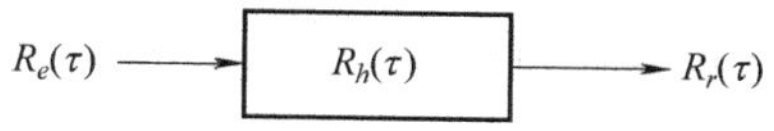

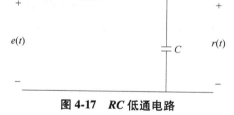

图 4-16　自相关的响应

例 4-8　对于白噪声，其功率谱密度为 $P_N(\tau) = N$（常亮），$-\infty < \omega < \infty$，求自相关函数。

解　利用维纳-辛钦关系式，得自相关函数 $R_N(\omega) = N\delta(\tau)$。

由于白噪声的功率谱密度为常数，所以白噪声的自相关函数为冲激函数，表明白噪声在各时刻的取值杂乱无章，没有任何相关性。

对于 $\tau \neq 0$ 的所有时刻，$R_N(\tau)$ 都取 0，仅在 $\tau = 0$ 时为强度等于 N 的冲激。

例 4-9　功率密度为 N 的白噪声通过如图 4-17 所示 RC 低通电路，求输出的功率 $P_r(\omega)$ 及自相关函数 $R_r(\tau)$，并求输出的平均功率 P_r。

解　输入 $e(t)$ 的功率谱为 $P_e(\omega) = N$，系统函数：

$$H(j\omega) = \dfrac{\dfrac{1}{RC}}{\dfrac{1}{RC} + j\omega} = \dfrac{1}{1 + j\omega RC}$$

图 4-17　*RC* 低通电路

输出功率谱：

$$P_r(\omega) = P_e(\omega)|H(j\omega)|^2 = N\frac{1}{1 + (\omega RC)^2}$$

自相关函数：

$$R_r(\tau) = F^{-1}(P_r(\omega)) = F^{-1}\left(N\frac{1}{1 + (\omega RC)^2}\right)$$

$$R_r(\tau) = \frac{N}{2RC}e^{-\frac{1}{RC}|t|}$$

平均功率：

$$P_r = \frac{1}{2\pi}\int_{-\infty}^{\infty}P_y(\omega)\,d\omega = \frac{1}{\pi}\int_0^{\infty}\frac{1}{1 + (\omega RC)^2}d\omega = \frac{N}{\pi RC}\arctan(R\omega C)\Big|_0^{\infty} = \frac{N}{2RC}$$

习题

4-1 RLC 二阶低通滤波器电路如图 4-18 所示，设 $R=\sqrt{\dfrac{L}{2C}}$，$L=0.8\mathrm{H}$，$C=0.1\mathrm{F}$，$R=2\Omega$，试求该系统频率响应函数，并绘出频率响应曲线。

4-2 全通网络是指其系统函数 $H(\mathrm{j}\omega)$ 的极点位于左半平面，零点位于右半平面，且零点与极点对于 $\mathrm{j}\omega$ 轴互为镜像对称的网络。它可保证不影响传输信号的幅频特性，只改变信号的相频特性。全通网络在传输系统中常用来进行相位校正，如作相位均衡器或移相器。图 4-19 为 RLC 构成的格形滤波器，当满足 $\dfrac{L}{C}=R$ 时即构成全通网络。其 $H(\mathrm{j}\omega)=\dfrac{R(\mathrm{j}\omega)}{E(\mathrm{j}\omega)}=\dfrac{R-\mathrm{j}\omega L}{R+\mathrm{j}\omega L}$，设 $R=10\Omega$，$L=2\mathrm{H}$，试求其幅频和相频，并画出频率响应函数，分析其幅频和相频的特点。

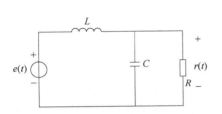

图 4-18 RLC 二阶低通滤波器电路

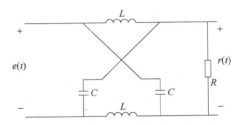

图 4-19 RLC 构成的格形滤波器

4-3 已知如图 4-20a 所示的 RC 低通滤波器中 $R=20\mathrm{k}\Omega$，$C=10\mu\mathrm{F}$，当激励信号 $f(t)$ 为如图 4-20b 所示的矩形脉冲时，试求输出端电压 $y(t)$。

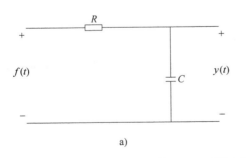

a)

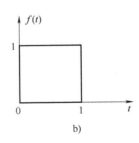

b)

图 4-20 习题 4-3 图

4-4 电路如图 4-21 所示，写出电压系统函数 $H(s)=\dfrac{V_1(s)}{V_2(s)}$，为得到无失真传输，元件参数 R_1、R_2、C_1 和 C_2 应满足什么关系？

4-5 若系统函数 $H(\mathrm{j}\omega)=\dfrac{1}{\mathrm{j}\omega+1}$，激励为周期信号 $e(t)=\sin t+\sin(3t)$，试求响应 $r(t)$，画出 $e(t)$、$r(t)$ 波形，讨论经传输是否引起失真。

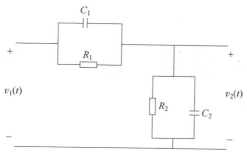

图 4-21　习题 4-4 图

4-6　某线性系统的幅频响应和相频响应曲线如图 4-22a、b 所示，若系统输入

$$e(t) = \left[2 + 4\cos t + 4\cos(10t)\right] \text{V}$$

（1）求系统的输出 $y(t)$。

（2）分别求信号 $e(t)$、$r(t)$ 的平均功率 P_e、P_r。

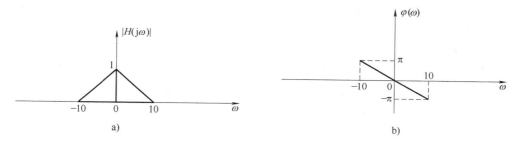

图 4-22　习题 4-6 图

4-7　已知理想低通的系统函数表达式为

$$H(\text{j}\omega) = \begin{cases} 1 & \left(|\omega| < \dfrac{2\pi}{\tau}\right) \\ 0 & \left(|\omega| > \dfrac{2\pi}{\tau}\right) \end{cases}$$

而激励信号的傅里叶变换式为

$$E(\text{j}\omega) = \tau \text{Sa}\left(\frac{\omega\tau}{2}\right)$$

利用时域卷积定理求响应的时间函数表达式 $r(t)$。

4-8　已知系统微分方程和激励信号为：$\dfrac{\text{d}y(t)}{\text{d}t} + 1.5y(t) = \dfrac{\text{d}f(t)}{\text{d}t}$，$f(t) = \cos(2t)$。试用 MATLAB 求系统的稳态响应。

4-9　自己动手设计并制作一阶或二阶电路，借助电源、信号发生器、示波器及万用表等设备，搭建实验测试系统，通过实验获取该电路系统的频率响应函数，并写出实验过程及报告。

4-10　利用习题 4-9 搭建的系统，以不同频率的周期方波作为激励，观察输出波形的变化，解释产生变化的原因，分析是否产生失真及失真的原因。

第 5 章

连续时间信号与系统复频域分析

5.1 引言

在信号与系统分析中，复频域分析也可看作是一种变换域方法，只不过这种方法的物理含义没有频域和时域明确，因此在实际应用中也没有时域和频域分析方法广泛。复频域分析的数学工具是拉普拉斯变换，该变换自 19 世纪提出以来，在电学、力学等众多的工程与科学技术领域中得到广泛应用。尤其是在电路理论的研究中，在相当长的时期内，人们几乎无法把电路理论与拉普拉斯变换分开来讨论。目前，利用拉普拉斯变换建立的系统函数及其零极点分析的概念仍在发挥着重要作用，在连续线性时不变系统分析中，拉普拉斯变换仍然是不可缺少的工具。此外，拉普拉斯变换类似的概念和方法在离散时间信号与系统的 z 变换域分析中得到应用。

运用拉普拉斯变换方法，可以把线性时不变系统的时域模型简便地进行变换，经求解再还原为时间函数。拉普拉斯变换在复频域求响应，以及利用系统函数获取系统频率响应函数方面也有广泛的应用。从数学角度来看，拉普拉斯变换方法是求解常系数线性微分方程的工具，使得求解的步骤得到简化。

5.2 拉普拉斯变换

5.2.1 频域分析的局限性

复频域分析与频域分析有着密切的关系，在特定的条件下，可以将复频域分析看作是频域分析的概括和拓展，反过来频域分析也可看作是复频域分析的特例。以傅里叶变换为数学基础的频域分析在信号与系统分析中起着重要的作用，尤其是物理意义明确，但也存在一些不足。

1）傅里叶变换要求信号绝对可积，只有满足此条件的信号才可进行傅里叶变换，为了拓展可进行傅里叶变换的信号类型，人们通过引入冲激项，解决了像阶跃信号、直流信号和周期信号的傅里叶变换，但仍有一部分信号无法进行傅里叶变换，比如 $e^{\alpha}(\alpha>0)$。

2）通过频域求系统响应时，需要进行傅里叶逆变换，在以前计算机技术受限的条件下，增加了求解的难度，导致时效性差。

3）对于通过系统微分方程求系统响应的情况，初始条件的确定不方便；对于通过卷积求响应的场合，只能要求系统的初始状态为零。

为了解决上述傅里叶变换存在的局限，引入了拉普拉斯变换，使上述问题可以得到有效解决。

5.2.2 拉普拉斯变换的由来

当信号 $f(t)$ 满足狄利克雷条件时，便可将时域信号转换到频域，并利用其逆变换再从频域变换到时域，构成一对傅里叶变换对。

傅里叶变换：$F(\omega) = \int_{-\infty}^{\infty} f(t) e^{-j\omega t} dt$

傅里叶逆变换（傅里叶积分）：$f(t) = \dfrac{1}{2\pi} \int_{-\infty}^{\infty} F(\omega) e^{j\omega t} d\omega$

为了使更多的函数存在傅里叶变换，并简化某些变换形式或运算过程，引入衰减因子 $e^{-\sigma t}(\sigma>0)$，用衰减因子与不满足绝对可积的信号 $f(t)$ 相乘，得到 $f(t) e^{-\sigma t}$，不难看出，只要选择合适的系数 σ，一定能保证 $f(t) e^{-\sigma t}$ 是绝对可积的。于是可以得到其傅里叶变换为

$$F(\omega) = \int_{-\infty}^{\infty} \left[f(t) e^{-\sigma t} \right] e^{-j\omega t} dt = \int_{-\infty}^{\infty} f(t) e^{-(\sigma+j\omega)t} dt \tag{5-1}$$

再利用傅里叶逆变换求得 $f(t) e^{-\sigma t}$，即

$$f(t) e^{-\sigma t} = \frac{1}{2\pi} \int_{-\infty}^{\infty} F(\omega) e^{j\omega t} d\omega \tag{5-2}$$

等式两边除以衰减因子 $e^{-\sigma t}$，于是得到

$$f(t) = \frac{1}{2\pi} \int_{-\infty}^{\infty} F(\omega) e^{(\sigma+j\omega)t} d\omega \tag{5-3}$$

从上面的操作过程可以看出，通过引入衰减因子，实现了不满足绝对可积条件的信号的傅里叶正、逆变换，拓展了傅里叶变换的应用范围。

为了简化和规范上述的操作过程，引入一个新的变量 s，令

$$s = \sigma + j\omega$$

式(5-1)可写作：

$$F(s) = \int_{-\infty}^{\infty} f(t) e^{-st} dt \tag{5-4}$$

这就是拉普拉斯变换。

对式(5-4)求逆变换，式(5-3)可写作：

$$f(t) = \frac{1}{2\pi} \int_{-\infty}^{\infty} F(\omega) e^{(\sigma+j\omega)t} d\omega = \frac{1}{2\pi j} \int_{\sigma-j\infty}^{\sigma+j\infty} F(s) e^{st} ds \tag{5-5}$$

此式称为拉普拉斯逆变换或反变换。拉普拉斯变换因为引入了复变量 s，因此称为复频域分析。

式(5-4)和式(5-5)就是一对拉普拉斯变换式（或称拉普拉斯变换对）。有的资料中将 $f(t)$ 称为原函数，$F(s)$ 称为象函数。

在拉普拉斯变换中，有时为了区分 $f(t)$ 是否为实际工程中的信号，将拉普拉斯变换又区分为双边拉普拉斯变换和单边拉普拉斯变换。上面的公式中时间 t 取值从 $-\infty$ 到 ∞，在

时间轴的两边均有值，故称为双边拉普拉斯变换。设实际信号 $f(t)$ 接入系统时刻为 0，则 $f(t)$ 为因果信号，即在 $t<0$ 时，$f(t)=0$，此时对应的拉普拉斯变换就称为单边拉普拉斯变换，即

$$F(s)=\int_{0^-}^{\infty}f(t)e^{-st}dt \tag{5-6}$$

$$f(t)=\begin{cases}0, & t<0^- \\ \dfrac{1}{2\pi j}\displaystyle\int_{\sigma-j\infty}^{\sigma+j\infty}F(s)e^{st}ds, & t>0^-\end{cases} \tag{5-7}$$

拉普拉斯变换中的复变量 s 与傅里叶变换中的频率 ω 对应，因此有时也称 s 为复频率。

几乎所有的信号都存在拉普拉斯变换，为了分析上的方便，一些典型信号的拉普拉斯变换应该熟练掌握，比如冲激信号 $\delta(t)$ 的拉普拉斯变换为 1，单位阶跃信号的拉普拉斯变换为 $\dfrac{1}{s}$，$e^{-\alpha t}u(t)$ 的拉普拉斯变换为 $\dfrac{1}{s+\alpha}$ 等。其他信号的拉普拉斯变换可以通过公式变换求得，当然很多资料上为了使用便利，列出了一些特殊信号的拉普拉斯变换表，读者也可以查阅相关资料。

5.2.3 拉普拉斯变换的收敛域

从上面引入衰减因子的过程可知，σ 的取值是有制约的，只有合适的 σ 才能保证衰减后的信号是绝对可积的，即

$$\left|\int_{-\infty}^{\infty}f(t)e^{-st}dt\right|<\infty \tag{5-8}$$

这就要求：

$$\lim_{t\to\infty}f(t)e^{-\sigma t}=0 \tag{5-9}$$

将满足 $f(t)e^{-\sigma t}$ 绝对可积的系数 σ 的取值范围定义为收敛域，即 $\sigma>\sigma_0$ 时收敛。将 σ 拓展到 s 平面上，或称复平面，所谓复平面其横轴为 s 的实部 σ，纵轴为 s 的虚部 $j\omega$，重新在 s 域定义收敛域为使 $F(s)$ 存在的区域称为收敛域，记为 ROC（Region of Convergence），实际上这也是拉普拉斯变换存在的条件。由于虚部 $j\omega$ 中 ω 的取值范围是 $(-\infty,\infty)$，所以收敛域的取值范围实际上就是限定实部 σ 的取值范围的。而收敛域的范围是由信号 $f(t)$ 的性质决定的。

可将 s 平面划分为两个区域，其收敛域示意图如图 5-1 所示。通过 σ_0 的垂直线是收敛区（收敛域）的边界，称为收敛轴。σ_0 在 s 平面内称为收敛坐标。

不难证明，冲激信号 $\delta(t)$ 的收敛域是整个 s 平面，阶跃信号 $u(t)$ 的收敛域是 $\sigma>0$，$e^{-2t}u(t)$ 的收敛域是 $\sigma>-2$，$e^{2t}u(t)$ 的收敛域是 $\sigma>2$，如图 5-2 所示。

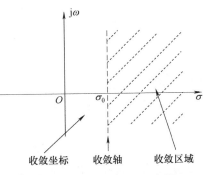

图 5-1 s 平面收敛域示意图

在实际工程信号中，只要把 σ 的取值选的足够大，拉普拉斯变换都是存在的。本书中只讨论单边拉普拉斯变换，其收敛域必定存在，故在后面的分析中，一般不再说明和注明其收敛域。

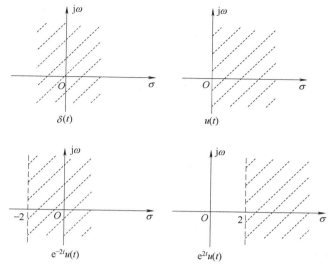

图 5-2 信号收敛域示例

5.2.4 拉普拉斯变换的基本性质

归纳总结拉普拉斯变换的性质，可以简化拉普拉斯变换运算，提供便捷的求拉普拉斯变换方法，同时可以发现拉普拉斯变换中的规律和特性，为应用拉普拉斯变换提供理论基础。拉普拉斯变换的这些规律和特性大都能在傅里叶变换中找到对应点，这为记忆这些特性提供了参照，因为拉普拉斯变换毕竟不像傅里叶变换有明确的物理意义，所以对这些性质的理解也存在差异，注意区分。

1. 线性(叠加)

信号之和的拉普拉斯变换等于各信号拉普拉斯变换之和。当信号乘以常数 K 时，其变换式乘以相同的常数 K。

这个性质的数学形式为：

若已知 $L(f_1(t)) = F_1(s)$，$L(f_2(t)) = F_2(s)$，K_1、K_2 为常数时，则有

$$L(K_1 f_1(t) + K_2 f_2(t)) = K_1 F_1(s) + K_2 F_2(s) \tag{5-10}$$

证明：

$$L(K_1 f_1(t) + K_2 f_2(t)) = \int_0^\infty [K_1 f_1(t) + K_2 f_2(t)] e^{-st} dt = K_1 F_1(s) + K_2 F_2(s) \tag{5-11}$$

这一特性与傅里叶变换中的线性(叠加)是相对应的。

例 5-1 求 $f(t) = \sin(\omega t)$ 的拉普拉斯变换 $F(s)$。

解 已知

$$f(t) = \sin(\omega t) = \frac{1}{2j}(e^{j\omega t} - e^{-j\omega t})$$

$$L(e^{j\omega t}) = \frac{1}{s - j\omega}$$

$$L(e^{-j\omega t}) = \frac{1}{s + j\omega}$$

所以由叠加性可知

129

$$L(\sin(\omega t)) = \frac{1}{2\mathrm{j}}\left(\frac{1}{s-\mathrm{j}\omega} - \frac{1}{s+\mathrm{j}\omega}\right) = \frac{\omega}{s^2+\omega^2}$$

用同样方法可求得

$$L[\cos(\omega t)] = \frac{s}{s^2+\omega^2}$$

2. 尺度特性

若 $L(f(t)) = F(s)$，则

$$L(f(at)) = \frac{1}{a}F\left(\frac{s}{a}\right) \quad (a>0) \tag{5-12}$$

证明：

$$L(f(at)) = \int_0^\infty f(at)\,\mathrm{e}^{-st}\mathrm{d}t$$

令 $\tau = at$，则上式变成：

$$L(f(at)) = \int_0^\infty f(\tau)\,\mathrm{e}^{-\left(\frac{s}{a}\right)\tau}\mathrm{d}\left(\frac{\tau}{a}\right) = \frac{1}{a}\int_0^\infty f(\tau)\,\mathrm{e}^{-\left(\frac{s}{a}\right)\tau}\mathrm{d}\tau = \frac{1}{a}F\left(\frac{s}{a}\right)$$

这一特性与傅里叶变换中的尺度特性在形式上相对应。

3. 时移特性

若 $L(f(t)) = F(s)$，则

$$L(f(t-t_0)u(t-t_0)) = \mathrm{e}^{-st_0}F(s) \tag{5-13}$$

证明：

$$L(f(t-t_0)u(t-t_0)) = \int_0^\infty \left[f(t-t_0)u(t-t_0)\right]\mathrm{e}^{-st}\mathrm{d}t = \int_{t_0}^\infty f(t-t_0)\,\mathrm{e}^{-st}\mathrm{d}t$$

令 $\tau = t-t_0$，则将 $t = \tau+t_0$ 代入上式得

$$L(f(t-t_0)u(t-t_0)) = \int_0^\infty f(\tau)\,\mathrm{e}^{-st_0}\mathrm{e}^{-s\tau}\mathrm{d}\tau = \mathrm{e}^{-st_0}F(s)$$

此性质与傅里叶变换中的时移特性相对应。

例 5-2 求如图 5-3a 所示矩形脉冲的拉普拉斯变换。矩形脉冲 $f(t)$ 的宽度为 t_0，幅度为 E，它可以分解为阶跃信号 $Eu(t)$ 与延迟阶跃信号 $Eu(t-t_0)$ 之差，如图 5-3b、c 所示。

解 已知 $\quad f(t) = Eu(t) - Eu(t-t_0)$

$$L(Eu(t)) = \frac{E}{s}$$

由延时定理

$$L(Eu(t-t_0)) = \mathrm{e}^{-st_0}\frac{E}{s}$$

所以

$$L(f(t)) = L(Eu(t) - Eu(t-t_0))$$
$$= \frac{E}{s}(1-\mathrm{e}^{-st_0})$$

4. 复频移特性

若 $L(f(t)) = F(s)$，则

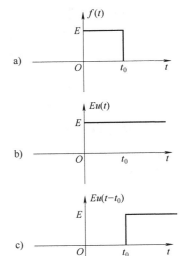

图 5-3 矩形脉冲分解为两个阶跃信号之差

$$L(f(t)e^{-at}) = F(s+a) \tag{5-14}$$

证明：

$$L(f(t)e^{-at}) = \int_0^\infty f(t)e^{-(s+a)t}dt = F(s+a)$$

此性质与傅里叶变换中的频移特性相对应。

例 5-3　求 $e^{-at}\sin(\omega t)$ 和 $e^{-at}\cos(\omega t)$ 的拉普拉斯变换。

解　已知

$$L(\sin(\omega t)) = \frac{\omega}{s^2+\omega^2}$$

由 s 域平移定理

$$L(e^{-at}\sin(\omega t)) = \frac{\omega}{(s+a)^2+\omega^2}$$

同理，因

$$L(\cos(\omega t)) = \frac{s}{s^2+\omega^2}$$

故有

$$L(e^{-at}\cos(\omega t)) = \frac{s+a}{(s+a)^2+\omega^2}$$

5. 时域微分特性

若 $L(f(t)) = F(s)$，则

$$L\left(\frac{df(t)}{dt}\right) = sF(s) - f(0) \tag{5-15}$$

其中 $f(0)$ 是 $f(t)$ 在 $t=0$ 时的起始值。

若积分下限要从 0^- 开始，这时，$f(0)$ 应写作 $f(0^-)$，即

$$L\left(\frac{df(t)}{dt}\right) = sF(s) - f(0^-) \tag{5-16}$$

类似地，可导出一般公式如下：

$$L\left(\frac{d^n f(t)}{dt^n}\right) = s^n F(s) - \sum_{r=0}^{n-1} s^{n-r-1} f^{(r)}(0^-) \tag{5-17}$$

式中　$f^{(r)}(0^-)$——r 阶导数 $\dfrac{d^r f(t)}{dt^r}$ 在 0^- 时刻的取值。

6. 时域积分特性

若 $L(f(t)) = F(s)$，则

$$L\left(\int_{-\infty}^t f(\tau)d\tau\right) = \frac{F(s)}{s} + \frac{1}{s}\int_{-\infty}^{0^-} f(t)dt \tag{5-18}$$

7. 初值定理

初值：$f(t)\big|_{t=0^+} = f(0^+)$

若 $f(t)$ 有初值，且 $L(f(t)) = F(s)$，则

$$f(0^+) = \lim_{s\to\infty} sF(s) \tag{5-19}$$

证明：

由原函数微分定理可知

$$sF(s) - f(0^-) = L\left(\frac{df(t)}{dt}\right) = \int_{0^-}^{\infty} \frac{df(t)}{dt} e^{-st} dt = \int_{0^-}^{0^+} \frac{df(t)}{dt} e^{-st} dt + \int_{0^+}^{\infty} \frac{df(t)}{dt} e^{-st} dt$$

$$= f(0^+) - f(0^-) + \int_{0^+}^{\infty} \frac{df(t)}{dt} e^{-st} dt$$

所以

$$sF(s) = f(0^+) + \int_{0^+}^{\infty} \frac{df(t)}{dt} e^{-st} dt \tag{5-20}$$

当 $s \to \infty$，式(5-20)右端第二项的极限为

$$\lim_{s \to \infty} \left[\int_{0^+}^{\infty} \frac{df(t)}{dt} e^{-st} dt \right] = \int_{0^+}^{\infty} \frac{df(t)}{dt} \left(\lim_{s \to \infty} e^{-st} \right) dt = 0$$

因此，对式(5-20)取 $s \to \infty$ 的极限，有

$$\lim_{s \to \infty} sF(s) = f(0^+)$$

若 $F(s) = A + F_1(s)$，其中，A 为常数，$F_1(s)$ 为真分式，则有

$$f(0^+) = \lim_{s \to \infty} sF_1(s) \tag{5-21}$$

式(5-21)表明，如果 $F(s)$ 为非真分式，则首先要将其化为真分式，再求其初值。

8. 终值定理

终值：$f(t)\big|_{t=\infty} = f(\infty)$

若 $f(t)$ 有终值，且 $L(f(t)) = F(s)$，则

$$f(\infty) = \lim_{s \to 0} F(s) \tag{5-22}$$

9. 时域卷积定理

此定理与傅里叶变换卷积定理的形式类似。

若 $L(f_1(t)) = F_1(s)$，$L(f_2(t)) = F_2(s)$，则有

$$L(f_1(t) * f_2(t)) = F_1(s) F_2(s) \tag{5-23}$$

可见，两信号时域卷积的拉普拉斯变换等于复频域乘积。

对于单边变换，考虑到 $f_1(t)$ 与 $f_2(t)$ 均为有始信号，即 $f_1(t) = f_1(t)u(t)$，$f_2(t) = f_2(t)u(t)$，由卷积定义写出：

$$L(f_1(t) * f_2(t)) = \int_0^{\infty} \int_0^{\infty} f_1(\tau) u(\tau) f_2(t-\tau) u(t-\tau) d\tau e^{-st} dt$$

$$= \int_0^{\infty} f_1(\tau) \left[\int_0^{\infty} f_2(t-\tau) u(t-\tau) e^{-st} dt \right] d\tau = F_1(s) F_2(s)$$

10. 频域卷积定理

若 $L(f_1(t)) = F_1(s)$，$L(f_2(t)) = F_2(s)$，则有

$$L(f_1(t) f_2(t)) = \frac{1}{2\pi j} F_1(s) * F_2(s) \tag{5-24}$$

其中，$F_1(s) * F_2(s) = \int_{\sigma - j\infty}^{\sigma + j\infty} F_1(x) F_2(s-x) dx$

5.3 拉普拉斯逆变换

拉普拉斯变换与傅里叶变换一样，也存在逆变换，即

$$f(t) = \begin{cases} 0, & t < 0^- \\ \dfrac{1}{2\pi j} \displaystyle\int_{\sigma-j\infty}^{\sigma+j\infty} F(s)\, e^{st}\,ds, & t > 0^- \end{cases}$$

拉普拉斯逆变换求法较多，常见的求法有：

1）部分分式展开法。

2）利用常用信号拉普拉斯变换公式和基本性质。

3）查表法。

4）留数法（围线积分法）。

5）数值计算法（利用计算机求解）。

5.3.1　部分分式展开法

通常 $F(s)$ 具有有理分式形式，其一般形式可表示如下：

$$F(s) = \frac{A(s)}{B(s)} = \frac{a_m s^m + a_{m-1} s^{m-1} + \cdots + a_1 s + a_0}{b_n s^n + b_{n-1} s^{n-1} + \cdots + b_1 s + b_0} \tag{5-25}$$

式中　a_i，b_i——系数，都为实数；

　　　m，n——正整数。

当 $m < n$ 时，$F(s)$ 为有理真分式，先讨论 $F(s)$ 为真分式的情况。

$F(s)$ 的分子和分母均可分解成多项式相乘的形式，把式（5-25）写成分解式为

$$F(s) = \frac{A(s)}{B(s)} = \frac{a_m (s-z_1)(s-z_2)\cdots(s-z_m)}{b_n (s-p_1)(s-p_2)\cdots(s-p_n)} \tag{5-26}$$

式中　z_1，z_2，$\cdots$，z_m——$A(s)=0$ 的根，使 $F(s)=0$，称为 $F(s)$ 的"零点"；

　　　p_1，p_2，$\cdots$，p_n——$B(s)=0$ 的根，使 $F(s)\to\infty$，称为 $F(s)$ 的"极点"。"零点"和"极
点"分析法是复频域分析系统的重要手段。

部分分式展开法在数学课程中也有涉及，现将相关的知识点和步骤介绍如下。在按部分
分式展开法求拉普拉斯逆变换时，通常按照极点的不同特点，将部分分式展开法按以下几种
情况进行分析。

1. 单阶实数极点

假定 p_1，p_2，$\cdots$，p_n 均为实数，且无重根，则有

$$F(s) = \frac{A(s)}{(s-p_1)(s-p_2)\cdots(s-p_n)} \tag{5-27}$$

这时，$F(s)$ 可分解为以下形式：

$$F(s) = \frac{K_1}{s-p_1} + \frac{K_2}{s-p_2} + \cdots + \frac{K_n}{s-p_n} \tag{5-28}$$

只要求出系数 K_1，K_2，$\cdots$，K_n，就可展开为部分分式的形式。现在讨论系数 K_1，K_2，$\cdots$，
K_n 的求法。

$$K_i = F(s)(s-p_i)\big|_{s=p_i}, \quad i=1,2,\cdots,n \tag{5-29}$$

当系数 K_1，K_2，$\cdots$，K_n 求出后，就可以按照典型信号 e^{-at} 拉普拉斯变换的公式 $\dfrac{1}{s+a}$，查
表求出逆变换 $f(t)$，即

$$f(t) = L^{-1}\left(\frac{K_1}{s-p_1}\right) + L^{-1}\left(\frac{K_2}{s-p_2}\right) + \cdots + L^{-1}\left(\frac{K_n}{s-p_n}\right) = K_1 e^{p_1 t} + K_2 e^{p_2 t} + \cdots + K_n e^{p_n t} \tag{5-30}$$

例 5-4 求如下函数的逆变换。

$$F(s) = \frac{10(s+2)(s+5)}{s(s+1)(s+3)}$$

解 将 $F(s)$ 写成部分分式展开形式：

$$F(s) = \frac{K_1}{s} + \frac{K_2}{s+1} + \frac{K_3}{s+3}$$

分别求 K_1，K_2，K_3：

$$K_1 = sF(s)\big|_{s=0} = \frac{10 \times 2 \times 5}{1 \times 3} = \frac{100}{3}$$

$$K_2 = (s+1)F(s)\big|_{s=-1} = \frac{10 \times(-1+2) \times(-1+5)}{(-1) \times(-1+3)} = -20$$

$$K_3 = (s+3)F(s)\big|_{s=-3} = \frac{10 \times(-3+2) \times(-3+5)}{(-3) \times(-3+1)} = -\frac{10}{3}$$

$$F(s) = \frac{100}{3s} - \frac{20}{s+1} - \frac{10}{3(s+3)}$$

故

$$f(t) = \frac{100}{3} - 20e^{-t} - \frac{10}{3}e^{-3t} \quad (t \geqslant 0)$$

2. 极点为共轭复数

若

$$F(s) = \frac{A(s)}{D(s)\left[(s+\alpha)^2+\beta^2\right]} = \frac{F_1(s)}{(s+\alpha-j\beta)(s+\alpha+j\beta)} \tag{5-31}$$

其中，$F_1(s) = \dfrac{A(s)}{D(s)}$，包含单阶实数极点，其逆变换可参照第一种情况进行求解，这里就不重复了，这里只分析共轭极点的情况。

共轭极点出现在 $-\alpha \pm j\beta$ 处，则

$$F(s) = \frac{F_1(s)}{(s+\alpha-j\beta)(s+\alpha+j\beta)} = \frac{K_1}{s+\alpha-j\beta} + \frac{K_2}{s+\alpha+j\beta} + \cdots \tag{5-32}$$

系数 K_1，K_2 可参照第一种情况的系数求法。

$$K_1 = (s+\alpha-j\beta)F(s)\big|_{s=-\alpha+j\beta} = \frac{F_1(-\alpha+j\beta)}{2j\beta} \tag{5-33}$$

$$K_2 = (s+\alpha+j\beta)F(s)\big|_{s=-\alpha-j\beta} = \frac{F_1(-\alpha-j\beta)}{-2j\beta} \tag{5-34}$$

不难看出，K_1 与 K_2 呈共轭关系，假定 $K_1 = A+jB$，则 $K_2 = A-jB = K_1^*$。

如果把式(5-34)中共轭复数极点有关部分的逆变换以 $f_c(t)$ 表示，则有

$$f_C(t) = L^{-1}\left(\frac{K_1}{s+\alpha-j\beta} + \frac{K_2}{s+\alpha+j\beta}\right) = e^{-at}(K_1 e^{j\beta t} + K_1^* e^{-j\beta t}) = 2e^{-at}\left[A\cos(\beta t) - B\sin(\beta t)\right] \tag{5-35}$$

3. 有重极点

若 $F(s)$ 具有如下的形式，即

$$F(s) = \frac{A(s)}{B(s)} = \frac{A(s)}{(s-p_1)^k D(s)} \tag{5-36}$$

表明该拉普拉斯变换中，在 $s=p_1$ 处分母多项式有 k 重根，也即 k 阶极点。

将 $F(s)$ 展开成：

$$F(s) = \frac{K_{11}}{(s-p_1)^k} + \frac{K_{12}}{(s-p_1)^{k-1}} + \cdots + \frac{K_{1k}}{s-p_1} + \frac{E(s)}{D(s)} \tag{5-37}$$

其中，$\dfrac{E(s)}{D(s)}$ 部分可以用前两种情况给予求解，而对于重根就不能像前面两种方法求解其系数的方法求解了。

让 $(s-p_1)^k$ 乘以等式两边，利用式(5-38)可以求出 K_{11}，即

$$K_{11} = (s-p_1)^k F(s)\big|_{s=p_1} \tag{5-38}$$

然而，要求得 K_{12}，K_{13}，$\cdots$，K_{1k} 等系数，不能再采用类似求 K_{11} 的方法，因为这样做将导致分母中出现"0"值，而得不出结果。为此，让 $(s-p_1)^k$ 分别乘以式(5-36)和式(5-37)分别得到：

$$(s-p_1)^k F(s) = \frac{A(s)}{D(s)} \tag{5-39}$$

$$(s-p_1)^k F(s) = (s-p_1)^k \left[\frac{K_{11}}{(s-p_1)^k} + \frac{K_{12}}{(s-p_1)^{k-1}} + \cdots + \frac{K_{1k}}{s-p_1} + \frac{E(s)}{D(s)} \right] \tag{5-40}$$

则有以下等式：

$$\frac{A(s)}{D(s)} = (s-p_1)^k \left[\frac{K_{11}}{(s-p_1)^k} + \frac{K_{12}}{(s-p_1)^{k-1}} + \cdots + \frac{K_{1k}}{s-p_1} + \frac{E(s)}{D(s)} \right] \tag{5-41}$$

式(5-41)两边对 s 求导：

$$\frac{\mathrm{d}}{\mathrm{d}s}\left[\frac{A(s)}{D(s)}\right] = \frac{\mathrm{d}}{\mathrm{d}s}\left\{(s-p_1)^k \left[\frac{K_{11}}{(s-p_1)^k} + \frac{K_{12}}{(s-p_1)^{k-1}} + \cdots + \frac{K_{1k}}{s-p_1} + \frac{E(s)}{D(s)} \right]\right\} \tag{5-42}$$

并将 $s=p_1$ 代入，可求得 K_{12}，以此类推，再对式(5-42)求一次导，将 $s=p_1$ 代入，可求得 K_{13}，重复以上步骤，直到求出 K_{1k} 为止。

如果将上述方法用数学公式描述，则有如下的过程，其中 $F_1(s) = (s-p_1)^k F(s)$。

$$K_{12} = \frac{\mathrm{d}}{\mathrm{d}s}F_1(s)\big|_{s=p_1} \tag{5-43}$$

$$K_{13} = \frac{1}{2}\frac{\mathrm{d}^2}{\mathrm{d}s^2}F_1(s)\big|_{s=p_1} \tag{5-44}$$

一般形式为

$$K_{1i} = \frac{1}{(i-1)!} \cdot \frac{\mathrm{d}^{i-1}}{\mathrm{d}s^{i-1}}F_1(s)\big|_{s=p_1} \quad (i=1,2,\cdots,k) \tag{5-45}$$

4. $F(s)$ 为非真分式

若 $F(s)$ 为非真分式，则首先需要将其转化成真分式，转化真分式的方法采用多项式长除法。以示例说明非真分式的求逆变换过程。

以 $\dfrac{s^3+5s^2+9s+7}{s^2+3s+2}$ 为例，可以看出，分子幂次方大于分母，故为假分式，化简过程如下，

直到分子幂次小于分母为止。

$$s^2+3s+2 \overline{\smash{\big)}\ \underset{}{\begin{array}{c} s+2 \\ s^3+5s^2+9s+7 \end{array}}}$$
$$\underline{s^3+3s^2+2s}$$
$$2s^2+7s+7$$
$$\underline{2s^2+6s+4}$$
$$s+3$$

于是，$F(s)=s+2+\dfrac{s+3}{s^2+3s+2}=s+2+\dfrac{s+3}{(s+1)(s+2)}$。

令 $F_1(s)=\dfrac{s+3}{(s+1)(s+2)}$，则采用无重根方法得到 $F_1(s)=\dfrac{2}{s+1}+\dfrac{1}{s+2}$，于是得到

$$f(t)=\delta'(t)+2\delta(t)+2e^{-t}u(t)-e^{-2t}u(t)$$

5. $F(s)$ 中含有 e^{-s} 项

如果 $F(s)$ 中含有特殊项 e^{-s}，一般情况下，e^{-s} 不参加部分分式运算，在求解时利用时移特性就可以。下面以示例说明。

已知 $\dfrac{e^{-2s}}{s^2+3s+2}=F_1(s)e^{-2s}$，则可以求得 $F_1(s)=\dfrac{1}{s+1}+\dfrac{-1}{s+2}$，可以求得 $f_1(t)=(e^{-t}-e^{-2t})u(t)$，利用时移特性，可知 $f(t)=f_1(t-2)=(e^{-t+2}-e^{-2t+4})u(t-2)$。

5.3.2　留数法（围线积分法）

应用留数定理也可以求拉普拉斯逆变换，相关的数学理论基础在复变函数中已经有涉及。其求逆变换的公式为

$$f(t)=\frac{1}{2\pi j}\int_{\sigma-j\infty}^{\sigma+j\infty}F(s)e^{st}ds \quad (t\geqslant 0) \tag{5-46}$$

根据留数定理，有：

$$\oint F(s)e^{st}ds=2\pi j\sum_{k=1}^{n}\mathrm{Res}(p_k) \tag{5-47}$$

式中　$\displaystyle\sum_{k=1}^{n}\mathrm{Res}(p_k)$——围线中被积函数 $F(s)e^{st}$ 的所有留数之和。因此，可将逆变换写作：

$$f(t)=\sum_{k=1}^{n}\mathrm{Res}(p_k) \tag{5-48}$$

$F(s)$ 的围线积分可从积分限 $\sigma_1-j\infty$ 到 $\sigma_1+j\infty$ 补足一条积分路径以构成一闭合围线。现取积分路径是半径为无限大的圆弧，如图 5-4 所示。

留数的求法：

1. 对 $F(s)$ 的一阶极点 p_i

$$r_i=\mathrm{Res}(p_i)=F(s)e^{st}\big|_{s=p_i} \tag{5-49}$$

设在极点 $s=p_i$ 处的留数为 r_i，并设 $F(s)\cdot e^{st}$ 在围线中共有 n 个极点，则

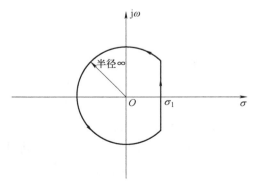

图 5-4　$F(s)$ 的围线示意图

$$f(t) = \sum_{i=1}^{n} r_i \tag{5-50}$$

2. 对 $F(s)$ 的 m 阶极点 p_i

$$r_i = \text{Res}(p_i) = \frac{1}{(m-1)!} \left[\frac{\mathrm{d}^{m-1}}{\mathrm{d}s^{m-1}} (s-p_i)^m F(s) e^{st} \right] \Bigg|_{s=p_i} \tag{5-51}$$

当 $F(s)$ 为有理分式时，一般利用部分分式分解和查表的方法求得逆变换，无须引用留数定理。如果 $F(s)$ 表达式为有理分式与 e^{-st} 相乘时，可再借助延时定理得出逆变换。当 $F(s)$ 为无理函数时，需利用留数定理求逆变换，然而，这种情况在实际分析问题中很少遇到。

5.4　复频域系统函数

5.4.1　系统函数定义

与傅里叶变换法中相似，联系 s 域中零状态响应与激励间的运算关系称为 s 域系统函数，或称为系统传递函数、系统函数或系统转移函数 $H(s)$。$H(s)$ 的定义为

$$H(s) = \frac{R(s)}{E(s)} \tag{5-52}$$

写成复频域响应的形式为

$$R(s) = H(s)E(s) \tag{5-53}$$

式中　$R(s)$——s 域中的零状态响应的拉普拉斯变换；

　　　$E(s)$——s 域中的激励信号的拉普拉斯变换。

$H(s)$ 可以看作是单位冲激信号 $\delta(t)$ 的响应，即单位冲激响应 $h(t)$ 的拉普拉斯变换，它也是取决于系统本身的结构和参数，与激励形式无关。

5.4.2　系统函数求法

1. 冲激响应求法

$$H(s) = L(h(t)) \tag{5-54}$$

2. 系统微分方程求法

与利用系统微分方程求系统频率响应 $H(j\omega)$ 类似，将系统的微分方程两边求拉普拉斯变换，利用拉普拉斯变换的微积分特性，化简后求得 $H(s)$。

设系统的微分方程为

$$\frac{\mathrm{d}^n r(t)}{\mathrm{d}t^n} + a_{n-1} \frac{\mathrm{d}^{n-1} r(t)}{\mathrm{d}t^{n-1}} + \cdots + a_1 \frac{\mathrm{d}r(t)}{\mathrm{d}t} + a_0 r(t) = b_m \frac{\mathrm{d}^m e(t)}{\mathrm{d}t^m} + b_{m-1} \frac{\mathrm{d}^{m-1} e(t)}{\mathrm{d}t^{m-1}} + \cdots + b_1 \frac{\mathrm{d}e(t)}{\mathrm{d}t} + b_0 e(t)$$

$$\tag{5-55}$$

式中　$r(t)$——系统响应；

　　　$e(t)$——系统激励。

对式（5-55）两边取拉普拉斯变换，得到

$$[(s)^n + a_{n-1}(s)^{n-1} + \cdots + a_1(s) + a_0] R(s) = [b_m(s)^m + b_{m-1}(s)^{m-1} + \cdots + b_1(s) + b_0] E(s) \tag{5-56}$$

化简后得到

$$H(s) = \frac{R(s)}{E(s)} = \frac{b_m(s)^m + b_{m-1}(s)^{m-1} + \cdots + b_1(s) + b_0}{(s)^n + a_{n-1}(s)^{n-1} + \cdots + a_1(s) + a_0} \tag{5-57}$$

从而求得系统的传递函数。

3. 系统框图求法

系统可以看成是由若干环节按特定的关系组成，以实现特定的功能。系统框图是将这些环节用方框表示，用相应的变量、连接方式、功能函数和信号流联系在一起，构成一个用框图表示的系统，它可以理解为系统数学模型的一种图解表达。系统框图可以从时域、频域和复频域等多种层面进行绘制，并借助卷积定理进行转换。由于系统种类很多，复杂程度也不同，所以以单输入单输出系统为主。系统中的变量一般是指信号传输到不同节点的电参数，系统中信号的传输有前向信号流和反馈信号，主要的功能模块有经过子系统、数乘、相加、微积分和延迟等环节，信号线上任意分支点的信号是相同的。关于系统框图的表达方法，以及它与系统微分方程之间的转换方法在控制理论基础中有相关的知识点，这里只简要介绍如何根据系统框图来获得系统的传递函数。

例 5-5 已知系统微分方程为 $y''(t) + 6y'(t) + 7y(t) = 8f''(t) + 3f'(t) + 9f(t)$，求系统函数 $H(s)$。

解 对系统微分方程两边进行拉普拉斯变换，得到

$$(s^2 + 6s + 7)Y(s) = (8s^2 + 3s + 9)F(s)$$

则

$$H(s) = \frac{Y(s)}{F(s)} = \frac{8s^2 + 3s + 9}{s^2 + 6s + 7}$$

例 5-6 已知系统电路分别如图 5-5a、b 所示，写出系统的微分方程，并画出其系统框图，求系统函数。

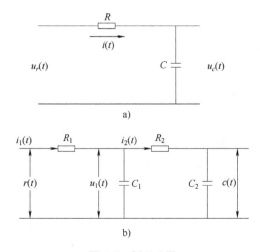

图 5-5 例 5-6 图

解 由图 5-5a 借助基尔霍夫定律得

$$u_r(t) = Ri + u_c(t) = Ri + \frac{1}{C}\int i(t)\,\mathrm{d}t$$

其系统函数为

$$H(s) = \frac{1}{RCs+1}$$

图 5-5b 是由图 5-5a 级联而成，可知：

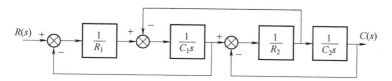

$$\frac{r(t) + u_1(t)}{R_1} = i_1(t) \quad \rightarrow$$

$$u_1(t) = \frac{1}{C_1} \int \left[i_1(t) - i_2(t) \right] \mathrm{d}t \quad \rightarrow$$

$$\frac{u_1(t) - c_1(t)}{R_2(t)} = i_2(t) \quad \rightarrow$$

$$c(t) = \frac{1}{C_2} \int i_2(t) \, \mathrm{d}t \quad \rightarrow$$

将各子系统框图汇总得到

二阶 RC 低通滤波器在使用时一般取 $R_1 = R_2 = R$，$C_1 = C_2 = C$，此时其系统函数为

$$H(s) = \frac{C(s)}{R(s)} = \frac{1}{1 + R^2 C^2 s^2 + 3RCs}$$

5.5　系统函数零、极点分布分析

5.5.1　系统函数零、极点表达及零、极点图

1. 系统函数的零、极点表达

系统函数 $H(s)$ 可表示成两个有理多项式之比，见式(5-57)，当 $H(s)$ 为有理函数时，其分子多项式和分母多项式皆可分解为因子形式，其一般式为

$$H(s) = H_0 \frac{(s-z_1)(s-z_2)\cdots(s-z_j)\cdots(s-z_m)}{(s-p_1)(s-p_2)\cdots(s-p_k)\cdots(s-p_n)} = H_0 \frac{\displaystyle\prod_{j=1}^{m}(s-z_j)}{\displaystyle\prod_{k=1}^{n}(s-p_k)} \tag{5-58}$$

式中 z_1，z_2，$\cdots$，z_m——分子为 0 的根，称为 $H(s)$ 的零点；

p_1，p_2，$\cdots$，p_n——分母为 0 的根，称为 $H(s)$ 的极点。

2. 系统的零、极点图

在复平面(或称 s 平面)上用〇表示零点的位置，用×表示极点的位置，由这些〇和×构成的平面称为系统零、极点分布图。对于重极点可在极点符号上方用括号标出数目。

例 5-7 已知系统函数为 $H(s)=\dfrac{5s(s-1+\mathrm{j}1)(s-1-\mathrm{j}1)}{(s+1)^2(s+\mathrm{j}2)(s-\mathrm{j}2)}$，画出零、极点图。

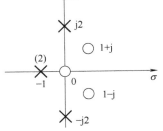

图 5-6 系统零、极点图

解 系统零点：$z_1=0$，$z_2=1-\mathrm{j}$，$z_3=1+\mathrm{j}$

系统极点：$p_1=p_2=-1$，$p_3=-\mathrm{j}2$，$p_4=\mathrm{j}2$

图 5-6 为系统零、极点图。

5.5.2 系统函数零、极点与系统单位冲激响应

由于系统函数 $H(s)$ 与冲激响应 $h(t)$ 是一对拉普拉斯变换式，因此，只要知道 $H(s)$ 在 s 平面中零、极点的分布情况，就可分析该系统在时域方面 $h(t)$ 波形的特性。

1. $H(s)$ 极点在 s 平面左半平面

$H(s)$ 极点在 s 平面左半平面又可分四种情况，分别是单实极点、共轭极点、重实极点以及重共轭极点。

1）单实极点：$p_i=-\alpha_i$，其冲激响应 $h(t)=K_i\mathrm{e}^{-\alpha_i t}$。

2）共轭极点：$p_{i,i+1}=-\alpha_i\pm\mathrm{j}\beta_i$，其冲激响应 $h(t)=K_i\mathrm{e}^{-\alpha_i t}\cos(\beta_i t+\varphi_i)$。

3）重实极点：$p_i=p_{i+1}=-\alpha_i$，其冲激响应 $h(t)=(K_i+K_{i+1}t)\mathrm{e}^{-\alpha_i(t)}$。

4）重共轭极点：$p_{i,i+1}=-\alpha_i\pm\mathrm{j}\beta_i$，$p_{i,i+1}=-\alpha_i\pm\mathrm{j}\beta_i$，其冲激响应 $h(t)=K_i\mathrm{e}^{-\alpha_i t}\cos(\beta_i t+\varphi_i)+K_{i+1}t\mathrm{e}^{-\alpha_i t}\cos(\beta_i t+\varphi_{i+1})$。

当 $H(s)$ 的极点全部落在 s 平面左半平面时，可以看出其冲激响应均含有 $\mathrm{e}^{-\alpha_i t}$，也就是说系统的冲激响应随着时间的增加而呈下降趋势，当 $t\to\infty$ 时，冲激响应 $h(t)\to 0$，系统冲激响应满足绝对可积的条件，该类系统是稳定系统。

2. $H(s)$ 极点在 s 平面右半平面

$H(s)$ 极点在 s 平面右半平面也分四种情况，分别是单实极点、共轭极点、重实极点以及重共轭极点。

1）单实极点：$p_i=\alpha_i$，其冲激响应 $h(t)=K_i\mathrm{e}^{\alpha_i t}$。

2）共轭极点：$p_{i,i+1}=\alpha_i\pm\mathrm{j}\beta_i$，其冲激响应 $h(t)=K_i\mathrm{e}^{\alpha_i t}\cos(\beta_i t+\varphi_i)$。

3）重实极点：$p_i=p_{i+1}=\alpha_i$，其冲激响应 $h(t)=(K_i+K_{i+1}t)\mathrm{e}^{\alpha_i(t)}$。

4）重共轭极点：$p_{i,i+1}=\alpha_i+\mathrm{j}\beta_i$，$p_{i,i+1}=\alpha_i-\mathrm{j}\beta_i$，其冲激响应 $h(t)=K_i\mathrm{e}^{\alpha_i t}\cos(\beta_i t+\varphi_i)+K_{i+1}t\mathrm{e}^{\alpha_i(t)}\cos(\beta_i t+\varphi_{i+1})$。

当 $H(s)$ 的极点全部落在 s 平面右半平面时，可以看出其冲激响应均含有 $\mathrm{e}^{\alpha_i t}$，也就是说系统的冲激响应随着时间的增加而呈上升趋势，当 $t\to\infty$ 时，冲激响应 $h(t)\to\infty$，系统冲激响应不满足绝对可积的条件，该类系统是不稳定系统。

3. $H(s)$ 极点在 s 平面虚轴上

$H(s)$ 极点在 s 平面虚轴上，即 $\mathrm{j}\omega$ 轴上时也分四种情况，分别是单实极点、共轭极点、重实极点以及重共轭极点。

1）单实极点：$p_i = 0$，极点位于 s 平面坐标原点，$H(s) = \dfrac{K_i}{s}$，其冲激响应 $h(t) = K_i u(t)$。

2）共轭极点：$p_{i,i+1} = \pm j\beta_i$，其冲激响应 $h(t) = K_i \cos(\beta_i t + \varphi_i)$。

3）重实极点：$p_i = p_{i+1} = 0$，其冲激响应 $h(t) = (K_i + K_{i+1} t) u(t)$。

4）重共轭极点：$p_{i,i+1} = j\beta_i$，$p_{i,i+1} = -j\beta_i$，其冲激响应 $h(t) = K_i \cos(\beta_i t + \varphi_i) + K_{i+1} t \cos(\beta_i t + \varphi_{i+1})$。

当 $H(s)$ 的极点全部落在 s 平面虚轴上时，可以看出其冲激响应为等幅振荡或增幅振荡，系统冲激响应也不满足绝对可积的条件，该类系统是不稳定系统。

系统极点分布与其对应的冲激响应波形见表 5-1。

表 5-1　系统极点分布与其对应的冲激响应波形

$H(s)$	s 平面上的零、极点示意图	t 平面上的波形示意图	$h(t)\ (t \geqslant 0)$
$\dfrac{1}{s}$	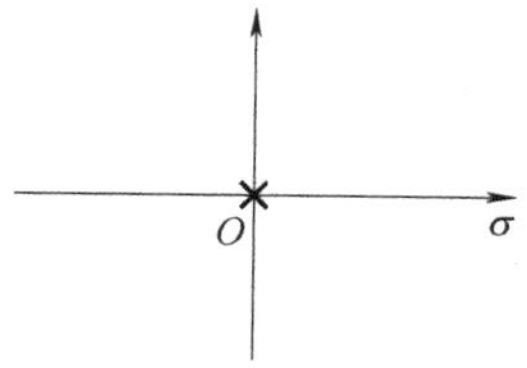	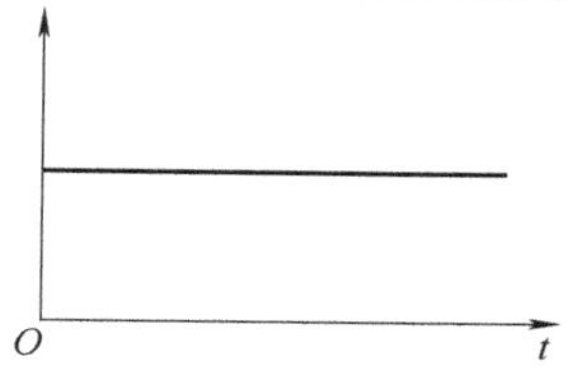	$u(t)$
$\dfrac{1}{s+a}$	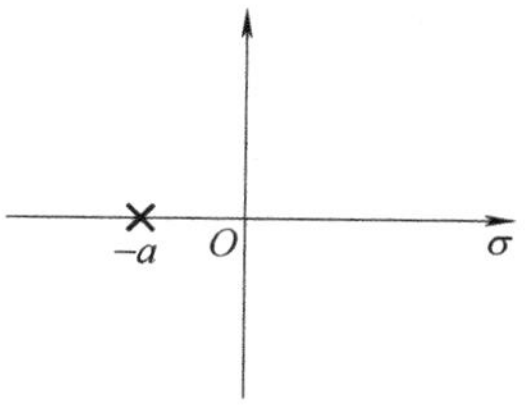	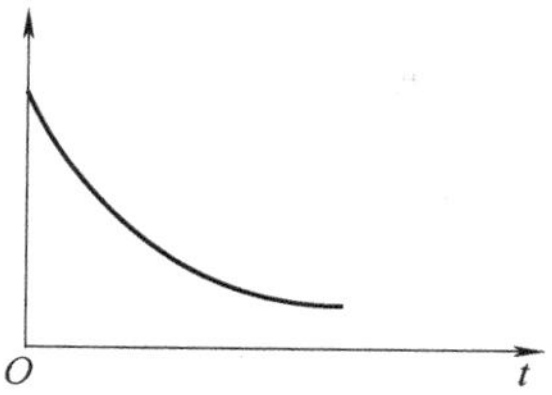	e^{-at}
$\dfrac{1}{s-a}$	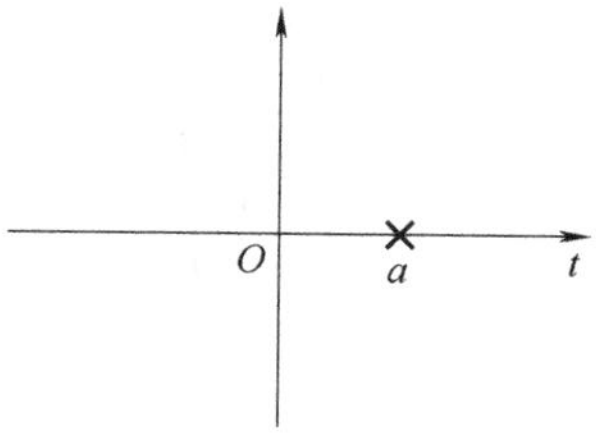	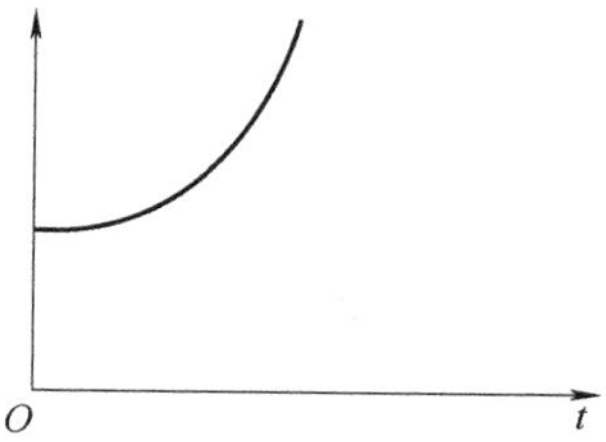	e^{at}
$\dfrac{\omega}{s^2+\omega^2}$	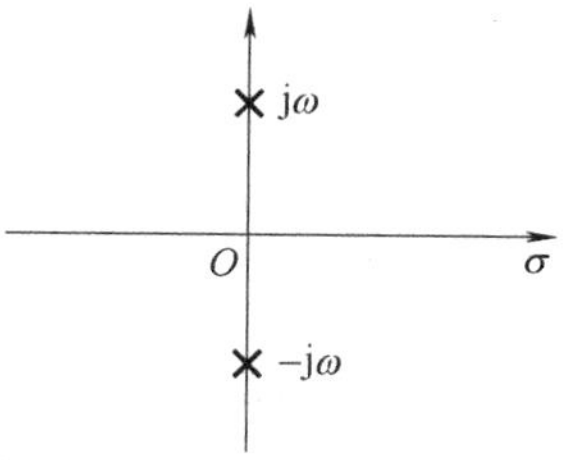	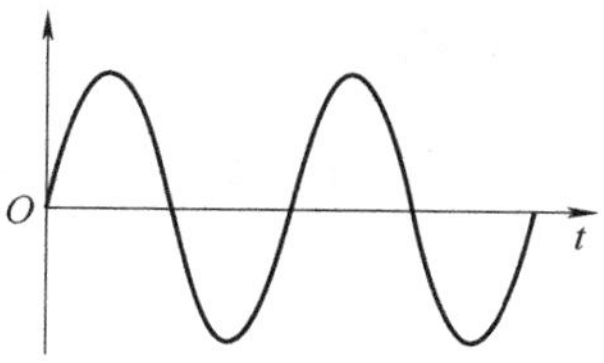	$\sin(\omega t)$
$\dfrac{\omega}{(s+a)^2+\omega^2}$	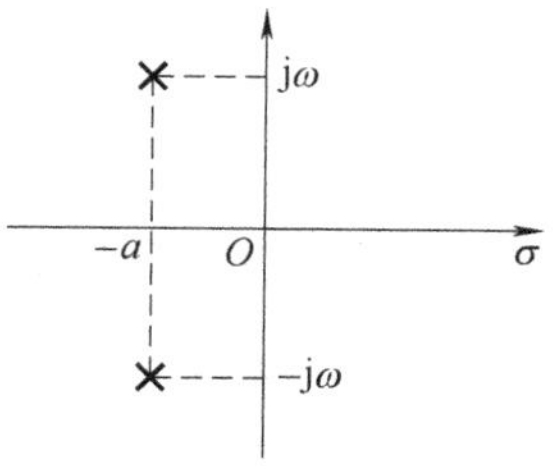	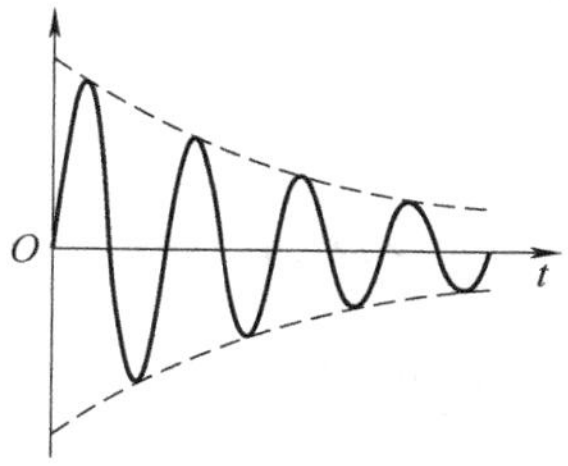	$e^{-at}\sin(\omega t)$

141

（续）

$H(s)$	s 平面上的零、极点示意图	t 平面上的波形示意图	$h(t)(t{\geqslant}0)$
$\dfrac{\omega}{(s-a)^2+\omega^2}$	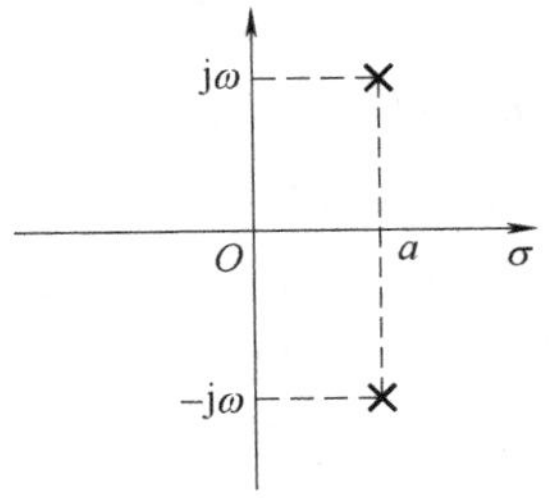	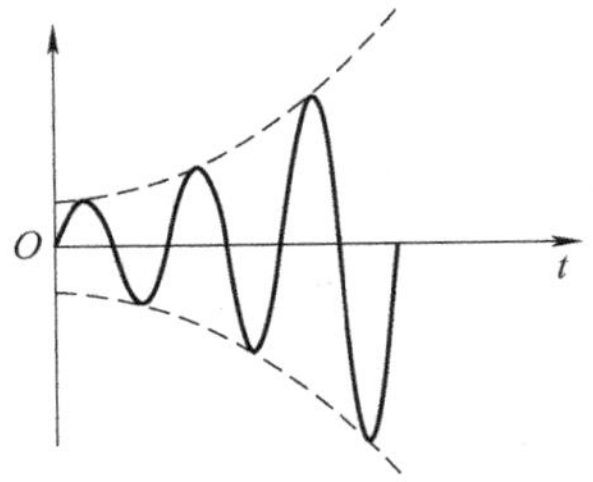	$\mathrm{e}^{at}\sin(\omega t)$
$\dfrac{1}{s^2}$	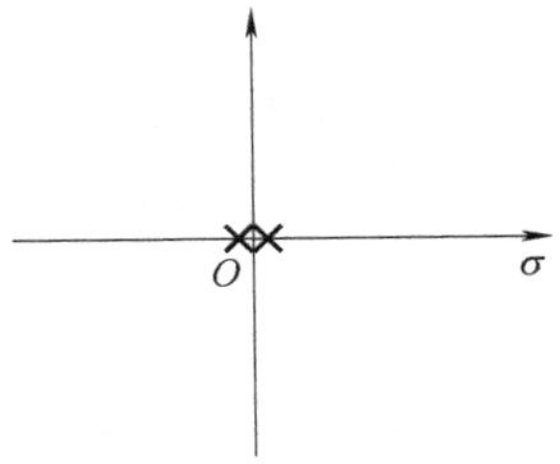	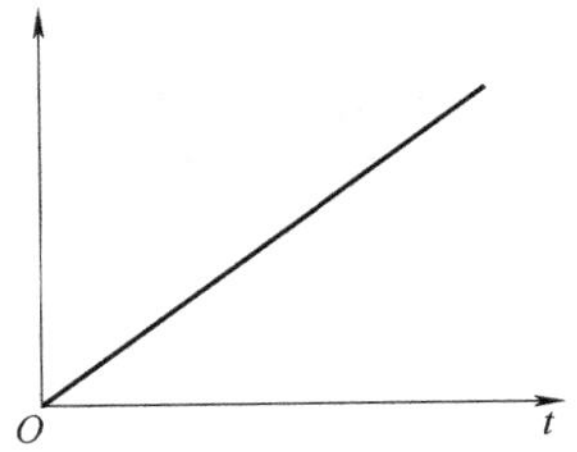	t
$\dfrac{1}{(s+a)^2}$	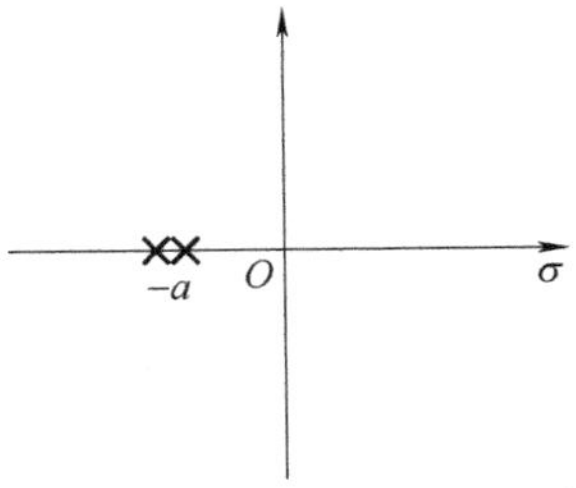	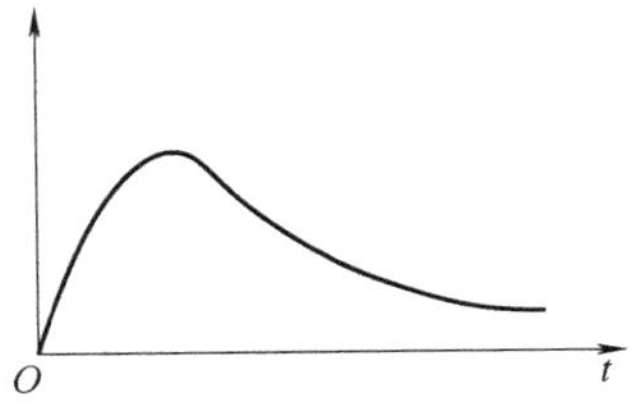	$t\mathrm{e}^{-at}$
$\dfrac{2\omega s}{(s^2+\omega^2)^2}$	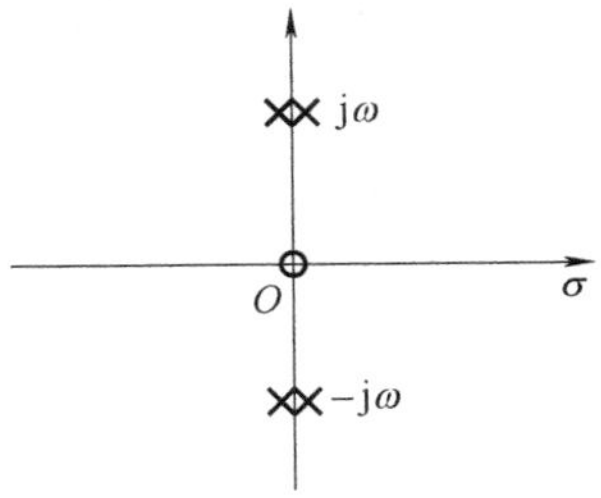	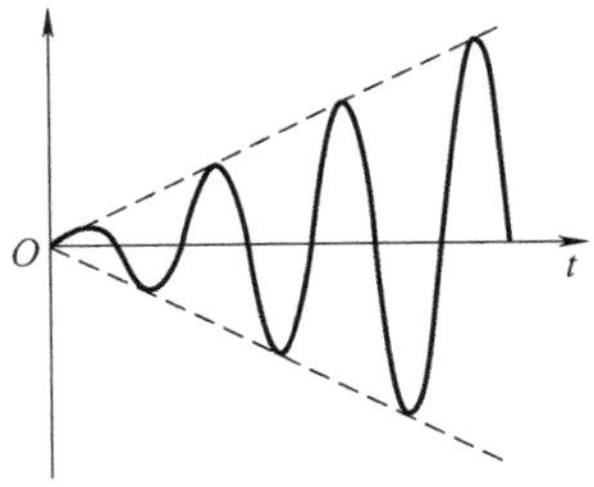	$t\sin(\omega t)$

5.5.3　系统稳定性分析

系统的稳定性定义为当一个系统对于有界激励信号产生有界响应，则该系统为稳定系统，即

$$若\ |f(t)|<M_f,\ 则有\ |y(t)|<M_y$$

式中　$f(t)$——激励；

$\qquad y(t)$——响应；

$\quad M_f,\ M_y$——有限正实常数。

系统稳定性准则（充要条件）是 $\displaystyle\int_{-\infty}^{\infty}|h(t)|\,\mathrm{d}t{\leqslant}M$，$M$ 为有限正实常数。也可以描述为系统的单位冲激响应绝对可积时系统稳定。系统稳定性取决于系统本身的结构和参数，是系统自身的特性之一，系统稳定与否与激励没有关系。

可以利用系统函数极点分布来判定系统的稳定性，归纳如下：

1）$H(s)$极点全部位于s左半平面时系统稳定。

2）$H(s)$极点含有虚轴单极点，其余极点位于s左半平面，系统临界稳定。

3）$H(s)$极点含有s右半平面或$j\omega$轴重极点，系统不稳定。

5.5.4　系统函数零、极点分布决定频率响应

系统频率响应是从系统的角度衡量激励信号中不同频率成分经过系统后，其频率对应的幅值和相位被系统改变的程度的。激励信号中不同频率成分的幅值和相位可以是正向改变，也可以是负向改变。系统频率响应函数在前面的章节中已经有过详细的描述。但这些获取系统频率响应函数的方法都为理论方法，对于实际的电路系统，如何从实验的角度获取其频率响应函数也是进行系统设计、验证系统性能的常用方法和手段。下面先介绍一下对于电路系统如何通过实验手段获取其频率响应函数。

通过实验手段获取电路系统频率响应的理论依据来源于系统对单位冲激的响应。单位冲激响应是奇异信号，不可能在实际中产生，但是借助其频谱可知，它包含了全部频率成分，且每个频率成分对应的幅值是相等的。那么反向思维，如果能得到所有频率的正（余）弦信号，并且令其幅值相等，则可以合成冲激信号。而实际中无法穷尽所有频率成分，则可以采取等步长手段获取不同的频率成分的正弦信号，在电路系统通频带范围内形成正弦信号系列，让该系列作为激励信号，并作为单位冲激信号的替代激励信号，让每一个系列中的正弦信号分别激励电路系统，得到这些正弦信号的响应，记录每一个响应的幅值和相位变化，将这些频率对应的变化画成图就得到了电路系统的频率响应，其余的频率成分可以通过拟合得到，从而通过实验手段获取了系统的频率响应函数。这是工程上获取实际系统频率响应的一种有效方法。

现在从系统函数的观点来考察系统的正弦稳态响应，并借助零、极点分布图来研究频率响应特性。

设系统函数以$H(s)$表示，正弦激励源$e(t)$的函数式写作

$$e(t) = E_m \sin(\omega_0 t) \tag{5-59}$$

其拉普拉斯变换为

$$E(s) = \frac{E_m \omega_0}{s^2 + \omega_0^2} \tag{5-60}$$

于是，系统复频域响应$R(s)$可写作

$$R(s) = \frac{E_m \omega_0}{s^2 + \omega_0^2} H(s) = \frac{K_{-j\omega_0}}{s + j\omega_0} + \frac{K_{j\omega_0}}{s - j\omega_0} + \frac{K_{p_1}}{s - p_1} + \frac{K_{p_2}}{s - p_2} + \cdots - \frac{K_{p_n}}{s - p_n} \tag{5-61}$$

式中　　　$p_1, p_2, \cdots, p_n$——$H(s)$的极点；

$K_{-j\omega_0}, K_{j\omega_0}, K_{p_1}, K_{p_2}, \cdots, K_{p_n}$——部分分式分解各项的系数。

由拉普拉斯逆变换方法可知：

$$K_{-j\omega_0} = (s + j\omega_0) R(s) \big|_{s = -j\omega_0} = \frac{E_m \omega_0 H(-j\omega_0)}{-2j\omega_0} \tag{5-62}$$

$$K_{j\omega_0} = (s - j\omega_0) R(s) \big|_{s = j\omega_0} = \frac{E_m \omega_0 H(j\omega_0)}{2j\omega_0} \tag{5-63}$$

令

$$H(j\omega_0) = H_0 e^{j\varphi_0} \tag{5-64}$$

$$H(-j\omega_0) = H_0 e^{-j\varphi_0} \tag{5-65}$$

则 $K_{-j\omega_0}$ 和 $K_{j\omega_0}$ 可以重写为

$$K_{-j\omega_0} = \frac{E_m H_0 e^{-j\varphi_0}}{-2j} \tag{5-66}$$

$$K_{j\omega_0} = \frac{E_m H_0 e^{j\varphi_0}}{2j} \tag{5-67}$$

则可以先求得响应 $R(s)$ 中前两项的响应拉普拉斯逆变换，即前两项复频域响应对应的时域响应为

$$L^{-1}\left(\frac{K_{-j\omega_0}}{s+j\omega_0} + \frac{K_{j\omega_0}}{s-j\omega_0}\right) = \frac{E_m H_0}{2j}(-e^{-j\varphi_0}e^{-j\omega_0 t} + e^{j\varphi_0}e^{j\omega_0 t})$$

$$= E_m H_0 \sin(\omega_0 t + \varphi_0) \tag{5-68}$$

再考虑响应 $R(s)$ 中的其他项，则系统的完全响应为

$$r(t) = L^{-1}(R(s)) = E_m H_0 \sin(\omega_0 t + \varphi_0) + K_1 e^{p_1 t} + K_2 e^{p_2 t} + \cdots + K_n e^{p_n t} \tag{5-69}$$

对于稳定系统，K_{p_1}，K_{p_2}，$\cdots$，K_{p_n} 实部必小于零，其时域形式均为指数衰减函数，即当 $t \to \infty$ 它们都趋于零，所以稳态响应为

$$r_s(t) = E_m H_0 \sin(\omega_0 t + \varphi_0) \tag{5-70}$$

可见，在频率为 ω_0 的正弦激励信号作用之下，系统的稳态响应仍为同频率的正弦信号，但幅度乘以系数 H_0，相位移动 φ_0，H_0 和 φ_0 由系统函数在 $j\omega_0$ 处的取值所决定。

$$H(s)\big|_{s=j\omega_0} = H(j\omega_0) = H_0 e^{j\varphi_0} \tag{5-71}$$

当正弦激励信号的频率 ω 改变时，将变量 ω 代入 $H(s)$ 之中，即可得到频率响应特性为

$$H(s)\big|_{s=j\omega} = H(j\omega) = |H(j\omega)| e^{j\varphi(\omega)} \tag{5-72}$$

式中　　$|H(j\omega)|$——幅频响应特性；

　　　　$\varphi(\omega)$——相频响应特性(或相移特性)。

为了从系统的零、极点分布中导出系统的频率响应特性，首先要将系统函数写成零、极点分布形式，即

$$H(s) = \frac{K \prod_{j=1}^{m}(s-z_j)}{\prod_{i=1}^{n}(s-p_i)} \tag{5-73}$$

当系统函数 $H(s)$ 的收敛域包含 s 平面虚轴，考虑到实际系统均为稳定系统，在没有衰减因子 σ 介入的情况下，或令 $\sigma = 0$，则实际电路系统的收敛域必定包含虚轴，此时取 $s = j\omega$，得到

$$H(j\omega) = \frac{K \prod_{j=1}^{m}(j\omega-z_j)}{\prod_{i=1}^{n}(j\omega-p_i)} \tag{5-74}$$

从式(5-74)可以看出，系统的频率响应函数与系统的零、极点分布有关，考虑到将该式

写成多项式和的形式时，分子部分只影响响应信号的幅值大小，而真正影响系统频率响应函数结构的主要是分母，即极点。所以系统的频率响应特性与系统的零、极点分布有关。

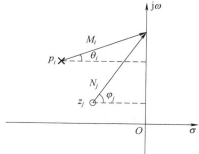

将频率响应函数中的零、极点看作矢量，令

$$j\omega - z_j = N_j e^{j\varphi_j} \tag{5-75}$$

$$j\omega - p_i = M_i e^{j\theta_i} \tag{5-76}$$

为了对零、极点形成的矢量有更加直观的认识，将矢量画在 s 平面上，图 5-7 为频率响应函数中的零、极点向量示意图。

为了定性地分析系统零、极点分布与系统频率响应特性之间的关系，分别将向量形式的零、极点表达式代入系统频率响应函数，可以得到

图 5-7　频率响应函数中的零、极点向量示意图

$$H(j\omega) = K \frac{N_1 e^{j\varphi_1} N_2 e^{j\varphi_2} \cdots N_m e^{j\varphi_m}}{M_1 e^{j\theta_1} M_2 e^{j\theta_2} \cdots M_n e^{j\theta_n}} = K \frac{N_1 N_2 \cdots N_m}{M_1 M_2 \cdots M_m} e^{j[(\varphi_1 + \varphi_2 + \cdots + \varphi_m) - (\theta_1 + \theta_2 + \cdots + \theta_n)]} \tag{5-77}$$

则系统幅频和相频可分别表示为

$$|H(j\omega)| = K \frac{N_1 N_2 \cdots N_m}{M_1 M_2 \cdots M_m} \tag{5-78}$$

$$\varphi(m) = (\varphi_1 + \varphi_2 + \cdots + \varphi_m) - (\theta_1 + \theta_2 + \cdots + \theta_n) \tag{5-79}$$

将幅频特性式（5-78）中的系数 K 归一化，可以看到当分子比分母大时，即 $N_1 N_2 \cdots N_m > M_1 M_2 \cdots M_m$，对应的频率成分幅值被放大，当分子比分母小时，即 $N_1 N_2 \cdots N_m < M_1 M_2 \cdots M_m$，对应的频率成分幅值被衰减。

从系统函数零、极点分布导出的系统幅频和相频特性，只是一种系统频率响应的定性分析手段。一般情况下，这种方法可以帮助人们快速分析出系统在特定的频率范围内具有低通、高通、带通和带阻等特性，更加准确的系统频率响应还需要获取系统实际的频率响应函数，因此从这一点上看，这种频率响应分析方法只是一种辅助手段。

例 5-8　已知 RC 电路如图 5-8 所示。

其系统函数为

$$H(s) = \frac{1}{RCs + 1}$$

令 $s = j\omega$，可以得到电路的频率响应为

$$H(j\omega) = \frac{1}{RC} \cdot \frac{1}{\left(j\omega + \frac{1}{RC}\right)}$$

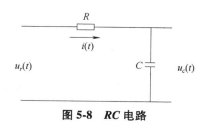

图 5-8　RC 电路

极点位于 $p_1 = -1/RC$ 处，设 $j\omega - p_i = M_i e^{j\theta_i}$，考虑到只有一阶实极点，则

$$M_1 = \frac{1}{\sqrt{(\omega RC)^2 + 1}}$$

$$\theta_1 = -\arctan(RC\omega)$$

于是 M_1 就是系统的幅频特性，而 θ_1 就是系统的相频特性。画出零、极点分布图如图 5-9 所示。

从图 5-9 中可以看出，当频率增加时，其对应零、极点图上的极点矢量也是增加的，对

应的分母是增加的，因此该电路系统随着频率的提高，其幅值呈下降趋势，是一低通系统。这一结论与通过其幅频特性直接分析得出的结论是一致的。

尽管从系统零、极点分布图上可以看出该一阶系统的频率响应特性，但对于该简单系统，这种方法反而显得烦琐。因此，通过系统零、极点分布分析系统频率响应一般用在较复杂的系统中。实际上，这种方法在实际应用中不是很普遍，因此就不举例说明其在高阶系统中的应用了。

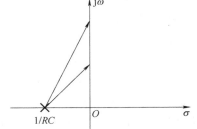

图5-9 一阶 RC 电路零、极点分布图

5.6 拉普拉斯变换与傅里叶变换的关系

从拉普拉斯变换的引入过程可知拉普拉斯变换与傅里叶变换是存在关联的，从信号与系统的角度讲，引入拉普拉斯变换是为了解决不满足傅里叶变换条件的一类信号的傅里叶变换问题。但在信号与系统分析场合，经常遇到这样的问题，即已经知道系统的系统函数或频率响应函数，那么怎么根据系统函数得到频率响应函数，或者怎么利用频率响应函数得到系统函数，给人们最直观的问题是能不能将复变量 s 和频率变量 $j\omega$ 直接互换，从而由一个函数直接得到另一个函数，避免了重复求解的烦琐，事实上，对于这个问题要具体问题具体分析，有些情况下可以变量直接互换，有些情况下则不能，下面就对这些情况进行分析和说明。

关于从频率变量 $j\omega$ 直接换复变量 s 的问题，可以回顾一下拉普拉斯从傅里叶变换引入时的条件，引入衰减因子是为了解决不能进行傅里叶变换的信号的问题，一旦知道其傅里叶变换存在，就不需要引入衰减因子了，因此在此时可以将 $j\omega$ 直接换成 s，只不过这个 s 的实部为0，此时傅里叶变换就是拉普拉斯变换的特例，即复变量中实部等于0就是傅里叶变换。故在此不需要讨论从频域到复频域的转换问题。

对于从拉普拉斯变换域到频域的变量置换问题，就不能盲目让 $s=j\omega$ 了，因为复频域的变换是针对复合信号 $f(t)e^{-\sigma t}$ 的，不是直接针对 $f(t)$ 的，所以需要考虑复频域对应的信号 $f(t)$ 是否存在频域的变换，如果存在频域的变换就可以直接置换，如果不存在就不能置换。下面分情况从收敛域的角度再对此进行分析。

1）已知单边拉普拉斯变换，且已知 $f(t)$ 为有始信号，衰减因子 $\sigma_0>0$（收敛边界落于 s 平面右半边）。

有一类信号随时间呈增长趋势，比如 $f(t)=e^{at}u(t)$，$a>0$，它的单边拉普拉斯变换为 $L(e^{at}u(t))=\dfrac{1}{s-a}$（收敛域 $\sigma>a$），对于这种情况，依靠 $e^{-\sigma t}$ 因子使增长信号衰减下来得到拉普拉斯变换。但是，它的傅里叶变换是不存在的，因而不能从拉普拉斯变换直接置换变量来求其傅里叶变换。

2）已知单边拉普拉斯变换，且已知 $f(t)$ 为有始信号，衰减因子 $\sigma_0<0$（收敛边界落于 s 平面左半边）。

比如信号 $f(t)=e^{-at}u(t)$，$a>0$，它的单边拉普拉斯变换为

$$L(f(t))=\frac{1}{s+a} \quad (\text{收敛域 } \sigma>-a)$$

$f(t)$ 波形是收敛的，且 $f(t)$ 的傅里叶变换是存在的，此种情况令其拉普拉斯变换中的 $s=\mathrm{j}\omega$，就可求得它的傅里叶变换。

$$F(f(t))=\frac{1}{\mathrm{j}\omega+a}$$

3）$\sigma_0=0$（收敛边界位于虚轴）。

在这种情况下，函数具有拉普拉斯变换，而其傅里叶变换也可以存在，但不能简单地将拉普拉斯变换中的 s 代以 $\mathrm{j}\omega$ 来求傅里叶变换。在它的傅里叶变换中将包括奇异函数项。例如，对于单位阶跃函数有

$$L(u(t))=\frac{1}{s}\quad(\sigma>0)$$

$$F(u(t))=\frac{1}{\mathrm{j}\omega}+\pi\delta(\omega)$$

所以，从上面的分析可知，s 和 $\mathrm{j}\omega$ 能不能直接互换，要根据具体情况而定。

例 5-9　求 $f(t)=\sin(\omega_0 t)u(t)$ 的拉普拉斯变换为 $L(\sin(\omega_0 t)u(t))=\dfrac{\omega_0}{s^2+\omega_0^2}$，试通过变量置换法求其傅里叶变换。

解　从 $f(t)$ 可以看出，其不满足绝对可积条件，其傅里叶变换需要包含冲激信号，以使其傅里叶变换存在。从这个角度讲：

$$F(\sin(\omega_0 t)u(t))=\frac{\omega_0}{\omega_0^2-\omega^2}+\mathrm{j}\frac{\pi}{2}\left[\delta(\omega+\omega_0)-\delta(\omega-\omega_0)\right]$$

如果不知道 $f(t)$ 的具体表达式，就需要从 $F(s)$ 入手进行分析。如果 $F(s)$ 具有 $\mathrm{j}\omega$ 轴上的多重极点，对应的傅里叶变换式还可能出现冲激函数的各阶导数项。

由 $L(\sin(\omega_0 t)u(t))=\dfrac{\omega_0}{s^2+\omega_0^2}$ 可知其拉普拉斯变换存在共轭极点，且极点在虚轴上，因此原信号的傅里叶变换必定包含有冲激，且冲激在 $\pm\omega_0$ 处。

$$F(\sin(\omega_0 t)u(t))=\frac{\omega_0}{\omega_0^2-\omega^2}+\mathrm{j}\frac{\pi}{2}\left[\delta(\omega+\omega_0)-\delta(\omega-\omega_0)\right]$$

对于虚轴上有极点的情况，有以下规律，其证明可参考其他资料。

若 $F(s)=F_a(s)+\dfrac{K_0}{(s-\mathrm{j}\omega_0)^k}$

式中，$F_a(s)$ 的极点位于 s 平面左半边，在虚轴上有 k 重 ω_0 的极点，K_0 为系数。

此时，可求得

$$F(f(t))=F(s)\big|_{s=\mathrm{j}\omega}+\frac{K_0\pi\mathrm{j}^{k-1}}{(k-1)!}\delta^{(k-1)}(\omega-\omega_0)\tag{5-80}$$

式中，$\delta(\omega-\omega_0)$ 的上角为求 $(k-1)$ 阶导数。

 习题

5-1　求下列函数的拉普拉斯变换。

（1）$1-\mathrm{e}^{-at}$

（2）$\sin t + 2\cos t$

（3）$e^{-t}\sin(2t)$

（4）$\cos(\omega t)u(t)$

（5）$\dfrac{\sin(at)}{t}$

（6）$u(t)$

（7）$e^{-at}u(t)$

5-2 解释单位冲激信号 $\delta(t)$ 的收敛域为何是整个 s 平面。

5-3 已知 $F(s) = \dfrac{2s}{s+1}$，求 $f(0^+)$ 的值。

5-4 已知 $F(s) = \dfrac{1}{s+1}$，求 $f(\infty)$ 的值。

5-5 已知冲激序列信号 $\delta_T = \sum\limits_0^\infty \delta(t-nT)$，试求其拉普拉斯变换。

5-6 已知矩形脉冲 $f(t) = u(t) - u(t-\tau)$，如图 5-10a 所示，其拉普拉斯变换为 $F(s) = \dfrac{1}{s} - \dfrac{e^{-s\tau}}{s}$，试求图 5-10b 信号 $f_T(t)$ 的拉普拉斯变换。

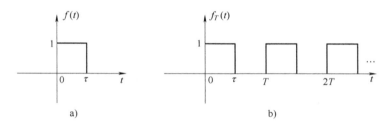

图 5-10 习题 5-6 图

5-7 已知两信号分别为 $f_1(t) = e^{-t}u(t)$，$f_2(t) = e^{-2t}u(t+1)$，试利用时域卷积定理求 $f_1(t) * f_2(t)$。

5-8 求信号的拉普拉斯变换为 $F(s) = \dfrac{s^3}{(s+1)^3}$ 的逆变换 $f(t)$。

5-9 已知电路系统如图 5-11 所示，其系统函数为 $H(s) = \dfrac{v_2(s)}{v_1(s)} = \dfrac{2}{s^2+2s+2}$，试确定电感和电容的取值（电阻 $R = 2\Omega$）。

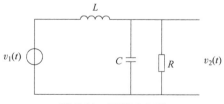

图 5-11 习题 5-9 图

5-10 已知电路系统如图 5-12a 所示，激励信号 $v_1(t)$ 如图 5-12b 所示，试求系统零状态响应。

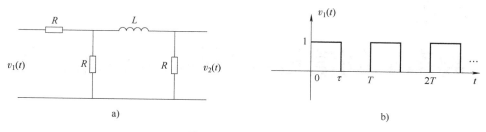

图 5-12　习题 5-10 图

5-11　已知系统的传递函数为

$$H(s) = \frac{k^2(1-s^2)}{\left[(s+2)^2+4\right]\left[(s-2)^2+4\right]}$$

其中 k 为常数。写出系统的零点和极点，并画出系统零、极点图，从中选取合适的零点和极点组成新系统的传递函数 $H_1(s)$，保证系统是稳定系统。

5-12　已知系统的方程为 $a\dfrac{\mathrm{d}^2y(t)}{\mathrm{d}^2t} = b\dfrac{\mathrm{d}y(t)}{\mathrm{d}t} - c\dfrac{\mathrm{d}x(t)}{\mathrm{d}t}$，其中 a、b、c 均为常数，利用 MATLAB 求系统的传递函数 $H(s) = \dfrac{Y(s)}{X(s)}$。

5-13　已知信号的拉普拉斯变换 $F(s) = \dfrac{s^2+3}{(s+2)(s^2+2s+5)}$，利用 MATLAB 求逆变换 $f(t)$。

5-14　已知系统的微分方程为 $\dfrac{\mathrm{d}^2y(t)}{\mathrm{d}^2t} + 6\dfrac{\mathrm{d}y(t)}{\mathrm{d}t} + 7y(t) = 8\dfrac{\mathrm{d}^2x(t)}{\mathrm{d}^2t} + 3\dfrac{\mathrm{d}x(t)}{\mathrm{d}t} + 9x(t)$，求系统传递函数 $H(s)$，并进而求出系统的频率响应函数 $H(\mathrm{j}\omega)$。

149

第6章

离散时间信号与系统的时域分析

6.1 引言

前5章内容均是针对连续信号与系统，连续信号是指时间自变量的取值是连续的，对于任意时刻信号均有函数值（可包含有限不连续点）；连续系统是指能处理连续信号的系统，不管是信号还是系统，其时间自变量取值均是连续的。连续信号与系统是广泛存在于自然界和工程实践中的一种形式。但自然界中也存在离散的信号与系统，特别是现在数字系统的广泛应用，连续信号也需要转化成离散（数字）信号进行处理，因此，分析和研究离散信号及处理离散信号的系统，也是具有普遍意义的。另外，离散系统在精度、可靠性和可集成化等方面，比连续系统具有更大的优越性，因此，近几十年来，离散系统的理论研究发展迅速，应用范围也日益扩大。在实际工作中，人们根据需要往往把连续系统与离散系统组合起来使用，形成混合系统，混合系统是目前电路系统广泛使用的系统。

离散信号和系统的分析基础仍然是连续信号与系统的理论体系，只不过由于对连续信号进行了离散化，导致一些差异出现。因此，在学习离散信号与系统时，可充分借鉴连续信号与系统分析的思路和方法，但也要注意区分二者存在的差异，对于更好地理解和掌握离散信号与系统的分析方法是会有所帮助的。

6.2 离散时间序列

离散时间信号是在特定的离散点处存在函数值的信号，由于其在时间轴上的取值不连续，因此经常称为离散序列，简称序列。这种离散的序列可以是自然界中的事物本身产生的，也可以是由连续信号抽样而得到的。

序列是整数变量 n 的函数，表示为 $x(n)$。如果序列是自然产生的，比如每年的人口出生数，此时 n 就表示年份，如果序列是由连续信号抽样产生的，则 n 就表示第 n 个值。尽管序列中 n 是整数，不具备具体事物的特定含义，但从 n 中可以获取到原信号的时间信息，比如抽样间隔为 T，则编号为 n 的序列对应的时间就是 nT，只不过为了书写上的便利，省略了共性的物理含义描述。

离散时间信号或序列的获取方法一般有两种，分别是直接获取或连续信号抽样。序列描述有四种方式，一是数学表达式，即用数学公式来表示离散时间信号；二是图形表示，这与连续时间信号的描述是一样的，由图形直观地表示离散时间信号；三是用序列形式表示；四是用数据表格表示。根据序列的长度，称有限长度的序列为有限序列，与之相对应称无限长度的序列为无限序列。举例说明序列的几种表示方式：

1）数学表达式表示。如 $f_1(k) = (-0.5)^k u(k)$，k 为正整数。

2）图形表示。正弦序列如图 6-1 所示。

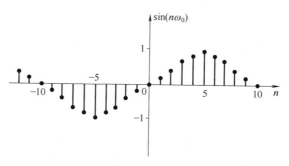

图 6-1　正弦序列

3）序列形式表示。如：

$$x(n) = \{1,2,3,5,6,\cdots\}, n = 0,1,2,\cdots$$

4）数据表格表示。序列数据表见表 6-1。

表 6-1　序列数据表

n	1	2	3	4	5	6
$x(n)$	0.1	0.3	1.3	2.4	1	0.4

对于用序列形式表示的离散信号，如果为有始信号，应标出零点对应的位置。对于无限长的序列，可用"…"表示其为无限的。

6.2.1　典型序列

在离散信号与系统分析中，常用的基本信号包括单位冲激序列、单位阶跃序列、矩形序列、单边指数序列、复指数序列和正弦序列。

1. 单位冲激序列

单位冲激序列定义为

$$\delta(n) = \begin{cases} 1 & n = 0 \\ 0 & n \neq 0 \end{cases} \tag{6-1}$$

其图形如图 6-2 所示。序列 $\delta(n)$ 仅在 $n=0$ 处取单位值 1，其余 $n \neq 0$ 时均为零。要注意的是，单位冲激序列 $\delta(n)$ 在离散时间系统中的作用，类似于连续时间系统中的单位冲激函数 $\delta(t)$。但是，应注意它们之间的重要区别，$\delta(t)$ 可理解为在 $t=0$ 点脉宽趋于零，幅度为无限大的信号；而 $\delta(n)$ 在 $n=0$ 点取有限值，其值等于 1。

若对 $\delta(n)$ 进行移位，则得到移位后的单位冲激序列：

$$\delta(n-m) = \begin{cases} 1 & n = m \\ 0 & n \neq m \end{cases} \tag{6-2}$$

其波形如图 6-3 所示。

151

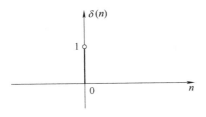

图 6-2　单位冲激序列

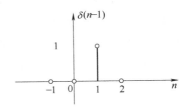

图 6-3　移位后的单位冲激序列

2. 单位阶跃序列

$$u(n) = \begin{cases} 1 & n \geq 0 \\ 0 & n < 0 \end{cases} \tag{6-3}$$

其图形如图 6-4 所示。$u(n)$ 在离散时间信号与系统中的作用类似于 $u(t)$ 在连续时间信号与系统中的作用。同样需要注意的是，$u(n)$ 在 $n=0$ 时刻并没有不一致性或不确定性，它明确规定为

$$u(0) = 1$$

若对 $u(n)$ 进行移位，则移位后的单位阶跃序列为 $u(n-m)$，如图 6-5 所示。

$$u(n-m) = \begin{cases} 1 & n \geq m \\ 0 & n < m \end{cases} \tag{6-4}$$

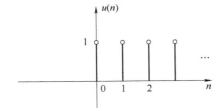

图 6-4　单位阶跃序列

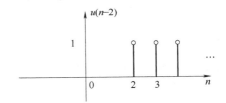

图 6-5　移位后的单位阶跃序列

单位冲激序列和单位阶跃序列可互相表示，即

$$\delta(n) = u(n) - u(n-1) \tag{6-5}$$

$$u(n) = \sum_{k=0}^{\infty} \delta(n-k) = \sum_{k=-\infty}^{n} \delta(k) \tag{6-6}$$

3. 矩形序列

$$R_N(n) = \begin{cases} 1 & 0 \leq n \leq N-1 \\ 0 & n < 0, \ n \geq N \end{cases} \tag{6-7}$$

$R_N(n)$ 表示长度为 N、幅度为 1 的有限长序列，类似于连续时间信号与系统中的矩形脉冲 $R(t)$。不过，由于 $R_N(n)$ 的序列长度为 N，故自变量 n 的取值范围是 $[0, N-1]$，这与 $R(t)$ 中 t 的取值范围 $[0, \tau]$ 是不同的，$R_N(n)$ 如图 6-6 所示。

同样，移位后的矩形序列为

$$R_N(n-m) = \begin{cases} 1 & m \leq n \leq N-m \\ 0 & n < m, \ n \geq N+m \end{cases} \tag{6-8}$$

示例如图 6-7 所示。

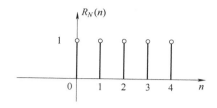

图 6-6 矩形序列

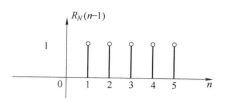

图 6-7 移位后的矩形序列

矩形脉冲序列与单位冲激序列和单位阶跃序列有如下关系：

$$R_N(n) = u(n) - u(n-N) \tag{6-9}$$

$$R_N(n) = \sum_{m=0}^{N-1} \delta(n-m) \tag{6-10}$$

4. 单边指数序列

$$x(n) = a^n u(n) \tag{6-11}$$

式中 a——实数。

当 $|a| < 1$ 时序列收敛，$|a| > 1$ 时序列发散。示例如图 6-8 所示。

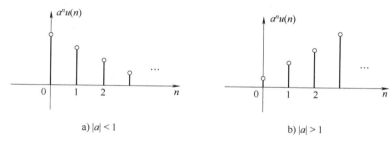

a) $|a| < 1$ b) $|a| > 1$

图 6-8 单边指数序列

5. 复指数序列

$$x(n) = e^{(\sigma + j\omega)n} \tag{6-12}$$

式中 ω——数字角频率。

借助欧拉公式 $e^{j\omega n} = \cos(\omega n) + j\sin(\omega n)$，可将式（6-12）改写成：

$$x(n) = e^{\sigma n}[\cos(\omega n) + j\sin(\omega n)] \tag{6-13}$$

也可将 $x(n)$ 写成极坐标形式，即

$$x(n) = |x(n)| e^{j\arg[x(n)]} = e^{\sigma n} e^{j\omega n} \tag{6-14}$$

由于自变量 n 为整数，故有

$$e^{(j\omega + 2\pi)n} = e^{j\omega n}$$

也就是说，离散时间复指数序列的周期为 2π。

6. 正弦序列

$$x(n) = A\sin(\omega n + \varphi) \tag{6-15}$$

式中 A——幅值；

    ω——正弦序列的数字域角频率；

    φ——起始相位。

153

该序列由 $x(t) = A\sin(\Omega t + \varphi)$ 抽样得到，$x(n) = x(t)\big|_{t=nT} = \sin(\Omega nt + \varphi) = \sin(\omega n)$，因此有

$$\omega = \Omega T = \frac{\Omega}{f_s} \qquad (6\text{-}16)$$

式中　　T——抽样间隔时间；

f_s——抽样频率$\left(f_s = \dfrac{1}{T}\right)$。

为区分 ω 与 Ω，称 ω 为离散域的频率（正弦序列频率），而 Ω 为连续域的频率。可以认为 ω 是 Ω 对于 f_s 取归一化之值 $\dfrac{\Omega_0}{f_s}$。

可以看到，ω 与 Ω 呈线性关系，它反映序列值依次周期性重复的速率。

正弦序列示例如图 6-9 所示。

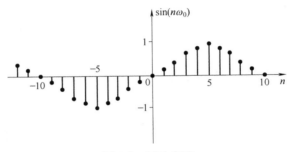

图 6-9　正弦序列

正（余）弦信号离散为序列后，序列可能是周期序列，也可能不是周期序列，这个概念要清楚，下面对序列的周期性进行讨论。

6.2.2　序列的周期性

如果序列 $x(n)$ 对所有的 n 存在一个最小正整数 N，满足

$$x(n) = x(n+N) \qquad (6\text{-}17)$$

则序列 $x(n)$ 为周期序列，且最小周期为 N。

可知连续周期信号经抽样离散后，如果一个周期 T 内抽样点数不是整数，则这个序列不会在一个连续信号的周期 T 内重复，以正弦信号为例，设 $x(n) = A\sin(\omega n + \varphi)$，如果有

$$x(n+N) = A\sin\left[\omega(n+N) + \varphi\right] = A\sin(\omega N + \omega n + \varphi)$$

若满足条件 $\omega N = 2k\pi$，则

$$x(n+N) = A\sin\left[\omega(n+N) + \varphi\right] = A\sin(\omega n + \varphi) = x(n)$$

所以，对于正弦序列，若有最小的 N，且满足 $\omega N = 2k\pi$，则说明正弦序列存在周期，且周期为 N。

将此结论加以推广，若 N、k 为整数，周期为

$$N = \frac{2\pi k}{\omega} \qquad (6\text{-}18)$$

当 $\dfrac{2\pi}{\omega}$ 为整数，且 $k=1$ 时，此时 N 取得最小值，N 即为序列的周期。

比如有正弦序列 $x(n) = 5\sin\left(\dfrac{\pi}{4}n + 3\right)$，因为 $\dfrac{2\pi}{\omega} = \dfrac{2\pi}{\pi/4} = 8$，所以该序列是周期为 8 的序列。

当连续周期信号离散化后，抽样点数 $N = \dfrac{2\pi}{\Omega T} = \dfrac{2\pi}{T} \cdot \dfrac{T_0}{2\pi} = \dfrac{T_0}{T}$，其中 T 是抽样间隔，Ω 为连续域的频率，T_0 为连续信号的周期。这说明在连续信号的一个周期 T_0 内，如果抽样点数为整数，则离散序列在周期 T_0 内按数据个数 N 重复出现，即离散序列周期为 N。还有一种情况需要注意，就是序列不在连续信号的周期内重复，但序列仍然有周期，即 $\dfrac{2\pi}{\omega}$ 为有理数而非整数时，序列仍然是周期序列，周期大于 $\dfrac{2\pi}{\omega}$。比如，$x(n) = 5\sin\left(\dfrac{3\pi}{4}n + 3\right)$，此时 $\dfrac{2\pi}{\omega} = \dfrac{8}{3}$，不是整数，但是为有理数，所以 $k = 3$ 时，$N = \dfrac{2\pi k}{\omega} = 8$ 为最小整数，得到序列的周期为 8，但此时序列重复出现已经超出了原连续信号对应的周期范围。

还有一种情况，当 $\dfrac{2\pi}{\omega}$ 为无理数时，任何 k 都不能使 N 为整数，这时的序列就没有周期了，序列也不会重复出现。那么在实际中，周期信号的抽样是不是一定要保证在一个连续周期内抽样整数个点？这倒也不必，因为一般情况下不会对分析其时域或频域特性造成大的影响，可以忽略不计。

6.2.3 序列的运算法则

类似于连续时间信号的运算，序列之间的运算也包括相加、相乘、标乘、移位、反褶、差分、累加、尺度、能量及卷积和等。这些运算与连续信号的运算互相对应，但也存在区别。

1. 序列的和或序列相加

设有任意两序列 $x_1(n)$ 和 $x_2(n)$，则两序列相加得到新的序列 $y(n)$ 为

$$y(n) = x_1(n) + x_2(n) \tag{6-19}$$

序列相加的规则是同序号的序列逐项对应相加。这一法则可以拓展到多个序列相加：

$$y(n) = \sum_{i=0}^{n} x_i(n) \tag{6-20}$$

例 6-1 已知序列 $x(n) = \begin{cases} 2^{n-1}, & n \geq -1 \\ 0, & n < -1 \end{cases}$，$y(n) = \begin{cases} 2^n, & n < 0 \\ n+1, & n \geq 0 \end{cases}$，计算 $x(n) + y(n)$。

解 $x(n) + y(n) = \begin{cases} 2^n, & n < -1 \\ 3/2, & n = -1 \\ 2^{-n-1} + n + 1, & n \geq 0 \end{cases}$

2. 序列相乘或序列的积

设有任意两序列 $x_1(n)$ 和 $x_2(n)$，则两序列相乘得到新的序列 $y(n)$ 为

$$y(n) = x_1(n)x_2(n) \tag{6-21}$$

序列相乘的规则是同序号的序列逐项对应相乘。同样也可以推广到多个序列的相乘中。

例 6-2 已知序列 $x(n) = \begin{cases} 2^{n-1}, & n \geq -1 \\ 0, & n < -1 \end{cases}$，$y(n) = \begin{cases} 2^n, & n < 0 \\ n+1, & n \geq 0 \end{cases}$，计算 $x(n)y(n)$。

解 $x(n)y(n) = \begin{cases} 0, & n < -1 \\ 1/2, & n = -1 \\ (n+1)2^{-n-1}, & n \geq 0 \end{cases}$

155

3. 序列标乘或幅度比例

设任意序列 $x(n)$，a 为常数 $(a \neq 0)$，则序列的标乘为

$$y(n) = ax(n) \tag{6-22}$$

标乘的规则为各序列值均乘以 a，使序列的幅度同等放大或缩小 a 倍。

4. 序列移位

设序列为 $x(n)$，m 为整数，则移位 m 后的序列为

$$y(n) = x(n-m) \tag{6-23}$$

当 $m>0$ 时，序列整体向右移 m 个单位；当 $m<0$ 时，序列整体向左移 m 个单位。序列向右移位有时也称延时，向左移位有时称为超前。

例 6-3 已知序列 $x(n) = \begin{cases} 2^{n-1}, & n \geq -1 \\ 0, & n < -1 \end{cases}$，计算序列 $x(n+1)$。

解 $x(n+1) = \begin{cases} 2^{-n-2}, & n+1 \geq -1 \\ 0, & n+1 < -1 \end{cases}$，其移位前后序列如图 6-10 所示

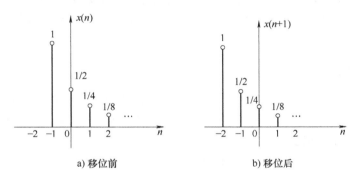

a) 移位前   b) 移位后

图 6-10 序列移位示例

5. 序列翻转（反褶）

设序列为 $x(n)$，则翻转序列为

$$y(n) = x(-n) \tag{6-24}$$

序列翻转后，以纵轴为对称轴将序列翻转 $180°$。

例如，序列 $x(n)$ 的图形如图 6-11a 所示，则 $y(n) = x(-n+3)$ 的图形是 $x(n)$ 经过翻折再右移 3 后得到的，如图 6-11b 所示。

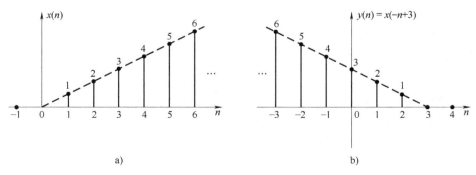

a)   b)

图 6-11 序列的翻折、位移

6. 序列差分

设序列为 $x(n)$，序列的差分是将序列中相邻项作差得到的新序列。

前向差分：

$$y(n)=x(n+1)-x(n) \tag{6-25}$$

后向差分：

$$y(n)=x(n)-x(n-1) \tag{6-26}$$

离散序列差分对应于连续信号中的微分。可以由连续信号微分导出离散序列的差分公式，设连续时间信号 $x(t)$ 的微分为

$$\frac{\mathrm{d}x(t)}{\mathrm{d}t}=\lim_{T\to 0}\frac{x(t)-x(t-1)}{T}$$

令 $t=nT$ 对连续时间信号取样，上式变为

$$\frac{x(n)-x(n-1)}{T}=\frac{x(nT)-x(nT-1)}{T}$$

归一化 $T=1$，可得

$$\Delta x(n)=x(n)-x(n-1)$$

从而得到了序列的后向差分公式。用类似的方法也可以得到前向差分公式。上面的差分是一阶差分，类似于微分中的阶次，序列也有高阶差分的概念，如由一阶后向差分可以推得二阶后向差分。

$$\Delta(\Delta x(n))=\Delta x(n)-\Delta x(n-1)$$
$$=x(n)-x(n-1)-\left[x(n-1)-x(n-2)\right]=x(n)-2x(n-1)+x(n-2)$$

只不过序列中差分的阶次与微分中的阶次有所不同，差分的阶次指的是变量序号的最高值与最低值之差，二阶后向差分的阶次为 $n-(n-2)=2$，这就是"二阶"的含义。在离散系统分析中，比较常见后向差分的形式。

7. 序列累加

设序列为 $x(n)$，则序列：

$$y(n)=\sum_{k=-\infty}^{n}x(k) \tag{6-27}$$

定义为对 $x(n)$ 的累加，该序列中的当前项是所有当前项以前的序列值的和。序列的累加对应于连续信号中的积分运算。

例 6-4　序列 $x(n)$ 如图 6-12a 所示，求其累加序列 $y(n)$。

解

$$x(n)=(1/2)^n u(n+1)$$

$$y(n)=\sum_{m=-\infty}^{n}(1/2)^m u(m+1)=\sum_{m=-1}^{n}(1/2)^m=\left[4-(1/2)^n\right]u(n+1)$$

图形表示见图 6-12b。

作为特例，$\delta(n)$ 与 $u(n)$ 之间存在着差分和累加的关系。

$$\delta(n)=u(n)-u(n-1) \tag{6-28}$$

以及

$$u(n)=\sum_{k=0}^{+\infty}\delta(n-k) \tag{6-29}$$

157

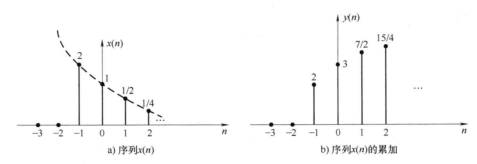

a) 序列$x(n)$　　　　　　　　　　b) 序列$x(n)$的累加

图 6-12　序列累加示例

令 $m=n-k$，得

$$u(n)=\sum_{m=-\infty}^{n}\delta(m)\tag{6-30}$$

可以看出 $\delta(n)$ 是 $u(n)$ 的后向差分，$u(n)$ 是 $\delta(n)$ 的累加。

8. 序列尺度

设序列为 $x(n)$，且 m 和 n 为正整数，则序列

$$y(n)=x(mn)\tag{6-31}$$

称为抽取序列。

而序列

$$y(n)=\begin{cases}x(n/m), & n=ml,\ l=0,\ \pm1,\ \pm2,\ \cdots\\0, & 其他\end{cases}\tag{6-32}$$

称为插值序列。

序列 $x(mn)$ 和序列 $x(n/m)$ 定义为对 $x(n)$ 的时间尺度变换。而实际上序列 $x(mn)$ 对应连续信号中的压缩，序列抽取后长度减小。而序列 $x(n/m)$ 对应于连续信号中的扩展，插值后序列长度增加。序列抽取与插值示例如图 6-13 所示。

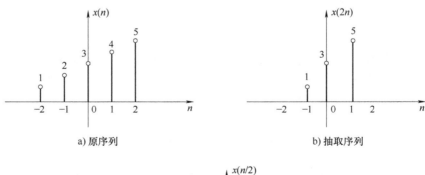

a) 原序列　　　　　　　　　　b) 抽取序列

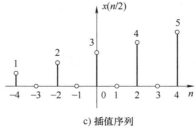

c) 插值序列

图 6-13　序列抽取与插值示例

9. 序列的能量

设序列为 $x(n)$，则序列的能量为

$$E = \sum_{n=-\infty}^{\infty} |x(n)|^2 \tag{6-33}$$

序列的能量表示序列中各取样值的二次方之和，对于复序列可以取模后再求二次方和。序列的能量对应于连续信号中的能量，注意区分两者的异同点。

10. 序列的卷积和

设两序列分别为 $x(n)$ 和 $y(n)$，则序列的卷积和定义为

$$z(n) = x(n) * y(n) = \sum_{m=-\infty}^{\infty} x(m)y(n-m) \tag{6-34}$$

序列卷积和也称线性卷积，是离散序列处理中重要的公式。它对应于连续信号的卷积，注意对二者进行区分。

序列卷积和的计算步骤与连续信号的卷积是对应的，包括变量转换、翻转、移位、相乘和相加五个环节。

1）变量转换：$x(n) \to x(m)$，$y(n) \to y(m)$。

2）翻转：$y(m) \to y(-m)$。

3）移位：$y(-m) \to y(n-m)$。

4）相乘：$x(m)y(n-m)$。

5）相加：$z(n) = \sum_{m=-\infty}^{\infty} x(m)y(n-m)$。

例 6-5 已知序列 $x(n)$ 为矩形脉冲序列，$y(n)$ 为指数序列，其数学表达式分别为 $x(n) = u(n) - u(n-5)$，$y(n) = a^n[u(n) - u(n-6)]$，试求两序列卷积和。

解

1）$n < 0$ 时，$x(m)$ 和 $y(n-m)$ 没有重叠，得 $z(n) = 0$。

2）$0 \leqslant n \leqslant 4$ 时，$z(n) = \sum_{m=-\infty}^{\infty} x(m)y(n-m) = \sum_{m=0}^{4} a^{n-m} = a^n \sum_{m=0}^{4} a^{-m} = \dfrac{1-a^5}{1-a}$。

3）$4 < n \leqslant 6$ 时，$z(n) = \sum_{m=n-4}^{6} a^{n-m} = a^n \sum_{m=0}^{6} a^{-m} = \dfrac{a^{n-4}-a^7}{1-a}$。

4）$6 < n \leqslant 10$ 时，$z(n) = \sum_{m=n-6}^{10} a^{n-m} = \dfrac{a^{n-6}-a^{11}}{1-a}$。

5）$n > 10$ 时，$x(m)$ 和 $y(n-m)$ 没有重叠，得 $z(n) = 0$。

11. 用单位冲激序列表示任意序列

任何序列都可用单位冲激序列的移位加权和来表示，即

$$x(n) = \sum_{m=-\infty}^{\infty} x(m)\delta(n-m) \tag{6-35}$$

可看成是 $x(n)$ 和 $\delta(n)$ 的卷积和，即

$$x(m)\delta(n-m) = \begin{cases} x(n), & n=m \\ 0, & n \neq m \end{cases} \tag{6-36}$$

比如序列 $x(n)$ 如图 6-14 所示，则该序列可用单位冲激序列表示为

159

$$x(n) = a_{-3}\delta(n+3) + a_2\delta(n-2) + a_6\delta(n-6)$$

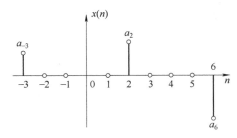

图 6-14　序列 $x(n)$

6.3　离散时间系统基本概念及特性

离散时间系统指的是具有某种功能，可以实现特定功能或运算的离散系统，既可以由硬件组成，也可是处理算法（或程序），或者采用硬件与程序算法相结合的混合系统。离散时间系统的输入和输出一般均为离散信号，如图 6-15 所示。

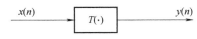

图 6-15　离散时间系统

对变换 $T[\cdot]$ 施加不同的约束条件，系统就具有不同的特性和功能。为了便于分析，可以从数学上对离散时间系统进行定义，离散时间系统将输入序列 $x(n)$ 变成输出序列 $y(n)$，这种变换相当于一种数学上的映射关系，因此可用式（6-37）表示。

$$y(n) = T(x(n)) \tag{6-37}$$

例如，一个延时器的功能是将输入序列延时一个单位，即

$$y(n) = T(x(n)) = x(n-1)$$

再如，一个离散时间系统的作用是将输入序列进行从 $-\infty$ 到 n 的累加，这个离散时间系统就是累加器，即

$$y(n) = T(x(n)) = \sum_{m=-\infty}^{n} x(m)$$

6.3.1　线性时不变离散时间系统

与连续时间系统一样，离散时间系统也具有线性、时不变性、因果性和稳定性等，这些特性的含义与连续时间系统基本相同。

1. 线性

如果系统满足均匀性和叠加性，则该系统就是线性系统。

设任意激励序列 $x_1(n)$ 和 $x_2(n)$，经过离散系统 $T(\cdot)$ 后，响应为 $y_1(n)$ 和 $y_2(n)$，即

$$y_1(n) = T(x_1(n))，\ y_2(n) = T(x_2(n))$$

如果

$$T(ax_1(n) + bx_2(n)) = ay_1(n) + by_2(n) \tag{6-38}$$

那么，该系统满足线性，对应的系统称为线性系统。与连续系统的线性特性类似，也可以将

序列的数目拓展到多个。

例 6-6　分析系统 $y(n) = nx(n)$ 的线性。

解　该系统的运算规则是将输入序列乘以 n，如果系统满足：序列先经系统再运算等于先运算再经系统，则为线性系统，变换过程为

先运算再经系统：

$$T(ax_1(n) + bx_2(n)) = n(ax_1(n) + bx_2(n))$$

先经系统再运算：

$$ay_1(n) + by_2(n) = anx_1(n) + bnx_2(n)$$

可见

$$T(ax_1(n) + bx_2(n)) = ay_1(n) + by_2(n)$$

因此，系统是线性的。

2. 时不变性

如果对于任意激励序列 $x(n)$，不论何时作用于系统，其输出 $y(n)$ 总是相同的，与激励加入系统的时刻无关，则系统具有时不变性。

对于离散系统，$y(n) = T(x(n))$，如果满足

$$y(n-N) = T(x(n-N)) \tag{6-39}$$

则系统是时不变的。其中 N 为时移。

对于离散时不变系统，输入序列的移位将引起输出序列相同的移位。

例 6-7　判断系统 $y(n) = nx(n)$ 是否为时不变系统。

解　序列先时移再经系统：$T(x(n-N)) = nx(n-N)$

序列先经系统再时移：

$$y(n-N) = (n-N)x(n-N)$$

二者不相等，即

$$y(n-N) \neq T(x(n-N))$$

因此，该系统不是时不变的。

如果一个离散时间系统既满足线性又满足时不变性，那么，该系统就是离散 LTI 系统。这与连续系统当中的命名是一样的。关于 LTI 系统的物理意义，与连续系统也是一致的，这里就不再赘述。

6.3.2　因果系统

系统在某时刻的响应 $y(n)$ 只取决于此时刻激励 $x(n)$ 和以前的激励 $x(n-1)$，$x(n-2)$，…，而与此时刻以后的激励 $x(n+1)$，$x(n+2)$，…无关，则该系统为因果系统。

与连续系统中的因果性特性类似，对离散系统的因果性定义也有不同的形式。比如，因果系统的响应不会出现于外加激励之前，或者响应不会等于激励的系统。而对于不满足因果特性的系统，则称为非因果系统。

在连续系统中，一般会认为只有因果系统才是可物理实现的，而在离散系统中这一条件似乎不再那么严格，比如数字存储器中记录的离散信号，可以取任意时间段进行分析和处理，在这种情况下已经脱离了因果性的范畴了。事实上，在工程系统设计或应用时，对其因果性也不需要进行明确的界定，其实际应用并不多，只是在理论分析中由于数学函数时间取值范围可以在当前时刻，即零时刻的左右取值，因此，因果性的问题都会比较突出。

6.3.3 稳定系统

若系统为零初始状态，对于有界输入，响应也是有界的，则该系统就是BIBO(有界输入有界输出)系统，即稳定系统。

与连续系统类似，描述系统的稳定性也可以从不同的角度进行，以上的定义是从激励和响应序列的有界性上定义的，其实也可以从系统的冲激响应的绝对可积性上定义系统的稳定性。不论采取什么方式，其内涵是不变的。不满足稳定性特性的系统就是不稳定系统。工程中的绝大部分系统都要求是稳定系统。

比如，若有一系统为$y(n) = nx(n)$，因为即使输入$|x(n)| < \infty$有界，当$n \to \infty$时，输出$y(n) \to \infty$也不是有界的，因此该系统不是稳定系统。

例6-8 若已知系统$y(n) = \sum\limits_{k=-\infty}^{n} x(k)$，试判断其线性、时不变性、因果性和稳定性。

解

1）线性判定：

$$T(ax_1(n) + bx_2(n)) = \sum_{k=-\infty}^{n} [ax_1(k) + bx_2(k)] = a\sum_{k=-\infty}^{n} x_1(k) + b\sum_{k=-\infty}^{n} x_2(k) = ay_1(n) + by_2(n)$$

因此，该系统是线性的。

2）时不变性判定：

$$T(x(n-N)) = \sum_{k=-\infty}^{n} [x(k-N)]$$

令$m = k-N$，则

$$T(x(n-N)) = \sum_{m=-\infty}^{n-N} [x(m)]$$

而

$$y(n-N) = \sum_{k=-\infty}^{n-N} [x(k)]$$

因此有

$$y(n-N) = T(x(n-N))$$

故该系统是时不变的。

3）因果性判定。根据无限累加的运算规则，可知$y(n)|_{n=n_0}$只取决于$x(n)|_{n \leq n_0}$，因此该系统是因果的。

4）稳定性判定。即使$|x(n)|$有界，由于是无限项累加，要考虑全部的n，$|y(n)| = \left| \sum\limits_{k=-\infty}^{n} x(k) \right| \to \infty$，因此，系统不是稳定的。

6.4 离散时间系统的数学模型——差分方程

建立系统数学模型是进行系统分析与设计的重要手段，要想建立系统的数学模型，必须对系统有深入的了解，清楚系统的组成、功能及结构。往往为了便于建立模型，而先将系统物理模型抽象为数学模型，将激励和响应作为系统的输入和输出变量，通过系统数学模型可以仿真出各变量对系统性能的影响，进而为系统的分析、设计和应用服务。

对于连续时间系统，一般通过建立系统的常系数微分方程来分析系统，而对于离散系统，则一般通过建立差分方程来对系统进行分析。

6.4.1　离散时间系统差分方程建立

连续系统的微分方程是建立在连续变量基础之上的，而离散系统的差分方程是建立在离散变量的基础之上的。实际上差分方程就是描述信号的序列差分之间的关系的方程，由序列及其各阶差分线性叠加而成。

离散时间 LTI 系统的数学模型是线性常系数差分方程，它描述的是离散时间系统的输入输出关系，其差分方程的一般形式为

$$\sum_{k=0}^{N} a_k y(n-k) = \sum_{m=0}^{M} b_m x(n-m) \tag{6-40}$$

差分方程等号左端为输出序列的各阶差分，右端为输入序列的各阶差分。线性常系数差分方程的线性指的是 $y(n-k)$ 和 $x(n-m)$ 都只有一次幂，且没有相乘项。系数指的是 a_k 和 b_m 都为常数。差分方程的阶次等于输出序列 $y(m)$ 的变量序号的最高值与最低值之差。例如：

$$a_0 y(n) + a_1 y(n-1) + \cdots + a_N y(n-N) = b_0 x(n) + b_1 x(n-1) + \cdots + b_M y(n-M)$$

该差分方程的阶次：

$$n - (n-N) = N$$

即，该差分方程是 N 阶差分方程。

由于离散系统不同，建立离散系统差分方程的方法也不同，一般情况下对于自然界中的原有离散变量，可根据输入输出关系直接建立其差分方程；而对于由连续系统转换而来的离散系统，其差分方程要通过对连续变量离散而导出其差分方程。

1. 自然界中固有离散系统差分方程建立

例 6-9　假定一对兔子每月可以生育一对小兔，而新生的小兔要隔一个月才有生育能力。若第一个月只有一对新生小兔，那么到第 n 个月时，兔子对的数目是多少？

解　用 $y(n)$ 表示第 n 个月兔子对的数目，则有

$$y(0) = 0, \ y(1) = 1, \ y(2) = 1, \ y(3) = 2, \ y(4) = 3, \ y(5) = 5, \ \cdots$$

这就是著名的斐波那契（Fibonacci）数列：

$$y(n) = \{0, 1, 1, 2, 3, 5, 8, 13, \cdots\}$$

下面建立本题的数学模型。

在第 n 个月时，应有 $y(n-2)$ 对兔子具有生育能力，因而这批兔子将从 $y(n-2)$ 对变成 $2y(n-2)$ 对。另外，还应该有 $y(n-1) - y(n-2)$ 对兔子生于第 $n-1$ 个月，尚没有生育能力。故

$$y(n) = 2y(n-2) + [y(n-1) - y(n-2)]$$

整理得

$$y(n) - y(n-1) - y(n-2) = 0$$

这是一个二阶差分方程。

例 6-10　某人每月初存入银行固定款 $x(n)$，月息为 a，每月本息不取，试求第 n 个月初存入固定款时的本息 $y(n)$ 是多少。

解 根据题意，有

$$y(n)-(1+a)y(n-1)=x(n)$$

这就是一个 1 阶的差分方程。

例 6-11 已知电阻网络如图 6-16 所示，写出节点电压关系。

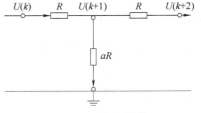

解 根据节点电流法则，可以写出节点电压关系为

$$u(k+2)-\frac{2a+1}{a}u(k+1)+u(k)=0$$

这是一个 2 阶差分方程。

图 6-16 电阻网络

2. 由连续系统转换为离散系统时差分方程建立

将连续系统微分方程中的连续自变量 t 按等间隔 T 取值，得到离散时间点对应的信号幅值，再将连续系统微分方程中的微分用差分表示，化简后就得到离散系统的差分方程。

例 6-12 已知连续系统的微分方程为 $\dfrac{\mathrm{d}y(t)}{\mathrm{d}t}-ay(t)=x(t)$，将其离散化为差分方程。

解 将 $y(t)$ 和 $x(t)$ 按等间隔离散取值，则有

$$y(t)\rightarrow y(kT)\rightarrow y(k)$$
$$x(t)\rightarrow x(kT)\rightarrow x(k)$$

将微分用差分表示，则有

$$\frac{\mathrm{d}y(t)}{\mathrm{d}t}\approx\frac{y(k)-y(k-1)}{T}$$

将变换后的形式代入微分方程，得

$$\frac{y(k)-y(k-1)}{T}-ay(k)=x(k)$$

化简后得

$$y(k)-\frac{1}{1-aT}y(k-1)=\frac{T}{1-aT}x(k)$$

这就是将连续系统离散化后的系统差分方程。

6.4.2 差分方程的框图表示

与连续系统可用框图表示相类似，也可以用框图表示离散系统，原则上离散系统的差分方程和框图是可以互相转化的。下面用示例说明离散系统差分方程和框图的关系。

设有离散系统的差分方程为

$$y(n)=ax(n)-by(n-1)$$

其框图表示如图 6-17 所示。

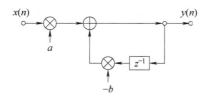

图 6-17 离散系统框图

框图中，a 和 $-b$ 为标乘的常数，z^{-1} 表示延时一位，$\oplus$ 表示两信号相加，$\otimes$ 表示两信号相乘或标量相乘。

6.5　常系数线性差分方程的求解

求解常系数线性差分方程的方法一般有迭代法、时域经典法、递推求解法、z 变换域求解法和状态变量法等，本节讲解迭代法、时域经典法。

6.5.1　迭代法

迭代法是一种比较简单的差分方程求解方法，根据给定的初始条件，由差分方程的差分关系逐步迭代，依次得到 $y(0)$，$y(1)$，$\cdots$，$y(n)$，然后找出规律给出 $y(n)$ 的通用型表达式，即差分方程的解析解。下面以示例的形式演示迭代法的求解过程。

例 6-13　离散系统的差分方程为 $y(n)-ay(n-1)=x(n)$，$x(n)=\delta(n)$，$y(-1)=0$，求解该差分方程 $y(n)$。

解　将差分方程写成

$$y(n)=ay(n-1)+x(n)$$

当 $n \geqslant 0$ 时，有

$$y(0)=ay(-1)+x(0)=1$$
$$y(1)=ay(0)+x(1)=a$$
$$y(2)=ay(1)+x(2)=a^2$$
$$\vdots$$
$$y(n)=ay(n-1)+x(n)=a^n$$

而当 $n<0$ 时，通过迭代可知，$y(n)=0$。因此差分方程的解为

$$y(n)=a^n u(n)$$

需要说明的是，这种方法比较适合于阶次较低的差分方程，并且差分方程的解的形式简单的情况，或者解对应的序列个数较少，一般情况下可以得到该类差分方程的闭式解。但对于绝大多数的差分方程，一般情况下用迭代法得不到闭式解，只能得到数值解。

6.5.2　时域经典法

与微分方程的时域经典法类似，先分别求齐次解与特解，然后代入边界条件求待定系数。这种方法便于从物理概念说明各响应分量之间的关系，但求解过程比较麻烦。

设线性常系数差分方程的一般形式为

$$y(n)+a_1 y(n-1)+\cdots+a_N y(n-N)=b_0 x(n)+b_1 x(n-1)+\cdots+b_M x(n-M) \tag{6-41}$$

1. 齐次解

首先由差分方程得到特征方程，差分方程的齐次式为

$$y(n)+a_1 y(n-1)+\cdots+a_N y(n-N)=0 \tag{6-42}$$

有 N 个特征根，特征根为 β_k。

$$\beta^N+a_1 \beta^{N-1}+a_2 \beta^{N-2}+\cdots+a_{N-1}\beta+a_N=0 \tag{6-43}$$

根据特征根的形式，又分为非重根、L 次重根和共轭根几种情况。

1）对于非重根的情况，差分方程的齐次解为

$$y_h(n) = \sum_{k=1}^{N} C_k \beta_k^n \tag{6-44}$$

2）对于 L 次重根，特征方程可因式分解成

$$(\alpha - \beta_1)^L \prod_{k=2}^{N-L+1} (\alpha - \beta_k) = 0$$

差分方程的齐次解为

$$y_h(n) = \sum_{k=1}^{L} C_k n^{L-k} \beta_k^n + \sum_{j=2}^{N-L+1} C_{L+j-1} \beta_j^n \tag{6-45}$$

3）如果特征根为共轭复数根：

$$\beta_{1,2} = a \pm jb = re^{\pm j\omega_0}$$

那么齐次解

$$y_h(n) = C_1 (a+jb)^n + C_2 (a-jb)^n \tag{6-46}$$

2. 特解

与微分方程经典解法中求特解一样，差分方程里的特解也是通过激励形式写出特解的形式。将激励信号 $x(n)$ 代入差分方程右端，整理后得到关于 n 的函数形式，称为自由项。特解的形式与自由项相关联，差分方程的特解见表 6-2。

表 6-2　差分方程的特解

自由项	特解 $y_p(n)$
A	D
a^n	Da^n，当 a 不是特征根时
	$(D_1 n + D_0) a^n$，当 a 是单阶特征根时
	$(D_r n^r + D_{r-1} n^{r-1} + \cdots + D_1 n + D_0) a^n$，当 a 是 r 重特征根时
n	$D_1 n + D_0$，当 1 不是特征根时
	$(D_1 n + D_0) n^r$，当 1 是特征根且为 r 重特征根时
n^m	$D_m n^m + D_{m-1} n^{m-1} + \cdots + D_1 n + D_0$，当 1 不是特征根时
	$(D_m n^m + D_{m-1} n^{m-1} + \cdots + D_1 n + D_0) n^r$，当 1 是 r 重特征根时
$\sin(\omega_0 n)$	$D_1 \cos(\omega_0 n) + D_2 \sin(\omega_0 n)$
$\cos(\omega_0 n)$	
$r^n [A_1 \cos(\omega_0 n) + A_2 \sin(\omega_0 n)]$	$a^n [D_1 \cos(\omega_0 n) + D_2 \sin(\omega_0 n)]$，当 $ae^{\pm j\omega_0}$ 不是特征根时
	$n^k a^n [D_1 \cos(\omega_0 n) + D_2 \sin(\omega_0 n)]$，当 $ae^{\pm j\omega_0}$ 是特征根时

将设定的特解形式代入差分方程，即可求得相应的待定系数，得到特解。

3. 完全解

当齐次解和特解（含特解待定系数）求出后，完全解 $y(n)$ 就是齐次解 $y_h(n)$ 加上特解 $y_p(n)$。

$$y(n) = y_h(n) + y_p(n)$$

4. 由边界条件求待定系数

对于齐次解中的待定系数，只要找到差分方程的边界条件，代入差分方程，就可得到差分方程的完全解。

例 6-14　离散系统的差分方程为 $y(n)+5y(n-1)+6y(n-2)=x(n)$，$x(n)=u(n)$，$y(-1)=\dfrac{1}{6}$，$y(-2)=-\dfrac{1}{36}$，求 $n\geqslant0$ 的 $y(n)$。

解

1）求齐次解。齐次方程：

$$y(n)+5y(n-1)+6y(n-2)=0$$

特征方程为

$$\alpha^2+5\alpha+6=0$$

得特征根 $\alpha_1=-2$，$\alpha_2=-3$。则齐次解为

$$y_h(n)=C_1(-2)^n+C_2(-3)^n,\ n\geqslant0$$

2）求特解。由于 $x(n)=u(n)$，相当于 $n\geqslant0$ 时 $x(n)=1$，这也是差分方程的自由项。所以，设特解为

$$y_p(n)=D$$

将特解代入差分方程，得

$$D+5D+6D=1$$

故特解 $D=1/12$。

3）求完全解。完全解等于齐次解与特解之和，即

$$y(n)=\left[C_1(-2)^n+C_2(-3)^n+1/12\right]u(n)$$

其中待定系数 C_1 和 C_2 需要由差分方程的边界条件确定，一般意义下，上面完全解的边界条件为 $y(0)$ 和 $y(1)$。由 $y(-1)$、$y(-2)$ 迭代出 $y(0)$ 和 $y(1)$。

$$\begin{cases} y(0)+5y(-1)+6y(-2)=u(0)=1 \\ y(1)+5y(0)+6y(-1)=u(1)=1 \end{cases}$$

代入 $y(-1)$、$y(-2)$ 的值，得

$$y(0)=\frac{1}{3},\ y(1)=-\frac{5}{3}$$

将 $y(0)$ 和 $y(1)$ 的值代入完全解的表达式求系数。

$$\begin{cases} y(0)=C_1+C_2+\dfrac{1}{12}=\dfrac{1}{3} \\ y(1)=C_1(-2)+C_2(-3)+\dfrac{1}{12}=-\dfrac{5}{3} \end{cases}$$

得 $C_1=-1$，$C_2=\dfrac{5}{4}$。因此完全响应为

$$y(n)=\left[-(-2)^n+\frac{5}{4}(-3)^n+\frac{1}{12}\right]u(n)$$

例 6-15　系统的差分方程为 $y(n)+2y(n-1)=x(n)-x(n-1)$，激励信号 $x(n)=n^2$，且已知 $y(-1)=1$，求差分方程的完全解。

解　特征方程为 $\alpha+2=0$，得特征根 $\alpha=-2$。因此齐次解

$$y_h(n)=C(-2)^n$$

将 $x(n)$ 代入差分方程右端得到自由项：

$$x(n)-x(n-1)=n^2-(n-1)^2=2n-1$$

167

因此，设特解

$$y_p(n) = D_1 n + D_2$$

将特解代入差分方程，得

$$(D_1 n + D_2) + 2[D_1(n-1) + D_2] = 2n-1$$

整理并比较等号两端系数，有

$$\begin{cases} 3D_1 = 2 \\ 3D_2 - 2D_1 = -1 \end{cases}$$

得 $D_1 = \dfrac{2}{3}$，$D_2 = \dfrac{1}{9}$。

故特解为

$$y_p(n) = \frac{2}{3}n + \frac{1}{9}$$

因此，差分方程的完全解

$$y(n) = y_h(n) + y_p(n) = C(-2)^n + \frac{2}{3}n + \frac{1}{9}$$

将已知的 $y(-1) = 1$ 代入，求待定系数 C。

$$1 = C(-2)^{-1} - \frac{2}{3} + \frac{1}{9}$$

得 $C = -\dfrac{28}{9}$。因此，差分方程的完全解为

$$y(n) = -\frac{28}{9}(-2)^n + \frac{2}{3}n + \frac{1}{9}$$

168

6.6　离散时间系统的单位样值（单位冲激）响应

6.6.1　单位样值响应

对于离散 LTI 系统，当输入为单位抽样信号 $\delta(n)$ 时，系统的零状态响应就是离散系统的单位抽样响应，用 $h(n)$ 表示，如图 6-18 所示。

离散系统的单位样值响应 $h(n)$ 对应连续系统单位冲激响应 $h(t)$，因此 $h(n)$ 在物理含义和应用上与 $h(t)$ 有相似之处。$h(t)$ 可以唯一地表征系统，可以通过卷积求系统的响应，同样 $h(n)$ 也可以唯一地表征系统，也可以通过卷积和求系统的响应，只要离散 LTI 系统确定，$h(n)$ 就唯一确定，与外加激励无关。

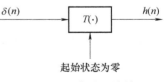

起始状态为零

图 6-18　离散系统的单位抽样响应

6.6.2　单位样值响应的计算

由于 $\delta(n)$ 信号只在 $n=0$ 时取值 $\delta(0)=1$，在 n 为其他值时都为零，因而，利用这一特点可以较方便地以迭代法依次求出 $h(0)$，$h(1)$，$\cdots$，$h(n)$。

例 6-16　已知离散时间系统的差分方程表达式为

$$y(n) - \frac{1}{2}y(n-1) = x(n)$$

试求其单位样值响应 $h(n)$。

解　对于因果系统，由于 $x(-1) = \delta(-1) = 0$，故 $y(-1) = h(-1) = 0$，以此起始条件代入差分方程可得

$$h(0) = \frac{1}{2}h(-1) + \delta(0) = 0 + 1 = 1$$

依次代入求得

$$h(1) = \frac{1}{2}h(0) + \delta(1) = \frac{1}{2} + 0 = \frac{1}{2}$$

$$h(2) = \frac{1}{2}h(1) + \delta(2) = \frac{1}{4} + 0 = \frac{1}{4}$$

$$\vdots$$

$$h(n) = \frac{1}{2}h(n-1) + \delta(n) = \left(\frac{1}{2}\right)^n$$

此系统的单位样值响应是

$$h(n) = \begin{cases} \left(\dfrac{1}{2}\right)^n & n \geqslant 0 \\ 0 & n < 0 \end{cases}$$

169

6.6.3　单位样值响应的应用

由于单位样值响应 $h(n)$ 表征了系统自身的性能，因此，在时域分析中可以根据 $h(n)$ 来判断系统的某些重要特性，如因果性、稳定性，以此区分因果系统与非因果系统，稳定系统与非稳定系统。

1. 利用 $h(n)$ 判断系统的因果性

本章已经讲述了离散系统的因果性定义和判定方法，这里就不再赘述。若已知离散系统的 $h(n)$，离散 LTI 系统作为因果系统的充分必要条件是

$$h(n) = 0 \quad (当 n < 0) \tag{6-47}$$

或表示为

$$h(n) = h(n)u(n) \tag{6-48}$$

2. 利用 $h(n)$ 判断系统的稳定性

同样，系统稳定性的定义及判定方法已经清楚了，对于已知系统 $h(n)$ 的情况，也可以通过 $h(n)$ 来判定系统的稳定性。

对于离散时间系统，稳定系统的充分必要条件是单位样值（单位冲激）响应绝对可积（或称绝对可和），即

$$\sum_{n=-\infty}^{\infty} |h(n)| \leqslant M \tag{6-49}$$

式中　M——有界正值。

6.7 序列卷积求响应

6.7.1 序列卷积和的定义

离散序列的卷积在前面已经做过定义，本节主要讲解当参加卷积的其中一个序列为单位样值序列，以及单位样值序列的响应时，卷积的定义及其应用。

当参加卷积的两序列中一个序列为单位样值序列 $\delta(n)$ 时，它与任意序列的卷积为

$$x(n) * \delta(n) = \sum_{m=-\infty}^{\infty} x(m)\delta(n-m) = x(n) \tag{6-50}$$

这时卷积可以从两个方面进行理解，一是任意序列与单位样值序列卷积时，其结果可以表示成任意序列与单位抽样信号 $\delta(n)$ 及其移位的加权和；二是如果参加卷积的一方是单位样值序列，卷积的结果仍然是任意序列。

当参与卷积的两序列中的一个序列为单位样值响应 $h(n)$ 时，如果 $h(n)$ 对应的系统是 LTI 系统，则任意输入序列 $x(n)$ 引起的零状态响应等于 $x(n)$ 与系统单位抽样响应 $h(n)$ 的卷积和，即

$$y(n) = x(n) * h(n) = \sum_{m=-\infty}^{\infty} x(m)h(n-m) \tag{6-51}$$

式（6-51）就是卷积法求响应的方法。从卷积法求响应的公式可以看出，可以用硬件实现上述求响应的过程，而更多的情况是利用算法编程实现响应的求解。卷积和求响应框图如图 6-19 所示。

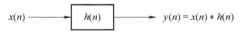

图 6-19 卷积和求响应框图

6.7.2 卷积性质在求响应中的应用

对 LTI 系统，卷积满足交换律、结合律以及分配律，这是卷积的代数性质。当参与卷积的其中一个序列为单位样值响应序列 $h(n)$ 时，可以借其特性分析离散系统响应的特性，并为求响应提供多种途径。

1. 交换律

$$x(n) * h(n) = h(n) * x(n) \tag{6-52}$$

卷积的交换律如图 6-20 所示。

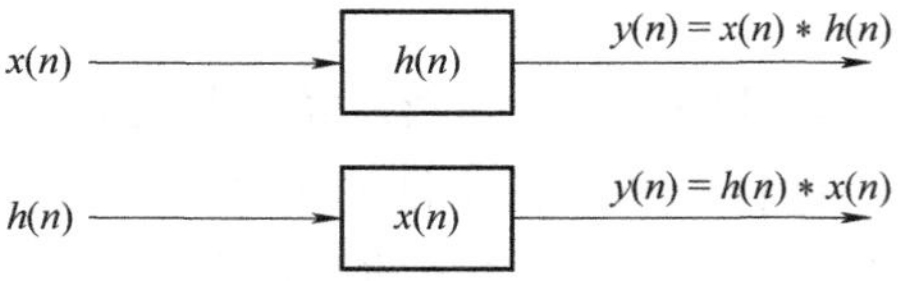

可以看出，系统和序列是可以互换的，当然这是从卷积的特性直接得到的。如果想要使实际系统与序列实现互换，序列要满足物理可实现性。

图 6-20 卷积的交换律

2. 结合律

$$x(n) * h_1(n) * h_2(n) = [x(n) * h_1(n)] * h_2(n) = [x(n) * h_2(n)] * h_1(n)$$
$$= x(n) * [h_1(n) * h_2(n)] \tag{6-53}$$

卷积的结合律在系统中表现为系统的级联，如图 6-21 所示。LTI 离散系统的级联，在时域进行的是卷积运算，而且交换子系统的先后次序并不影响系统总的单位抽样响应。

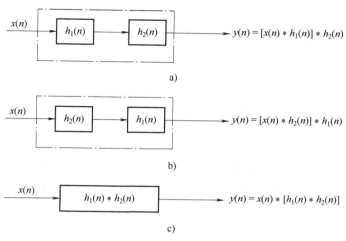

图 6-21　系统的级联

3. 分配律

$$x(n) * [h_1(n) + h_2(n)] = [x(n) * h_1(n)] + [x(n) * h_2(n)] \tag{6-54}$$

卷积的分配律在系统中表现为系统的并联，如图 6-22 所示。

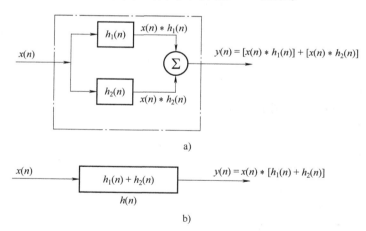

图 6-22　系统的并联

并联系统的单位抽样响应等于各子系统单位抽样响应做加法运算。

6.7.3　卷积的求解

卷积在系统分析中的作用是显而易见的，对于离散序列的卷积求法，有利用定义公式直接求解、利用常用的信号卷积性质进行求解、利用卷积求和表求解、利用图解法求解、利用序列相乘法求解、利用列表法求解以及利用计算机编程求解等多种方法。每种方法均有各自的特点，应根据实际需求进行选择。

1. 利用卷积公式直接求解

根据卷积公式直接求解，这种方法比较适合有限长序列以及可用解析式表达的序列。

例 6-17 已知系统的单位抽样响应 $h(n)=a^{n}u(n)$，其中 $0<a<1$，求激励信号为 $x(n)=u(n)-u(n-N)$ 时系统的响应。

解 根据卷积公式

$$y(n)=\sum_{m=-\infty}^{+\infty}h(m)x(n-m)=\sum_{m=-\infty}^{+\infty}a^{m}u(m)\left[u(n-m)-u(n-N-m)\right]$$

$$=\sum_{m=-\infty}^{+\infty}a^{m}u(m)u(n-m)-\sum_{m=-\infty}^{+\infty}a^{m}u(m)u(n-N-m)=\sum_{m=0}^{n}a^{m}-\sum_{m=0}^{n-N}a^{m}$$

$$=\frac{1-a^{n+1}}{1-a}u(n)-\frac{1-a^{n-N+1}}{1-a}u(n-N)$$

2. 图解法

对于有限长序列，利用图解法计算卷积既直观又简单，而且图解法能够很好地诠释卷积的运算过程。利用图解法求响应时，一般要遵循前面讲的 5 个步骤，分别是变量转换、翻转、时移、相乘和求和。

将序列时移后，直到与另一序列相乘结果不为 0 的第一个点算起，按照相乘规则是否相同，将序列序号进行区间划分，同一区间相乘规则相同，依此类推，直至将一个序列时移到相乘结果全为 0 的点，最后将这些值按序号组合就得到了图解法求卷积和的结果。这种方法一般适用于有限长的序列。

例 6-18 已知

$$x(n)=\begin{cases}(1/2)n, & 1\leqslant n\leqslant 3\\0, & \text{其他 }n\end{cases}$$

$$h(n)=\begin{cases}1, & 0\leqslant n\leqslant 2\\0, & \text{其他 }n\end{cases}$$

计算 $x(n)*h(n)$。

解 画出 $x(n)$ 和 $h(n)$ 的图形，如图 6-23 所示。

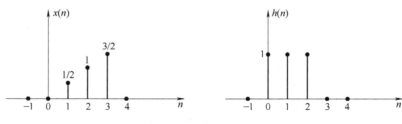

图 6-23 例 6-18 图

当 $n\leqslant 0$ 时，$x(m)$ 和 $h(n-m)$ 没有公共不为零的值，因此，$y(n)=0$。

当 $n=1$ 时，$h(n-m)$ 向右平移一个单位，$x(m)$ 和 $h(n-m)$ 有 1 个交叠不为零的值，$y(n)=1/2\times1=1/2$。

当 $n=2$ 时，$h(n-m)$ 继续向右平移，$x(m)$ 和 $h(n-m)$ 有 2 个交叠不为零的值，$y(n)=1/2\times1+1\times1=3/2$。

当 $n=3$ 时，$x(m)$ 和 $h(n-m)$ 最大程度交叠，有 3 个交叠不为零的值，$y(n)=1/2\times1+1\times1+3/2\times1=3$。

当 $n=4$ 时，$h(n-m)$ 继续向右平移的结果是其前端开始移出 $x(m)$ 的非零值范围，此时，

$x(m)$ 和 $h(n-m)$ 有 2 个交叠不为零的值，$y(n) = 1 \times 1 + 3/2 \times 1 = 5/2$。

当 $n = 5$ 时，$x(m)$ 和 $h(n-m)$ 只剩下一个交叠不为零的值，$y(n) = 3/2 \times 1 = 3/2$。

当 $n \geq 6$ 时，$h(n-m)$ 向右平移出 $x(m)$ 的非零值范围，$x(m)$ 和 $h(n-m)$ 没有公共不为零的值，$y(n) = 0$。

根据卷积公式，再结合卷积和的 5 个步骤，图解过程演示如图 6-24 所示，

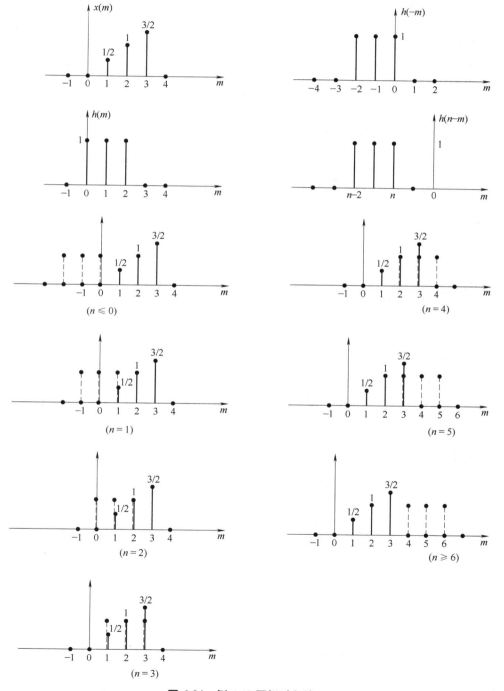

图 6-24　例 6-18 图解过程演示

卷积结果 $y(n)$ 如图 6-25 所示。

对于有限长序列，如果序列 $x(n)$ 的长度为 N，序列 $h(n)$ 的长度为 M，则 $x(n)*h(n)$ 的序列长度为 $N+M-1$。

3. 列表法

对于有限长序列的卷积求解，还可以采用列表法，将序列按序号对齐，一般可通过零点序号将序列对齐，如果序列的长度不相等，则可以通过序列左右两端补 0 的方法变换成等长序列，再按照算法的法则，从右到左逐一相乘序列中的各项，再求和就得到卷积和序列，注意序列和结果的序号对应。

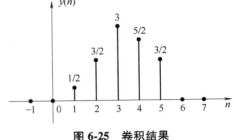

图 6-25　卷积结果

例 6-19　序列 $x_1(n)=\{-1,2,\underset{\uparrow}{4},3\}$，$x_2(n)=\{5,\underset{\uparrow}{-2},1\}$，求两个序列的卷积和。

解　将两序列样值以各自 n 的最高值按右端对齐，排列如下。

$$
\begin{array}{llrrrr}
x_1(n): & & & -1 & 2 & 4 & 3 \\
x_2(n): & & & 0 & 5 & -2 & 1 \\
\hline
& & & -1 & 2 & 4 & 3 \\
& & 2 & -4 & -8 & -6 & \\
& -5 & 10 & 20 & 15 & & \\
\hline
x(n): & -5 & 12 & 15 & 9 & -2 & 3
\end{array}
$$

每个样值逐位相乘，相应列相加即得卷积和，由于 $x_1(n)$ 的起点是 $n=-2$，$x_2(n)$ 的起点是 $n=-1$，故 $x(n)$ 的起点是 $n=-3$，即

$$x_1(n)*x_2(n)=\{-5,12,15,\underset{\uparrow}{9},-2,3\}$$

这种方法只在有限序列比较短时使用，其他情况下一般不用。关于求卷积和的其他方法，这里就不再讲解了，读者可以查阅相关的资料。一般情况下，序列的卷积和是通过编程在计算机上实现，所以应用定义公式，在相关的软件环境中编程实现都比较方便。

习题

6-1　已知序列 $f(k)=\{\underset{k=0}{-2},-1,1,2,3,5\}$，试用单位样值序列及其位移序列表示 $f(k)$。

6-2　判断一下序列是否是周期序列。如果是周期序列，试确定其周期。

(1) $f(k)=2\cos\left(\dfrac{3\pi}{7}k+\dfrac{\pi}{4}\right)$

(2) $f(k)=0.5\sin\left(2k+\dfrac{\pi}{6}\right)$

(3) $f(k)=e^{j\left(\frac{2\pi}{3}k-\frac{\pi}{3}\right)}$

6-3　试判断 $y(k)+(k-1)y(k-1)+a^2y(k-2)=bx(k)$ 所表示的系统是否是线性系统，其中 a、b 为常数。

6-4　已知系统的差分方程为 $y(k)=x(k)+x(k+1)$，试判断该系统是否为因果系统。

6-5　已知系统差分方程为 $y(k)-3y(k-1)+2y(k-2)=2x(k-1)+x(k-2)$，且 $y(0)=0$，$y(1)=1$，当激励序列 $x(k)=u(k)$，求该离散系统的零状态响应。

6-6　已知描述离散系统的差分方程是 $y(k)-7y(k-1)=14x(k)-85x(k-1)$。

（1）求系统的单位阶跃响应 $g(k)$。

（2）当输入序列 $x(k)=2[u(k)-u(k-3)]$ 时，求系统的零状态响应。

6-7　已知两序列分别为 $f_1(k)=2^k u(k)$，$f_2(k)=\delta(k)$，试求卷积和 $f_1(k)*f_2(k)$。

6-8　已知某 LTI 系统的差分方程为 $3y(n)-4y(n-1)+2y(n-2)=x(n)+2x(n-1)$，用 MATLAB 软件画出当激励信号为 $x(n)=\delta(n)$ 时，该系统的单位样值响应。

6-9　已知离散系统的单位响应 $h(k)=k[u(k)-u(k-7)]$，输入序列 $f(k)=2[u(k)-u(k-5)]$，用 MATLAB 求系统的零状态响应，并画出响应波形。

6-10　已知一个离散系统的差分方程是 $y(k+2)-0.5y(k+1)+0.8y(k)=f(k+1)+f(k)$，用 MATLAB 求系统的单位响应，并画出其波形。

6-11　已知一个离散系统的差分方程是 $y(k+2)-0.5y(k+1)+0.3y(k)=f(k+2)+0.6f(k)$，初始条件：$y(-1)=0$，$y(-2)=0.5$，系统输入 $f(k)=0.8^k u(k)$，用 MATLAB 求系统的响应并画出波形。

6-12　已知两序列分别为 $x(n)=\{3,-3,7,0,-1,5,2\}$，$-4\leqslant n\leqslant 2$；$y(n)=\{2,3,0,-5,2,1\}$，$-1\leqslant n\leqslant 4$，用 MATLAB 求两序列卷积和 $x(n)*y(n)$，并比较卷积前后各序列的长度。

6-13　利用手机记录的语音信号，分析出语音信号的主频带分布范围，在语音信号中加入不同量级的高斯白噪声，再设计一低通滤波器对含有噪声的语音信号进行滤波处理，播放不同情况下的语音信号，对比声音的变化（滤波器指标参数自行确定）。

第 7 章

序列z变换及离散时间系统的
复频域分析

7.1 z 变换的来历及定义

z 变换实际上就是拉普拉斯变换的离散化表达，在离散序列复频域分析、离散系统求解以及离散系统分析与设计中有比较普遍的应用。

z 变换由连续信号抽样的拉普拉斯变换引出，为此首先来看抽样信号的拉普拉斯变换。若连续信号 $x(t)$ 经等间隔抽样，则得到抽样信号 $x_s(t)$，可表示为

$$x_s(t) = x(t)\delta_T(t) = \sum_{n=0}^{\infty} x(nT)\delta(t-nT) \tag{7-1}$$

式中　　T——抽样间隔；

$\delta_T(t)$——抽样信号，$\delta_T(t) = \sum_{n=0}^{\infty} \delta(t-nT)$。

式(7-1)的单边拉普拉斯变换为

$$X_s(s) = \int_0^{\infty} x_s(t) e^{-st} dt = \int_0^{\infty} \left[\sum_{n=0}^{\infty} x(nT)\delta(t-nT) \right] e^{-st} dt$$

$$= \sum_{n=0}^{\infty} x(nT) \int_0^{\infty} \delta(t-nT) e^{-st} dt = \sum_{n=0}^{\infty} x(nT) e^{-snT} \tag{7-2}$$

分析式(7-2)可以看出，抽样序列的单边拉普拉斯变换实际上是由信号的抽样点处的幅值乘以 e^{-snT} 后组成的一个多项式，当抽样间隔确定后，公式中存在一个公共项 e^{-sT}，这个公共项是复数，如果引入一个新的复变量 z，令

$$z = e^{sT} \tag{7-3}$$

则式(7-2)变成了复变量 z 的函数式 $X(z)$，

$$X(z) = \sum_{n=0}^{\infty} x(nT) z^{-n} \tag{7-4}$$

考虑到 $x(nT)$ 完全可以由 $x(n)$ 来表示，这里 n 是序列的序号，只要乘以抽样间隔 T 就可还原序列的时间信息，因此用 $x(n)$ 来取代 $x(nT)$，式(7-4)便可进一步简化为

$$X(z) = \sum_{n=0}^{\infty} x(n) z^{-n} \tag{7-5}$$

将式(7-5)命名为单边 z 变换。如果让 n 在 $(-\infty, \infty)$ 区间上取整数值，则得到双边 z 变换为

$$X(z) = \sum_{n=-\infty}^{\infty} x(n) z^{-n} \tag{7-6}$$

7.2 z 变换的表达方式及其收敛域

7.2.1 z 变换的表达方式

将序列 z 变换的定义公式写成多项式形式，得到

$$X(z) = \sum_{n=-\infty}^{\infty} x(n) z^{-n} = \cdots + x(-2) z^2 + x(-1) z^1 + x(0) z^0 + x(1) z^{-1} + x(2) z^{-2} + \cdots \tag{7-7}$$

可以看出，当采用多项式展开形式表示 z 变换时，可以更直观地观察到在序号 n 为负整数时，z 变换对应 z 的正数次幂；当 n 为正整数时，z 变换对应 z 的负数次幂。如果将序列换成实际的序列，其系数 $x(n)$ 的值为信号的抽样值，无法直观表示序列的序号和位置，而 z^{-n} 中的 n 却能直观指出序列的序号和位置，理解这一点可以帮助读者对序列进行定位。

有时，为了书写上的便利，可将序列 $x(n)$ 的 z 变换表示成 $Z(x(n))$，类似傅里叶变换中的 $F(\cdot)$，拉普拉斯变换中的 $L(\cdot)$，这里用 $Z(\cdot)$ 表示 z 变换。

7.2.2 z 变换的收敛域

在连续信号复频域分析中，已经提到了收敛域的概念，为了能使不满足傅里叶变换条件的一类信号进行傅里叶变换，引入的衰减因子在一定的取值区间内才会存在傅里叶变换，这个衰减因子的取值范围对应于拉普拉斯变换中的收敛域。而在离散序列分析中，z 变换来源于拉普拉斯变换，是拉普拉斯变换的离散化表达，因此也有收敛域的概念。

在 z 变换中，对于任意序列 $x(n)$，保证 $X(z) = \sum_{n=-\infty}^{\infty} x(n) z^{-n}$ 收敛的所有 z 的取值的集合定义为收敛域（ROC）。可以用数学表达式表示为

$$\sum_{n=-\infty}^{\infty} |x(n) z^{-n}| < \infty \tag{7-8}$$

由拉普拉斯变换的收敛域可知，复变量 $s = \sigma + j\omega$，它的收敛域是由实数衰减因子对应的收敛轴定义的区间，而 ω 的取值在 $(-\infty, \infty)$，因此信号的收敛域可以是整个 s 平面，也可以是收敛轴右侧的半个平面。而 z 变换中，$z = e^{sT}$，z 为复数，可以表示为

$$z = e^{sT} = |z| e^{j\omega} \tag{7-9}$$

可以看出 s 平面上的收敛域与 z 定义的平面收敛域在形状上是有区别的，在 z 平面上，ω 的取值对应的是角度，它在 360° 范围内取值，因此 z 变换的收敛域边界对应的是半径为 $|z|$ 的圆，这是拉普拉斯变换收敛域与 z 变换收敛域在形状上存在区别的原因。收敛域形状区别示意图如图 7-1 所示。

收敛域有一种特殊情况，即 $|z| = 1$，此时收敛域为半径为 1 的圆，称为单位圆，单位圆示意图如图 7-2 所示。

与拉普拉斯变换的情况类似，对于单边变换，序列与变换式唯一对应，同时也有唯一的收敛域。而在双边变换时，不同的序列在不同的收敛域条件下可能映射为同一个变换式。

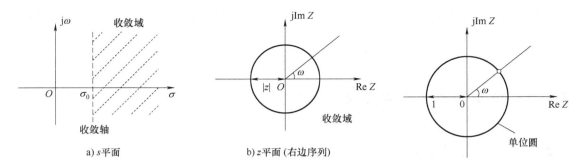

图 7-1　s 平面与 z 平面收敛域形状区别示意图

图 7-2　单位圆

例 7-1　求序列 $x(n)=a^n u(n)-b^n u(-n-1)$ 的 z 变换，并确定收敛域（其中 $b>a$，$b>0$，$a>0$）。

解　这是一个双边序列，假若求单边 z 变换，它等于：

$$X(z)=\sum_{n=0}^{\infty}x(n)z^{-n}=\sum_{n=0}^{\infty}\left[a^n u(n)-b^n u(-n-1)\right]z^{-n}=\sum_{n=0}^{\infty}a^n z^{-n}$$

如果 $|z|>a$，则上面的级数收敛，这样得到

$$X(z)=\sum_{n=0}^{\infty}a^n z^{-n}=\frac{z}{z-a}$$

其零点位于 $z=0$，极点位于 $z=a$，收敛域为 $|z|>a$。

假若求序列的双边 z 变换，它等于：

$$X(z)=\sum_{n=-\infty}^{\infty}x(n)z^{-n}=\sum_{n=-\infty}^{\infty}\left[a^n u(n)-b^n u(-n-1)\right]z^{-n}=\sum_{n=0}^{\infty}a^n z^{-n}-\sum_{n=-\infty}^{-1}b^n z^{-n}$$

$$=\sum_{n=0}^{\infty}a^n z^{-n}+1-\sum_{n=0}^{\infty}b^{-n}z^n$$

如果 $|z|>a$，$|z|<b$，则上面的级数收敛，得到

$$X(z)=\frac{z}{z-a}+1+\frac{b}{z-b}=\frac{z}{z-a}+\frac{z}{z-b}$$

显然，该序列的双边 z 变换的零点位于 $z=0$ 及 $z=\dfrac{a+b}{2}$，极点位于 $z=a$ 与 $z=b$，收敛域为 $b>|z|>a$，如图 7-3 所示。由本例可以看出，由于 $X(z)$ 在收敛域内是解析的，因此收敛域内不应该包含任何极点。通常，收敛域以极点为边界。对于多个极点的情况，右边序列之收敛域是从 $X(z)$ 最外面（最大值）有限极点向外延伸至 $z\to\infty$（可能包括 ∞）；左边序列之收敛域是从 $X(z)$ 最里面（最小值）非零极点向内延伸至 $z=0$（可能包括 $z=0$）。

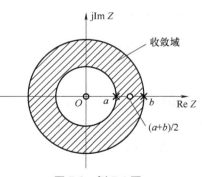

图 7-3　例 7-1 图

7.2.3　典型序列的 z 变换

1. 单位样值信号

单位样值信号 $\delta(n)$ 定义为

$$\delta(n)=\begin{cases}1 & (n=0)\\0 & (n\neq 0)\end{cases}\tag{7-10}$$

其波形如图 7-4 所示。

取其 z 变换，得到

$$Z(\delta(n)) = \sum_{n=0}^{\infty} \delta(n) z^{-n} = 1 \tag{7-11}$$

注意单位冲激函数 $\delta(t)$ 的傅里叶变换和拉普拉斯变换结果均为 1，而单位样值函数 $\delta(n)$ 的 z 变换也等于 1。尽管在数值上取值相同，但 1 所表示的物理含义是不同的，特别是单位冲激函数 $\delta(t)$ 的傅里叶变换为 1，具有非常丰富的物理含义。

2. 单位阶跃序列

单位阶跃序列 $u(n)$ 定义为

$$u(n) = \begin{cases} 1 & (n \geqslant 0) \\ 0 & (n < 0) \end{cases} \tag{7-12}$$

其波形如图 7-5 所示。

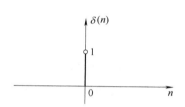

图 7-4 单位样值信号波形

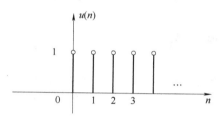

图 7-5 单位阶跃序列波形

单位阶跃序列 $u(n)$ 的 z 变换为

$$Z(u(n)) = 1 + z^{-1} + z^{-2} + \cdots = \frac{1}{1 - z^{-1}} = \frac{z}{z-1}, \ |z| > 1 \tag{7-13}$$

3. 指数序列

以单边衰减指数序列为例，其表达式为

$$x(n) = a^n u(n), \ 0 < a < 1 \tag{7-14}$$

其波形如图 7-6 所示。

其 z 变换为

$$Z(a^n u(n)) = \sum_{n=0}^{\infty} a^n z^{-n} = \frac{1}{1 - az^{-1}} = \frac{z}{z-a} \tag{7-15}$$

其收敛域为 $|z| > |a|$。

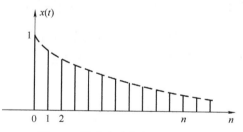

图 7-6 单边衰减指数序列波形

4. 正弦与余弦序列

单边余弦序列为

$$x(n) = \cos(\omega_0 n) u(n) \tag{7-16}$$

其波形如图 7-7 所示。

考虑到，$Z(e^{bn} u(n)) = \dfrac{z}{z - e^b} (|z| > |e^b|)$，令 $b = j\omega_0$，

则当 $|z| > |e^{j\omega_0}| = 1$ 时，得

$$Z(e^{j\omega_0 n} u(n)) = \frac{z}{z - e^{j\omega_0}} \tag{7-17}$$

同样，令 $b = -j\omega_0$，则得

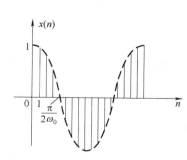

图 7-7 单边余弦序列波形

$$Z(\mathrm{e}^{-\mathrm{j}\omega_0 n}u(n)) = \frac{z}{z-\mathrm{e}^{-\mathrm{j}\omega_0}} \tag{7-18}$$

将式(7-17)与式(7-18)相加,得

$$Z(\mathrm{e}^{\mathrm{j}\omega_0 n}u(n)) + Z(\mathrm{e}^{-\mathrm{j}\omega_0 n}u(n)) = \frac{z}{z-\mathrm{e}^{\mathrm{j}\omega_0}} + \frac{z}{z-\mathrm{e}^{-\mathrm{j}\omega_0}} \tag{7-19}$$

再根据欧拉公式,从式(7-19)可以解得余弦序列的 z 变换为

$$Z(\cos(\omega_0 n)u(n)) = \frac{1}{2}\left(\frac{z}{z-\mathrm{e}^{\mathrm{j}\omega_0}} + \frac{z}{z-\mathrm{e}^{-\mathrm{j}\omega_0}}\right) = \frac{z(z-\cos\omega_0)}{z^2 - 2z\cos\omega_0 + 1} \tag{7-20}$$

同理可得正弦序列的 z 变换为

$$Z(\sin(\omega_0 n)u(n)) = \frac{1}{2\mathrm{j}}\left(\frac{z}{z-\mathrm{e}^{\mathrm{j}\omega_0}} - \frac{z}{z-\mathrm{e}^{-\mathrm{j}\omega_0}}\right) = \frac{z\sin\omega_0}{z^2 - 2z\cos\omega_0 + 1} \tag{7-21}$$

式(7-20)、式(7-21)的收敛域都为 $|z| > 1$。

7.3　逆 z 变换

当已知序列的 z 变换时,可以通过逆 z 变换求得其对应的时域离散序列,这与前面求傅里叶逆变换和拉普拉斯逆变换类似,这种正逆变换可以实现信号在时域和变换域的转换,是分析信号与系统的常用手段。

有时为了书写的方便,将序列 $x(n)$ 的 z 变换记为 $X(z) = Z(x(n))$,而将 z 变换式 $X(z)$ 的逆 z 变换记为 $Z^{-1}(X(z))$。

求逆 z 变换的计算方法主要有幂级数展开法(长除法)、部分分式展开法和围线积分法。

7.3.1　幂级数展开法(长除法)

幂级数展开法是比较简单和直观的方法,如果序列的 z 变换 $X(z)$ 已知,并且可以展开成 z^{-1} 的幂级数,其系数就是对应的离散序列 $x(n)$ 的值。

若

$$X(z) = \sum_{n=-\infty}^{\infty} x(n)z^{-n} = \cdots + x(-1)z^1 + x(0)z^0 + x(0)z^1 + x(2)z^{-2} + \cdots \tag{7-22}$$

则只要在给定的收敛域内,将 $X(z)$ 按公式展开并排序,其级数的系数就是序列 $x(n)$。

所以,采用这种逆 z 变换方法的关键是把 $X(z)$ 展开成幂级数形式,而展开成幂级数的方法常用的有利用函数展开,比如 log、sin 及 cos 函数法。而对于 $X(z)$ 的表达式为有理分式的情况,则采用长除法将其展开。下面以例题的形式对幂级数展开法进行分析。

例 7-2　已知 $X(z) = \ln(1+az^{-1})$,$|a| < |z|$,求逆 z 变换。

解　根据 $\ln(1+x)$,且 $x<1$ 的幂级数展开公式:

$$\ln(1+x) = x - \frac{1}{2}x^2 + \frac{1}{3}x^3 - \cdots + \frac{(-1)^{n+1}}{n}x^n + \cdots = \sum_{n=1}^{\infty} \frac{(-1)^{n+1}}{n}x^n, \quad -1 < x \leqslant 1 \tag{7-23}$$

将 $X(z)$ 展开,得

$$X(z) = \ln(1+az^{-1}) = \sum_{n=1}^{\infty} \frac{(-1)^{n+1}}{n}a^n z^{-n}$$

由收敛域 $|a| < |z|$ 知 $x(n)$ 为右边序列，则

$$x(n) = \frac{(-1)^{n+1}}{n} a^n u(n)$$

分式 $X(z)$ 的幂级数可以应用多项式长除法得到，将结果按 z 幂次升序排列，各幂次项的系数即为对应的时域序列。

例 7-3　设有 z 变换：

$$X(z) = \frac{2z^2 - 0.5z}{z^2 - 0.5z - 0.5}$$

试求其原序列 $x(n)$。这里 $x(n)$ 是有始序列。

解　通过长除法对 $X(z)$ 进行展开：

$$
\begin{array}{r}
2 + 0.5z^{-1} + 1.25z^{-2} + 0.875z^{-3} + \cdots \\
z^2 - 0.5z - 0.5 \overline{)\; 2z^2 - 0.5z} \\
\underline{2z^2 - z - 1} \\
0.5z + 1 \\
\underline{0.5z - 0.25 - 0.25z^{-1}} \\
1.25 + 0.25z^{-1} \\
\underline{1.25 - 0.625z^{-1} - 0.625z^{-2}} \\
0.875z^{-1} + 0.625z^{-2} \\
\cdots \cdots
\end{array}
$$

由此可以得到

$$X(z) = \frac{2z^2 - 0.5z}{z^2 - 0.5z - 0.5} = 2 + 0.5z^{-1} + 1.25z^{-2} + 0.875z^{-3} + \cdots$$

由此可得

$$x(0) = 2, x(1) = 0.5, x(2) = 1.25, x(3) = 0.875, \cdots$$

或

$$x(n) = \{2, 0.5, 1.25, 0.875, \cdots\}$$

如果序列存在闭式，可以将闭式给出。一般情况下，只用长除法得到右边因果序列的逆变换，对于左边序列理论上也可以通过长除法得到其序列值，但一般情况下左边序列为非因果序列，应用不多。

7.3.2　部分分式展开法

如果存在有理分式 $X(z)$，并且可以将 $X(z)$ 表示为

$$X(z) = \frac{P(z)}{Q(z)} = \frac{\displaystyle\sum_{k=0}^{M} b_k z^{-k}}{\displaystyle\sum_{k=0}^{N} a_k z^{-k}} = \frac{b_0 \displaystyle\prod_{k=1}^{M} (1 - c_k) z^{-1}}{a_0 \displaystyle\prod_{k=1}^{N} (1 - d_k) z^{-1}} \tag{7-24}$$

式中　c_k——$X(z)$ 的非零零点；

$\quad\quad d_k$——$X(z)$ 的非零极点；

$\quad\quad M$——分子多项式 $P(z)$ 的阶次；

$\quad\quad N$——分母多项式 $Q(z)$ 的阶次。

将 $X(z)$ 展开成部分分式和，求各简单分式的逆 z 变换，再将各个逆 z 变换式相加，就可以得到时域序列 $x(n)$。

当 $M < N$ 且 $X(z)$ 只有一阶极点时，则

$$X(z) = \sum_{k=1}^{N} \frac{A_k}{1 - d_k z^{-1}} \tag{7-25}$$

式中 A_k——$A_k = (1 - d_k z^{-1}) X(z)\big|_{z=d_k}$。

当 $M \geqslant N$ 且 $X(z)$ 除了有一阶极点外，在 $z = d_i$ 处还有 s 阶极点，则

$$X(z) = \sum_{r=0}^{M-N} B_r z^{-r} + \sum_{k=1}^{N-s} \frac{A_k}{1 - d_k z^{-1}} + \sum_{m=1}^{s} \frac{c_m}{(1 - d_i z^{-1})^m} \tag{7-26}$$

式中 B_r——用长除法得到；

c_m——重极点对应的系数。

例 7-4 已知 $X(z) = \dfrac{1}{(1 - 2z^{-1})(1 - 0.5)z^{-1}}$，$|z| > 2$，求逆 z 变换 $x(n)$。

解 收敛域为圆外，属于右边序列，$X(z)$ 有两个一阶极点 $z_1 = 2$，$z_2 = 0.5$，则有

$$X(z) = \frac{A_1}{(1 - 2z^{-1})} + \frac{A_2}{(1 - 0.5z^{-1})}$$

其中系数

$$A_1 = \frac{1}{(1 - 2z^{-1})(1 - 0.5z^{-1})}(1 - 2z^{-1})\big|_{z=2} = \frac{4}{3}$$

$$A_2 = \frac{1}{(1 - 2z^{-1})(1 - 0.5z^{-1})}(1 - 0.5z^{-1})\big|_{z=0.5} = -\frac{1}{3}$$

查表可知两个简单多项式的逆 z 变换，再相加后得到序列：

$$x(n) = \left(\frac{4}{3} \times 2^n - \frac{1}{3} \times 0.5^n \right) u(n)$$

7.4 z 变换的基本性质

1. 线性

z 变换的线性是指满足叠加性与均匀性，若已知序列 $x(n)$ 和 $y(n)$ 的 z 变换分别为 $X(z)$ 和 $Y(z)$，且收敛域已知，则序列经线性运算后得到的序列的 z 变换等于各部分 z 变换后按相同的线性运算规则进行运算。可用符号表示如下：

若

$$Z(x(n)) = X(z)(R_{x1} < |z| < R_{x2})$$

$$Z(y(n)) = Y(z)(R_{y1} < |z| < R_{y2})$$

则

$$Z(ax(n) + by(n)) = aX(z) + bY(z) \tag{7-27}$$

$$(R_1 < |z| < R_2)$$

式中 a，b——任意常数。

相加后序列的 z 变换收敛域一般为两个收敛域的重叠部分，即 R_1 取 R_{x1} 与 R_{y1} 中较大者，而 R_2 取 R_{x2} 与 R_{y2} 中较小者，记作 $\max(R_{x1}, R_{y1}) < |z| < \min(R_{x2}, R_{y2})$。然而，如果在这些线

性组合中某些零点与零点相抵消，则收敛域可能扩大。

例 7-5 求序列 $x(n) = u(n) - u(n-3)$ 的 z 变换。

解 已知 $Z(u(n)) = \dfrac{z}{z-1}$，$|z| > 1$，$Z(u(n-3)) = \sum_{n=3}^{\infty} z^{-n} = \dfrac{z^{-2}}{z-1}$，$|z| > 1$，则

$$Z(x(n)) = Z(u(n)) - Z(u(n-3)) = \frac{z}{z-1} - \frac{z^{-2}}{z-1} = \frac{z^2 + z + 1}{z^2}$$

线性叠加后序列的 z 变换收敛域扩大，由于 $x(n)$ 是 $n \geq 0$ 的有限长序列，因此收敛域是除 $|z| = 0$ 之外的全 z 平面。

2. 移位特性（时移特性）

移位特性表示序列位移后的 z 变换与原序列 z 变换的关系。在实际中可能遇到序列的左移（超前）或右移（延迟）两种不同情况，所取的变换形式又可能有单边 z 变换与双边 z 变换，它们的移位特性基本相同，但又各具不同的特点。下面分几种情况进行讨论。

（1）双边 z 变换

若序列 $x(n)$ 的双边 z 变换为 $Z(x(n)) = X(z)$，则序列右移后，它的双边 z 变换为

$$Z(x(n-m)) = z^{-m}X(z) \tag{7-28}$$

同理序列左移后的双边 z 变换为

$$Z(x(n+m)) = z^{m}X(z) \tag{7-29}$$

只要将移位序列代入证明 z 变换定义的公式中，并作变量转换，就可以证明其时移特性。可以看出，序列位移只会使 z 变换在 $z=0$ 或 $z=\infty$ 处的零、极点情况发生变化。如果 $x(n)$ 是双边序列，$X(z)$ 的收敛域为环形区域（即 $R_{x1} < |z| < R_{x2}$），在这种情况下序列位移并不会使 z 变换收敛域发生变化。

（2）单边 z 变换

若 $x(n)$ 是双边序列，其单边 z 变换为

$$Z(x(n)u(n)) = X(z)$$

则序列向左移位 m 位后，它的单边 z 变换为

$$Z(x(n+m)u(n)) = z^{m}\left[X(z) - \sum_{k=0}^{m-1} x(k)z^{-k}\right] \tag{7-30}$$

同样，可以得到右移 m 位后序列的单边 z 变换：

$$Z(x(n-m)u(n)) = z^{-m}\left[X(z) + \sum_{k=-m}^{-1} x(k)z^{-k}\right] \tag{7-31}$$

式中 m——正整数。

对于 $m = 1$、2 的情况，式（7-31）可以写作

$$Z(x(n+1)u(n)) = zX(z) - zx(0)$$
$$Z(x(n+2)u(n)) = z^2X(z) - z^2x(0) - zx(1)$$
$$Z(x(n-1)u(n)) = z^{-1}X(z) + x(-1)$$
$$Z(x(n-2)u(n)) = z^{-2}X(z) + z^{-1}x(-1) + x(-2)$$

如果 $x(n)$ 是因果序列，则 $\sum_{k=-m}^{-1} x(k)z^{-k}$ 项都等于零，则右移序列的单边 z 变换变为

$$Z(x(n-m)u(n)) = z^{-m}X(z) \tag{7-32}$$

而此种情况下左移序列的单边 z 变换保持不变。

3. 序列线性加权(z 域微分)

若已知 $X(z) = Z(x(n))$，则

$$Z(nx(n)) = -z\frac{\mathrm{d}}{\mathrm{d}z}X(z) \tag{7-33}$$

证明：

$$\frac{\mathrm{d}X(z)}{\mathrm{d}z} = \sum_{n=0}^{\infty} x(n)\frac{\mathrm{d}}{\mathrm{d}z}(z^{-n}) = -z^{-1}\sum_{n=0}^{\infty} nx(n)z^{-n} = -z^{-1}Z(nx(n))，\text{所以有}$$

$$Z(nx(n)) = -z\frac{\mathrm{d}X(z)}{\mathrm{d}z}$$

可见序列线性加权(乘 n)等效于其 z 变换取导数且乘以($-z$)。

例 7-6 若已知 $Z(u(n)) = \dfrac{z}{z-1}$，求斜边序列 $nu(n)$ 的 z 变换。

解

$$Z(nu(n)) = -z\frac{\mathrm{d}}{\mathrm{d}z}Z(u(n)) = -z\frac{\mathrm{d}}{\mathrm{d}z}\left(\frac{z}{z-1}\right) = \frac{z}{(z-1)^2}$$

4. 序列指数加权(z 域尺度变换)

若已知 $x(z) = Z(x(n))$，$R_{x_1} < |z| < R_{x_2}$，则

$$Z(a^n x(n)) = X\left(\frac{z}{a}\right) \quad R_{x1} < \left|\frac{z}{a}\right| < R_{x2} \quad (a \text{ 为非零常数}) \tag{7-34}$$

证明：$Z(a^n x(n)) = \sum_{n=0}^{\infty} a^n x(n)z^{-n} = \sum_{n=0}^{\infty} x(n)\left(\frac{z}{a}\right)^{-n}$，故

$$Z(a^n x(n)) = X\left(\frac{z}{a}\right)$$

可见，$x(n)$ 乘以指数序列等效于 z 平面尺度展缩。同样可以得到下列关系：

$$Z(a^{-n}x(n)) = X(az) \quad R_{x1} < |az| < R_{x2} \tag{7-35}$$

$$Z((-1)^n x(n)) = X(-z) \quad R_{x1} < |z| < R_{x2} \tag{7-36}$$

5. 序列折叠

若已知 $x(z) = Z(x(n))$，$R_{x_1} < |z| < R_{x_2}$，则

$$Z(x(-n)) = x(z^{-1}) \tag{7-37}$$

证明：$Z(x(-n)) = \sum_{n=-\infty}^{\infty} x(-n)z^{-n} = \sum_{n=-\infty}^{\infty} x(n)(z^{-1})^{-n} = x(z^{-1})$

6. 初值定理

若 $x(n)$ 是因果序列，即 $x(n) = 0$，$n > 0$，其 z 变换为 $X(z)$，则有

$$x(0) = \lim_{z\to\infty}X(z) \tag{7-38}$$

因为 $X(z) = \sum_{n=0}^{\infty} x(n)z^{-n} = x(0) + x(1)z^{-1} + x(2)z^{-2} + \cdots$，当 $z\to\infty$，在级数中除了第一项 $x(0)$ 外，其他各项都趋近于零，显然式(7-38)成立。

7. 终值定理

若 $x(n)$ 是因果序列，即 $x(n) = 0$，$n > 0$，其 z 变换为 $X(z)$，则有

$$\lim_{n \to \infty} x(n) = \lim_{z \to 1} \left[(z-1) X(z) \right] \tag{7-39}$$

证明：由移位特性可知

$(z-1)X(z) = zX(z) - X(z) = Z[x(n+1) - x(n)] = zX(z) - zx(0) - X(z) = (z-1)X(z) - zx(0)$

考虑到 $x(n)$ 是因果序列，因此，取极限得

$$\lim_{z \to 1} (z-1) X(z) = x(0) + \lim_{z \to 1} \sum_{n=0}^{\infty} \left[x(n+1) - x(n) \right] z^{-n}$$

$$= x(0) + [x(1) - x(0)] + [x(2) - x(1)] + [x(3) - x(2)] + \cdots$$

$$= x(0) - x(0) + x(\infty)$$

所以

$$\lim_{z \to 1} (z-1) X(z) = x(\infty)$$

从推导中可以看出，终值定理只有当 $z \to \infty$ 时 $x(n)$ 收敛才可应用，也就是说要求 $X(z)$ 的极点必须处在单位圆内(在单位圆上只能位于 $z = +1$ 点且是一阶极点)。

8. 时域卷积定理

已知两序列 $x(n)$、$h(n)$，其 z 变换为

$$X(z) = Z(x(n)) \quad (R_{x1} < |z| < R_{x2})$$

$$H(z) = Z(h(n)) \quad (R_{h1} < |z| < R_{h2})$$

则

$$Z(x(n) * h(n)) = X(z) H(z) \tag{7-40}$$

在一般情况下，其收敛域是 $X(z)$ 与 $H(z)$ 收敛域的重叠部分，即 $\max(R_{x1}, R_{h1}) < |z| < \min(R_{x2}, R_{h2})$。若位于某一 z 变换收敛域边缘上的极点被另一 z 变换的零点抵消，则收敛域将会扩大。

证明：

$$W(z) = Z(x(n) * h(n)) = \sum_{n=-\infty}^{\infty} \left[x(n) * h(n) \right] z^{-n}$$

$$= \sum_{n=-\infty}^{\infty} \left[\sum_{m=-\infty}^{\infty} x(m) h(n-m) \right] z^{-n}$$

交换求和次序，并代入 $m = n - k$，可得

$$W(z) = \sum_{m=-\infty}^{\infty} x(m) \sum_{n=-\infty}^{\infty} h(n-m) z^{-(n-m)} z^{-m} = \sum_{m=-\infty}^{\infty} x(m) z^{-m} H(z)$$

所以

$$Z(x(n) * h(n)) = X(z) H(z)$$

可见两序列在时域中的卷积等效于在 z 域中两序列 z 变换的乘积。若 $x(n)$ 与 $h(n)$ 分别为 LTI 离散系统的激励序列和单位样值响应，那么在求系统的响应序列 $y(n)$ 时，可以避免卷积运算，而借助于式(7-45)通过 $X(z)H(z)$ 的逆变换求出 $y(n)$，在很多情况下会更方便。

例 7-7 已知 $x(n) = a^n u(n)$，$h(n) = b^n u(n) - ab^{n-1} u(n-1)$，求响应序列 $y(n)$。

解 因为 $X(z) = \dfrac{1}{1-az^{-1}}$，$|z| > |a|$；$H(z) = \dfrac{1}{1-bz^{-1}} - \dfrac{az^{-1}}{1-bz^{-1}} = \dfrac{1-az^{-1}}{1-bz^{-1}}$，$|z| > |b|$，所以

$$Y(z) = X(z) H(z) = \frac{z}{z-b} \quad (|z| > |b|)$$

185

由收敛域知 $y(n)$ 是因果序列，因此有
$$y(n) = x(n) * h(n) = Z^{-1}(Y(z)) = b^n u(n)$$
显然，其收敛域为 $|z| > |a|$ 与 $|z| > |b|$ 的重叠部分，如图 7-8 所示。

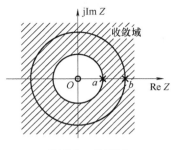

图 7-8　收敛域

7.5　z 变换与拉普拉斯变换的关系

从 z 变换的来历中可以知道 z 变换和拉普拉斯变换间的关系，将抽样序列拉普拉斯变换中的公共部分用一个新的复变量表示，即 $z = e^{sT}$，经过整理后称这种变换为 z 变换，或者称拉普拉斯变换的离散化形式。到目前为止，本书已经讨论了傅里叶变换、拉普拉斯变换以及 z 变换，这些变换之间存在联系，并可在一定的条件下互相转化，但也存在一些差异。

7.5.1　z 平面与 s 平面的映射关系

在引入 z 变换时，引入变量 z 代替变量 e^{sT}，所以 $z = e^{sT}$ 就是二者的关系。但是为了对二者的关系有更加深入的理解，先从两个变量 s 和 z 所对应的坐标平面进行讨论。

变量 $s = \sigma + j\omega$ 和变量 $z = e^{sT}$ 均为复数，从变量 s 的表达式可以看出，它的直观表示为实部加虚部的形式，s 平面就是实部为横轴、虚部为纵轴组成的平面，s 是这个平面上的任意一点，如图 7-9 所示。

变量 $z = e^{sT}$ 可以写成变量 $z = e^{(\sigma + j\omega)T} = e^{\sigma T} e^{j\omega T}$，从 s 变量和 z 变量的表达式可以看出，s 的表达为直角坐标形式，而 z 的表达为极坐标形式，其中半径为 $r = e^{\sigma T}$，幅角为 $\theta = \omega T = 2\pi$，z 平面示意图如图 7-10 所示。

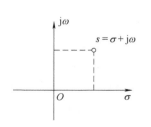

图 7-9　s 平面示意图

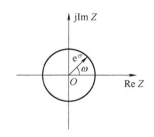

图 7-10　z 平面示意图

从对应关系考虑，z 的模 r 对应 s 的实部 σ，z 的幅角对应 s 的虚部 ω，可以将它们之间的对应关系总结如下：

1）s 平面的原点 $\sigma=0$，$\omega=0$，对应 z 平面 $r=1$，$\theta=0$，即 $z=1$，如图 7-11 所示。

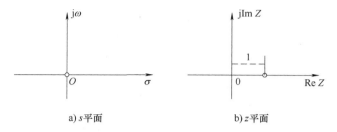

a)s平面　　　b)z平面

图 7-11　s 平面的原点对应 z 平面

2）s 平面虚轴 $\sigma=0$，$s=\mathrm{j}\omega$ 映射到 z 平面是单位圆，如图 7-12 所示。

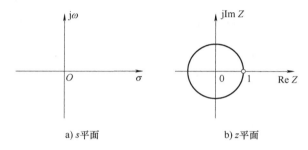

a)s平面　　　b)z平面

图 7-12　s 平面虚轴与 z 平面的映射关系

3）s 平面左半平面 $\sigma<0$，映射到 z 平面是单位圆内，如图 7-13 所示。

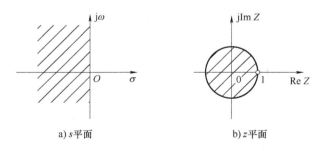

a)s平面　　　b)z平面

图 7-13　s 平面左半平面在 z 平面上的映射关系

4）s 平面右半平面 $\sigma>0$，映射到 z 平面是单位圆外，如图 7-14 所示。

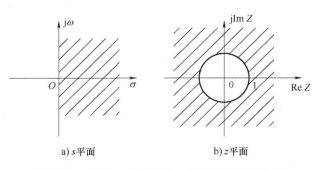

a)s平面　　　b)z平面

图 7-14　s 平面右半平面在 z 平面上的映射关系

5）s 平面平行于虚轴的直线 σ = 常数，映射到 z 平面是圆，如图 7-15 所示。

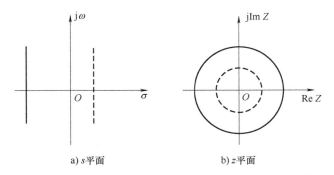

a) s 平面   b) z 平面

图 7-15 s 平面平行于虚轴的直线在 z 平面上的映射关系

6）s 平面实轴 $\omega = 0$，$s = \sigma$，映射到 z 平面是正实轴，如图 7-16 所示。

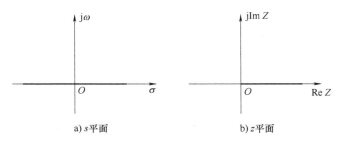

a) s 平面   b) z 平面

图 7-16 s 平面实轴在 z 平面上的映射关系

7）s 平面平行于实轴的直线 ω = 常数，映射到 z 平面是始于原点的辐射线，如图 7-17 所示。

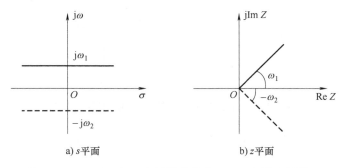

a) s 平面   b) z 平面

图 7-17 s 平面平行于实轴的直线在 z 平面上的映射关系

8）通过 $\pm jk\omega_s/2(k = 1,3,\cdots)$ 而平行于实轴的直线映射到 z 平面上是负实轴，如图 7-18 所示。

9）由于 $z = re^{j\theta}$ 是 $\theta = \omega T$ 的周期函数，因此当 ω 为 $-\dfrac{\pi}{T} \sim \dfrac{\pi}{T}$ 时，θ 为 $-\pi \sim \pi$，幅度旋转了一周，映射到了整个 z 平面。因此，ω 每增加一个 $\omega_s = \dfrac{2\pi}{T}$，$\theta$ 就相应增加 2π，也就重复旋转一周，z 平面重叠一次。其示意图如图 7-19 所示。

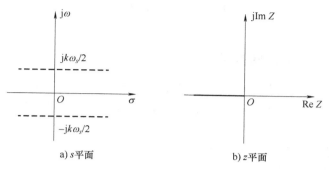

a) s平面　　　b) z平面

图 7-18　s 平面通过 $\pm \mathrm{j}k\omega_s/2$ 而平行于实轴的直线在 z 平面上的映射关系

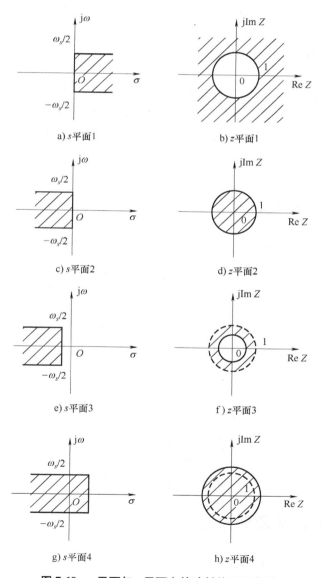

a) s平面1　　　b) z平面1

c) s平面2　　　d) z平面2

e) s平面3　　　f) z平面3

g) s平面4　　　h) z平面4

图 7-19　s 平面与 z 平面上的映射关系示意图

s 平面与 z 平面映射对应关系对利用连续系统中的方法分析离散系统时域特性、频域特性及稳定性有借鉴作用。

7.5.2　z 平面与 s 平面的转换关系

拉普拉斯是针对连续信号的，而 z 变换是处理离散时间信号的。但是，在一定的条件下，两者也是相互联系的。下面将讨论连续信号的拉普拉斯变换与相关的离散信号的 z 变换之间的关系。

通过理想取样信号的拉普拉斯变换引出的离散序列的 z 变换和理想取样信号的拉普拉斯变换间具有如下关系：

$$X(z)\big|_{z=\mathrm{e}^{sT}}=X(s) \tag{7-41}$$

式 (7-41) 表明，在一个离散序列的 z 变换式中，当把 z 变换中的变量 z 以 e^{sT} 代替时，则变换式就成为相应的理想取样信号的拉普拉斯变换。

如果令拉普拉斯变换中的变量 $s=\mathrm{j}\omega$，则式 (7-41) 又可写成：

$$X(z)\big|_{z=\mathrm{e}^{\mathrm{j}\omega T}}=X(\mathrm{j}\omega) \tag{7-42}$$

这同样说明，当令 $z=\mathrm{e}^{\mathrm{j}\omega T}$ 时，则式 (7-42) 就成为与序列相对应的理想取样信号的傅里叶变换。

但在实际中，常会遇到这样的需要，即已知一连续信号的拉普拉斯变换 $X(s)$，欲求对此信号取样后所得序列的 z 变换。知道了两种变换间的关系，就可直接由连续信号的拉普拉斯变换求得将其离散化后的离散信号的 z 变换 $X(z)$，而不必先由拉普拉斯变换求原信号，再取样，再求 z 变换。这里仅讨论有始信号和序列。

连续信号 $x(t)$ 拉普拉斯反变换为 $x(t)=\dfrac{1}{2\pi\mathrm{j}}\displaystyle\int_{\sigma-\mathrm{j}\infty}^{\sigma+\mathrm{j}\infty}X(s)\mathrm{e}^{sT}\mathrm{d}s$，当把 $x(t)$ 以取样间隔 T 进行取样后，得到的离散序列为 $x(kT)=\dfrac{1}{2\pi\mathrm{j}}\displaystyle\int_{\sigma-\mathrm{j}o}^{\sigma+\mathrm{j}\infty}X(s)\mathrm{e}^{skT}\mathrm{d}s$，此离散序列的 z 变换为

$$X(z)=\sum_{k=0}^{+\infty}x(kT)z^{-k}=\sum_{k=0}^{+\infty}\left(\frac{1}{2\pi\mathrm{j}}\int_{\sigma-\mathrm{j}\infty}^{\sigma+\mathrm{j}\infty}X(s)\mathrm{e}^{sT}\mathrm{d}s\right)z^{-k}$$

$$=\frac{1}{2\pi\mathrm{j}}\int_{\sigma-\mathrm{j}\infty}^{\sigma+\mathrm{j}\infty}X(s)\sum_{k=0}^{+\infty}(\mathrm{e}^{sT}z^{-1})^{k}\mathrm{d}s$$

此式的收敛条件是 $|\mathrm{e}^{sT}z^{-1}|<1$，或 $|z|>|\mathrm{e}^{sT}|$。当符合这一条件时：

$$\sum_{k=0}^{+\infty}(\mathrm{e}^{sT}z^{-1})^{k}=\frac{1}{1-\mathrm{e}^{sT}z^{-1}}$$

将此取和的结果代入 $X(z)$，得 z 变换：

$$X(z)=\frac{1}{2\pi\mathrm{j}}\int_{\sigma-\mathrm{j}\infty}^{\sigma+\mathrm{j}\infty}\frac{X(s)}{1-\mathrm{e}^{sT}z^{-1}}\mathrm{d}s=\frac{1}{2\pi\mathrm{j}}\int_{\sigma-\mathrm{j}\infty}^{\sigma+\mathrm{j}\infty}\frac{zX(s)}{z-\mathrm{e}^{sT}}\mathrm{d}s \tag{7-43}$$

这就是所求的由连续函数的拉普拉斯变换直接求取样后的离散序列的 z 变换的关系式。

7.6　利用 z 变换解差分方程

LTI 离散系统的差分方程一般形式是

$$\sum_{k=0}^{N}a_{k}y(n-k)=\sum_{r=0}^{M}b_{r}x(n-r) \tag{7-44}$$

在前面的知识中已经讨论过差分方程的求解方法，这里重点讨论利用 z 变换求解差分方程。可以用如图 7-20 所示的流程图来概括 z 变换求解差分方程的方法。

将等式两边取单边 z 变换，并利用 z 变换的时移公式可以得到代数方程，再在 z 变换域解该代数方程，得到解的 z 变换表达式，再通过逆 z 变换方法得到差分方程解的时域序列。

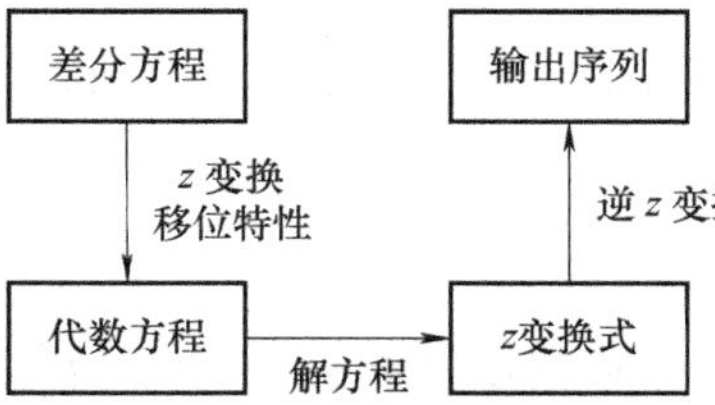

图 7-20　z 变换求解差分方程流程图

将差分方程的一般式两边取 z 变换，得到

$$\sum_{k=0}^{N} a_k z^{-k} \left[Y(z) + \sum_{i=-k}^{-1} y(l) z^{-l} \right] = \sum_{r=0}^{M} b_r z^{-r} \left[X(z) + \sum_{m=-r}^{-1} x(m) z^{-m} \right] \tag{7-45}$$

系统处于零起始状态，式(7-45)变成

$$\sum_{k=0}^{N} a_k z^{-k} Y(z) = \sum_{r=0}^{M} b_r z^{-r} \left[X(z) + \sum_{m=-r}^{-1} x(m) z^{-m} \right] \tag{7-46}$$

如果激励 $x(n)$ 为因果序列，式(7-46)进一步可以写成

$$\sum_{k=0}^{N} a_k z^{-k} Y(z) = \sum_{r=0}^{M} b_r z^{-r} X(z) \tag{7-47}$$

于是

$$Y(z) = X(z) \frac{\sum_{r=0}^{M} b_r z^{-r}}{\sum_{k=0}^{N} a_k z^{-k}} \tag{7-48}$$

令

$$H(z) = \frac{\sum_{r=0}^{M} b_r z^{-r}}{\sum_{k=0}^{N} a_k z^{-k}} \tag{7-49}$$

则

$$Y(z) = X(z) H(z)$$

此时对应的序列为

$$y(n) = Z^{-1}(X(z) H(z))$$

这样所得到的响应是系统的零状态响应，它完全是由激励 $x(n)$ 产生的。

例 7-8　已知 LTI 离散系统的差分方程为

$$y(n) = ay(n-1) + x(n)$$

若激励 $x(n) = b^n u(n)$，起始值 $y(-1) = 2$，求响应 $y(n)$。

解　对差分方程两边取单边 z 变换，由移位公式式(7-32)得到

$$Y(z) = az^{-1}(Y(z) + y(-1)z) + X(z)$$

激励序列 $x(n) = a^n u(n)$，其 z 变换为

$$X(z) = \frac{1}{1 - bz^{-1}}$$

于是

$$Y(z) = \frac{2a}{(1-az^{-1})} + \frac{1}{(1-az^{-1})(1-bz^{-1})}$$

对上式求逆 z 变换，得到差分方程的解，即系统响应为

$$y(n) = 2a^{n+1} + \frac{a^{n+1}-b^{n+1}}{a-b}$$

其解中包含零输入响应 $2a^{n+1}$ 和零状态响应 $\frac{a^{n+1}-b^{n+1}}{a-b}$。零输入响应与零状态响应合成系统全响应。

7.7 离散系统的系统函数及离散系统特性分析

7.7.1 离散系统函数定义

离散系统的系统函数定义与连续系统的系统函数定义类似，若激励序列为因果序列，且系统初始状态为零，则离散系统的系统函数 $H(z)$ 定义为

$$H(z) = \frac{Y(z)}{X(z)} \tag{7-50}$$

式中 $Y(z)$——系统响应的 z 变换；

$X(z)$——激励序列的 $X(z)$。

由离散系统差分方程的一般式两边取 z 变换，整理后也可以得到系统的 z 变换：

$$H(z) = \frac{Y(z)}{X(z)} = \frac{\displaystyle\sum_{r=0}^{M} b_r z^{-r}}{\displaystyle\sum_{k=0}^{N} a_k z^{-k}} \tag{7-51}$$

离散系统的系统函数也可以通过对系统单位样值响应求 z 变换得到：

$$H(z) = Z(h(n)) = \sum_{n=0}^{\infty} h(n) z^{-n} \tag{7-52}$$

由式 (7-52) 求得的系统函数，实际上就是单位样值响应的 z 变换。可见，系统函数 $H(z)$ 与单位样值响应 $h(n)$ 是一对 z 变换。既可以利用卷积求系统的零状态响应，又可以借助系统函数与激励变换式乘积之逆变换求此响应。

若将离散系统的系统函数表示成分子与分母多项式的比，可表示如下：

$$H(z) = G \frac{\displaystyle\prod_{r=1}^{M} (1-z_r z^{-1})}{\displaystyle\prod_{k=1}^{N} (1-p_k z^{-1})} \tag{7-53}$$

式中 z_r——$H(z)$ 的零点；

p_k——$H(z)$ 的极点，它们由差分方程的系数 a_k 与 b_r 决定。

例 7-9 求下列差分方程所描述的离散系统的系统函数和单位样值响应。

$$y(n) - ay(n-1) = bx(n)$$

解 差分方程两边取 z 变换，得

$$Y(z) - az^{-1}Y(z) - ay(-1) = bX(z)$$

整理后得

$$Y(z)(1 - az^{-1}) = bX(z) + ay(-1)$$

如果系统处于零状态，即 $y(-1) = 0$，则可得系统函数为

$$H(z) = \frac{b}{1 - az^{-1}} = \frac{bz}{z - a}$$

求系统函数的逆 z 变换，得到单位样值响应为

$$h(n) = ba^n u(n)$$

7.7.2　系统函数的零、极点分布对系统特性的影响

对于一个离散系统来说，如果它的系统函数 $H(z)$ 是有理函数，那么分子多项式和分母多项式都可分解为因子形式，它们的因子分别表示 $H(z)$ 的零点和极点的位置。

$$H(z) = \frac{\sum_{r=0}^{M} b_r z^{-r}}{\sum_{k=0}^{N} a_k z^{-k}} = G \frac{\prod_{r=1}^{M}(1 - z_r z^{-1})}{\prod_{k=1}^{N}(1 - p_k z^{-1})} \tag{7-54}$$

如果把 $H(z)$ 展成部分分式，那么 $H(z)$ 每个极点将决定一项对应的时间序列。对于具有一阶极点 p_1，p_2，$\cdots$，p_N 的系统函数，若 $N > M$ 则 $h(n)$ 可表示为

$$h(n) = Z^{-1}(H(z)) = Z^{-1}\left(G \frac{\prod_{N=1}^{M}(1 - z_r z^{-1})}{\prod_{k=1}^{N}(1 - p_k z^{-1})}\right) = Z^{-1}\left(\sum_{k=0}^{N} \frac{a_k z}{z - p_k}\right) \tag{7-55}$$

式中　p_0——$p_0 = 0$。

这样，式(7-55)可表示成

$$h(n) = Z^{-1}\left(a_0 + \sum_{k=1}^{N} \frac{a_k z}{z - p_k}\right) = a_0 \delta(n) + \sum_{k=1}^{N} a_k (p_k)^n u(n) \tag{7-56}$$

这里，极点 p_k 可以是实数，也可以是成对的共轭复数。单位样值响应 $h(n)$ 的特性取决于 $H(z)$ 的极点，其幅值由系数 a_k 决定，而 a_k 与 $H(z)$ 的零点分布有关。与拉普拉斯变换类似，$H(z)$ 的极点决定 $h(n)$ 的波形特征，而零点只影响 $h(n)$ 的幅度与相位。

7.7.3　离散时间系统的稳定性和因果性

离散时间系统稳定的充分必要条件是单位样值响应 $h(n)$ 绝对可和，即

$$\sum_{n=-\infty}^{\infty} |h(n)| \leqslant M \tag{7-57}$$

$$或 \sum_{n=-\infty}^{\infty} |h(n)| < \infty \tag{7-58}$$

式中　M——有限正值。

由 z 变换定义和系统函数定义 $H(z) = \sum_{n=-\infty}^{\infty} h(n)z^{-n}$ 可知，当 $z = 1$（在 z 平面单位圆上）时，有

$$H(z) = \sum_{n=-\infty}^{\infty} h(n) \qquad (7\text{-}59)$$

为使系统稳定应满足

$$\sum_{n=-\infty}^{\infty} h(n) < \infty \qquad (7\text{-}60)$$

这表明，稳定系统 $H(z)$ 的收敛域应包含在单位圆内。

对于因果系统，$h(n) = h(n)u(n)$ 为因果序列，它的 z 变换之收敛域包含 ∞ 点，通常收敛域表示为某圆外区 $a < |z| \leqslant \infty$。

在实际问题中经常遇到的稳定因果系统应同时满足以上两方面的条件，也即

$$\begin{cases} a < |z| \leqslant \infty \\ a < 1 \end{cases}$$

这时，全部极点落在单位圆内。

例 7-10 表示某离散系统的差分方程为

$$y(n) + 0.2y(n-1) - 0.24y(n-2) = x(n) + x(n-1)$$

1）求系统函数 $H(z)$。

2）讨论此因果系统 $H(z)$ 的收敛域和稳定性。

3）求单位样值响应 $h(n)$。

4）当激励 $x(n)$ 为单位阶跃序列时，求零状态响应 $y(n)$。

解

1）将差分方程两边取 z 变换，得

$$Y(z) + 0.2z^{-1}Y(z) - 0.24z^{-2}Y(z) = X(z) + z^{-1}X(z)$$

于是

$$H(z) = \frac{Y(z)}{X(z)} = \frac{1 + z^{-1}}{1 + 0.2z^{-1} - 0.24z^{-2}}$$

也可写成

$$H(z) = \frac{z(z+1)}{(z-0.4)(z+0.6)}$$

2）$H(z)$ 的两个极点分别位于 0.4 和 -0.6，它们都在单位圆内，对此因果系统之收敛域为 $|z| > 0.6$，且包含 $z = \infty$ 点，是一个稳定的因果系统。

3）将 $H(z)/z$ 展成部分分式，得到

$$H(z) = \frac{1.4z}{z-0.4} - \frac{0.4z}{z+0.6} (|z| > 0.6)$$

取逆变换，得到单位样值响应：

$$h(n) = \left[1.4 \times (0.4)^n - 0.4 \times (-0.6)^n \right] u(n)$$

4）若激励 $x(n) = u(n)$，则

$$X(z) = \frac{z}{z-1} (|z| > 1)$$

于是

$$Y(z) = H(z)X(z) = \frac{z^2(z+1)}{(z-1)(z-0.4)(z+0.6)}$$

将 $Y(z)$ 展成部分分式，得到

$$Y(z) = \frac{2.08z}{z-1} - \frac{0.93z}{z-0.4} - \frac{0.15z}{z+0.6} \quad (|z| > 1)$$

取逆变换后，得到 $y(n)$ 为

$$y(n) = [2.08 - 0.93 \times (0.4)^n - 0.15 \times (-0.6)^n] u(n)$$

7.8　离散时间系统的频率响应

7.8.1　离散系统频率响应的意义

与连续系统中频率响应的地位和作用类似，在离散系统中经常需要对输入信号的频谱进行处理，因此，有必要研究离散系统在正弦序列作用下的稳态响应，并说明离散系统频率响应的意义。

对于稳定的因果离散系统，令单位样值响应为 $h(n)$，系统函数为 $H(z)$。如果输入是正弦序列：

$$x(n) = A\sin(n\omega) \quad (n \geq 0)$$

其 z 变换为

$$X(z) = \frac{Az\sin\omega}{z^2 - 2z\cos\omega + 1} = \frac{Az\sin\omega}{(z-e^{j\omega})(z-e^{-j\omega})}$$

于是，系统响应的 z 变换 $Y(z)$ 可写作

$$Y(z) = \frac{Az\sin\omega}{(z-e^{j\omega})(z-e^{-j\omega})} H(z)$$

因为系统是稳定的，$H(z)$ 的极点均位于单位圆之内，它们不会与 $X(z)$ 的极点 $e^{j\omega}$、$e^{-j\omega}$ 相重合。这样 $Y(z)$ 可展成

$$Y(z) = \frac{az}{z-e^{j\omega}} + \frac{bz}{z-e^{-j\omega}} + \sum_{m=1}^{M} \frac{A_m z}{z-z_m}$$

式中　z_m——$\dfrac{H(z)}{z}$ 的极点。

系数 a，b 为

$$a = \frac{Y(z)}{z}(z-e^{j\omega}) \bigg|_{z=e^{j\omega}} = A\frac{H(e^{j\omega})}{2j}$$

$$b = \frac{Y(z)}{z}(z-e^{-j\omega}) \bigg|_{z=e^{-j\omega}} = -A\frac{H(e^{-j\omega})}{2j}$$

注意到 $H(e^{j\omega})$ 与 $H(e^{-j\omega})$ 是复数共轭的，令

$$H(e^{j\omega}) = |H(e^{j\omega})| e^{j\varphi}$$

$$H(e^{-j\omega}) = |H(e^{j\omega})| e^{-j\varphi}$$

代入得到

$$Y(z) = \frac{A|H(e^{j\omega})|}{2j} \left(\frac{ze^{j\varphi}}{z-e^{j\omega}} - \frac{ze^{-j\varphi}}{z-e^{-j\omega}} \right) + \sum_{m=1}^{M} \frac{A_m z}{z-z_m}$$

195

显然，$Y(z)$ 的逆变换为

$$y(n) = \frac{A\,|H(e^{j\omega})|}{2j}\left[e^{j(n\omega+\varphi)} - e^{-j(n\omega+\varphi)}\right] + \sum_{m=1}^{M} A_m(z_m)^n$$

对于稳定系统，其 $H(z)$ 的极点全部位于单位圆内，即 $|z_m| < 1$。这样，当 $n \to \infty$，由 $H(z)$ 的极点所对应的各指数衰减序列都趋于零。所以稳态响应 $y_{ss}(n)$ 为

$$y_{ss}(n) = \frac{A\,|H(e^{j\omega})|}{2j}\left[e^{j(n\omega+\varphi)} - e^{-j(n\omega+\varphi)}\right] = A\,|H(e^{j\omega})|\sin(n\omega+\varphi)$$

可以看出，若输入是正弦序列，则系统的稳态响应也是正弦序列，如果令

$$x(n) = A\sin(n\omega - \theta_1)$$
$$y_{ss}(n) = B\sin(n\omega - \theta_2)$$

则

$$H(e^{j\omega}) = \frac{B}{A}e^{j[-(\theta_2-\theta_1)]}$$

即

$$|H(e^{j\omega})| = \frac{B}{A}$$
$$\varphi = -(\theta_2 - \theta_1)$$

其中 $H(e^{j\omega})$ 就是离散系统的频率响应，它表示输出序列的幅度和相位相对于输入序列的变化。显然 $H(e^{j\omega})$ 是正弦序列包络频率 ω 的连续函数，如图 7-21 所示。

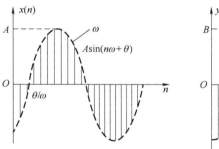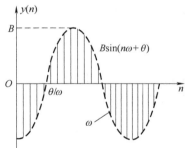

图 7-21　正弦输入与输出序列

通常 $H(e^{j\omega})$ 是复数，所以一般写成

$$H(e^{j\omega}) = |H(e^{j\omega})|\,e^{j\varphi(\omega)}$$

式中　$|H(e^{j\omega})|$——离散系统的幅度响应；

$\varphi(\omega)$（或记作 φ）——相位响应。

$$H(e^{j\omega}) = \sum_{n=-\infty}^{\infty} h(n)\,e^{-jn\omega}$$

因此，离散系统的频率响应 $H(e^{j\omega})$ 与单位样值响应 $h(n)$ 是一对傅里叶变换。

可以看出，由于 $e^{j\omega}$ 是周期函数，因而离散系统的频率响应 $H(e^{j\omega})$ 必然也是周期函数，其周期为序列的重复频率 $\omega_s = \dfrac{2\pi}{T}$（若令 $T = 1$，则 $\omega_s = 2\pi$），这是离散系统有别于连续系统的一个突出的特点。

7.8.2 频率响应特性的定性分析

类似于连续系统，也可以用系统函数 $H(z)$ 在 z 平面上的零极点分布，通过几何方法简便而直观地求出离散系统的频率响应 $H(e^{j\omega})$。

若已知 $H(z) = \dfrac{\prod\limits_{r=1}^{M}(z-z_r)}{\prod\limits_{k=1}^{N}(z-p_k)}$，则

$$H(e^{j\omega}) = \frac{\prod\limits_{r=1}^{M}(e^{j\omega}-z_r)}{\prod\limits_{k=1}^{N}(e^{j\omega}-p_k)} = |H(e^{j\omega})| e^{j\varphi(\omega)}$$

令

$$e^{j\omega}-z_r = A_r e^{j\psi_r}$$
$$e^{j\omega}-p_k = B_k e^{j\theta_k}$$

于是幅度响应为

$$|H(e^{j\omega})| = \frac{\prod\limits_{r=1}^{M}A_r}{\prod\limits_{k=1}^{N}B_k}$$

相位响应为

$$\varphi(\omega) = \sum_{r=1}^{M}\psi_r - \sum_{k=1}^{N}\theta_k$$

式中　A_r——z 平面上零点 z_r 到单位圆上某点 $e^{j\omega}$ 的矢量 $(e^{j\omega}-z_r)$ 的长度；

ψ_r——z 平面上零点 z_r 到单位圆上某点 $e^{j\omega}$ 的矢量 $(e^{j\omega}-z_r)$ 的夹角；

B_k——极点 p_k 到 $e^{j\omega}$ 的矢量 $(e^{j\omega}-p_k)$ 的长度；

θ_k——极点 p_k 到 $e^{j\omega}$ 的矢量 $(e^{j\omega}-p_k)$ 的夹角。

几何确定法如图 7-22 所示，如果单位圆上的 D 点不断移动，就可以得到全部的频率响应。图中 C 点对应于 $\omega = 0$，E 点对应于 $\omega = \omega_s/2$。由于离散系统频响是周期性的，因此只要 D 点转一周就可以了。利用这种方法可以比较方便地由 $H(z)$ 的零极点位置求出该系统的频率响应，可见频率响应的形状取决于 $H(z)$ 的零极点分布，也就是说，取决于离散系统的形式及差分方程各系数的大小。

不难看出，位于 $z=0$ 处的零点或极点对幅度响应不产生作用，因而在 $z=0$ 处加入或去除零、

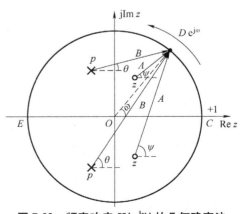

图 7-22　频率响应 $H(e^{j\omega})$ 的几何确定法

极点，不会使幅度响应发生变化，而只会影响相位响应。此外，还可以看出，当 $e^{j\omega}$ 点旋转

197

到某个极点(p_i)附近时，如果矢量的长度B_i最短，则频率响应在该点可能出现峰值。若极点p_i越靠近单位圆，B_i越短，则频率响应在峰值附近越尖锐。如果极点p_i落在单位圆上，$B_i = 0$则频率响应的峰值趋于无穷大。对于零点来说其作用与极点恰恰相反。

例 7-11 求如图 7-23a 所示一阶离散系统的频率响应（离散系统框图中的单位延时器用符号"z^{-1}"表示）。

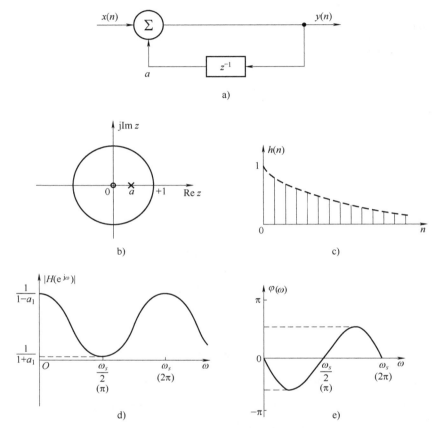

图 7-23　一阶离散系统的频率响应

解 该一阶系统的差分方程为

$$y(n) = a_1 y(n-1) + x(n) \quad (0 < a_1 < 1)$$

通常，该系统为因果序列，其系统函数为

$$H(z) = \frac{z}{z - a_1} \quad (|z| > a_1)$$

单位样值响应为

$$h(n) = a_1^n u(n)$$

这样，该一阶系统的频率响应为

$$H(e^{j\omega}) = \frac{e^{j\omega}}{e^{j\omega} - a_1} = \frac{1}{(1 - a_1\cos\omega) + ja_1\sin\omega}$$

于是幅度响应为

$$|H(e^{j\omega})| = \frac{1}{\sqrt{1 + a_1^2 - 2a_1\cos\omega}}$$

相位响应为

$$\varphi(\omega) = -\arctan\left(\frac{a_1\sin\omega}{1-a_1\cos\omega}\right)$$

 习题

7-1 求下列序列的 z 变换 $X(z)$，并注明收敛域。

(1) $\left(-\dfrac{1}{4}\right)^n u(n)$

(2) $\left(\dfrac{1}{3}\right)^{-n} u(n)$

(3) $\delta(n-1)$

(4) $\left(\dfrac{1}{2}\right)^n u(n) + \left(\dfrac{1}{3}\right)^n u(n)$

(5) $\delta(n) - \dfrac{1}{8}\delta(n-3)$

7-2 求下列 $X(z)$ 变换的逆变换 $x(n)$。

$X(z) = \dfrac{1}{1+0.5z^{-1}}$ （$|z| > 0.5$）

7-3 求序列 $x(n) = R_N(n) = u(n) - u(n-N)$ 的 z 变换，并标明收敛域，绘出零极点分布图。

7-4 已知 $x(n) = a^n u(n)$，$h(n) = b^n u(-n)$，试用卷积定理求 $y(n) = x(n) * h(n)$。

7-5 已知系统差分方程为 $y(n+2) + y(n+1) + y(n) = u(n)$，$y(0) = 1$，$y(1) = 2$，用单边 z 变换解该差分方程。

7-6 因果系统的系统函数 $H(z) = \dfrac{z+2}{8z^2-2z-3}$，试判断该系统是否稳定。

7-7 已知离散系统为 $3y(n) - 6y(n-1) = x(n)$，求系统函数 $H(z)$ 及单位样值响应 $h(n)$。

7-8 已知离散系统差分方程表达式 $y(n) - \dfrac{3}{4}y(n-1) + \dfrac{1}{8}y(n-2) = x(n) + \dfrac{1}{3}x(n-1)$，求系统函数和频率响应函数，用零极点分布解释幅频特性。

7-9 试用 MATLAB 画出系统函数 $H_2(z) = \dfrac{z}{z^2-1.6z+1}$ 的零、极点分布图及对应的时域单位样值响应 $h(n)$ 的波形。

7-10 用 MATLAB 命令绘制系统函数 $H(z) = \dfrac{z^2-0.96z+0.9028}{z^2-1.56z+0.8109}$ 的频率响应曲线。

7-11 已知一个序列 $x(n) = 5n\times2^n + \left(\dfrac{1}{3}\right)^n$，用 MATLAB 求其 z 变换。

7-12 已知 $X(z) = \dfrac{z(z+0.5)}{z^2+3z+2}$，用 MATLAB 求其 z 反变换。

7-13 已知离散系统的系统传递函数是 $H(z) = \dfrac{z^2+2z+3}{z^3+0.3z^2+0.7z+0.1}$，用 MATLAB 求系统

的零、极点、单位样值响应并绘制零、极点图和单位响应曲线。

7-14 已知离散系统的系统传递函数是 $H(z) = \dfrac{2z+3}{z^3+0.8z^2+0.4z+0.12}$，用 MATLAB 求系统单位阶跃响应。

7-15 已知离散系统的系统传递函数是 $H(z) = \dfrac{2z+1}{z^2+0.7z+0.1}$，用 MATLAB 绘制系统的频率响应曲线。

第 8 章

离散时间信号与系统频域分析

8.1 连续与离散时间信号频谱特点

信号有连续信号和离散信号（序列），对应的处理信号的系统也有连续系统和离散系统。分析连续信号与系统可以在时域、频域或复频域上进行，分析离散信号与系统同样可以在时域、频域或复频域上进行。读者已经具备了连续信号和系统在三种域上分析的知识体系基础，对于离散信号和系统，已经具备了时域和复频域的分析知识基础，本章的主要任务是讨论离散信号与系统在频域分析的理论基础和方法。

为了梳理前期知识体系架构，便于加强理解和应用前期的知识和技能对离散信号和系统进行分析，先对前期的知识体系进行梳理。

连续周期信号的傅里叶变换为离散的非周期的频率函数，即连续周期信号的频谱是由无穷多个离散的谱线组成，谱线的幅值就是傅里叶级数展开时的系数；连续非周期信号的频谱是连续的、非周期的。而非周期的离散时间信号的傅里叶变换是连续的周期信号，周期离散信号的频谱也是周期的和离散的。总结如下：

1）时域连续性→频域非周期。
2）时域离散性→频域周期性（时域抽样-频域重复）。
3）时域周期性→频域离散性（时域重复-频域抽样）。
4）时域非周期→频域连续性。

以上这些规律可以帮助读者理解和应用时频转换域特性。

8.2 离散周期序列的傅里叶级数

离散周期序列由连续周期信号等间隔抽样产生，设连续周期信号 $f(t)$ 的一个周期 T 内抽样 N 个点，抽样间隔为 T_N，得到周期序列 $f(k)$，则可以有如下的转换关系：

$$T = NT_N$$
$$t \to kT_N$$
$$\mathrm{d}t \to T_N$$
$$\int_0^T \to \sum_{k=0}^{N-1}$$

原连续周期信号的傅里叶级数展开式为 $f(t) = \sum_{n=0}^{\infty} F_n \mathrm{e}^{jn\omega t}$，其中傅里叶级数的系数 $F_n =$

$\dfrac{1}{T}\displaystyle\int_0^\infty f(t)\mathrm{e}^{-\mathrm{j}n\omega t}\mathrm{d}t$，应用上面的抽样转换关系，可以将 F_n 表示为

$$F_n = \frac{1}{NT_N}\sum_{k=0}^{N-1} f(k)\mathrm{e}^{-\mathrm{j}n\frac{2\pi}{NT_N}kT_N} \cdot T_N = \frac{1}{N}\sum_{k=0}^{N-1} f(k)\mathrm{e}^{-\mathrm{j}\frac{2\pi}{N}kn} \tag{8-1}$$

将

$$F(k) = \frac{1}{N}\sum_{k=0}^{N-1} f(k)\mathrm{e}^{-\mathrm{j}\frac{2\pi}{N}kn} \tag{8-2}$$

定义为周期序列的离散傅里叶级数（Discrete Fourier Series，DFS），相应地其逆变换（Inverse Discrete Fourier Series，IDFS）为

$$f(k) = \sum_{n=0}^\infty F(k)\mathrm{e}^{\mathrm{j}\frac{2\pi}{N}kn} \tag{8-3}$$

例 8-1 离散周期矩形脉冲序列 $f(k)=\begin{cases}1, & |k|\leqslant N_1 \\ 0, & N_1<|k|<\dfrac{N}{2}\end{cases}$，其波形如图 8-1 所示，求其频谱。

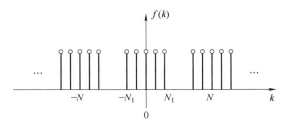

图 8-1 离散周期矩形脉冲序列

解 可以直接应用离散序列傅里叶级数对序列进行变换得到其频谱，考虑到序列序号取值从 $0\sim N-1$ 时，公式计算不方便，因为这个序列是关于纵轴对称的，所以选择一个对称区间进行计算，于是 $f(k)$ 的傅里叶级数为

$$F(k) = \frac{1}{N}\sum_{k=-N_1}^{N_1} f(k)\mathrm{e}^{-\mathrm{j}\frac{2\pi}{N}kn} = \frac{1}{N}\cdot\frac{\mathrm{e}^{\mathrm{j}\frac{2\pi}{N}nN_1}-\mathrm{e}^{-\mathrm{j}\frac{2\pi}{N}n(N_1+1)}}{1-\mathrm{e}^{-\mathrm{j}\frac{2\pi}{N}n}}$$

$$= \begin{cases} \dfrac{1}{N}\cdot\dfrac{\sin\left(\dfrac{2\pi}{N}\left(N_1+\dfrac{1}{2}\right)n\right)}{\sin\left(\dfrac{\pi}{N}\right)n}, & n\neq 0,\pm N,\pm 2N,\cdots \\[4mm] \dfrac{2N_1+1}{N}, & n=0,\pm N,\pm 2N,\cdots \end{cases}$$

从周期矩形脉冲序列频谱可以看出，其频谱是离散而周期性的，周期为 2π，且该频谱具有 $\mathrm{Sa}(\cdot)$ 函数的包络，时域抽样点数与频谱傅里叶级数的系数个数相对应。

8.3 离散非周期序列的傅里叶变换

先注意两个容易引起混淆的概念，一个是离散时间傅里叶变换（Discrete Time Fourier Transform，DTFT），另一个是离散傅里叶变换（Discrete Fourier Transform，DFT）。DTFT 也称

为序列的傅里叶变换，其在时域是离散的序列，频域是以 2π 为周期的连续函数。由于 DTFT 在频域是连续的，其数字频率是一个模拟量，不便于用数字的方法进行分析和处理，频域也需要离散化。而 DFT 无论是在时域还是频域都是离散的序列。可以由 DFS 过渡到 DTFT，再由 DTFT 过渡到 DFT。DTFT 适合理论分析离散序列的频谱，而 DFT 是一种工程化的应用，适合有限长序列的离散化频谱分析。实际上 DTFT 是离散序列的连续频谱，而 DFT 是离散化序列的离散化频谱。DTFT 是延续连续信号频谱分析而来的离散序列的实际频谱，是理论分析离散序列频谱的工具，而 DFT 是将连续频谱也离散化后的序列频谱，是理论频谱的一种逼近，是计算机分析序列频谱和实际工程分析中主要的频谱分析工具。

8.3.1　离散时间傅里叶变换

对于离散周期序列，可以通过求 DFS 来分析其频谱，对于非周期序列可以通过对连续非周期信号进行抽样，将获取的信号再求傅里叶变换。

设 $x(t)$ 为连续非周期信号，在时域经过与冲激串信号相乘，就可得到抽样信号 $x_s(t)$ 为

$$x_s(t)=x(t)\sum_{n=-\infty}^{\infty}\delta(t-nT)=\sum_{n=-\infty}^{\infty}x(nT)\delta(t-nT) \tag{8-4}$$

其中，T 为抽样间隔，此时的信号仍然是时间自变量 t 的连续函数，其傅里叶变换为

$$F(x_s(t))=\sum_{n=-\infty}^{\infty}x(nT)F(\delta(t-nT))=\sum_{n=-\infty}^{\infty}x(nT)\mathrm{e}^{-\mathrm{j}\Omega nT} \tag{8-5}$$

式中　Ω——模拟角频率。

令数字角频率 ω 为 $\omega=\Omega T$，并用 $x(n)$ 表示 $x(nT)$，则有

$$X(\mathrm{e}^{\mathrm{j}\omega})=\sum_{n=-\infty}^{\infty}x(n)\mathrm{e}^{-\mathrm{j}\omega n} \tag{8-6}$$

式(8-6)就是 DTFT 的计算公式。

模拟角频率 Ω 和数字角频率 ω 的关系还可用采样频率 f_s 来表示：

$$\omega=\Omega T=\frac{\Omega}{f_s}=2\pi\frac{f}{f_s} \tag{8-7}$$

从模拟角频率 Ω 和数字角频率 ω 的关系式可以看出，数字角频率的单位是弧度，没有量纲，它相当于模拟角频率相对于采样频率的归一化频率。

序列 $x(n)$ 的 DTFT，其复数形式也可以写成

$$X(\mathrm{e}^{\mathrm{j}\omega})=|X(\mathrm{e}^{\mathrm{j}\omega})|\mathrm{e}^{\mathrm{j}\theta(\omega)} \tag{8-8}$$

式中　$|X(\mathrm{e}^{\mathrm{j}\omega})|$——模；

$\quad\quad\theta(\omega)$——相位。

DTFT 的逆变换可表示为

$$x(n)=\frac{1}{2\pi}\int_{2\pi}X(\mathrm{e}^{\mathrm{j}\omega})\mathrm{e}^{\mathrm{j}\omega k}\mathrm{d}\omega \tag{8-9}$$

8.3.2　常用信号的离散时间傅里叶变换

1. 矩形脉冲序列

时域表达式：$x(n)=\begin{cases}1, & |n|\leqslant N_1 \\ 0, & |n|>N_1\end{cases}$，代入计算得到矩形脉冲序列的 DTFT 为

$$X(\mathrm{e}^{\mathrm{j}\omega}) = \sum_{n=-N_1}^{N_1} 1 \cdot \mathrm{e}^{-\mathrm{j}\omega n} = \frac{\sin\left(N_1+\dfrac{1}{2}\right)\omega}{\sin\left(\dfrac{\omega}{2}\right)}$$

矩形脉冲序列的时域波形和频谱如图 8-2a、b 所示。

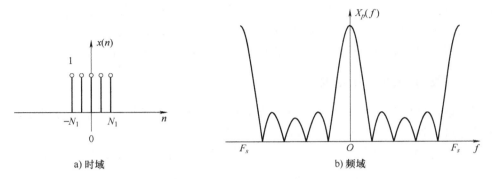

a) 时域　　　　　　　　　　　　b) 频域

图 8-2　矩形脉冲序列的时域波形和频谱

2. 单位冲激序列

时域表达式为 $\delta(n) = \begin{cases} 1, & n=0 \\ 0, & n\neq 0 \end{cases}$，其 DTFT 为

$$F(\mathrm{e}^{\mathrm{j}\omega}) = \sum_{n=-\infty}^{\infty} \delta(n)\mathrm{e}^{-\mathrm{j}\omega n} = 1$$

单位冲激序列的时域波形和频谱如图 8-3a、b 所示。

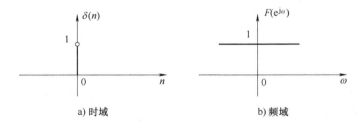

a) 时域　　　　　　　　　　　　b) 频域

图 8-3　单位冲激序列的时域波形和频谱

3. $x(n)=1$

由于频域冲激序列的逆傅里叶变换为常数，因此常数的傅里叶变换应为冲激序列。

$$F\left(\sum_{n=-\infty}^{\infty}\delta(\omega-2n\pi)\right) = \frac{1}{2\pi}\int_{2\pi}\left[\sum_{n=-\infty}^{\infty}\delta(\omega-2n\pi)\right]\mathrm{e}^{\mathrm{j}\omega n}\mathrm{d}\omega$$

$$= \frac{1}{2\pi}\int_{-\pi}^{\pi}\delta(\omega)\mathrm{e}^{\mathrm{j}\omega n}\mathrm{d}\omega = \frac{1}{2\pi}$$

所以有

$$F(\mathrm{e}^{\mathrm{j}\omega}) = \sum_{n=-\infty}^{\infty}\delta(\omega-2n\pi)$$

序列的时域波形和频谱如图 8-4a、b 所示。

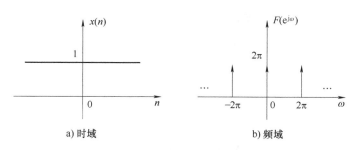

a) 时域　　　　　　　　　　　b) 频域

图 8-4　序列的时域波形和频谱

8.3.3　周期序列的离散时间傅里叶变换

与连续信号傅里叶变换分析和路径相类似，首先分析周期信号的傅里叶级数，再分析非周期信号的傅里叶变换，最后将傅里叶级数统一到傅里叶变换中。离散时间序列也可从周期序列的傅里叶级数，到非周期序列的 DTFT，再将离散序列傅里叶级数统一到 DTFT 中。

连续周期信号的傅里叶变换由无穷条谱线组成，其傅里叶变换含有冲激序列，离散周期序列的傅里叶级数也是离散的周期序列（时域周期不等于频域周期），下面就推导离散周期序列的 DTFT。

连续周期信号在傅里叶级数展开时，可以用复指数形式表示，复指数形式的基本项为 $e^{j\omega_0 t}$，离散周期序列的傅里叶级数也可表示为复指数形式，其基本项为 $e^{j\omega_0 n}$，$\omega_0 = \dfrac{2\pi}{N}$，则可以得出含有这些基本项的周期序列的 DTFT 为

$$F(e^{j\omega}) = 2\pi \sum_{n=-\infty}^{\infty} F_n \delta\left(\omega - \frac{2\pi}{N}n\right) \tag{8-10}$$

式中　F_n——傅里叶级数的系数。

8.3.4　离散傅里叶变换

在分析离散序列的频谱时，通过傅里叶变换提到时域序列的 DTFT，这是一个连续的频谱，由于计算机只能处理离散值，连续的频谱是不适合计算机处理的，为了将连续的频谱转化成离散的频谱，或者去逼近真实的连续频谱（DTFT），只要把序列 $x(n)$ 先截断成一个有限长的序列，然后再周期延拓到整个时域上，变成一个新的周期序列，这个操作过程相当于将时域信号与采样信号进行卷积，频域与采样信号进行相乘，从而使得频谱离散化。

设 $x(n)$ 为有限长序列，其长度为 N，即在区间 $0 \le n \le N-1$ 以外，$x(n)$ 为 0，将 $x(n)$ 以周期为 N 延拓而成的周期序列记为 $x_p(n)$，则有

$$x_p(n) = \sum_{r=-\infty}^{\infty} x(n-rN) \tag{8-11}$$

式中　r——整数。

式（8-11）也可以写成

$$x_p(n) = x((n))_N \tag{8-12}$$

周期序列 $x_p(n)$ 的 DTFT 级数为

205

$$X_p(n) = \frac{1}{N} \sum_{k=0}^{N-1} x_p(n) \, \mathrm{e}^{-\mathrm{j}\frac{2\pi}{N}kn} \tag{8-13}$$

对应的时间序列可表示为

$$x_p(n) = \sum_{k=0}^{N-1} X_p(n) \, \mathrm{e}^{\mathrm{j}\frac{2\pi}{N}kn} \tag{8-14}$$

如果将 $NX(n)$ 表示成 $X_p(n)$，并令 $W_N = \mathrm{e}^{-\mathrm{j}\frac{2\pi}{N}}$，则式(8-13)、式(8-14)可改写成

$$X_p(n) = \sum_{k=0}^{N-1} x_p(n) \, W_N^{kn} \tag{8-15}$$

$$x_p(n) = \frac{1}{N} \sum_{k=0}^{N-1} X_p(n) \, W_N^{-kn} \tag{8-16}$$

常系数 $\frac{1}{N}$ 置于正变换或逆变换对 DFS 变换无实质影响。可以看出上式中无论正变换还是逆变换均是针对延拓序列的。如果参照序列傅里叶级数的公式，不难发现在一个周期 $[0, N-1]$ 内 $x_p(n) = x(n)$，对应的傅里叶级数 $X_p(n)$ 主值区间也在同样的区间 $[0, N-1]$ 取值，在这个区间内每个 $x(n)$ 对应一个 $X(n)$，得到

$$X(n) = \sum_{k=0}^{N-1} x(n) \, W_N^{kn}, \quad 0 \leqslant n \leqslant N-1 \tag{8-17}$$

$$x(n) = \frac{1}{N} \sum_{k=0}^{N-1} X(n) \, W_N^{-kn}, \quad 0 \leqslant n \leqslant N-1 \tag{8-18}$$

将上式定义的变换关系称为 DFT 和逆离散傅里叶变换(IDFT)。它表明时域 N 点的有限长序列 $x(n)$ 可以变换为频域的 N 点的有限长序列 $X(n)$，很显然 DFT 和 DFS 之间存在以下的关系：

$$X_p(n) = X((n))_N \tag{8-19}$$

$$X(n) = X_p(n) G_N(n) \tag{8-20}$$

与 DTFT 情况类似，DFT 和 IDFT 之间存在一一对应的关系，正逆变换之间存在唯一性。DFT 和 IDFT 也可以写成矩阵形式。

$$\begin{bmatrix} X(0) \\ X(1) \\ \vdots \\ X(N-1) \end{bmatrix} = \begin{bmatrix} W^0 & W^0 & W^0 & \cdots & W^0 \\ W^0 & W^{1\times 1} & W^{2\times 1} & \cdots & W^{(N-1)\times 1} \\ \vdots & \vdots & \vdots & & \vdots \\ W^0 & W^{1\times(N-1)} & W^{2\times(N-1)} & \cdots & W^{(N-1)(N-1)} \end{bmatrix} \begin{bmatrix} x(0) \\ x(1) \\ \vdots \\ x(N-1) \end{bmatrix} \tag{8-21}$$

$$\begin{bmatrix} x(0) \\ x(1) \\ \vdots \\ x(N-1) \end{bmatrix} = \frac{1}{N} \begin{bmatrix} W^0 & W^0 & W^0 & \cdots & W^0 \\ W^0 & W^{-1\times 1} & W^{-1\times 2} & \cdots & W^{-1\times(N-1)} \\ \vdots & \vdots & \vdots & & \vdots \\ W^0 & W^{-(N-1)\times 1} & W^{-(N-1)\times 2} & \cdots & W^{-(N-1)(N-1)} \end{bmatrix} \begin{bmatrix} X(0) \\ X(1) \\ \vdots \\ X(N-1) \end{bmatrix} \tag{8-22}$$

也可简写作

$$\boldsymbol{X}(k) = \boldsymbol{W}^{nk} \boldsymbol{x}(n) \tag{8-23}$$

$$\boldsymbol{x}(n) = \frac{1}{N} \boldsymbol{W}^{-nk} \boldsymbol{X}(k) \tag{8-24}$$

此处，$\boldsymbol{X}(k)$ 与 $\boldsymbol{x}(n)$ 为 N 列的列矩阵，元素写作 $X(0)$，$\cdots$，$X(N-1)$ 以及 $x(0)$，$\cdots$，

$x(N-1)$。而 W^{nk} 与 W^{-nk} 为 $N \times N$ 方阵，其中各元素分别以 W^{nk} 或 W^{-nk} 表示，这两个方阵都是对称矩阵，即

$$W^{nk} = \left[W^{nk} \right]^{\mathrm{T}} \tag{8-25}$$

$$W^{-nk} = \left[W^{-nk} \right]^{\mathrm{T}} \tag{8-26}$$

其实 DFT 的推导方法有多种，例如直接定义为一对正反计算公式而加以证明，或者通过 DFS 公式引出等。在这里，利用前面分析的基础，把 DFS 作为一种过渡形式，由此引出 DFT。

一般称周期序列 $x_p(n)$ 中从 $n = 0 \sim N-1$ 的第一个周期为 $x_p(n)$ 的主值区间，而主值区间上的序列称为 $x_p(n)$ 的主值序列。因此 $x(n)$ 与 $x_p(n)$ 的上述关系可叙述为：$x_p(n)$ 是 $x(n)$ 的周期延拓序列，$x(n)$ 是 $x_p(n)$ 的主值序列。同样 $X(k)$ 为 $X_p(k)$ 的主值序列。

有限长序列 $x(n)$ 的 DFT $X(k)$ 正好是 $x(n)$ 的周期延拓序列 $x((n))_N$ 的 DFS 系数 $x_p(k)$ 的主值序列。周期延拓序列频谱完全由其 DFS 系数 $X_p(k)$ 确定，因此，$X(k)$ 实质上是 $x(n)$ 的周期延拓序列 $x((n))_N$ 的频谱特性。

例 8-2 求矩形脉冲序列 $x(n) = R_N(n)$ 的 DFT。

解 由定义写出

$$X(k) = \sum_{n=0}^{N-1} R_N(n) W^{nk} = \sum_{n=0}^{N-1} W^{nk} = \sum_{n=0}^{N-1} \left(e^{-j\frac{2\pi k}{N}} \right)^n$$

$$= \begin{cases} \dfrac{1 - \left(e^{-j\frac{2\pi k}{N}} \right)^N}{1 - \left(e^{-j\frac{2\pi k}{N}} \right)} & \left(\text{当 } e^{-j\frac{2\pi k}{N}} \neq 1 \right) \\ N & \left(\text{当 } e^{-j\frac{2\pi k}{N}} = 1 \right) \end{cases}$$

当 $k = 0$ 时，对应 $e^{-j\frac{2\pi k}{N}} = 1$，因此 $X(0) = N$。当 $k = 1$，2，3，$\cdots$，$N-1$ 时，则有 $e^{-j\frac{2\pi k}{N}} \neq 1$，然而，$\left(e^{-j\frac{2\pi k}{N}} \right)^N = e^{-j2\pi k} = 1$，故对应非零 k 值 $X(k)$ 全部等于零，即

$$X(1) = X(2) = \cdots = X(N-1) = 0$$

此结果表明，矩形脉冲序列的 DFT 仅在 $k = 0$ 样点取得 N 值，在其余 $N-1$ 个样点都是零。可以写作

$$X(k) = N\delta(k)$$

不难想到，将 $R_N(n)$ 周期延拓（周期等于 N）成为无始无终幅度恒为单位值的序列，取 DFS 即 $N\delta(k)$。这种现象犹如在连续时间系统分析中的直流信号其傅里叶变换是冲激函数。

例 8-3 利用矩阵表示求 $x(n) = R_4(n)$ 得 DFT。再由所得 $X(k)$ 经 IDFT 反求 $x(n)$，验证结果之正确性。

解 由 $N = 4$ 得到 $W = e^{-j\frac{2\pi}{4}} = -j$。

$$\begin{bmatrix} X(0) \\ X(1) \\ X(2) \\ X(3) \end{bmatrix} = \begin{bmatrix} W^0 & W^0 & W^0 & W^0 \\ W^0 & W^1 & W^2 & W^3 \\ W^0 & W^2 & W^4 & W^6 \\ W^0 & W^3 & W^6 & W^9 \end{bmatrix} \begin{bmatrix} x(0) \\ x(1) \\ x(2) \\ x(3) \end{bmatrix} = \begin{bmatrix} 1 & 1 & 1 & 1 \\ 1 & -j & -1 & j \\ 1 & -1 & 1 & -1 \\ 1 & j & -1 & -j \end{bmatrix} \begin{bmatrix} 1 \\ 1 \\ 1 \\ 1 \end{bmatrix} = \begin{bmatrix} 4 \\ 0 \\ 0 \\ 0 \end{bmatrix}$$

显然，此结果与例 8-2 所得一般结论相符合，再求逆变换。

$$\begin{bmatrix} x(0) \\ x(1) \\ x(2) \\ x(3) \end{bmatrix} = \frac{1}{4} \begin{bmatrix} W^0 & W^0 & W^0 & W^0 \\ W^0 & W^{-1} & W^{-2} & W^{-3} \\ W^0 & W^{-2} & W^{-4} & W^{-6} \\ W^0 & W^{-3} & W^{-6} & W^{-9} \end{bmatrix} \begin{bmatrix} 4 \\ 0 \\ 0 \\ 0 \end{bmatrix} = \begin{bmatrix} 1 \\ 1 \\ 1 \\ 1 \end{bmatrix}$$

以图形表示本例之结果如图 8-5 所示。

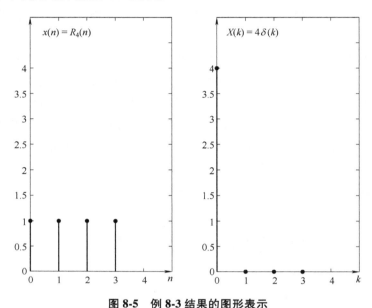

图 8-5　例 8-3 结果的图形表示

8.4　离散傅里叶变换的性质

8.4.1　线性性质

如果 $x_1(n)$ 和 $x_2(n)$ 是两个有限长序列，长度分别为 N_1 和 N_2，且

$$y(n) = ax_1(n) + bx_2(n)$$

式中　a，b——常数。

取 $N \geqslant \max(N_1, N_2)$，则 $y(n)$ 的 DFT 为

$$Y(k) = \mathrm{DFT}[y(n)] = aX_1(k) + bX_2(k) \quad 0 \leqslant k \leqslant N-1 \tag{8-27}$$

其中，$X_1(k)$ 和 $X_2(k)$ 分别为 $x_1(n)$ 和 $x_2(n)$ 的 DFT。

8.4.2　时移特性

为便于研究有限长序列的位移特性，建立圆周移位的概念。

设 $x(n)$ 为有限长序列，则 $x(n)$ 的圆周移位定义为

$$y(n) = x((n-m))_N R_N(n) \tag{8-28}$$

式 (8-28) 表明，将 $x(n)$ 以 N 为周期进行周期延拓得到 $x_p(n)$，再将 $x_p(n)$ 右移 m 位得到 $x_p(n-m)$，如图 8-6 所示，最后取 $x_p(n-m)$ 的主值序列就得到有限长序列 $x(n)$ 的圆周移位序列 $y(n)$。

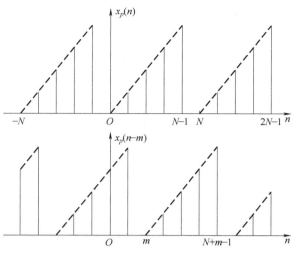

图 8-6　有限长序列的圆周移位

圆周移位的实质是将 $x(n)$ 右移 m 位，而移出主值区（$0 \leqslant n \leqslant N-1$）的序列值又依次从左侧进入主值区。因此，可以想象，序列 $x(n)$ 排列在一个 N 等分圆周上，N 个样点首尾相接，圆周移 m 个单位表示 $x(n)$ 在圆周上旋转 m 位。圆周移位也可称为循环移位或简称圆移位。当有限长序列进行任意位数的圆移位时，它们的 DFT 取值范围仍保持从 $0 \sim N-1$ 不改变。

现在说明时移特性的定理内容：

若

$$X(k) = \mathrm{DFT}[x(n)]$$
$$y(n) = x((n-m))_N R_N(n)$$

则

$$Y(k) = \mathrm{DFT}[y(n)] = W^{mk} X(k) \tag{8-29}$$

这表明，时移 $-m$ 位，其 DFT 将出现相移因子 W^{mk}。证明如下：

$$\mathrm{DFT}[y(n)] = \mathrm{DFT}[x((n-m))_N R_N(n)] = \mathrm{DFT}[x_p(n-m)R_N(n)] = \sum_{n=0}^{N-1} x_p(n-m) W^{nk}$$

设 $i = n-m$，经换元得到

$$\mathrm{DFT}[y(n)] = \sum_{i=-m}^{N-m-1} x_p(i) W^{(i+m)k} = \left[\sum_{i=-m}^{N-m-1} x_p(i) W^{ik} \right] W^{mk}$$

由于 $x_p(i)$ 和 W^{ik} 都是以 N 为周期的周期性函数，因而，式中方括号内求和范围可改为从 $i=0 \sim i=N-1$，显然，这部分可简化为

$$\sum_{i=-m}^{N-m-1} x_p(i) W^{ik} = \sum_{i=0}^{N-1} x_p(i) W^{ik} = \mathrm{DFT}[x(n)] = X(k)$$

于是可以写出

$$\mathrm{DFT}[y(n)] = W^{mk} X(k)$$

8.4.3　频移特性

如果

$$X(k) = \mathrm{DFT}[x(n)]$$

$$Y(k) = X((k-l))_N R_N(k)$$

则

$$y(n) = \text{IDFT}[Y(k)] = x(n)W^{-ln} \tag{8-30}$$

此定理表明，若时间函数乘以指数项 W^{-ln}，则 DFT 就向右圆移位 1 单位。这可以看作调制信号的频谱搬移，也称调制定理。

8.4.4 时域循环卷积(时域圆卷积)特性

若

$$Y(k) = X(k)H(k)$$

则

$$y(n) = \text{IDFT}[Y(k)] = \sum_{m=0}^{N-1} x(m)h((n-m))_N R_N(n) = \sum_{m=0}^{N-1} h(m)x((n-m))_N R_N(n) \tag{8-31}$$

其中，$Y(k)$、$X(k)$、$H(k)$ 之 IDFT 分别等于 $y(n)$、$x(n)$、$h(n)$。

证明

$$\text{IDFT}[Y(k)] = \text{IDFT}[X(k)H(k)] = \frac{1}{N}\sum_{k=0}^{N-1} X(k)H(k)W^{-nk}$$

$$= \frac{1}{N}\sum_{k=0}^{N-1}\left[\sum_{m=0}^{N-1} x(m)W^{mk}\right]H(k)W^{-nk} = \sum_{m=0}^{N-1} x(m)\left[\frac{1}{N}\sum_{k=0}^{N-1} H(k)W^{mk}W^{-nk}\right]$$

上式最后一行方括号部分相当于求 $H(k)W^{mk}$ 得 IDFT，引用时移定理，这部分可写作 $x(m)h((n-m))_N R_N(n)$，于是得到

$$y(n) = \sum_{m=0}^{N-1} x(m)h((n-m))_N R_N(n)$$

同理也可证明

$$y(n) = \sum_{m=0}^{N-1} h(m)x((n-m))_N R_N(n)$$

此卷积过程只在 $0 \leqslant m \leqslant N-1$ 区间内进行，若 $x(m)$ 保持不移动，则 $h((n-m))_N$ 相当于 $h(-m)$ 的圆移位，因而把这种卷积称作圆卷积或循环卷积。显然，此前介绍的卷积是作平移，而非圆移，称那种情况为线卷积，为了区别线卷积，用 $\circledast$ 表示圆卷积。

$$x(n) \circledast h(n) = \sum_{m=0}^{N-1} x(m)h((n-m))_N R_N(n) = \sum_{m=0}^{N-1} h(m)x((n-m))_N R_N(n) \tag{8-32}$$

圆卷积的图解分析可按照反褶、圆移、相乘和求和的步骤进行。

8.4.5 频域循环卷积(频域圆卷积)特性

若

$$y(n) = x(n)h(n)$$

则

$$Y(k) = \text{DFT}[y(n)] = \frac{1}{N}\sum_{l=0}^{N-1} X(l)H((k-l))_N R_N(k)$$

$$= \frac{1}{N}\sum_{l=0}^{N-1} H(l)X((k-l))_N R_N(k) \tag{8-33}$$

210

8.4.6 对偶性

DFT 的正反变换的形式十分相似。与傅里叶变换类似，在正、反 DFT 之间也存在对偶性。假设 $X(k) = \text{DFT}[x(n)]$，则

$$\text{DFT}[X(n)] = N x((-k))_N R_N(k) \tag{8-34}$$

也就是等于循环反褶后的序列的 N 倍。

8.4.7 帕塞瓦尔定理

若 $X(k) = \text{DFT}[x(n)]$，则帕塞瓦尔定理可表示为

$$\sum_{n=0}^{N-1} |x(n)|^2 = \frac{1}{N} \sum_{k=0}^{N-1} |X(k)|^2 \tag{8-35}$$

如果 $x(n)$ 为实序列。则有

$$\sum_{n=0}^{N-1} x(n)^2 = \frac{1}{N} \sum_{k=0}^{N-1} |X(k)|^2 \tag{8-36}$$

8.5 快速傅里叶变换(FFT)

8.5.1 由定义直接计算 DFT

由 DFT 定义式容易看出，将 $x(n)$ 与 W^{nk} 两两相乘再取和即可得到 $X(k)$，每计算 $X(k)$ 的一个值需要 N 次复数乘法和 $N-1$ 次复数加法。对于 N 个 $X(k)$ 点，应重复 N 次上述运算。因此，要完成全部 DFT 运算共需 N^2 次复数乘法和 $N(N-1)$ 次复数加法运算。当 $N \gg 1$ 时，$N(N-1) \approx N^2$。由上述可见，N 点的 DFT 乘法和加法运算次数均为 N^2。当 N 较大时，运算工作量迅速增长，例如 $N = 10$ 需要 100 次复数相乘，而当 $N = 1024$ 时，就需要 1048576 即一百多万次复数乘法运算。这对于实时信号处理来说，必将对处理设备的计算速度提出难以实现的要求。所以，必须减少其运算量，才能使 DFT 在各种科学和工程计算中得到应用。

为了改进算法，减少运算工作量，注意到在 W 矩阵中某些系数是非常简单的。例如 $W^0 = 1$ 和 $W^{\frac{N}{2}} = -1$，实际上无须作乘法，在 N 较大的情况下，这一因素可使运算量略有减少，考虑到系数 W^{nk} 的周期性和对称性，合理安排重复出现的相乘运算，将使计算工作量显著减少。W^{nk} 的周期性表现为

$$W^{nk} = W^{((nk))_N} \tag{8-37}$$

符号 $((nk))_N$ 表示取 nk 除以 N 所得之余数，也即 nk 的模 N 运算。例如，对于 $N = 4$，可以有 $W_6 = W_2$，$W_9 = W_1$ 等。此特性的另一种表达方式为

$$W^{n(N-k)} = W^{-nk} \tag{8-38}$$

$$W^{k(N-n)} = W^{-nk} \tag{8-39}$$

利用 $W^{\frac{N}{2}} = -1$，可得 W^{nk} 的对称性表现为

$$W^{\left(nk + \frac{N}{2}\right)} = -W^{nk} \tag{8-40}$$

仍以 $N = 4$ 为例有：$W_3 = -W_1$ 和 $W_2 = -W_0$。

另外，把 N 点 DFT 分解为几个较短的 DFT，可使乘法次数大大减少。FFT 算法就是不

断地把长序列的 DFT 分解成几个短序列的 DFT，并利用 W^{nk} 的周期性和对称性来减少 DFT 的运算次数。算法最简单、最常用的是基 2FFT。

8.5.2 时域抽取法基 2FFT 算法

1. 基本原理

设序列 $x(n)$ 的长度为 N，且满足 $N = 2^M$，M 为自然数。把 $x(n)$ 按 n 的奇偶分解为两个 $N/2$ 点的子序列：

$$x_1(r) = x(2r) \quad r = 0, 1, \cdots, \frac{N}{2} - 1$$

$$x_2(r) = x(2r+1) \quad r = 0, 1, \cdots, \frac{N}{2} - 1$$

下面将要遇到对不同 N 值取 DFT 运算，为避免符号混淆，把 W 加注长度下标 N，写作 W_N。则 $x(n)$ 的 DFT 为

$$X(k) = \sum_{n=偶数} x(n) W_N^{nk} + \sum_{n=奇数} x(n) W_N^{nk} = \sum_{r=0}^{\frac{N}{2}-1} x(2r) W_N^{2rk} + \sum_{r=0}^{\frac{N}{2}-1} x(2r+1) W_N^{(2r+1)k}$$

$$= \sum_{r=0}^{\frac{N}{2}-1} x_1(r) W_N^{2rk} + W_N^k \sum_{r=0}^{\frac{N}{2}-1} x_2(r) W_N^{2rk} \tag{8-41}$$

因为

$$W_N^{2rk} = e^{-j\left(\frac{2\pi}{N}\right)2rk} = e^{-j\left(\frac{2\pi}{N/2}\right)rk} = W_{N/2}^{rk}$$

所以有

$$X(k) = \sum_{r=0}^{\frac{N}{2}-1} x_1(r) W_{N/2}^{rk} + W_N^k \sum_{r=0}^{\frac{N}{2}-1} x_2(r) W_{N/2}^{rk} = X_1(k) + W_N^k X_2(k) \quad k = 0, 1, 2, \cdots, N-1 \tag{8-42}$$

其中 $X_1(k)$ 和 $X_2(k)$ 分别为 $x_1(r)$ 和 $x_2(r)$ 的 $N/2$ 点 DFT，即

$$X_1(k) = \sum_{r=0}^{\frac{N}{2}-1} x_1(r) W_{N/2}^{rk} = \mathrm{DFT}[x_1(r)]_{N/2} \tag{8-43}$$

$$X_2(k) = \sum_{r=0}^{\frac{N}{2}-1} x_2(r) W_{N/2}^{rk} = \mathrm{DFT}[x_2(r)]_{N/2} \tag{8-44}$$

一个 N 点的 DFT 已被分解为两个 $N/2$ 点的 DFT，但是，必须注意到 $X_1(k)$ 和 $X_2(k)$ 只有 $N/2$ 个点，$r = 0$，1，$\cdots$，$\frac{N}{2} - 1$，而 $X(k)$ 却需要 N 个点，$k = 0$，1，2，$\cdots$，$N-1$，如果以 $X_1(k)$ 和 $X_2(k)$ 表达全部 $X(k)$，应利用 $X_1(k)$ 和 $X_2(k)$ 的两个重复周期。由周期性可知：

$$X_1\left(k + \frac{N}{2}\right) = X_1(k) \tag{8-45}$$

$$X_2\left(k + \frac{N}{2}\right) = X_2(k) \tag{8-46}$$

考虑到加权系数 W_N 有

$$W_N^{\left(\frac{N}{2}+k\right)} = W_N^{\frac{N}{2}} \cdot W_N^k = -W_N^k \tag{8-47}$$

则有

$$X(k) = X_1(k) + W_N^k X_2(k) \quad k = 0, 1, 2, \cdots, \frac{N}{2} - 1 \tag{8-48}$$

$$X\left(k + \frac{N}{2}\right) = X_1(k) - W_N^k X_2(k) \quad k = 0, 1, 2, \cdots, \frac{N}{2} - 1 \tag{8-49}$$

上式的运算可用如图 8-7 所示的流程图符号表示，称为蝶形运算符号。采用这种图示法，经过一次奇偶抽取分解后，8 点 DFT 一次时域抽取分解运算流程图可以用如图 8-8 所示来表示。

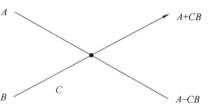

图 8-7　蝶形运算符号

由图 8-7 可见，要完成一个蝶形运算，需要一次复数乘法和两次复数加法运算。由图 8-8 容易看出，经过一次分解后，计算 1 个 N 点 DFT 共需要计算两个 $N/2$ 点 DFT 和 $N/2$ 个蝶形运算。而计算一个 $N/2$ 点 DFT 需要 $(N/2)^2$ 次复数乘法和 $N/2(N/2-1)$ 次复数加法。所以，按图 8-8 计算 N 点 DFT 时，总的复数乘法次数为

$$2\left(\frac{N}{2}\right)^2 + \frac{N}{2} = \frac{N(N+1)}{2}\bigg|_{N \gg 1} \approx \frac{N^2}{2}$$

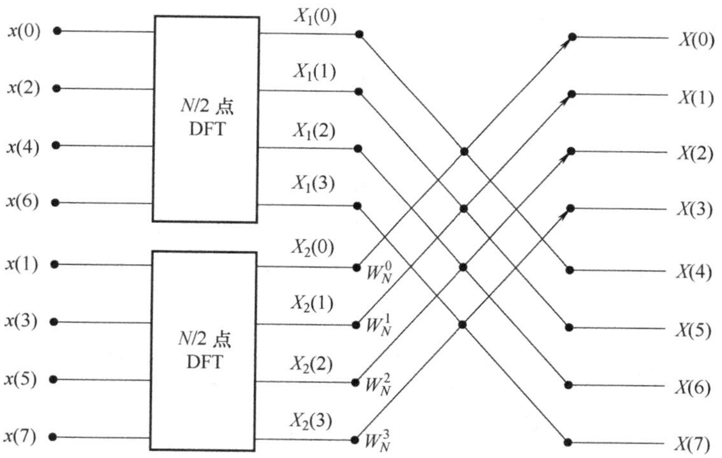

图 8-8　8 点 DFT 一次时域抽取分解运算流程图

复数加法次数为

$$N\left(\frac{N}{2} - 1\right) + \frac{2N}{2} = \frac{N^2}{2}$$

由此可见，仅仅经过一次分解，就使运算量减少近一半。既然这样分解对减少 DFT 的运算量是有效的，且 $N = 2^M$，$N/2$ 仍然是偶数，故可以对 $N/2$ 点 DFT 再作进一步分解。

经过第二次分解，又将 $N/2$ 点 DFT 分解为 2 个 $N/4$ 点 DFT 和 2 个 $N/4$ 级蝶形运算。依此类推，经过 M 次分解，最终将 N 点 DFT 分解成 N 个 1 点 DFT 和 M 级蝶形运算，而 1 点 DFT 就是时域序列本身。一个完整的 8 点 DIT-FFT（时域抽取-快速傅里叶变换）运算流程图如图 8-9 所示。图中用到关系式 $W_{N/m}^k = W_N^{mk}$。图中输入序列不是顺序排列，但后面会看到，其排列是有规律的。

213

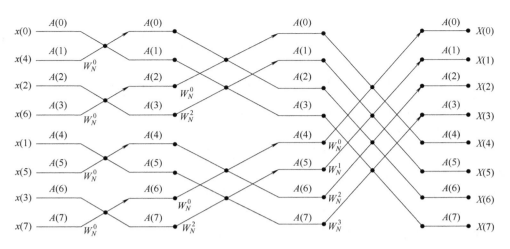

图 8-9   8 点 DIT-FFT 运算流程图

2. DIT-FFT 算法与直接计算 DFT 运算量的比较

当 $N=2^M$ 时，其运算流程图应有 M 级蝶形运算，每一级都由 $N/2$ 个蝶形运算构成。因此，每一级运算都需要 $N/2$ 次复数乘法和 N 次复数加法（每个蝶形运算需要两次复数加法）。所以，M 级运算总的复数乘法次数为

$$C_M = \frac{N}{2} \cdot M = \frac{N}{2}\log_2 N$$

复数加法次数为

$$C_A = N \cdot M = N\log_2 N$$

而直接计算 DFT 的复数乘法为 N^2 次，复数加法为 $N(N-1)$ 次。表 8-1 为 DIT-FFT 算法与直接计算 DFT 所需乘法次数比较。从这些具体数字看到，当 N 较高时，DIT-FFT 算法运算效率明显较高。

表 8-1   DIT-FFT 算法与直接计算 DFT 所需乘法次数比较

M	N	直接计算 DFT(N^2)	DIT-FFT$\left(\dfrac{N}{2}\log_2 N\right)$	改善比值$\left(\dfrac{2N}{\log_2 N}\right)$
1	2	4	1	4
2	4	16	4	4
3	8	64	12	5.3
4	16	256	32	8
5	32	1024	80	12.8
6	64	4096	192	21.3
7	128	16384	448	36.6
8	256	65536	1024	64
9	512	262144	2304	113.8
10	1024	1048576	5120	204.8
11	2048	4194304	11264	372.4

8.6　信号频谱分析

DFT 是一种时域和频域均离散化的变换，适合数值运算，成为用计算机分析离散信号和系统的有力工具。信号的频谱结构及其物理意义在连续信号频谱分析时已经进行了深入的讨论和分析，采用离散化方法对信号的频谱分析在本质上并没有不同，但无论是时域离散化或频域离散化均对连续信号的频谱结构造成了一些影响，因此在应用数字化手段分析信号频谱时，要清楚离散化给频谱造成的影响，能应用离散化后的频谱解决实际工程信号问题，并能采取措施减小离散化对频谱造成的影响。这也是在这里讨论离散化后频谱的原因。

对连续信号和系统，其频域特性已经在前面进行了分析，当通过时域采样把连续信号离散化后，需要应用 DFT 进行近似得到其频谱。

工程实际中，经常遇到连续信号 $x(t)$，其频谱函数 $X(j\Omega)$ 也是连续函数。为了利用 DFT 对 $x(t)$ 进行频谱分析，先对 $x(t)$ 进行时域采样，得到 $x(n) = x(nT)$，再对 $x(n)$ 进行 DFT，得到的 $X(k)$ 则是 $x(n)$ 的傅里叶变换 $X(e^{j\omega})$ 在频率区间 $[0, 2\pi]$ 上的 N 点等间隔采样。这里 $x(n)$ 和 $X(k)$ 均为有限长序列。然而，由傅里叶变换理论知道，若信号持续时间有限长，则其频域无限宽；若信号的频谱有限宽，则其持续时间必然无限长。所以严格地讲，持续时间有限的带限信号是不存在的。因此，按照采样定理采样时，上述两种情况下的采样序列 $x(n) = x(nT)$ 均应为无限长，不满足 DFT 的变换条件。实际上对频谱很宽的信号，为防止时域采样后产生频谱混叠失真，可用预滤波器滤除幅度较小的高频成分，使连续信号的带宽小于折叠频率。对于持续时间很长信号，采样点数太多，以致无法存储和计算，只好截取有限点进行 DFT。由上述可见，用 DFT 对连续信号进行频谱分析必然是近似的，其近似程度与信号带宽、采样频率和截取长度有关。实际上从工程角度看，滤除幅度很小的高频成分和截去幅度很小的部分时间信号是允许的。因此，在下面的分析中，假设 $x(t)$ 是经过预滤波和截取处理的有限长带限信号。

设连续信号 $x(t)$ 持续时间为 T_p，最高频率为 f_c，$x(t)$ 的傅里叶变换为 $X(j\Omega)$，对 $x(t)$ 进行时域等间隔 T 采样得到 $x(n) = x(nT)$，$x(n)$ 的傅里叶变换为 $X(e^{j\omega})$。由假设条件可知 $x(n)$ 的长度为

$$N = \frac{T_p}{T} = T_p F_s \tag{8-50}$$

式中　F_s——采样频率 $F_s = 1/T$。

用 $X(k)$ 表示 $x(n)$ 的 N 点 DFT，下面推导出 $X(k)$ 与 $X(j\Omega)$ 的关系，最后由此关系归纳出用 $X(k)$ 表示 $X(j\Omega)$ 的方法，即用 DFT 对连续信号进行频谱分析的方法。

$x(n)$ 的傅里叶变换 $X(e^{j\omega})$ 与 $x(t)$ 的傅里叶变换 $X(j\Omega)$ 满足如下关系：

$$X(e^{j\omega}) = \frac{1}{T} \sum_{m=-\infty}^{\infty} X\left(j\left(\frac{\omega}{T} - \frac{2\pi}{T}m\right)\right) \tag{8-51}$$

将 $\omega = \Omega T$ 代入式 (8-51)，得到

$$X(e^{j\Omega T}) = \frac{1}{T} \sum_{m=-\infty}^{\infty} X\left(j\left(\Omega - \frac{2\pi}{T}m\right)\right) = \frac{1}{T} X_p(j\Omega) \tag{8-52}$$

其中

$$X_p(\mathrm{j}\Omega) = \sum_{m=-\infty}^{\infty} X\left(\mathrm{j}\left(\Omega - \frac{2\pi}{T}m\right)\right)$$

表示模拟信号频谱 $X(\mathrm{j}\Omega)$ 的周期延拓函数。由 $x(n)$ 的 N 点 DFT 定义有

$$X(k) = \mathrm{DFT}[x(n)] = X(\mathrm{e}^{\mathrm{j}\omega})\big|_{\omega=\frac{2\pi}{N}k} \quad 0 \leqslant k \leqslant N-1 \tag{8-53}$$

代入后得到

$$X(k) = X\left(\mathrm{e}^{\mathrm{j}\frac{2\pi}{N}k}\right) = \frac{1}{T}X_p\left(\mathrm{j}\frac{2\pi}{NT}k\right) = \frac{1}{T}X_p\left(\mathrm{j}\frac{2\pi}{T_p}k\right) \tag{8-54}$$

这就是 $X(k)$ 与 $X(\mathrm{j}\Omega)$ 的关系。

为了符合一般的频谱描述习惯，以频率 f 为自变量，整理式(8-54)，并令

$$\left.\begin{array}{l} X(f) = X(\mathrm{j}\Omega)\big|_{\Omega=2\pi f} = X(\mathrm{j}2\pi f) \\ X_p(f) = X_p(\Omega)\big|_{\Omega=2\pi f} = X(2\pi f) \end{array}\right\} \tag{8-55}$$

则式(8-54)变为

$$X(k) = \frac{1}{T}X_p(f)\bigg|_{f=\frac{k}{NT}=\frac{k}{T_p}} = \frac{1}{T}X_p(kF) \quad k = 0, 1, \cdots, N-1$$

由此可得

$$X_p(kF) = TX(k) = T \cdot \mathrm{DFT}[x(n)] \quad k = 0, 1, \cdots, N-1 \tag{8-56}$$

其中，F 表示对模拟信号频谱的采样间隔，所以称之为频率分辨率，$T_p = NT$ 为截断时间长度。

$$F = \frac{1}{T_p} = \frac{1}{NT} = \frac{F_s}{N} \tag{8-57}$$

式(8-56)表明，可以通过对连续信号采样并进行 DFT 再乘以 T，得到模拟信号频谱的周期延拓函数在第一个周期 $[0, F_s]$ 上的 N 点等间隔采样 $X_p(kF)$。对满足假设的持续时间有限的带限信号，在满足时域采样定理时，$X_p(kF)$ 包含了模拟信号频谱的全部信息（$k = 0, 1, \cdots, N/2$，表示正频率频谱采样；$k = N/2+1, N/2+2, \cdots, N-1$，表示负频率频谱采样）。所以上述分析方法不丢失信息，即可由 $X(k)$ 恢复 $X(\mathrm{j}\Omega)$ 或 $x(t)$。

但直接由分析结果 $X(k)$ 看不到 $X(\mathrm{j}\Omega)$ 的全部频谱特性，而只能看到 N 个离散采样点的谱线，这就好像从 N 个栅栏缝隙中观看信号的频谱情况，仅得到 N 个缝隙中看到的频谱函数值，这就是所谓的栅栏效应。由于栅栏效应，又可能漏掉（挡住）大的频谱分量。为了把原来被"栅栏"挡住的频谱分量检测出来，就必须提高频率分辨率。对有限长序列，可以在原序列尾部补零；对无限长序列，可以增大截取长度及 DFT 变换区间的长度，从而使频域采样间隔变小，增加频域采样点数和采样点位置，使原来漏掉的某些频谱分量被检测出来。

如果 $x(t)$ 持续时间无限长，上述分析中要进行截断处理，形成有限长序列 $y(n) = x(n)w(n)$，$w(n)$ 称为窗函数，长度为 N。$w(n) = R_N(n)$，称为矩形窗函数。根据傅里叶变换的频域卷积定理，有

$$Y(\mathrm{e}^{\mathrm{j}\omega}) = \mathrm{FT}[y(n)] = \frac{1}{2\pi}X(\mathrm{e}^{\mathrm{j}\omega}) * W(\mathrm{e}^{\mathrm{j}\omega}) = \frac{1}{2\pi}\int_{-\pi}^{\pi} X(\mathrm{e}^{\mathrm{j}\theta})W(\mathrm{e}^{\mathrm{j}(\omega-\theta)})\mathrm{d}\theta$$

其中

$$X(\mathrm{e}^{\mathrm{j}\omega}) = \mathrm{FT}[x(n)], \quad W(\mathrm{e}^{\mathrm{j}\omega}) = \mathrm{FT}[w(n)]$$

截断后序列的频谱 $Y(\mathrm{e}^{\mathrm{j}\omega})$ 与原序列频谱 $X(\mathrm{e}^{\mathrm{j}\omega})$ 必然有差别，这种差别对谱分析的影响

主要表现在如下两个方面：

1）泄露。原来序列 $x(n)$ 的频谱是离散谱线，经截断后，使原来的离散谱线向附近展宽，通常称这种展宽为泄露。显然，泄露使频谱变模糊，使谱分辨率降低。

2）谱间干扰。在主谱线两边形成很多旁瓣，引起不同频率分量间的干扰（简称谱间干扰），特别是强信号谱的旁瓣可能湮没信号的主谱线，或者把强信号谱的旁瓣误认为是另一频率的信号的谱线，从而造成假信号，这样就会使频谱分析产生较大误差。

由于上述两种影响是由信号截断引起的，因此称之为截断效应。增加 N 可使 $W_g(\omega)$ 的主瓣变窄，减小泄露，提供频率分辨率，但旁瓣的相对幅度并不减小。为了减小谱间干扰，应用其他形状的窗函数 $w(n)$ 代替矩形窗。但在 N 一定时，旁瓣幅度越小的窗函数，其主瓣就越宽。所以，在 DFT 变换区间（即截取长度）N 一定时，只能以降低谱分析率为代价，换取谱间干扰的减小。

在对连续信号进行频谱分析时，主要关心两个问题，即频谱分析范围和频率分辨率。谱分析范围为 $[0, f_s/2]$，直接受采样频率 f_s 的限制。为了不产生频谱混叠失真，通常要求信号的最高频率 $f_c < f_s/2$。频率分辨率用频率采样间隔 Δf 描述，Δf 表示谱分析中能够分辨的两个频率分量的最小间隔。显然，Δf 越小，频谱分析就越接近 $X(\mathrm{j}f)$，所以 Δf 较小时，称频率分辨率较高。

例 8-4 对实信号进行频谱分析，要求谱分辨率 $\Delta f \leqslant 10\mathrm{Hz}$，信号最高频率 $f_c = 2.5\mathrm{kHz}$，试确定最小记录时间 $T_{p\min}$、最大采样间隔 $T_{\max}$ 和最少采样点数 $N_{\min}$。如果 f_c 不变，要求谱分辨率提高 1 倍，最少采样点数和最小记录时间是多少？

解 $T_p \geqslant \dfrac{1}{\Delta f} = \dfrac{1}{10\mathrm{Hz}} = 0.1\mathrm{s}$

因此 $T_{p\min} = 0.1\mathrm{s}$。因为要求 $f_s \geqslant 2f_c$，所以

$$T_{\max} = \frac{1}{F_{s\min}} = \frac{1}{2f_c} = \frac{1}{2 \times 2500\mathrm{Hz}} = 0.2 \times 10^{-3}\mathrm{s}$$

$$N_{\min} = \frac{2f_c}{\Delta f} = \frac{2 \times 2500\mathrm{Hz}}{10\mathrm{Hz}} = 500$$

为使用 DFT 的快速算法 FFT，希望 N 符合 2 的整数幂，为此选用 $N = 512$ 点。为使频率分辨率提高 1 倍，即 $\Delta f = 5\mathrm{Hz}$，要求：

$$N_{\min} = \frac{2 \times 2500\mathrm{Hz}}{5\mathrm{Hz}} = 1000$$

$$T_{p\min} = \frac{1}{5\mathrm{Hz}} = 0.2\mathrm{s}$$

用快速算法 FFT 计算时，选用 $N = 1024$ 点。

上面分析了为提高频谱分辨率，又保持谱分析范围不变，必须增大记录时间 T_p，增大采样点数 N。应当注意，这种提高谱分辨率的条件是必须满足时域采样定理，即绝对不能保持 N 不变，通过增大 T 来增加记录时间 T_p。

8.7 离散系统的频域分析

对于离散系统已经在时域和复频域（z 变换）对其进行了分析，在时域可通过建立系统的

差分方程来求系统的响应，当系统的单位冲激响应已知时也可以通过卷积和求得系统的响应。在复频域建立起了系统函数的概念及求解系统函数的方法，通过系统函数可以获取离散系统的幅频特性和相频特性，判断系统的稳定性和因果性，也可以通过 z 域求解系统的响应，再通过逆 z 变换得到响应在时域的序列。

单位圆上的 z 变换就是序列的傅里叶变换，即

$$H(e^{j\omega}) = H(z)\big|_{z=e^{j\omega}} \tag{8-58}$$

$H(e^{j\omega})$ 是 ω 的连续周期函数。如果对序列 $h(n)$ 进行 N 点 DFT 得到 $H(n)$，则 $H(n)$ 是在区间 $[0, 2\pi]$ 上对 $H(e^{j\omega})$ 的 N 点间隔采样，频谱分辨率就是采样间隔 $2\pi/N$。而 $H(e^{j\omega})$ 就是离散系统的频率响应函数，可以应用前面的知识通过分析 $H(e^{j\omega})$ 来获知系统的频率响应特性。

8.7.1　基本信号激励下系统的零状态响应

对于任意周期序列 $f(k)$，利用 DFS 可以将其表示为指数信号 $e^{j\left(\frac{2\pi}{N}\right)nk}$ 的线性组合，即

$$f(k) = \sum_{n=0}^{N-1} F_n e^{j\left(\frac{2\pi}{N}\right)nk} \tag{8-59}$$

式中　F_n——$F_n = \dfrac{1}{N} \sum_{n=0}^{N-1} f(k) e^{-j\left(\frac{2\pi}{N}\right)nk}$。

同样，也可以利用 DTFT 将任一非周期离散序列 $f(k)$ 表示为指数信号 $e^{j\omega k}$ 的线性组合，即

$$f(k) = \frac{1}{2\pi} \int_{2\pi} F(e^{j\omega}) e^{j\omega k} \, d\omega \tag{8-60}$$

式中　$F(e^{j\omega}) = \sum_{n=-\infty}^{\infty} f(k) e^{-j\omega k}$。

因此，与连续信号的情况一样，将指数信号 $e^{j\omega k}$ 称为基本信号，而指数信号 $e^{j\left(\frac{2\pi}{N}\right)nk}$ 实质上与基本信号 $e^{j\omega k}$ 一样，它只是当 $\omega = \left(\dfrac{2\pi}{N}\right)n$ 时的特例。

设稳定离散 LTI 系统的单位冲激响应为 $h(k)$，则当激励为基本信号 $e^{j\omega k}$ 时，系统的零状态响应为

$$y(k) = e^{j\omega k} * h(k) = \sum_{i=-\infty}^{\infty} h(i) e^{-j\omega(k-i)} = e^{j\omega k} \sum_{i=-\infty}^{\infty} h(i) e^{-j\omega i} \tag{8-61}$$

式中，$\sum_{i=-\infty}^{\infty} h(i) e^{-j\omega i}$ 正好是 $h(k)$ 的 DTFT，记为 $H(e^{j\omega})$，即

$$H(e^{j\omega}) = \sum_{k=-\infty}^{\infty} h(k) e^{-j\omega k} \tag{8-62}$$

称 $H(e^{j\omega})$ 为离散系统的频率响应函数。则可以求得系统对基本信号 $e^{j\omega k}$ 的响应必定为

$$y(k) = e^{j\omega k} * h(k) = e^{j\omega k} \cdot H(e^{j\omega}) \tag{8-63}$$

$H(e^{j\omega})$ 一般是 ω 的连续函数，且为复数形式，因此可写成

$$H(e^{j\omega}) = |H(e^{j\omega})| e^{j\varphi(\omega)} \tag{8-64}$$

式中　$|H(e^{j\omega})|$——离散系统的幅频响应；

$\varphi(\omega)$——离散系统相频响应。

例 8-5　已知激励序列 $f(k)=A\cos\omega_0 k$，$-\infty<k<\infty$，系统的频率响应为 $H(\mathrm{e}^{\mathrm{j}\omega})$，求系统零状态响应 $y(k)$。

解　将 $f(k)$ 写成 $f(k)=\dfrac{A}{2}(\mathrm{e}^{\mathrm{j}\omega_0 k}+\mathrm{e}^{-\mathrm{j}\omega_0 k})$，则响应为

$$y(k)=\frac{A}{2}\left[H(\mathrm{e}^{\mathrm{j}\omega_0})\mathrm{e}^{\mathrm{j}\omega_0 k}+H(\mathrm{e}^{\mathrm{j}\omega_0})\mathrm{e}^{-\mathrm{j}\omega_0 k}\right]$$

由于 $H(\mathrm{e}^{\mathrm{j}\omega})$ 为 ω 的偶函数，$\varphi(\omega)$ 是 ω 的奇函数，因此可将上式写成

$$y(k)=\frac{A}{2}\left|H(\mathrm{e}^{\mathrm{j}\omega_0})\right|\left[\mathrm{e}^{\mathrm{j}(\omega_0 k+\varphi(\omega_0))}+\mathrm{e}^{-\mathrm{j}(\omega_0 k+\varphi(\omega_0))}\right]=A\left|H(\mathrm{e}^{\mathrm{j}\omega_0})\right|\cos(\omega_0 k+\varphi(\omega_0))$$

例 8-6　已知离散系统的差分方程为 $y(k)+\dfrac{1}{2}y(k-1)=f(k-1)$，若激励序列为 $f(k)=10\cos\left(\dfrac{\pi}{2}k+\dfrac{2\pi}{3}\right)$，求系统的稳态响应。

解　若系统激励为单位冲激序列 $\delta(k)$，则系统的响应为 $h(k)$，代入差分方程有

$$h(k)+\frac{1}{2}h(k-1)=\delta(k-1)$$

两边取 DFT，得到

$$H(\mathrm{e}^{\mathrm{j}\omega})+\frac{1}{2}\mathrm{e}^{\mathrm{j}\omega}H(\mathrm{e}^{\mathrm{j}\omega})=\mathrm{e}^{\mathrm{j}\omega}$$

可以得到系统的频率响应函数为

$$H(\mathrm{e}^{\mathrm{j}\omega})=\frac{1}{\mathrm{e}^{\mathrm{j}\omega}+\dfrac{1}{2}}=\frac{2}{\sqrt{5+4\cos\omega}}\mathrm{e}^{-\mathrm{j}\arctan\frac{\sin\omega}{\cos\omega+\frac{1}{2}}}$$

激励序列的频率为 $\dfrac{\pi}{2}$，所以有

$$H(\mathrm{e}^{\mathrm{j}\omega})\Big|_{\omega=\frac{\pi}{2}}=\frac{2}{\sqrt{5}}\mathrm{e}^{-\mathrm{j}\arctan 2}$$

则该离散系统的稳态响应为

$$y(k)=\frac{20}{\sqrt{5}}\cos\left(\frac{\pi}{2}k+\frac{2\pi}{3}-\arctan 2\right)$$

8.7.2　一般信号激励下系统的零状态响应

设离散系统的单位冲激响应为 $h(k)$，系统激励为 $f(k)$，则该系统的零状态响应 $y(k)$ 为
$$y(k)=f(k)*h(k)$$
应用离散系统傅里叶变换的性质，可将时域卷积响应转换到频域求响应。
$$Y(k)=F(k)H(\mathrm{e}^{\mathrm{j}\omega})$$
因此，只要知道离散系统的频率响应函数，就可应用上式在频域求得离散系统的响应，再借助逆变换将其转换到时域，就可求得系统的响应。求离散系统频率响应函数的方法有多种，比如通过差分方程、单位冲激响应以及离散系统系统函数 $H(z)$ 等，这些方法前面已经

讲述了，这里就不再重复。

例 8-7 已知离散系统的差分方程为

$$y(k)+0.1y(k-1)-0.02y(k-2)=6f(k)$$

当激励为 $f(k)=(0.5)^k\delta(k)$，求该系统的零状态响应。

解 由差分方程两边取傅里叶变换，并借助序列移位性质，可以得到该系统的频率响应函数为

$$H(e^{j\omega})=\frac{6}{1+0.1e^{-j\omega}-0.02e^{-j2\omega}}$$

将 $H(e^{j\omega})$ 展开成多项式和的形式，则

$$H(e^{j\omega})=\frac{6}{(1-0.1e^{-j\omega})(1+0.2e^{-j\omega})}=\frac{2}{1-0.1e^{-j\omega}}+\frac{4}{1+0.2e^{-j\omega}}$$

激励 $f(k)$ 的 DTFT 为

$$F(k)=\frac{1}{1-0.5e^{-j\omega}}$$

则该系统的响应为

$$Y(k)=F(k)H(e^{j\omega})=\frac{6}{(1-0.1e^{-j\omega})(1+0.2e^{-j\omega})(1-0.5e^{-j\omega})}$$

将 $Y(k)$ 展开成多项式和的形式：

$$Y(k)=\frac{75/14}{1-0.5e^{-j\omega}}+\frac{-1/2}{1-0.1e^{-j\omega}}+\frac{8/7}{1+0.2e^{-j\omega}}$$

查表得该系统的零状态响应为

$$y(k)=\frac{75}{14}(0.5)^k\delta(k)-\frac{1}{2}(0.1)^k\delta(k)+\frac{8}{7}(-0.2)^k\delta(k)$$

若激励为有限长序列，系统的单位冲激响应也为有限长序列，在满足由循环卷积求线性卷积的条件下，可用 DFT 求系统的响应 $Y(k)=F(k)H(k)$，再由逆变换得到时域响应。

 习题

8-1 计算以下序列的 N 点 DFT，在变换区间 $0\leqslant n\leqslant N-1$，序列定义为

(1) $x(n)=1$

(2) $x(n)=\delta(n)$，$\delta(n)$ 为单位样值序列

(3) $x(n)=e^{j\frac{2\pi}{N}mn}$，$0<m<N$

(4) $x(n)=\cos\left(\frac{2\pi}{N}mn\right)$，$0<m<N$

(5) $x(n)=e^{j\omega_0 n}R_N(n)$，$R_N(n)$ 为单位矩形脉冲序列

(6) $x(n)=\cos(\omega_0 n)\cdot R_N(n)$

8-2 已知周期矩形脉冲序列 $f(k)$ 如图 8-10 所示，求其 DFS 展开式。

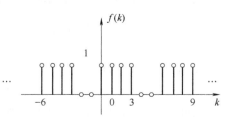

图 8-10 周期矩形脉冲序列

8-3　已知序列

$$f(k)=\begin{cases}1, & |k|\leqslant 2\\ 0, & |k|>2\end{cases}$$

试求其 DTFT。

8-4　已知离散周期序列

$$f(k)=\{e^{jk\omega_0 n},k=0,1,2,\cdots,N-1\}$$

试求其离散时间傅里叶级数。

8-5　已知序列

$$f(k)=\frac{\sin\left(\dfrac{\pi}{2}n\right)}{\pi n}$$

试求序列 $x(k)=f(k)^2$ 的傅里叶变换 $X(e^{j\omega})$。

8-6　已知有限长序列 $x(n)=\{1,2,-1,3\}$，试利用 FFT 运算流程图求 $X(k)$，再由 $X(k)$ 按 IFFT 反求 $x(n)$。

8-7　已知指数序列 $x(n)=0.5^n$，$0\leqslant n\leqslant 11$，矩形脉冲序列 $h(n)=R_N(n)$，其中 $N=6$，试求线性卷积 $x(n)*h(n)$。

8-8　已知序列 $x(n)=R_N(n)$，试分别求 $N=4$ 和 $N=8$ 时序列的 DFT，并比较序列长度对频谱的影响。

8-9　已知 $x(n)=a^n u(n)$，$0<a<1$，$h(n)=u(n)$，试求 $y(n)=x(n)*h(n)$。

8-10　已知序列 $x_1(n)=\{1,2,3,4\}$，$x_2(n)=\{5,6,7,8\}$，其长度相等，$0\leqslant n\leqslant 3$，试分别求两序列的线性卷积 $x_1(n)*x_2(n)$ 和圆卷积 $x_1(n)\circledast x_2(n)$，并对比卷积结果，解释结果存在差异的原因。

8-11　已知 $x(n)=R_N(n)$，其离散傅里叶变换 $X(k)=\text{DFT}[x(n)]$，试从时域和频域结果验证帕塞瓦尔定理。

8-12　已知模拟信号 $x(t)=2\sin(4\pi t)=5\cos(8\pi t)$，以 $t=\dfrac{1}{100}n$，$n=0,1,2,\cdots,N-1$ 分别对 $x(t)$ 进行取样，利用 MATLAB 求其频谱，并绘出 $N=45$，$N=60$ 时的频谱，分析序列长度变化以及抽样时间间隔变化对频谱的影响，结合采样定理确定不产生频率混叠的最小采样频率。

8-13　试编写 MATLAB 程序对手机记录的语音信号进行 FFT，并画出语音信号的频谱图，比较和分析同一说话人不同语意内容时频谱的异同点，并解释原因。

8-14　已知两序列 $x_1(n)=\{2,1,1,2\}$，$x_2(n)=\{1,-1,-1,1\}$。编写 MATLAB 程序求解下列问题。

（1）直接在时域计算卷积 $x_1(n)*x_2(n)$。

（2）用时域卷积定理在频域利用序列的 DFT 计算卷积，分析两种方法的时效性。

8-15　已知 LTI 系统的频率响应函数为 $H(e^{j\omega})=|H(e^{j\omega})|e^{j\varphi(\omega)}$，对于实序列单位样值响应 $h(n)$，当激励序列为 $x(n)=A\cos(\omega_0+\theta)$ 时，试求系统的稳态响应 $y(n)$。

第 9 章

无限脉冲响应数字滤波器的设计

滤波是滤除信号中的干扰成分，因为干扰无处不在，因此滤波是信号处理的重要内容。实现滤波就需要滤波器，滤波器有模拟滤波器和数字滤波器之分，是系统分析与设计的重要内容。本章以数字滤波器为研究对象，主要分析数字滤波器的基础理论，数字滤波器的设计方法、性能评价指标和实现方法。

9.1 数字滤波器的基本概念

从频带的可区分性考虑，数字滤波器（Digital Filter，DF）与模拟滤波器（Analog Filter，AF）相似，也可以分为低通、高通、带通和带阻等滤波器形式。数字滤波器既可以用算法程序实现，也可以用硬件实现。由于现代计算机技术的发展，数字滤波器也被广泛采用。数字滤波器与模拟滤波器相比，有其独特的优点，比如体积小、成本低、参数调整容易、有较高的精度及工作效率高等。

所谓数字滤波器是指输入、输出均为数字信号的滤波器或滤波算法，本章介绍的 DF 与传统的 AF 类似，也是从有用信号与干扰频带可分的角度进行讨论，对于频带交叠在一起的干扰成分，其频带混叠区域滤波效果不明显。这时需采用其他形式的滤波器，如卡尔曼滤波器、小波滤波器以及自适应滤波器等。

对于数字滤波器，描述系统特性用差分方程，设其输入序列为 $x(k)$，输出序列为 $y(k)$，则它们之间的关系可以用差分方程表示为

$$y(k)+b_1y(k-1)+b_2y(k-2)+\cdots+b_My(k-M)$$
$$=a_0x(k)+a_1x(k-1)+a_2x(k-2)+\cdots+a_Nx(k-N) \tag{9-1}$$

式中　　　　　　　　　　$y(k)$——系数一般取 1；

b_1，b_2，$\cdots$，b_M 及 a_0，a_1，a_2，$\cdots$，a_N——常系数；

　　　　　　　　　　M，N——对特定的系统，常数，分别代表输出最高阶数和输入最高阶数。

离散系统两边作 z 变换，可求得数字滤波器的传递函数为

$$H(z)=\frac{Y(z)}{X(z)}=\frac{\displaystyle\sum_{n=0}^{N}a_nz^{-n}}{1+\displaystyle\sum_{m=1}^{M}b_mz^{-m}} \tag{9-2}$$

数字滤波器的频率响应 $H(e^{j\omega})$ 也是其对单位冲激序列 $\delta(k)$ 的响应 $h(k)$ 的 DFT，也可由其传递函数 $H(z)$ 求得。

由单位冲激的响应序列 $h(k)$ 可以求得其频率响应函数 $H(\mathrm{e}^{\mathrm{j}\omega})$ 为

$$H(\mathrm{e}^{\mathrm{j}\omega}) = \sum_{k=-\infty}^{\infty} h(k)\mathrm{e}^{-\mathrm{j}k\omega} \tag{9-3}$$

或者当 $z = \mathrm{e}^{\mathrm{j}\omega}$ 时，可由数字滤波器的传递函数 $H(z)$ 得到其频率响应函数 $H(\mathrm{e}^{\mathrm{j}\omega})$ 为

$$H(\mathrm{e}^{\mathrm{j}\omega}) = \frac{\displaystyle\sum_{n=0}^{N} a_n \mathrm{e}^{-\mathrm{j}n\omega}}{1+\displaystyle\sum_{m=1}^{M} b_m \mathrm{e}^{-\mathrm{j}m\omega}} = |H(\mathrm{e}^{\mathrm{j}\omega})| \mathrm{e}^{\mathrm{j}\varphi(\omega)} \tag{9-4}$$

式中　$|H(\mathrm{e}^{\mathrm{j}\omega})|$——数字滤波器的幅频特性；

　　　　$\varphi(\omega)$——相频特性。

由 $z = \mathrm{e}^{\mathrm{j}\omega}$ 可知，数字滤波器的频率响应是由数字滤波器的传递函数在 z 平面单位圆上取值来决定的。这与模拟滤波器的频率响应由其传递函数在 s 平面虚轴上取值来决定是相对应的。

虽然 s 平面的虚轴和 z 平面上的单位圆相对应，但并不是一一对应的关系。s 平面虚轴上 $-\dfrac{\omega_s}{2} \leqslant \omega \leqslant \dfrac{\omega_s}{2}$ 一段，即可对应 z 平面上的一个单位圆。s 平面虚轴上的点沿虚轴每移动一个 ω_s，z 平面单位圆上的对应点就绕单位圆转一周。由此可见，数字滤波器的频率特性是频率 ω 的周期函数，即

$$H(\mathrm{e}^{\mathrm{j}\omega}) = H(\mathrm{e}^{\mathrm{j}(\omega+n\omega_s)}) \tag{9-5}$$

数字滤波器的频率特性具有周期性，频域周期为 $\omega_s = 2\pi$，沿单位圆 $\mathrm{e}^{\mathrm{j}\omega}$ 周期性重复。考虑到工程中只有正频率，在研究数字滤波器时，只需要研究 $0 \leqslant \omega \leqslant \dfrac{\omega_s}{2}$，即 $0 \sim \pi$ 就可以了。这是与模拟滤波器的显著不同点之一。

设数字滤波器的传递函数可用乘积形式表示为

$$H(z) = \frac{\displaystyle\prod_{n=0}^{N} (z-z_n)}{\displaystyle\prod_{m=1}^{M} (z-z_m)} \tag{9-6}$$

式中　z_n——零点；

　　　z_m——极点。

也可由式(9-6)得到数字滤波器的频率响应特性为

$$H(\mathrm{e}^{\mathrm{j}\omega}) = \frac{\displaystyle\prod_{n=0}^{N} (\mathrm{e}^{\mathrm{j}\omega}-z_n)}{\displaystyle\prod_{m=1}^{M} (\mathrm{e}^{\mathrm{j}\omega}-z_m)} = |H(\mathrm{e}^{\mathrm{j}\omega})| \mathrm{e}^{\mathrm{j}\varphi(\omega)} \tag{9-7}$$

9.2　数字滤波器的分类

数字滤波器有多种分类方法，下面分别进行介绍。

1. 经典滤波器和现代滤波器

这种分类方法是从信号和噪声的频带可分性来区分的。对于频带可分的情况一般将滤波

器分为低通、高通、带通和带阻四种类型。如果信号和干扰的频谱相互重叠，则经典滤波器不能有效地滤除干扰，这时就需要现代滤波器，例如维纳滤波器、卡尔曼滤波器和自适应滤波器等最佳滤波器。现代滤波器是根据随机信号的一些统计特性，在某种最佳准则下，可最大限度地抑制干扰，同时最大限度地恢复信号，从而达到最佳滤波的目的。

2. 理想滤波器和实际滤波器

理想的经典滤波器概念已经在前面章节中进行了讨论，这种滤波器具有直上直下的幅频特性，不存在过渡带，通带内的信号完整保留，通带外的信号完全滤除，这种理想滤波器是非因果的，因此不可能物理实现。根据频域有限，则时域无限的原则，理想滤波器的单位冲激响应是无限长的。尽管理想滤波器不可能物理实现，但其参数指标是滤波器设计所追求的目标，按照某些准则设计实际滤波器时，使之在误差容限内逼近理想滤波器特性，理想滤波器可作为逼近的标准。

3. 无限冲激响应数字滤波器和有限冲激响应数字滤波器

按照数字滤波器对冲激响应的特性来分类，分为无限冲激响应（Infinite Impulse Response，IIR）滤波器和有限冲激响应（Finite Impulse Response，FIR）滤波器。FIR 滤波器的传递函数只有零点，不含极点，它的单位冲激响应 $h(k)$ 只包含有限个非零值，即这种数字滤波器的冲激响应是时间有限的，在一定时刻后滤波器的输出为零。IIR 滤波器既有零点又有极点，它的冲激响应 $h(k)$ 中含有无限多个非零值，即这种滤波器的冲激响应是无限长时间序列，在一定的时间后，可能变小，但不会为零。

IIR 滤波器的输出 $y(n)$ 不仅取决于过去和现在的输入，而且也取决于过去的输出，这种滤波器有以下的差分方程：

$$y(n) = \sum_{r=0}^{N} a_r x(n-r) - \sum_{k=1}^{M} b_k y(n-k) \tag{9-8}$$

它的系统函数为

$$H(z) = \frac{\sum_{r=0}^{N} a_r z^{-r}}{1 + \sum_{k=1}^{M} b_k z^{-k}} \tag{9-9}$$

若 IIR 滤波器的输入为单位冲激序列 $\delta(n)$，对应的输出为 $h(n)$，则有

$$h(n) = \sum_{r=0}^{N} a_r \delta(n-r) - \sum_{k=1}^{M} b_k h(n-k) \tag{9-10}$$

从式（9-10）可以看出，尽管 $n>N$ 后，公式右边第一项为 0，但公式右边第二项永远不会为 0。所以这种滤波器对单位冲激的响应为无限项，即它的单位冲激是无限延续的，习惯上称这类滤波器为 IIR 滤波器。

FIR 滤波器的输出 $y(n)$ 只与当前的输入和过去的有限个输入有关，即只与 $x(n)$，$x(n-1)$，$\cdots$，$x(n-N)$ 有关，而与过去的输出无关，同时也与 $n>N$ 的输入无关，则这种滤波器的差分方程为

$$y(n) = \sum_{r=0}^{N} a_r x(n-r) \tag{9-11}$$

它的系统函数为

$$H(z) = \sum_{n=0}^{N-1} h(n) z^{-n} \tag{9-12}$$

若 FIR 滤波器的输入为单位冲激序列 $\delta(n)$，对应的输出为 $h(n)$，则有

$$h(n) = \sum_{r=0}^{N} a_r \delta(n-r) \tag{9-13}$$

从单位冲激响应可以看出，当 $n>N$ 后，$h(n)$ 就都为零了。这类滤波器的单位冲激响应是有限的，即它的单位冲激是有限长序列，所以习惯上称这类滤波器为 FIR 滤波器。

除了以上的滤波器分类方法外，还有其他的一些分类方法。比如根据滤波器对信号的处理作用又将其分为选频滤波器和其他滤波器。上述低通、高通、带通和带阻滤波器均属于选频滤波器，其他滤波器有微分器、希尔伯特变换器和频谱校正等。

滤波器不仅可以用于滤除噪声干扰，还可用于波形形成、调制解调器、从噪声中提取信号、信号分离和信道均衡等场合。

不论采用哪一种分类方法，数字滤波器最终都可以采用软件或硬件方案来实现。所谓软件方案，是指根据已知的传递函数求出该滤波器的算法（差分方程），然后将此算法编程由计算机来实现。所谓硬件方案，则要由延时器、加法器和乘法器等数字部件组成的数字网络来实现。本书主要讨论算法实现数字滤波器。

9.3　数字滤波器的技术指标

假设数字滤波器的频率响应函数 $H(e^{j\omega})$ 用式(9-14)表示：

$$H(e^{j\omega}) = |H(e^{j\omega})| e^{j\varphi(\omega)} \tag{9-14}$$

式中　　$|H(e^{j\omega})|$——数字滤波器的幅频特性；

$\varphi(\omega)$——相频特性。

幅频特性表示信号通过该滤波器后各频率成分振幅衰减情况，而相频特性反映各频率成分通过滤波器后在时间上的延时情况。因此，即使两个滤波器幅频特性相同，而相频特性不同，对相同的输入，滤波器输出的信号波形也是不一样的。一般选频滤波器的技术要求由幅频特性给出，对几种典型滤波器（如巴特沃思滤波器），其相频特性是确定的，所以设计过程中，对相频特性一般不做要求。但如果对输出波形有要求，则需要考虑相频特性的技术指标，例如波形传输、图像信号处理等。

理想滤波器是非因果的，物理上不可能实现。为了物理实现滤波器，必须设计一个因果可实现的滤波器去逼近理想滤波器。另外，也要考虑复杂性与成本问题，因此实现中通带和阻带都允许一定的误差容限，即通带不是完全水平的，阻带不是绝对衰减到零，即在通带与阻带之间允许一定宽度的过渡带存在。

以低通滤波器为例，其幅频特性如图 9-1 所示，滤波器的技术指标主要有通带、阻带、通带衰减和阻带误差。

ω_p 和 ω_s 分别称为通带边界频率和阻带截止频率。通带频率范围为 $0 \le \omega \le \omega_p$，在通带中要求 $(1-\delta_1) < |H(e^{j\omega})| \le 1$，阻带频率范围为 $\omega_s \le \omega \le \pi$，在阻带中要求 $|H(e^{j\omega})| \le \delta_2$。从 ω_p 到 ω_s 称为过渡带，过渡带上的频率响应一般是单调下降的。通常，通带内和阻带内允许的衰减一般用分贝数表示，通带内允许的最大衰减用 α_p 表示，阻带内允许的最小衰减用 α_s

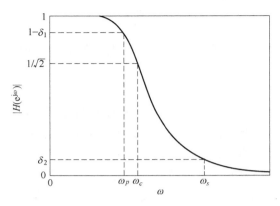

图 9-1 低通滤波器的幅频特性指标示意图

表示。对低通滤波器，α_p 和 α_s 分别定义为

$$\alpha_p = 20\lg \frac{|H(e^{j0})|}{|H(e^{j\omega_p})|} dB \tag{9-15}$$

$$\alpha_s = 20\lg \frac{|H(e^{j0})|}{|H(e^{j\omega_s})|} dB \tag{9-16}$$

显然，α_p 越小，通带波纹越小，通带逼近误差就越小；α_s 越大，阻带波纹越小，阻带逼近误差就越小；ω_p 与 ω_s 间距越小，过渡带就越窄。一般对通带和阻带内的幅频响应曲线形状没有具体要求，只要求其波纹幅度小于某个常数就可以了。所以低通滤波器的设计指标完全由通带边界频率 ω_p、通带最大衰减 α_p、阻带截止频率 ω_s 和阻带最小衰减 α_s 确定。

另外，还有一些技术指标术语需要了解，比如 3dB 通带截止频率，它指当幅值下降到 $\frac{\sqrt{2}}{2}$ 时，即 $|H(e^{j\omega})|$ 下降为 0.707 时，衰减 $\alpha_{-3dB} = 3dB$，对应的频率用 ω_c 表示。

如果将 $|H(e^{j0})|$ 归一化为 1，通带和阻带衰减可用式(9-17)、式(9-18)表示：

$$\alpha_p = -20\lg |H(e^{j\omega_p})| dB \tag{9-17}$$

$$\alpha_s = -20\lg |H(e^{j\omega_s})| dB \tag{9-18}$$

其中 ω_p、ω_c 和 ω_s 统称为边界频率，它们是滤波器设计中所涉及的很重要的参数。对其他类型的滤波器，应将 $H(e^{j0})$ 改成 $H(e^{j\omega_0})$，ω_0 为滤波器通带中心频率。

9.4 数字滤波器的实现途径及结构

当数字滤波器采用硬件直接实现时，可以通过递归和非递归的途径加以实现，不论是 FIR DF，还是 IIR DF，都可以采用这两种实现方法中的任意一种加以实现。但是，从传递函数 $H(z)$ 的结构来看，FIR DF 的传递函数与非递归型 DF 的传递函数具有相同的形式，而 IIR DF 的传递函数与递归型 DF 的传递函数具有相同的形式，如果形式对应，则实现更加方便，概念更加清楚。所以，FIR DF 一般采用非递归型来实现，如图 9-2 所示，而 IIR DF 一般采用递归方法来实现，如图 9-3 所示。

从图 9-2 和图 9-3 这两个例子中可以看出，递归型结构中包含了 DF 历史输出数据，这些数据是通过加权后反馈到 DF 的输入端，与当前输入数据作代数和。而非递归型结构中没有输出反馈。这里也可以把反馈理解为递归。

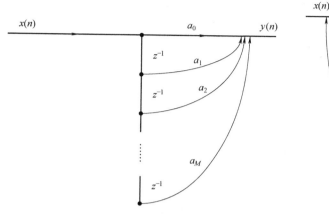

图 9-2　FIR DF 非递归型实现　　　　　图 9-3　IIR DF 递归型实现

IIR DF 用递归型实现和 FIR DF 用非递归型实现是非常自然的，但并不绝对。也可用不同的方法实现。

从数字滤波器的传递函数可以分析数字滤波器的频率响应特性。同时，也可以根据其传递函数来构成或设计一个滤波器，来达到对信号中特定频率成分的滤波功能。

数字滤波器的构成方法一般可以分为直接构成法和间接构成法。而间接构成法又可分为级联构成法和并联构成法。不论采用哪一种方法，数字滤波器最终都可以采用软件或硬件方案来实现。

9.4.1　直接构成法

若已知数字滤波器的传递函数为

$$H(z) = \frac{Y(z)}{X(z)} = \frac{\sum_{n=0}^{N} a_n z^{-n}}{1 + \sum_{m=1}^{M} b_m z^{-m}} \tag{9-19}$$

则

$$Y(z) = \sum_{n=0}^{N} a_n z^{-n} X(z) - \sum_{m=1}^{M} b_m z^{-m} \tag{9-20}$$

通过对式（9-20）各项求逆 z 变换，并应用移序特性，可得

$$y(k) = \sum_{n=0}^{N} a_n x(k-n) - \sum_{m=1}^{M} b_m y(k-m) \tag{9-21}$$

对式（9-21）编程计算，就可得到输入序列 $x(k)$ 经传递函数为 $H(z)$ 的数字滤波器后的输出 $y(k)$。可以看出，数字滤波器的输出需要用到当前时刻 k 以前的输入序列和输出序列，只不过对序列进行了相应的加权。

对于这样的数字滤波器，也可以利用硬件来实现。其硬件结构框图如图 9-4 所示。

图 9-4 中，z^{-1} 表示单位延时器。图 9-4 是采用直接构成法用硬件来实现数字滤波器的一种框图表示法，比较直观，便于理解。但因为单位延时器的多少反映了数字滤波器在硬件结

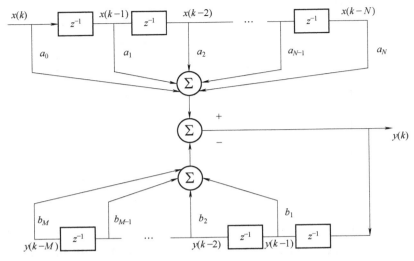

图9-4 数字滤波器直接构成法硬件结构框图

构上对存储量的要求，所以在实际中，一般不直接用上述框图来构成硬件网络系统，而是通过采用一些技巧，来使滤波器对硬件存储量的要求减少。最常用的方法是共用存储单元，上图中 N 个过去输入样值和 M 个过去输出样值都必须事先存储在各延时单元中。为了减少存储单元，设定一个中间变量 $w(k)$，可以将计算分两步来实现，这样就可以分时利用存储单元了，一般只需 N 和 M 中最大的数目就可以了，过程如下（设 $N>M$）。

$$w(k) = x(k) - \sum_{m=1}^{M} b_m y(k-m) \tag{9-22}$$

$$y(k) = \sum_{n=0}^{N} a_n x(k-n) \tag{9-23}$$

其硬件实现结构框图如图9-5所示（这种结构有时称为标准型）。

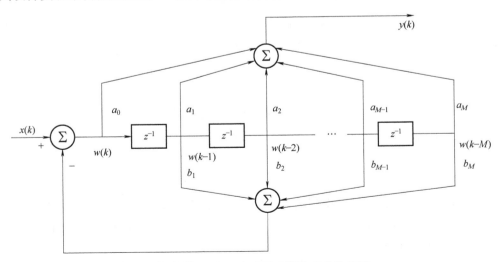

图9-5 标准型数字滤波器硬件实现结构框图

数字滤波器的一大好处是其增益 a_n 和 b_m 与传递函数中的系数——对应，改变起来很方便。而模拟滤波器传递函数中的各参数就很难找到与元器件参数的这种对应关系。

9.4.2　间接构成法

直接构成法简单、直观，但也有局限性。特别是在高阶数字滤波器中，各系数的变化对其频率响应影响比较大，在精度达不到要求的情况下，很难保证滤波器的性能。所以，在实际中，经常将高阶数字滤波器分解成一系列低阶数字滤波器，然后，再按一定的规则将它们组合起来。

1. 串联构成法（又称级联法）

将高阶数字滤波器分解成低阶数字滤波器，比如，一阶或二阶，然后将其串联成高阶数字滤波器，如图 9-6 所示。

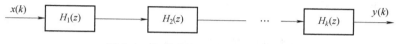

图 9-6　串联法构成高阶数字滤波器

串联型数字滤波器的传递函数等于各子系统传递函数的乘积。

$$\left| H(z) \right| = \prod_{i=1}^{N} H_i(z)$$

2. 并联构成法

也可以将高阶数字滤波器分解成一系列低阶数字滤波器，然后将其并联起来，来实现高阶滤波器的功能，如图 9-7 所示。

并联后系统的传递函数等于各子系统传递函数的和。

$$H(z) = \sum_{i=1}^{N} H_i(z)$$

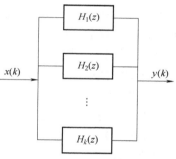

图 9-7　并联法构成高阶数字滤波器

无论是采用串联构成法还是并联构成法，其中各子系统都可采用直接构成法来实现。

9.5　数字滤波器设计方法概述

数字滤波器的设计问题实际上就是寻找一组系数，使得其性能在某种意义上逼近所要求的技术特性。IIR 滤波器和 FIR 滤波器的设计方法完全不同。IIR 滤波器设计方法有间接法和直接法，间接法可借助于模拟滤波器的设计方法。其设计步骤是：先设计过渡模拟滤波器得到系统函数 $H_a(s)$，然后将 $H_a(s)$ 按某种方法转换成数字滤波器的系统函数 $H(z)$。这是因为模拟滤波器的设计方法已经很成熟，不仅有完整的设计公式，还有完善的图表和曲线供查阅；另外，还有一些典型的优良滤波器类型可供使用。直接法直接在频域或者时域中设计数字滤波器，由于要解联立方程，设计时需要计算机辅助设计。FIR 滤波器不能采用间接法，常用的设计方法有窗函数法、频率采样法和切比雪夫波纹逼近法等。

对于线性相位滤波器，经常采用 FIR 滤波器。可以证明，FIR 滤波器的单位脉冲响应满足一定条件时，其相位特性在整个频带是严格线性的，这是模拟滤波器无法达到的。当然，也可以采用 IIR 滤波器，但必须使用全通网络对其非线性相位特性进行校正，这样增加了设计与实现的复杂性。

本章只介绍 IIR 滤波器的间接设计方法。为此，先介绍模拟低通滤波器的设计，这是因为低通滤波器的设计是设计其他滤波器的基础。模拟高通、带通和带阻滤波器的设计过程是：先将希望设计的各种滤波器的技术指标转换为低通滤波器技术指标，然后设计相应的低通滤波器，最后采用频率转换法将低通滤波器转换成所希望的各种滤波器。

应当说明，滤波器设计公式较多，计算繁杂。但是，在计算机普及的今天，各种设计方法都有现成的设计程序（或设计函数）可供调用。所以，只要掌握了滤波器基本设计原理，在工程实际中采用计算机辅助设计滤波器是很容易的事。

9.6 模拟滤波器的设计

模拟滤波器的理论和设计方法已发展得相当成熟，且有多种典型的模拟滤波器可供选择，如巴特沃思（Butterworth）滤波器、切比雪夫（Chebyshev）滤波器、椭圆（Ellipse）滤波器和贝塞尔（Bessel）滤波器等。这些滤波器都有严格的设计公式、现成的曲线和图表供设计人员使用，而且所设计的系统函数都满足电路实现条件。这些典型的滤波器各有特点：巴特沃思滤波器具有单调下降的幅频特性；切比雪夫滤波器的幅频特性在通带或者阻带有等波纹特性，可以提高选择性；贝塞尔滤波器通带内有较好的线性相位特性；椭圆滤波器的选择性相对前三种是最好的，但通带和阻带内均呈现等波纹幅频特性，相位特性的非线性也稍严重。设计时，根据具体要求选择滤波器的类型

选频型模拟滤波器按幅频特性可分成低通、高通、带通和带阻滤波器，它们的理想幅频特性如图 9-8 所示。在设计滤波器时，总是先设计低通滤波器，再通过频率变换将低通滤波器转换成希望类型的滤波器。下面先介绍低通滤波器的技术指标和逼近方法，然后分别介绍巴特沃思滤波器和切比雪夫滤波器的设计方法。最后介绍频率变换与模拟高通、带通、带阻滤波器的设计。

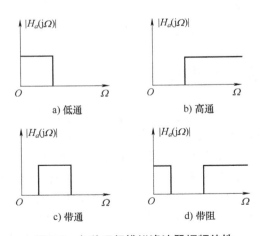

图 9-8 各种理想模拟滤波器幅频特性

9.6.1 模拟低通滤波器的设计指标及逼近方法

本书中，分别用 $h_a(t)$、$H_a(s)$、$H_a(j\Omega)$ 表示模拟滤波器的单位冲激响应、系统函数、频率响应函数，三者的关系如下：

$$H_a(s) = L(h_a(t)) = \int_{-\infty}^{\infty} h_a(t) e^{-st} dt \tag{9-24}$$

$$H_a(j\Omega) = FT[h_a(t)] = \int_{-\infty}^{\infty} h_a(t) e^{-j\Omega t} dt \tag{9-25}$$

可以用 $h_a(t)$、$H_a(s)$、$H_a(j\Omega)$ 中任一个描述模拟滤波器，也可以用线性常系数微分方程描述模拟滤波器。但是设计模拟滤波器时，设计指标一般由幅频响应函数 $|H_a(j\Omega)|$ 给出，而模拟滤波器设计就是根据设计指标，求系统函数 $H_a(s)$。

工程实际中通常用所谓的损耗函数（也称为衰减函数）$A(\Omega)$ 来描述滤波器的幅频响应特性，对归一化幅频响应函数（本书后面都是针对该情况，特别说明的除外），$A(\Omega)$ 定义如下（其单位是分贝，用 dB 表示）：

$$A(\Omega) = -20\lg|H_a(j\Omega)| = -10\lg|H_a(j\Omega)|^2 \, dB \tag{9-26}$$

应当注意，损耗函数 $A(\Omega)$ 和幅频特性函数 $|H_a(j\Omega)|$ 只是滤波器幅频响应特性的两种描述方法。损耗函数的优点是对幅频响应 $|H_a(j\Omega)|$ 的取值非线性压缩，放大了小的幅度，从而可以同时观察通带和阻带频率响应特性的变化情况。二者的对比如图 9-9 所示。图 9-9a 所示的幅频率响应函数完全看不清阻带内取值较小（0.001 以下）的波纹，而图 9-9b 所示的同一个滤波器的损耗函数则能很清楚地显示出阻带-60dB 以下的波纹变化曲线。

另外，直接画出的损耗函数曲线图正好与幅频特性曲线形状相反，所以，习惯将 $-A(f)$ 曲线称为损耗函数，如图 9-9b 所示。

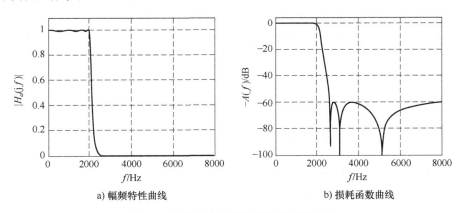

a) 幅频特性曲线   b) 损耗函数曲线

图 9-9　幅频响应与损耗函数曲线的对比

模拟低通滤波器的设计指标参数有 α_p、Ω_p、α_s 和 Ω_s。其中 Ω_p 和 Ω_s 分别称为通带边界频率和阻带截止频率，α_p 称为通带最大衰减（即通带 $[0, \Omega_p]$ 中允许 $A(\Omega)$ 的最大值），α_s 称为阻带最小衰减（即阻带 $\Omega > \Omega_s$ 上允许 $A(\Omega)$ 的最小值），α_p 和 α_s 的单位为 dB。以上技术指标如图 9-10 所示，图 9-10a 以幅频特性描述，图 9-10b 以损耗函数描述。

由图 9-10 可见，对于单调下降的幅度特性，α_p 和 α_s 可表示成：

$$\alpha_p = -10\lg|H_a(j\Omega_p)|^2 \tag{9-27}$$

$$\alpha_s = -10\lg|H_a(j\Omega_s)|^2 \tag{9-28}$$

因为图 9-10 中 $|H_a(j\Omega_c)| = \dfrac{1}{\sqrt{2}}$，$-20\lg|H_a(j\Omega_c)| = 3dB$，所以 Ω_c 称为 3dB 截止频率。δ_1 和 δ_2 分别称为通带和阻带波纹幅度，容易得到关系式：

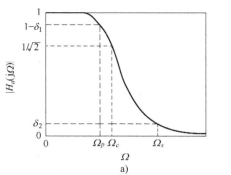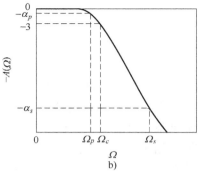

图 9-10　模拟低通滤波器的设计指标参数示意图

$$\alpha_p = -20\lg(1-\delta_1) \tag{9-29}$$

$$\alpha_s = -20\lg\delta_2 \tag{9-30}$$

滤波器的技术指标给定后，需要设计一个系统函数 $H_a(s)$，希望其幅度二次方函数满足给定的指标。一般滤波器的单位冲激响应为实函数，因此幅度二次方函数为

$$|H_a(j\Omega_p)|^2 = H_a(s)H_a(-s)|_{s=j\Omega} = H_a(j\Omega)H_a^*(j\Omega) \tag{9-31}$$

如果能由 α_p、Ω_p、α_s 和 Ω_s 求出 $|H_a(j\Omega_p)|^2$，那么就可以求出 $H_a(s)H_a(-s)$，由此可求出所需要的 $H_a(s)$。$H_a(s)$ 必须是因果稳定的，因此极点必须落在 s 平面的左半平面，相应的 $H_a(-s)$ 的极点必然落在右半平面。这就是由幅度二次方函数 $H_a(s)H_a(-s)$ 求所需要的 $H_a(s)$ 的思路，即模拟低通滤波器的逼近方法。因此幅度二次方函数在模拟滤波器的设计中起着重要的作用。对于典型模拟低通滤波器，其幅度二次方函数都有确知表达式，可以直接查资料引用。

例 9-1　已知滤波器幅度二次方函数为

$$|H_a(j\Omega)|^2 = \frac{k^2(1+\Omega^2)}{[(j\Omega+2)^2+4][(j\Omega-2)^2+4]}$$

求具有最小相位特性的系统函数 $H_a(s)$。

解　将 $\Omega = \dfrac{s}{j}$ 代入式中得到

$$H_a(s)H_a(-s) = \frac{k^2(1-s^2)}{[(s+2)^2+4][(s-2)^2+4]}$$

可见，幅度二次方函数有四个极点，分别为 $s=\pm2\pm j2$ 处，它们对于实轴和虚轴都呈现对称分布；而零点有两个，分别位于 s 为 $+1$ 和 -1 两处，如图 9-11 所示。取左半平面零、极点构成系统函数 $H_a(s)$，即

$$H_a(s) = \frac{k(s+1)}{(s+2)^2+4}$$

图 9-11　$H_a(s)H_a(-s)$ 零极点分布示例

式中　k——常系数，它不影响频率响应特性曲线的相对变化。

9.6.2　巴特沃思低通滤波器的设计

1. 巴特沃思低通模拟滤波器设计原理

巴特沃思低通滤波器的幅度二次方函数 $|H_a(j\Omega)|^2$ 表示为

$$|H_a(j\Omega)|^2 = \frac{1}{1+\left(\dfrac{\Omega}{\Omega_c}\right)^{2N}}$$

式中　N——滤波器的阶数。

当 $\Omega=0$ 时，$|H_a(j\Omega)|=1$；$\Omega=\Omega_c$ 时，$|H_a(j\Omega)|=\dfrac{1}{\sqrt{2}}$，$\Omega_c$ 是 3dB 截止频率。在 $\Omega=\Omega_c$ 附近，随 Ω 加大，幅度迅速下降。幅度特性与 Ω 和 N 的关系如图 9-12 所示。幅度下降的速度与阶数 N 有关，N 越大，通带越平坦，过渡带越窄，过渡带与阻带幅度下降的速度越快，总的频率响应特性与理想低通滤波器的误差越小。

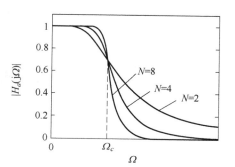

图 9-12　巴特沃思低通滤波器
幅度特性与 Ω 和 N 的关系

以 s 替换 $j\Omega$，将幅度二次方函数 $|H_a(j\Omega)|^2$ 写成 s 的函数：

$$|H_a(s)|H_a(-s) = \frac{1}{1+\left(\dfrac{s}{j\Omega_c}\right)^{2N}} \tag{9-32}$$

复变量 $s=\sigma+j\Omega$，式（9-32）表明幅度二次方函数有 $2N$ 个极点，极点 s_k 为

$$s_k = \Omega_c e^{j\pi\left(\frac{1}{2}+\frac{2k+1}{2N}\right)}, \quad k=0,1,2,\cdots,2N-1 \tag{9-33}$$

可以看出该系统的 $2N$ 个极点等间隔分布在半径为 Ω_c 的圆上（该圆为巴特沃思圆），间隔是 $\pi/N\,\text{rad}$。例如 $N=3$，极点间隔为 $\pi/3\,\text{rad}$，三阶巴特沃思滤波器极点分布图如图 9-13 所示。

为形成因果稳定的滤波器，$2N$ 个极点中只取 s 平面左半平面的 N 个极点构成 $H_a(s)$，而右半平面的 N 个极点构成 $H_a(-s)$。$H_a(s)$ 的表达式为

$$H_a(s) = \frac{\Omega_c^N}{\displaystyle\prod_{k=0}^{N-1}(s-s_k)} \tag{9-34}$$

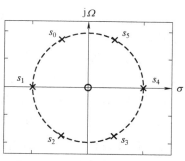

图 9-13　三阶巴特沃思滤波器
极点分布图

例如 $N=3$，极点有 6 个，它们分别为

$$s_0 = \Omega_c e^{j\frac{2}{3}\pi}, \quad s_1 = -\Omega_c, \quad s_2 = \Omega_c e^{-j\frac{2}{3}\pi}$$
$$s_3 = \Omega_c e^{-j\frac{1}{3}\pi}, \quad s_4 = \Omega_c, \quad s_5 = \Omega_c e^{j\frac{1}{3}\pi}$$

取 s 平面左半平面的极点 s_0、s_1、s_2 组成系统函数 $H_a(s)$，即

$$H_a(s) = \frac{\Omega_c^3}{(s+\Omega_c)\left(s-\Omega_c e^{j\frac{2}{3}\pi}\right)\left(s-\Omega_c e^{-j\frac{2}{3}\pi}\right)}$$

由于不同的技术指标对应的边界频率和滤波器幅频特性不同，为使设计公式和图表统一，将频率归一化。巴特沃思滤波器采用对 3dB 截止频率 Ω_c 归一化，归一化后的系统函数为

$$G_a\left(\frac{s}{\Omega_c}\right) = \frac{1}{\displaystyle\prod_{k=0}^{N-1}\left(\dfrac{s}{\Omega_c}-\dfrac{s_k}{\Omega_c}\right)} \tag{9-35}$$

令 $p = \eta + j\lambda = \dfrac{s}{\Omega_c}$，$\lambda = \dfrac{\Omega}{\Omega_c}$，$\lambda$ 称为归一化频率，p 称为归一化复变量，这样巴特沃思滤波器的归一化低通原型系统函数为

$$G_a(p) = \dfrac{1}{\displaystyle\prod_{k=0}^{N-1}(p - p_k)} \tag{9-36}$$

其中，$p_k = \dfrac{s_k}{\Omega_c}$ 为归一化极点，用式（9-37）表示

$$p_k = e^{j\pi\left(\frac{1}{2} + \frac{2k+1}{2N}\right)} \qquad k = 0, 1, \cdots, N-1 \tag{9-37}$$

显然：

$$s_k = \Omega_c p_k \tag{9-38}$$

这样，只要根据技术指标求出阶数 N，再求出 N 个极点，然后得到归一化低通原型系统函数 $G_a(p)$，如果给定 Ω_c，再去归一化，即将 $p = \dfrac{s}{\Omega_c}$ 代入 $G_a(p)$ 中求出 $s_k = \Omega_c p_k$，便得到期望设计的系统函数 $H_a(s)$，这样模拟低通滤波器就设计完成了。

将极点表示式（9-37）代入式（9-36），得到 $G_a(p)$ 的分母是 p 的 N 阶多项式，用式（9-39）表示：

$$G_a(p) = \dfrac{1}{p^N + b_{N-1}p^{N-1} + b_{N-2}p^{N-2} + \cdots + b_1 p + b_0} \tag{9-39}$$

归一化原型系统函数 $G_a(p)$ 的系数 b_k，$k = 0$，1，$\cdots$，$N-1$，以及极点 p_k，可以由附录 D 得到。另外，表中还给出了 $G_a(p)$ 的因式分解形式中的各系数，这样只要求出阶数 N，查表可得到 $G_a(p)$ 及各极点，而且可以选择级联型和直接型结构的系统函数表示形式，避免了因式分解运算工作。

巴特沃思滤波器设计过程比较烦琐，但计算步骤和基本公式是相同的，可以借助计算机编程实现，或利用一些软件函数库实现。

2. 巴特沃思低通模拟滤波器设计步骤

当已知模拟低通滤波器的设计指标 Ω_p、α_p、Ω_s 和 α_s 后，先将所有频率对 Ω_c 归一化，归一化可以使设计步骤更加简洁，使实际滤波器具有不同频率具体数值时，可共用一套设计公式，归一化后的频率为

$$\lambda = \dfrac{\Omega}{\Omega_c} \tag{9-40}$$

归一化幅度二次方函数为

$$|H_a(j\lambda)|^2 = \dfrac{1}{1 + \lambda^{2N}} \tag{9-41}$$

归一化复变量 s 为

$$p = \eta + j\lambda = \dfrac{s}{\Omega_c} \tag{9-42}$$

将归一化后的幅度二次方函数分别代入 $\alpha_p = -10\lg|H_a(j\Omega_p)|^2$ 和 $\alpha_s = -10\lg|H_a(j\Omega_s)|^2$ 中，得到

$$1 + \lambda_p^{2N} = 10^{\frac{\alpha_p}{10}} \tag{9-43}$$

$$1 + \lambda_s^{2N} = 10^{\frac{\alpha_s}{10}} \tag{9-44}$$

式(9-43)和式(9-44)两个方程，两个未知数，即滤波器的阶数 N 和 3dB 频率 Ω_c，可以联立方程解得

$$N = -\lg \sqrt{\frac{10^{\frac{\alpha_p}{10}} - 1}{10^{\frac{\alpha_s}{10}} - 1}} \bigg/ \lg \left(\frac{\lambda_s}{\lambda_p} \right) \tag{9-45}$$

$$\Omega_c = \Omega_p \left(10^{0.1\alpha_p} - 1 \right)^{-\frac{1}{2N}} \tag{9-46}$$

$$\text{或 } \Omega_c = \Omega_s \left(10^{0.1\alpha_s} - 1 \right)^{-\frac{1}{2N}} \tag{9-47}$$

对于求出的 N 可能有小数部分，应取大于或等于 N 的最小整数。关于 3dB 截止频率 Ω_c，如果技术指标中没有给出，可以按照上面公式求出。但有两种求截止频率 Ω_c 的公式，其结果也是不相同的。一般情况下，如果采用 α_p 确定 Ω_c，则通带指标刚好满足要求，阻带指标有富余；如果采用 α_s 确定 Ω_c，则阻带指标刚好满足要求，通带指标有富余。

当滤波器的阶数 N 和 3dB 频率 Ω_c 确定以后，再求出 N 个极点，然后得到归一化低通原型系统函数 $G_a(p)$，如果给定 Ω_c，再去归一化，即将 $p = \frac{s}{\Omega_c}$ 代入 $G_a(p)$ 中求出 $s_k = \Omega_c p_k$，便得到期望设计的系统函数 $H_a(s)$：

$$H_a(s) = \frac{\Omega_c^N}{\prod\limits_{k=0}^{N-1} (s - s_k)} \tag{9-48}$$

这样模拟低通滤波器就设计完成了。

总结以上内容，巴特沃思低通滤波器的设计步骤如下：

1）根据技术指标 Ω_p、α_p、Ω_s 和 α_s，先归一化，再按公式求出滤波器的阶数 N。

2）求出归一化极点 p_k，得到归一化低通原型系统函数 $G_a(p)$。也可以根据阶数 N 直接查附录 D 得到 p_k 和 $G_a(p)$。

3）将 $G_a(p)$ 去归一化。将 $p = \frac{s}{\Omega_c}$ 代入 $G_a(p)$，得到实际的滤波器系统函数：

$$H_a(s) = G(p) \big|_{p = \frac{s}{\Omega_c}} \tag{9-49}$$

这里 Ω_c 为 3dB 截止频率，如果技术指标没有给出 Ω_c，可以按照上面给出的公式求出。

3. 巴特沃思低通模拟滤波器设计举例

例 9-2 已知通带截止频率 $f_p = 5\text{kHz}$，通带最大衰减 $\alpha_p = 2\text{dB}$，阻带截止频率 $f_s = 12\text{kHz}$，阻带最小衰减 $\alpha_s = 30\text{dB}$，按照以上技术指标设计巴特沃思低通滤波器。

解

1）确定阶数 N。

$$k_{sp} = \sqrt{\frac{10^{\frac{\alpha_s}{10}} - 1}{10^{\frac{\alpha_p}{10}} - 1}} = \sqrt{\frac{10^{\frac{30}{10}} - 1}{10^{\frac{2}{10}} - 1}} = 41.3280$$

$$\lambda_{sp} = \frac{2\pi f_s}{2\pi f_p} = \frac{2\pi \times 12\text{kHz}}{2\pi \times 5\text{kHz}} = 2.4$$

$$N = \frac{\lg k_{sp}}{\lg \lambda_{sp}} = \frac{\lg 41.3223}{\lg 2.4} = 4.25 \quad \text{取 } N = 5$$

2）查表得其极点为

$$p_0 = \text{e}^{\text{j}\frac{3}{5}\pi}, \quad p_1 = \text{e}^{\text{j}\frac{4}{5}\pi}, \quad p_2 = \text{e}^{\text{j}\pi}$$

$$p_3 = \text{e}^{\text{j}\frac{6}{5}\pi}, \quad p_4 = \text{e}^{\text{j}\frac{7}{5}\pi}$$

3）归一化低通原型系统函数为

$$G_a(p) = \frac{1}{\displaystyle\prod_{k=0}^{4}(p - p_k)}$$

上式分母可以展开成五阶多项式，或者将共轭极点放在一起，形成因式分解式。这里不如直接查简单，由 $N=5$ 直接查表得到极点：

−0.3090±j0.9511，−0.8090±j0.5878，−1.0000

归一化低通原型系统函数为

$$G_a(p) = \frac{1}{p^5 + b_4 p^4 + b_3 p^3 + b_2 p^2 b_1 p + b_0}$$

式中，$b_0 = 1.0000$，$b_1 = 3.2361$，$b_2 = 5.2361$，$b_3 = 5.2361$，$b_4 = 3.2361$。

分母因式分解形式为

$$G_a(p) = \frac{1}{(p^2 + 0.6180p + 1)(p^2 + 1.6180p + 1)(p + 1)}$$

以上公式中的数据均取小数点后四位。

4）为将 $G_a(p)$ 去归一化，先求 3dB 截止频率 Ω_c，得到

$$\Omega_c = \Omega_p (10^{0.1\alpha_s} - 1)^{-\frac{1}{2N}} = 2\pi \times 5.2755\text{krad/s}$$

将 Ω_c 代入得到

$$\Omega'_s = \Omega_c (10^{0.1\alpha_s} - 1)^{-\frac{1}{2N}} = 2\pi \times 10.525\text{krad/s}$$

此时算出的 Ω'_s 比题目中给的 Ω_s 小，因此，过渡带小于指标要求。或者说，在 $\Omega_s = 2\pi \times 12\text{krad/s}$ 时衰减大于 30dB，所以阻带指标有富余量。

将 $p = \dfrac{s}{\Omega_c}$ 代入 $G_a(p)$ 中，得到

$$H_a(s) = \frac{\Omega_c^5}{s^5 + b_4 \Omega_c s^4 + b_3 \Omega_c^2 s^3 + b_2 \Omega_c^3 s^2 + b_1 \Omega_c^4 s + b_0 \Omega_c^5}$$

4. 用 MATLAB 工具箱函数设计巴特沃思滤波器

MATLAB 信号处理工具箱函数 buttap、buttord 和 butter 是巴特沃思滤波器设计函数。其 5 种调用格式如下。

（1）[Z,P,K] = buttap(N)

该格式用于计算 N 阶巴特沃思归一化（3dB 截止频率 $\Omega_c = 1$）模拟低通原型滤波器系统函数的零、极点和增益因子。返回长度为 N 的列向量 Z 和 P，分别给出 N 个零点和极点的位置，K 表示滤波器增益。得到的系统函数为如下形式：

$$G_a(p) = K \frac{(p-Z(1))(p-Z(2))\cdots(p-Z(N))}{(p-P(1))(p-(p-P(2))\cdots(p-P(N)))} \tag{9-50}$$

式中 $Z(k)$——向量 $\boldsymbol{Z}$ 的第 k 个元素；

$P(k)$——向量 $\boldsymbol{P}$ 的第 k 个元素。

如果要从计算得到的零、极点得到系统函数的分子和分母多项式系数向量 B 和 A，可以调用结构转换函数 $[B,A]=zp2tf(Z,P,K)$。

（2）$[N,wc]=buttord(wp,ws,Rp,As)$

该格式用于计算巴特沃思数字滤波器的阶数 N 和 3dB 截止频率 wc。调用参数 wp 和 ws 分别为数字滤波器的通带边界频率和阻带边界频率的归一化值，要求 $0 \leqslant wp \leqslant 1$，$0 \leqslant ws \leqslant 1$，1 表示数字频率 π（对应模拟频率 $F_s/2$，F_s 表示采样频率）。Rp 和 As 分别为通带最大衰减和阻带最小衰减（单位为 dB）。当 $ws \leqslant wp$ 时，为高通滤波器；当 wp 和 ws 为二元矢量时，为带通或带阻滤波器，这时 wc 也是二元向量。N 和 wc 作为 butter 函数的调用参数。

（3）$[N,wc]=buttord(wp,ws,Rp,As,'s')$

该格式用于计算巴特沃思模拟滤波器的阶数 N 和 3dB 截止频率 wc。wp、ws 和 wc 是实际模拟角频率（rad/s）。其他参数与格式（2）相同。

（4）$[B,A]=butter(N,wc,'ftype')$

计算 N 阶巴特沃思数字滤波器系统函数分子和分母多项式的系数向量 B 和 A。调用参数 N 和 wc 分别为巴特沃思数字滤波器的阶数和 3dB 截止频率的归一化值（关于 π 归一化），一般按格式（2）调用函数 buttord 计算 N 和 wc。由系数向量 B 和 A 可以写出数字滤波器系统函数：

$$H(z) = \frac{B(1)+B(2)z^{-1}+\cdots+B(N)z^{-(N-1)}+B(N+1)z^{-N}}{A(1)+A(2)z^{-1}+\cdots+A(N)z^{-(N-1)}+A(N+1)z^{-N}} \tag{9-51}$$

式中 $B(k)$——向量 $\boldsymbol{B}$ 的第 k 个元素；

$A(k)$——向量 $\boldsymbol{A}$ 的第 k 个元素。

（5）$[B,A]=butter(N,wc,'ftype','s')$

计算巴特沃思模拟滤波器系统函数的分子和分母多项式的系数向量 B 和 A。调用参数 N 和 wc 分别为巴特沃思模拟滤波器的阶数和 3dB 截止频率（实际角频率）。由系数向量 B 和 A 写出模拟滤波器的系统函数为

$$H_a(s) = \frac{B(s)}{A(s)} = \frac{B(1)s^N+B(2)s^{N-1}+\cdots+B(N)s+B(N+1)}{A(1)s^N+A(2)s^{N-1}+\cdots+A(N)s+A(N+1)} \tag{9-52}$$

由于高通滤波器和低通滤波器都只有一个 3dB 截止频率 wc，因此仅由调用参数 wc 不能区别要设计的是高通还是低通滤波器。当然仅由二维向量 wc 也不能区分带通和带阻。所以用参数 ftype 来区分。ftype=high 时，设计 3dB 截止频率为 wc 的高通滤波器。默认 ftype 时默认设计低通滤波器。ftype = stop 时，设计通带 3dB 截止频率为 wc 的带阻滤波器，此时 wc 为二元向量 $[wcl,wcu]$，wcl 和 wcu 分别为带阻滤波器的通带 3dB 下截止频率和上截止频率。默认 ftype 时设计带通滤波器，通带为频率区间 $wcl<\omega<wcu$。应当注意，设计的带通和带阻滤波器系统函数是 2N 阶的。这是因为带通滤波器相当于 N 阶低通滤波器与 N 阶高通滤波器级联。

例 9-3 调用 buttord 和 butter 设计巴特沃思低通模拟滤波器。通带截止频率 $f_p = 5\text{kHz}$，通带最大衰减 $\alpha_p = 2\text{dB}$，阻带截止频率 $f_s = 12\text{kHz}$，阻带最小衰减 $\alpha_s = 30\text{dB}$。要求与例 9-2 相同。

设计程序如下：

```
wp=2*pi*5000;ws=2*pi*12000;Rp=2;As=30;    %设置滤波器参数
[N,wc]=buttord(wp,ws,Rp,As,'s');              %计算滤波器阶数N和3dB截止频率
[B,A]=butter(N,wc,'s');                       %计算滤波器系统函数分子分母多项
                                                式系数向量

k=0:511;fk=0:14000/512:14000;wk=2*pi*fk;
Hk=freqs(B,A,wk);
subplot(2,2,1);
plot(fk/1000,20*log10(abs(Hk)));grid on
xlabel('频率(kHz)');ylabel('幅度(dB)')
axis([0,14,-40,5])
```

运行结果：

```
N=5,wc=3.7792e+004,B=7.7094e+022
A=[1  1.2230e+005  7.4785e+009  2.8263e+014  6.6014e+018  7.7094e+022]
```

将 B 和 A 代入对应公式，写出系统函数为

$$H_a(s)=\frac{B}{s^5+A(2)s^4+A(3)s^3+A(4)s^2+A(5)s+A(6)}$$

与例 9-2 计算结果形式相同。滤波器的损耗函数曲线如图 9-14 所示。由图可以看出，在 $f_s=12\text{kHz}$ 时，衰减 30dB，即阻带刚好满足指标要求，通带指标有富余。这就说明 buttord 函数使用阻带公式计算 3dB 截止频率。

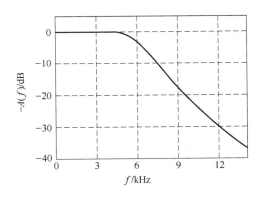

图 9-14 滤波器的损耗函数曲线

9.6.3 切比雪夫低通滤波器的设计

1. 切比雪夫滤波器的设计原理

巴特沃思滤波器的频率特性曲线，无论在通带还是阻带都是频率的单调减函数。一般情况下，当通带边界处满足指标要求时，通带内肯定会有较大富余量。为此可以将逼近精确度均匀地分布在整个通带内，这样就可以使滤波器阶数大大降低。而具有等波纹特性的逼近函数可以实现这一目标。

切比雪夫滤波器设计是利用切比雪夫多项式去逼近所希望的幅频特性的二次方 $|H(j\omega)|^2$，而巴特沃思滤波器设计则是用巴特沃思多项式去逼近所希望的幅频特性的二次方 $|H(j\omega)|^2$。从 AF 到 DF 的角度讲，二者的作用是类同的。但逼近多项式所选取的形式不同，必然会导致逼近的路径和效果有所区别。就巴特沃思滤波器而言，它在逼近幅频特性二次方时，其幅频无论在通带还是阻带内都是单调函数，这样为了满足频率边界的衰减条件，就要求巴特沃思滤波器有较高的阶数，滤波器阶数的提高必然要导致系统复杂度增加，成本提高，这是巴特沃思滤波器的一个缺点。其实，在很多实际情况中，不需要通带或阻带内的衰减成单调形式，只要边界满足衰减条件就可以了，这样就要选择不同的逼近方法，切比雪夫逼近在通带或阻带内衰减是等波纹的，这主要是由切比雪夫多项式的形式所决定的。它有两种形式，一种是幅频特性在通带内是等波纹的，在阻带内是单调的，称为切比雪夫 I 型滤波器，其幅频特性如图 9-15 所示。另一种是幅频特性在通带内是单调的，在阻带内是等波纹的，称为切比雪夫 II 型滤波器（也称逆切比雪夫滤波器）。采用何种形式要根据实际情况而定。一般情况下，切比雪夫 I 型滤波器比较常用，下面就以此滤波器为例讲解模拟低通滤波器的设计方法。

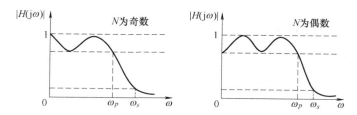

图 9-15　切比雪夫 I 型滤波器幅频特性

切比雪夫 I 型滤波器幅度二次方函数用 $|H_a(j\Omega)|^2$ 表示：

$$|H_a(j\Omega)|^2 = \frac{1}{1+\varepsilon^2 C_N^2\left(\dfrac{\Omega}{\Omega_p}\right)} \tag{9-53}$$

式中　ε——小于 1 的正数，表示通带内幅度波动的程度，ε 越大，波动幅度也越大；

Ω_p——通带截止频率。

令 $\lambda = \Omega/\Omega_p$，称为对 Ω_p 的归一化频率。

$C_N(x)$ 称为 N 阶切比雪夫多项式，其定义为

$$C_N(x) = \begin{cases} \cos(N\arccos x), & |x| \leqslant 1 \\ \mathrm{ch}(N\mathrm{arch}\,x), & |x| \geqslant 1 \end{cases} \tag{9-54}$$

当 $N=0$ 时，$C_0(x)=1$；当 $N=1$ 时，$C_1(x)=x$；当 $N=2$ 时，$C_2(x)=2x^2-1$，由此可归纳出高阶切比雪夫多项式的递推公式为

$$C_{N+1}(x) = 2xC_N(x) - C_{N-1}(x) \tag{9-55}$$

切比雪夫多项式的特性：

1）切比雪夫多项式的过零点在 $|x| \leqslant 1$ 的范围内。

2）当 $|x| < 1$ 时，$|C_N(x)| \leqslant 1$，在 $|x| < 1$ 范围内具有等波纹性。

3）当 $|x| > 1$ 时，$C_N(x)$ 是双曲线函数，随 x 单调上升。

这样，当 $|x| \leqslant 1$ 时，$\varepsilon^2 C_N^2(x)$ 在 $0 \sim \varepsilon^2$ 之间波动，函数 $1+\varepsilon^2 C_N^2(x)$ 的倒数即是幅度二次

方函数 $|H_a(j\Omega)|^2$。所以 $|H_a(j\Omega)|^2$ 在 $[0,\Omega_p]$ 上有等波纹波动，最大值为 1，最小值为 $1/(1+\varepsilon^2)$。当 $\Omega>\Omega_p$ 时，$|H_a(j\Omega)|^2$ 随 Ω 加大，很快接近于零。图 9-16 分别画出了四阶切比雪夫 I 型和巴特沃思低通滤波器的幅频特性，显然，切比雪夫滤波器比巴特沃思滤波器有较窄的过渡带。

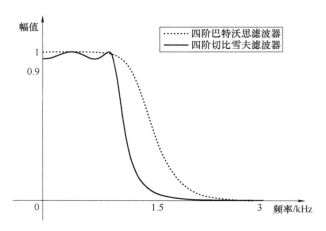

图 9-16　四阶切比雪夫 I 型和巴特沃思低通滤波器的幅频特性比较

幅度二次方函数与三个参数 $(\varepsilon、\Omega_p、N)$ 有关。其中 ε 与通带内允许的波动幅度有关，定义允许的通带内最大衰减 α_p 用下式表示：

$$\alpha_p = 10\lg(1+\varepsilon^2) \tag{9-56}$$

$$\text{或 } \varepsilon^2 = 10^{0.1\alpha_p}-1 \tag{9-57}$$

这样，根据通带内最大衰减 α_p，可以求出参数 ε。阶数 N 影响过渡带的宽度，同时也影响通带内波动的疏密，因为 N 等于通带内最大值与最小值的总个数。设阻带的起始点频率（阻带截止频率）用 Ω_s 表示，在 Ω_s 处 $|H_a(j\Omega)|^2 = \dfrac{1}{1+\varepsilon^2 C_N^2\left(\dfrac{\Omega}{\Omega_p}\right)}$，令 $\lambda_s = \Omega_s/\Omega_p$，由 $\lambda_s>1$，有

$$C_N(\lambda_s) = \mathrm{ch}[N\mathrm{arch}(\lambda_s)] = \frac{1}{\varepsilon}\sqrt{\frac{1}{|H_a(j\Omega_s)|^2}-1} \tag{9-58}$$

可以解出

$$N = \frac{\mathrm{arch}\left[\dfrac{1}{\varepsilon}\sqrt{\dfrac{1}{|H_a(j\Omega_s)|^2}-1}\right]}{\mathrm{arch}(\lambda_s)} \tag{9-59}$$

$$\Omega_s = \Omega_p \mathrm{ch}\left\{\frac{1}{N}\mathrm{arch}\left[\frac{1}{\varepsilon}\sqrt{\frac{1}{|H_a(j\Omega_s)|^2}-1}\right]\right\} \tag{9-60}$$

3dB 截止频率用 Ω_c 表示，$|H_a(j\Omega_c)|^2 = \dfrac{1}{2}$，又有 $\varepsilon^2 C_N^2(\lambda_c)=1$，$\lambda_c = \dfrac{\Omega_c}{\Omega_p}$，因此

$$C_N(\lambda_c) = \pm\frac{1}{\varepsilon} = \mathrm{ch}[N\mathrm{arch}(\lambda_c)] \tag{9-61}$$

式 (9-61) 中仅取正号，得到 3dB 截止频率计算公式为

$$\Omega_c = \Omega_p \mathrm{ch}\left(\frac{1}{N}\mathrm{arch}\,\frac{1}{\varepsilon}\right) \tag{9-62}$$

Ω_p 通常是设计指标给定的，求出 ε 和 N 后，可以求出滤波器的极点，并确定归一化系统函数 $G_a(p)$，$p = s/\Omega_p$。为了介绍和简洁性，以下只给出结论性公式，省略了推导过程。

用左半平面的极点构成 $G_a(p)$，即

$$G_a(p) = \frac{1}{c \prod\limits_{i=1}^{N}(p-p_i)} \tag{9-63}$$

式中　c——待定系数。

根据幅度二次方函数可导出：$c = \varepsilon 2^{N-1}$，代入式(9-63)，得到归一化的系统函数为

$$G_a(p) = \frac{1}{\varepsilon 2^{N-1}\prod\limits_{i=1}^{N}(p-p_i)} \tag{9-64}$$

去归一化后的系统函数为

$$H_a(s) = G_a(p)\Big|_{p=\frac{s}{\Omega_p}} = \frac{\Omega_p^N}{\varepsilon 2^{N-1}\prod\limits_{i=1}^{N}(p-p_i\Omega_p)} \tag{9-65}$$

切比雪夫 I 型原型低通滤波器设计完成。

2. 切比雪夫 I 型滤波器设计步骤

1）确定技术指标参数 α_p、Ω_p、α_s 和 Ω_s。α_p 是 $\Omega=\Omega_p$ 时的衰减，α_s 是 $\Omega=\Omega_s$ 时的衰减，它们分别满足 $\alpha_p = 10\lg\dfrac{1}{|H_a(\mathrm{j}\Omega_p)|^2}$ 和 $\alpha_s = 10\lg\dfrac{1}{|H_a(\mathrm{j}\Omega_s)|^2}$。

2）求滤波器阶数 N 和参数 ε。归一化边界频率为 $\lambda_p = 1$，$\lambda_p = \Omega_s/\Omega_p$，$N = \dfrac{\mathrm{arch}\,k_1^{-1}}{\mathrm{arch}\,\lambda_s}$，取大于或等于 N 的最小整数作为阶数。然后求 $\varepsilon = \sqrt{10^{0.1\alpha_p}-1}$。

3）求归一化系统函数 $G_a(p)$。先求出归一化极点 $p_k(k=1,2,3,\cdots,N)$ 为 $p_k = -\mathrm{sh}\xi\sin\dfrac{(2k-1)\pi}{2N} + \mathrm{jch}\xi\cos\dfrac{(2k-1)\pi}{2N}$，求得 $G_a(p) = \dfrac{1}{\varepsilon 2^{N-1}\prod\limits_{i=1}^{N}(p-p_i)}$，其中 $\xi = \dfrac{1}{N}\mathrm{sh}^{-1}\dfrac{1}{\varepsilon}$。

4）将 $G_a(p)$ 去归一化，得到 $H_a(s) = G_a(p)\Big|_{p=\frac{s}{\Omega_p}}$。

3. 低通切比雪夫滤波器设计举例

例 9-4　设计低通切比雪夫滤波器，要求通带截止频率 $f_p = 3\mathrm{kHz}$，通带最大衰减 $\alpha_p = 0.1\mathrm{dB}$，阻带截止频率 $f_s = 12\mathrm{kHz}$，阻带最小衰减 $\alpha_s = 60\mathrm{dB}$。

解

1）滤波器的技术指标：

$$\alpha_p = 0.1\mathrm{dB},\quad \Omega_p = 2\pi f_p = 6\pi\mathrm{krad/s}$$

$$\alpha_s = 60\mathrm{dB},\quad \Omega_s = 2\pi f_s = 24\pi\mathrm{krad/s}$$

$$\lambda_p = 1,\quad \lambda_s = \frac{f_s}{f_p} = \frac{12\mathrm{kHz}}{3\mathrm{kHz}} = 4$$

2）求阶数 N 和 ε：

$$N = \frac{\text{arch}(k_1^{-1})}{\text{arch}\lambda_s}$$

$$k_1^{-1} = \sqrt{\frac{10^{0.1\alpha_s}-1}{10^{0.1\alpha_p}-1}} = \sqrt{\frac{10^{0.1\times60}-1}{10^{0.1\times0.1}-1}} = 6552.1$$

$$N = \frac{\text{arch}(6552)}{\text{arch}(4)} = \frac{9.47}{2.06} = 4.6，\ \text{取}\ N=5$$

$$\varepsilon = \sqrt{10^{0.1\alpha_p}-1} = \sqrt{10^{0.1\times0.1}-1} = 0.1526$$

3）求 $G_a(p)$：

$$G_a(p) = \frac{1}{0.1526\times2^{(5-1)}\prod\limits_{i=1}^{5}(p-p_i)}$$

由表查出 $N=5$ 时的极点 p_i，代入上式得到：

$$G_a(p) = \frac{1}{2.442(p+0.5389)(p^2+0.3331p+1.1949)(p^2+0.8720p+0.6359)}$$

4）将 $G_a(p)$ 去归一化，得到：

$$H_a(s) = G_a(p)\Big|_{p=\frac{s}{\Omega_p}} = \frac{97445\times10^{20}}{(s+1.0158\times10^4)(s^2+6.2788\times10^3s+4.2459\times10^8)}\times\frac{1}{s^2+1.6437\times10^4s+2.2594\times10^8}$$

4. 用 MATLAB 设计切比雪夫滤波器

MATLAB 信号处理工具箱函数 cheb1ap，cheb1ord 和 cheby1 是切比雪夫Ⅰ型滤波器设计函数。其调用格式如下：

1）［z,p,k］= cheb1ap(N,Rp)

2）［N,wpo］= cheb1ord(wp,ws,Rp,As)

3）［N,wpo］= cheb1ord(wp,ws,Rp,As,'s')

4）［B,A］= cheby1(N,Rp,wpo,'ftype')

5）［B,A］= cheby1(N,Rp,wpo,'ftype','s')

切比雪夫Ⅰ型滤波器设计函数与前面的巴特沃思滤波器设计函数比较，只有两点不同。一是这里设计的是切比雪夫Ⅰ型滤波器；二是格式2）和3）的返回参数与格式4）和5）的调用参数 wpo 是切比雪夫Ⅰ型滤波器的通带截止频率，而不是3dB 截止频率。其他参数含义与巴特沃思滤波器设计函数中的参数相同。系数向量 B 和 A 由数字和模拟滤波器系统函数的关系式给出。

例9-5 设计切比雪夫Ⅰ型和切比雪夫Ⅱ型模拟低通滤波器。要求通带截止频率 f_p = 3kHz，通带最大衰减 $\alpha_p = 0.1$dB，阻带截止频率 $f_s = 12$kHz，阻带最小衰减 $\alpha_s = 60$dB。要求与例9-4相同。

解 设计程序如下：

```
%设计切比雪夫Ⅰ型模拟低通滤波器
wp=2*pi*3000;ws=2*pi*12000;Rp=0.1;As=60;  %设置指标参数
[N1,wp1]=cheb1ord(wp,ws,Rp,As,'s');     %计算切比雪夫Ⅰ型模拟低通滤
                                          波器阶数和通带边界频率
```

```
[B1,A1]=cheby1(N1,Rp,wp1,'s');          %计算切比雪夫Ⅰ型模拟低通滤波器
                                         系统函数系数
subplot(2,2,1);
fk=0:12000/512:12000;wk=2*pi*fk;
Hk=freqs(B1,A1,wk);
plot(fk/1000,20*log10(abs(Hk)));grid on
xlabel('频率(kHz)');ylabel('幅度(dB)')
axis([0,12,-70,5])
%设计切比雪夫Ⅱ型模拟低通滤波器(省略)
```

运行结果:

```
N=5
切比雪夫Ⅰ型模拟低通滤波器通带边界频率:wp1 =1.8850e+004
切比雪夫Ⅰ型模拟低通滤波器系统函数分子分母多项式系数:
B=9.7448e+020
A =[ 1 3.2873e+004  9.8445e+008   1.6053e+013   1.8123e+017  9.7448e+020 ]
```

五阶切比雪夫Ⅰ型模拟低通滤波器损耗函数如图 9-17 所示。

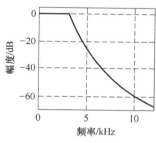 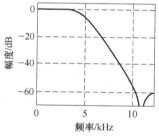

a) 切比雪夫Ⅰ型滤波器损耗函数　　b) 切比雪夫Ⅱ型滤波器损耗函数

图 9-17　五阶切比雪夫Ⅰ型模拟低通滤波器损耗函数

9.7　频率变换与模拟高通、带通、带阻滤波器的设计

高通、带通、带阻滤波器的幅频响应曲线及边界频率分别如图 9-18a~c 所示。

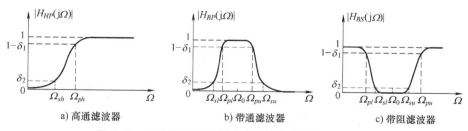

a) 高通滤波器　　　b) 带通滤波器　　　c) 带阻滤波器

图 9-18　各种滤波器幅频响应曲线及边界频率示意图

低通、高通、带通和带阻滤波器的通带最大衰减和阻带最小衰减仍用 α_p 和 α_s 表示。图 9-18 中，Ω_{ph} 表示高通滤波器的通带边界频率，Ω_{pl} 和 Ω_{pu} 分别表示带通和带阻滤波器的通带下边界频率和通带上边界频率，Ω_{sl} 和 Ω_{su} 分别表示带通和带阻滤波器的阻带下边界频率和

243

阻带上边界频率。

从原理上讲，通过频率变换公式，可以将模拟低通滤波器系统函数变换成希望设计的低通、高通、带通和带阻滤波器系统函数。在模拟滤波器设计手册中，各种经典滤波器的设计公式都是针对低通滤波器的，并提供从低通到其他各种滤波器的频率变换公式。所以，设计高通、带通和带阻滤波器的一般过程是：

1）通过频率变换公式，先将希望设计的滤波器指标转换为相应的低通滤波器指标。

2）设计相应的低通系统函数。

3）对系统函数进行频率变换，得到希望设计的滤波器系统函数 $H_d(s)$。

9.7.1 模拟高通滤波器设计

从低通到高通滤波器的映射关系为

$$P = \frac{\lambda_p \Omega_{ph}}{s} \tag{9-66}$$

在虚轴（频率轴）上该映射关系简化为如下频率变换公式：

$$\lambda = -\frac{\lambda_p \Omega_{ph}}{\Omega} \tag{9-67}$$

Ω_{ph} 为希望设计的高通滤波器 $H_{HP}(s)$ 通带边界频率。频率变换公式意味着将低通滤波器的通带 $[0, \lambda_p]$ 映射为高通滤波器的通带 $[-\infty, -\Omega_{ph}]$，而将低通滤波器的通带 $[-\lambda_p, 0]$ 映射为高通滤波器的通带 $[\Omega_{ph}, \infty]$。同样，将低通滤波器的阻带 $[\lambda_s, \infty]$ 映射为高通滤波器的阻带 $[-\Omega_{sh}, 0]$，而将低通滤波器的阻带 $[-\infty, -\lambda_s]$ 映射为高通滤波器的阻带 $[0, \Omega_{sh}]$。映射关系确保低通滤波器通带 $[-\lambda_p, \lambda_p]$ 上的幅度值出现在高通滤波器 $H_{HP}(s)$ 的通带 $\Omega_{ph} \leqslant |\Omega|$ 上。同样，低通滤波器阻带 $\lambda_s \leqslant |\lambda|$ 上的幅度值出现在高通滤波器 $H_{HP}(s)$ 的阻带 $[-\Omega_s, \Omega_s]$ 上。

可将通带边界频率为 λ_p 的低通滤波器的系统函数转换成通带边界频率为 Ω_{ph} 的高通滤波器系统函数：

$$H_{HP}(s) = G_a(p) \big|_{p = \frac{\lambda_p \Omega_{ph}}{s}} \tag{9-68}$$

例 9-6 设计巴特沃思模拟高通滤波器，要求通带边界频率为 4kHz，阻带边界频率为 1kHz，通带最大衰减为 0.1dB，阻带最小衰减为 40dB。

解

1）通过映射关系式将希望设计的高通滤波器的指标转换成相应的低通滤波器 $Q(p)$ 的指标。为了计算简单，一般选择 $Q(p)$ 为归一化低通，即取 $Q(p)$ 的通带边界频率 $\lambda_p = 1$。则可求得归一化阻带边界频率为

$$\lambda_p = 1, \quad \lambda_s = \frac{\Omega_{ph}}{\Omega_s} = \frac{2\pi \times 4000\,\text{Hz}}{2\pi \times 1000\,\text{Hz}} = 4$$

转换得到低通滤波器的指标为：通带边界频率 $\lambda_p = 1$，阻带边界频率 $\lambda_s = 4$，通带最大衰减 $\alpha_p = 0.1\text{dB}$，阻带最小衰减 $\alpha_s = 40\text{dB}$。

2）设计相应的归一化低通系统函数 $Q(p)$。本例调用 MATLAB 函数 buttord 和 butter 来设计 $Q(p)$。

3）将 $Q(p)$ 转换成希望设计的高通滤波器的系统函数 $H_{HP}(s)$。本例调用 MATLAB 函数 lp2hp 实现低通到高通的变换。[BH, AH] = lp2hp(B, A, wph) 将系统函数分子和分母系数向

量为 B 和 A 的低通滤波器变换成通带边界频率为 whp 的高通滤波器，返回结果 BH 和 AH 是高通滤波器系统函数分子和分母的系数向量。实现步骤 2)和 3)的程序如下：

```
%设计巴特沃思模拟高通滤波器程序
wp=1;ws=4;Rp=0.1;As=40;           %设置低通滤波器指标参数
[N,wc]=buttord(wp,ws,Rp,As,'s');   %计算低通滤波器 Q(p)的阶数 N 和 3dB
                                     截止频率 wc
[B,A]=butter(N,wc,'s');            %计算低通滤波器系统函数 Q(p)的分子
                                     分母多项式系数
wph=2*pi*4000;                     %模拟高通滤波器通带边界频率 wph
[BH,AH]=lp2hp(B,A,wph);            %低通到高通转换
```

由系数向量 B 和 A 写出归一化低通系统函数为

$$Q(p)=\frac{10.2405}{p^5+5.1533p^4+13.278p^3+21.1445p^2+20.8101p+10.2405}$$

由系数向量 BH 和 AH 写出希望设计的高通滤波器系统函数为

$$H_{HP}(s)=\frac{s^5+1.94\times10^{-12}s^4-5.5146\times10^{-5}s^3+9.5939s^2+4.5607s+1.9485\times10^{-3}}{s^5+5.1073\times10^4s^4+1.3042\times10^9s^3+2.0584\times10^{13}s^2+2.0078\times10^{17}s+9.7921\times10^{20}}$$

$Q(p)$ 和 $H_{HP}(s)$ 的损耗函数曲线如图 9-19 所示。

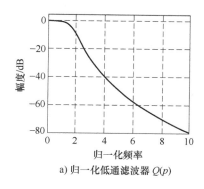
a) 归一化低通滤波器 $Q(p)$

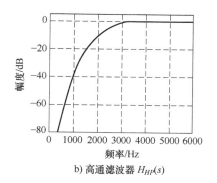
b) 高通滤波器 $H_{HP}(s)$

图 9-19　滤波器损耗函数曲线

值得注意的是，实际上调用函数 buttord 和 butter 可以直接设计巴特沃思高通滤波器。

9.7.2　低通到带通的频率变换

低通到带通的频率变换公式如下：

$$p=\lambda_p\frac{s^2+\Omega_0^2}{B_w s} \tag{9-69}$$

在 p 平面与 s 平面虚轴上的频率关系为

$$\lambda=-\lambda_p\frac{\Omega_0^2-\Omega^2}{\Omega B_w} \tag{9-70}$$

式中　$B_w=\Omega_{pu}-\Omega_{pl}$——带通滤波器的通带宽度；

　　　　Ω_{pl}——带通滤波器的通带下截止频率；

　　　　Ω_{pu}——带通滤波器的通带上截止频率；

Ω_0——带通滤波器的中心频率。

根据式(9-70)的映射关系,频率 $\lambda=0$ 映射为频率 $\Omega=\pm\Omega_0$,频率 $\lambda=\lambda_p$ 映射为频率 Ω_{pu} 和 $-\Omega_{pl}$,频率 $\lambda=-\lambda_p$ 映射为频率 $-\Omega_{pu}$ 和 Ω_{pl}。也就是说,将低通滤波器 $Q(p)$ 的通带 $[-\lambda_p,\lambda_p]$ 映射为带通滤波器的通带 $[-\Omega_{pu},-\Omega_{pl}]$ 和 $[\Omega_{pl},\Omega_{pu}]$。同样地,频率 $\lambda=\lambda_s$ 映射为频率 Ω_{su} 和 $-\Omega_{sl}$,频率 $\lambda=-\lambda_s$ 映射为频率 $-\Omega_{su}$ 和 Ω_{sl}。所以将式(9-68)带入式(9-63),就将 $Q(p)$ 转换为带通滤波器的系统函数,即

$$H_{BP}(s)=Q(p)\big|_{p=\lambda_p\frac{s^2+\Omega_0^2}{B_w s}} \tag{9-71}$$

可以证明

$$\Omega_{pl}\Omega_{pu}=\Omega_{sl}\Omega_{su}=\Omega_0^2 \tag{9-72}$$

所以,带通滤波器的通带(阻带)边界频率关于中心频率 Ω_0 几何对称。如果原指标给定的边界频率不满足式(9-72),就要改变其中一个边界频率,但要保证改变后的指标高于原指标。具体方法是,如果 $\Omega_{pl}\Omega_{pu}>\Omega_{sl}\Omega_{su}$,则减小 Ω_{pl}(或增大 Ω_{sl}),具体计算公式为

$$\Omega_{pl}=\frac{\Omega_{sl}\Omega_{su}}{\Omega_{pu}} \quad\text{或}\quad \Omega_{sl}=\frac{\Omega_{pl}\Omega_{pu}}{\Omega_{su}} \tag{9-73}$$

减小 Ω_{pl} 使通带宽度大于原指标要求的通带宽度,增大 Ω_{sl} 或减小 Ω_{pl} 都使左边的过渡带宽度小于原指标要求的过渡带宽度;反之,如果 $\Omega_{pl}\Omega_{pu}<\Omega_{sl}\Omega_{su}$,则减小 Ω_{su}(或增大 Ω_{pu})。而且在关于中心频率 Ω_0 几何对称的两个正频率点上,带通滤波器的幅度值相等。综上所述,低通原型到带通的边界频率及幅频响应特性的映射关系如图9-20所示,低通原型的每一个边界频率都映射为带通滤波器两个相应的边界频率。图中标出了设计时有用的频率对应关系。

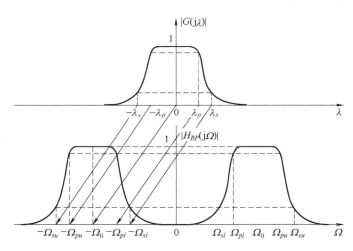

图9-20 低通原型到带通的边界频率及幅频响应特性的映射关系

例9-7 设计巴特沃思模拟带通滤波器,要求通带上、下边界频率分别为 7kHz 和 4kHz,阻带上、下边界频率分别为 9kHz 和 2kHz,通带最大衰减为 1dB,阻带最小衰减为 20dB。

解 带通滤波器指标为

$$f_{pl}=4\text{kHz}, \quad f_{pu}=7\text{kHz}, \quad \alpha_p=1\text{dB}$$
$$f_{sl}=2\text{kHz}, \quad f_{su}=9\text{kHz}, \quad \alpha_s=20\text{dB}$$
$$f_{pl}f_{pu}=4000\times7000=28\times10^6$$
$$f_{sl}f_{su}=2000\times9000=18\times10^6$$

因为 $f_{pl}f_{puu}>f_{sl}f_{su}$，则

$$f_{sl}=\frac{f_{pl}f_{pu}}{f_{su}}=\frac{28\times10^{6}}{9\times10^{3}}\text{Hz}=3.1111\text{kHz}$$

采用修正后的 f_{sl}，按如下步骤设计巴特沃思模拟带通滤波器。

1）将希望设计的带通滤波器指标转换为相应的低通原型滤波器 $Q(p)$ 的指标。为了设计方便，一般选择 $Q(p)$ 为归一化低通，即取 $Q(p)$ 的通带边界频率 $\lambda_p=1$。因为 $\lambda=\lambda_p$ 的映射为 $-\Omega_{sl}$，所以将 $\lambda_p=1$、$\lambda=\lambda_s$ 和 $\Omega=-\Omega_{sl}$ 代入式（9-70）可求得归一化阻带边界频率为

$$\lambda_s=\frac{f_0^2-f_{sl}^2}{f_{sl}B_w}=\frac{28-3.1111^2}{3.1111\times3}=1.9630$$

转换得到的归一化低通滤波器指标为：通带边界频率 $\lambda_p=1$，阻带边界频率 $\lambda_s=1.9630$，通带最大衰减 $\alpha_x=1\text{dB}$，阻带最小衰减 $\alpha_s=20\text{dB}$。

2）设计相应的归一化低通系统函数 $Q(p)$。

3）用式（9-71）将 $Q(p)$ 转换成所希望设计的带通滤波器系统函数 $H_{BP}(s)$。

本例调用 MATLAB 函数 buttord 和 butter 直接设计巴特沃思模拟带通滤波器。

```
wp=2×pi×[4000,7000];ws=2×pi×[2000,9000];Rp=1;As=20;
                            %设置带通滤波器指标参数
[N,wc]=buttord(wp,ws,Rp,As,'s'); %计算带通滤波器阶数 N 和 3dB 截止频率 wc
[BB,AB]=butter(N,wc,'s');        %计算带通滤波器系统函数分子分母多项
                                  式系数向量 BB 和 AB
```

程序运行结果：

```
阶数:N=5
系统函数分子多项式系数向量:
BB=1.0e+021 * [0  0  0  0  0  6.9703  0  0  0  0  0]
系统函数分母多项式系数向量:
AB=[1  7.5625e+004  8.3866e+009  4.0121e+014  2.2667e+019  7.0915e+023
2.5056e+028  4.9024e+032  1.1328e+037  1.1291e+041  1.6504e+045 ]
```

由运行结果可知，带通滤波器是 $2N$ 阶的。10 阶巴特沃思模拟带通滤波器损耗函数曲线如图 9-21 所示。

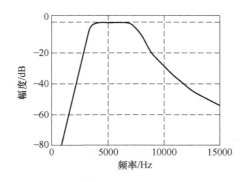

图 9-21　10 阶巴特沃思模拟带通滤波器损耗函数曲线

9.7.3　低通到带阻的频率变换

低通到带阻的频率变换公式为

$$p = \lambda_p \frac{B_w s}{s^2 + \Omega_0^2} \tag{9-74}$$

在 p 平面与 s 平面虚轴上的频率变换关系为

$$\lambda = -\lambda_s \frac{\Omega B_w}{\Omega_0^2 - \Omega^2} \tag{9-75}$$

式中　$B_w = \Omega_{su} - \Omega_{sl}$——带阻滤波器的阻带宽度；

$\qquad\qquad\Omega_{sl}$——带阻滤波器的阻带下截止频率；

$\qquad\qquad\Omega_{su}$——带阻滤波器的阻带上截止频率；

$\qquad\qquad\Omega_0$——带阻滤波器的阻带中心频率；

$\qquad\qquad\lambda$——Ω 的二次函数，从低通滤波器频率 λ 到带阻滤波器频率 Ω 为双值映射。

当 λ 从 $-\infty \to -\lambda_s \to -\lambda_p \to 0_-$ 时：① Ω 从 $-\Omega_0 \to -\Omega_{su} \to -\Omega_{pu} \to -\infty$，形成带阻滤波器 $H_{BS}(\mathrm{j}\Omega)$ 在 $(-\infty, -\Omega_0]$ 上的频率响应；② Ω 从 $+\Omega_0 \to +\Omega_{sl} \to +\Omega_{pl} \to 0_+$，形成 $H_{BS}(\mathrm{j}\Omega)$ 在 $[0_+, \Omega_0]$ 上的频率响应。

当 λ 从 $0_+ \to \lambda_p \to \lambda_s \to +\infty$ 时：① Ω 从 $0_- \to -\Omega_{pl} \to -\Omega_{sl} \to -\Omega_0$，形成 $H_{BS}(\mathrm{j}\Omega)$ 在 $[-\Omega_0, 0_-]$ 上的频率响应；② Ω 从 $+\infty \to +\Omega_{pu} \to +\Omega_{su} \to +\Omega_0$，形成 $H_{BS}(\mathrm{j}\Omega)$ 在 $[+\Omega_0, \infty)$ 上的频率响应。

归一化通带边界频率为 λ_s 的低通原型滤波器 $Q(p)$ 转换为所希望的带阻滤波器的系统函数：

$$H_{BS}(s) = Q(p)\Big|_{p = \lambda_s \frac{B_w s}{s^2 + \Omega_0^2}} \tag{9-76}$$

与低通到带通变换情况相同，有

$$\Omega_{pl}\Omega_{ph} = \Omega_{sl}\Omega_{sh} = \Omega_0^2 \tag{9-77}$$

由于带阻滤波器的设计与带通滤波器的设计过程相同，因此下面仅举例说明调用 MATLAB 函数直接设计模拟带阻滤波器的设计程序。

例 9-8　分别设计巴特沃思、椭圆模拟带阻滤波器，要求阻带上、下边界频率分别为 7kHz 和 4kHz，通带上、下边界频率分别为 9kHz 和 2kHz，通带最大衰减为 1dB，阻带最小衰减为 20dB。

解　所给带阻滤波器指标为

$$f_{sl} = 4\text{kHz}, \ f_{su} = 7\text{kHz}, \ \alpha_s = 20\text{dB}, \ f_{pl} = 2\text{kHz}, \ f_{pu} = 9\text{kHz}, \ \alpha_p = 1\text{dB}$$

调用 MATLAB 函数 buttord、butter、ellipord 和 ellip 直接设计巴特沃思带阻、椭圆带阻模拟滤波器的设计程序如下：

```
wp=2*pi*[2000,9000];ws=2*pi*[4000,7000];Rp=1;As=20;
                    %设置带阻滤波器指标参数
[Nb,wc]=buttord(wp,ws,Rp,As,'s');%计算带阻滤波器阶数 N 和 3dB 截止频率
[BSb,ASb]=butter(Nb,wc,'stop','s');%计算带阻('stop')滤波器系统函数分子
                    分母多项式系数

%设计椭圆模拟带阻滤波器
[Ne,wep]=ellipord(wp,ws,Rp,As,'s');%计算带阻滤波器阶数 N 和 3dB 截止频率
[BSe,ASe]=ellip(Ne,Rp,As,wep,'stop','s');   %计算带阻滤波器系统函数
                    分子分母多项式系数
```

程序运行结果：

> 巴特沃思模拟带阻滤波器阶数：Nb = 5
> 巴特沃思模拟带阻滤波器系统函数分子多项式系数向量：
> BSb = 1.0e+021 * [0　0 0 0 0 6.9703 0 0 0 0 0]
> 巴特沃思模拟带阻滤波器系统函数分母多项式系数向量：
> ASb = [1　7.5625e+004　8.3866e+009　4.0121e+014　2.2667e+019　7.0915e+023
> 2.5056e+028　4.9024e+032　1.1328e+037　1.1291e+041　1.6504e+045]
> 椭圆模拟带阻滤波器阶数：Ne = 3
> 椭圆模拟带阻滤波器系统函数分子多项式系数向量：
> BSe = [1　-1.9827e-011　3.9765e+009　-0.0918　4.3956e+018　-6.1168e+007
> 1.3507e+027]
> 椭圆模拟带阻滤波器系统函数分母多项式系数向量：
> ASe = [1　6.9065e+004　5.3071e+009　2.2890e+014　5.8665e+018　8.4390e+022
> 1.3507e+027]

由运行结果可知，带阻滤波器也是 2N 阶的。10 阶巴特沃思带阻滤波器和 6 阶椭圆带阻滤波器损耗函数分别如图 9-22a、b 所示。

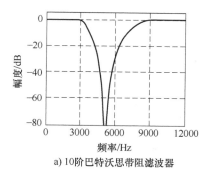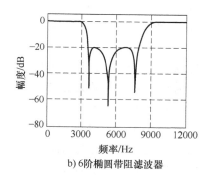

a) 10阶巴特沃思带阻滤波器　　　　　　b) 6阶椭圆带阻滤波器

图 9-22　巴特沃思、椭圆模拟带阻滤波器损耗函数

9.8　用脉冲响应不变法设计 IIR 数字低通滤波器

利用模拟滤波器成熟的理论及其设计方法来设计 IIR 数字低通滤波器是常用的方法。设计过程是：按照数字滤波器技术指标要求设计一个过渡模拟低通滤波器 $H_a(s)$，再按照一定的转换关系将 $H_a(s)$ 转换成数字低通滤波器的系统函数 $H(z)$。由此可见，设计的关键问题就是找到这种转换关系，将 s 平面上的 $H_a(s)$ 转换成 z 平面上的 $H(z)$。为了保证转换后的 $H(z)$ 稳定且满足技术指标要求，对转换关系提出两点要求：

1）因果稳定的模拟滤波器转换成数字滤波器，仍是因果稳定的。模拟滤波器因果稳定的条件是其系统函数 $H_a(s)$ 的极点全部位于 s 平面的左半平面，数字滤波器因果稳定的条件是 $H(z)$ 的极点全部在单位圆内。因此，转换关系应使 s 平面的左半平面映射到 z 平面的单位圆内部。

2）数字滤波器的频率响应模仿模拟滤波器的频率响应特性，s 平面的虚轴映射为 z 平面的单位圆，相应的频率之间呈线性关系。

将系统函数 $H_a(s)$ 从 s 平面转换到 z 平面的方法有多种，但工程上常用的是脉冲响应不变法和双线性变换法。本节先研究脉冲响应不变法。

设模拟滤波器的系统函数为 $H_a(s)$，相应的单位冲激响应是 $h_a(t)$，$H_a(s)=L(h_a(t))$。

对 $h_a(t)$ 进行等间隔采样，采样间隔为 T，得到 $h_a(n)$，将 $h(n)=h_a(n)$ 作为数字滤波器的单位脉冲响应，那么数字滤波器的系统函数 $H(z)$ 便是 $h(n)$ 的 z 变换。因此脉冲响应不变法是一种时域逼近方法，它使 $h(n)$ 在采样点上等于 $h_a(t)$。

$$h(n)=h_a(n)=h_a(t)\sum_{n=0}^{\infty}\delta(t-nT) \tag{9-78}$$

$$H(z)=Z(h(n)) \tag{9-79}$$

脉冲响应不变法一般只用来设计低通和带通 DF，不用此方法设计高通和带阻 DF。

如果原 $h_a(t)$ 的频带不是限于 $\pm\pi/T$ 之间，则会在奇数 π/T 附近产生频谱混叠，对应数字频率在 $\omega=\pm\pi$ 附近产生频率混叠。脉冲响应不变法的频谱混叠现象如图 9-23 所示。这种频谱混叠现象会使设计出的数字滤波器在 $\omega=\pm\pi$ 附近的频率响应特性程度不同地偏离模拟滤波在 π/T 附近的频率特性，严重时使数字滤波器不满足给定的技术指标。为此，希望设计的模拟滤波器是带限滤波器，如果不是带限的，例如高通滤波器、带阻滤波器，需要在高通和带阻滤波器之前加保护滤波器，滤除高于折叠频率 π/T 以上的频带，以免产生频谱混叠现象。但这样会增加系统的成本和复杂性，因此，高通与带阻滤波器不适合用这种方法设计。

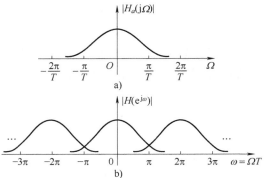

图 9-23　脉冲响应不变法的频谱混叠现象示意图

脉冲响应不变法的优点是频率变换关系是线性的，即 $\omega=\Omega T$，如果不出现频谱混叠现象，该型数字滤波器会较好地再现原模拟滤波器的频率响应特性。另外一个优点是它完全模仿模拟滤波器的单位冲激响应波形，时域特性逼近好。但是，有限阶的模拟滤波器不可能是理想带限的，所以脉冲响应不变法的缺点是会产生不同程度的频率混叠失真。因此该方法一般用于低通、带通滤波器的设计，不用于高通、带阻滤波器的设计。

例 9-9　已知模拟滤波器的系统函数 $H_a(s)$ 为

$$H_a(s)=\frac{0.5012}{s^2+0.6449s+0.7079}$$

用脉冲响应不变法将 $H_a(s)$ 转换成数字滤波器的系统函数 $H(z)$。

解　首先将 $H_a(s)$ 写成部分分式：

$$H_a(s)=\frac{-j0.3224}{s+0.3224+j0.7772}+\frac{j0.3224}{s+0.3224-j0.7772}$$

极点为

$$s_1=-(0.3224+j0.7772)，\quad s_2=-(0.3224-j0.7772)$$

那么 $H(z)$ 的极点为

$$z_1=e^{s_1T}，\quad z_2=e^{s_2T}$$

经过整理，得到：

$$H(z) = \frac{-2e^{-0.3224T} \times 0.3224\sin(0.7772T)z^{-1}}{1 - 2z^{-1}e^{-0.3224T}\cos(0.7772T) + e^{-0.6449T}z^{-2}}$$

式中　T——采样间隔，若 T 选取过大，则会使 $\omega = \pi$ 附近频谱混叠现象严重。

例 9-10　用脉冲响应不变法设计数字低通滤波器，要求通带和阻带具有单调下降特性，指标参数如下：$\omega_p = 0.2\pi\text{rad}$，$\alpha_p = 1\text{dB}$，$\omega_s = 0.35\pi\text{rad}$，$\alpha_s = 10\text{dB}$。

解

1）将数字滤波器设计指标转换为相应的模拟滤波器指标。设采样周期为 T，有

$$\Omega_p = \frac{\omega_p}{T} = \frac{0.2\pi}{T}\text{rad/s}, \quad \alpha_p = 1\text{dB}$$

$$\Omega_s = \frac{\omega_s}{T} = \frac{0.35\pi}{T}\text{rad/s}, \quad \alpha_s = 40\text{dB}$$

2）设计相应的模拟滤波器，得到模拟系统函数 $H_a(s)$。根据单调下降要求，选择巴特沃思滤波器。设计过程参照前面的例题，求出阶数 $N = 4$。

3）将模拟滤波器系统函数 $H_a(s)$ 转换成数字滤波器系统函数 $H(z)$：

$$H_a(s) = \sum_{k=1}^{4} \frac{A_k}{s - s_k}$$

$$H(z) = \sum_{k=1}^{4} \frac{A_k}{1 - e^{s_k T}z^{-1}}$$

如上求解计算相当复杂，可调用 MATLAB 信号处理工具箱函数进行设计。

```
T=1;%T=1s
wp=0.2*pi/T;ws=0.35*pi/T;rp=1;rs=10;    %T=1s 的模拟滤波器指标
[N,wc]=buttord(wp,ws,rp,rs,'s');        %计算相应的模拟滤波器阶数 N 和
                                          3dB 截止频率 wc
[B,A]=butter(N,wc,'s');                 %计算相应的模拟滤波器系统函数
[Bz,Az]=impinvar(B,A);                  %用脉冲响应不变法将模拟滤波器
                                          转换成数字滤波器
```

程序中，impinvar 是脉冲响应不变法的转换函数，[Bz,Az]=impinvar(B,A) 实现用脉冲响应不变法将分子和分母多项式系数向量为 B 和 A 的模拟滤波器系统函数 $H_a(s)$ 转换成数字滤波器的系统函数 $H(z)$，$H(z)$ 的分子和分母多项式系数向量为 Bz 和 Az。

取 $T = 1\text{s}$ 时的运行结果：

```
N=4
```

模拟滤波器系统函数 $H_a(s)$ 分子和分母多项式系数向量 B 和 A：

```
B=[0   0   0 0 0.4872]
A=[1.0000     2.1832     2.3832     1.5240     0.4872]
```

数字滤波器的系统函数 $H(z)$ 分子和分母多项式系数向量 Bz 和 Az：

```
Bz=[0  0.0456     0.1027     0.0154  0]
Az=[1.0000    -1.9184     1.6546    -0.6853     0.1127]
```

251

由 Bz 和 Az 写出数字滤波器系统函数：

$$H(z)=\frac{0.0456z^{-1}+0.1027z^{-2}+0.0154z^{-3}}{1-1.9184z^{-1}+1.6546z^{-2}-0.6853z^{-3}+0.1127z^{-4}}$$

如果取 $T=0.1\mathrm{s}$，运行程序得到的 $H(z)$ 与 $T=1\mathrm{s}$ 的 $H(z)$ 基本相同（保留四位小数），模拟滤波器差别较大。这说明当给定数字滤波器指标时，采样周期 T 的取值对频谱混叠程度的影响很小。所以，一般取 $T=1\mathrm{s}$ 使设计运算最简单。$T=1\mathrm{s}$ 时，设计的模拟滤波器和数字滤波器的损耗函数曲线如图 9-24a、b 所示。$T=0.1\mathrm{s}$ 时，设计的模拟滤波器和数字滤波器损耗函数曲线如图 9-24c、d 所示。图中数字滤波器满足指标要求，但是，由于频谱混叠失真，使数字滤波器在 $\omega=\pi$［对应模拟频率$(F_s/2)$Hz］附近的衰减明显小于模拟滤波器在 $f=F_s/2$ 附近的衰减。

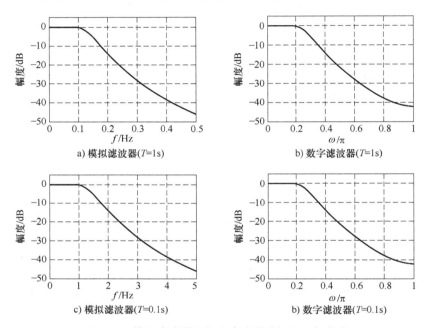

图 9-24 模拟滤波器和数字滤波器的损耗函数曲线

9.9 用双线性变换法设计 IIR 数字低通滤波器

利用脉冲响应不变法设计 IIR DF 时，是让 DF 的冲激响应序列与原型 AF 的冲激响应抽样值相等。当采样间隔选得足够小时，在通带内可以得到吻合很好的幅频特性，且在通频带是频率的变换是线性的。但是这种方法也存在一个明显的不足，就是易产生频率混叠现象。这样使得用这种方法设计的滤波器有严格的带限要求，只能用于低通和带通，不能用于高通和带阻滤波器。为了避免这种混叠现象的产生，可以采用双线性 z 变换的方法。

为了克服这一缺点，可以采用非线性频率压缩方法，将整个模拟频率轴压缩到 $\pm\pi/T$ 之间，再用 $z=\mathrm{e}^{sT}$ 转换到 z 平面上。设 $H_a(s)$，$s=\mathrm{j}\Omega$，经过非线性频率压缩后用 $\hat{H}_a(s_1)$，$s_1=\mathrm{j}\Omega_1$ 表示，这里用正切变换实现频率压缩：

$$\Omega=\frac{2}{T}\tan\left(\frac{1}{2}\Omega_1 T\right) \tag{9-80}$$

式中 T——采样间隔。

当 Ω_1 从 π/T 经过 0 变化到 π/T 时，Ω 则由 $-\infty$ 经过 0 变化到 $+\infty$，实现了 s 平面上整个虚轴完全压缩到 s 平面上虚轴的 $\pm\pi/T$ 之间的转换。

ω 与 Ω 之间的非线性关系是双线性变换法的缺点，使数字滤波器频率响应曲线不能保真地模仿模拟滤波器频响的曲线形状，出现幅度特性和相位特性失真的情况。这种非线性影响的实质问题是如果 Ω 的刻度是均匀的，则其映像 ω 的刻度不是均匀的，而是随 ω 增加越来越密。实际中，一般选频滤波器的通带和阻带器设计中，双线性变换法得到了广泛的应用。

双线性变换法可由简单的代数公式将 $H_a(s)$ 直接转换成 $H(z)$，这是该变换法的优点。但当阶数稍高时，将 $H(z)$ 整理成需要的形式，也不是一件简单的工作。MATLAB 信号处理工具箱提供的几种典型的滤波器设计函数，用于设计数字滤波器时，就是采用双线性变换法。所以，只要掌握了基本设计原理，工程实际中设计就非常容易。

例 9-11 试用脉冲响应不变法和双线性变换法将如图 9-25 所示的简单 RC 低通滤波器转换成数字滤波器。

解 首先写出该滤波器的系统函数 $H_a(s)$ 为

$$H_a(s) = \frac{\alpha}{s+\alpha}, \quad \alpha = \frac{1}{RC}$$

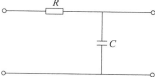

图 9-25 简单 RC 低通滤波器

利用脉冲响应不变法转换，数字滤波器的系统函数 $H_1(z)$ 为

$$H_1(z) = \frac{\alpha}{1-e^{-\alpha T}z^{-1}}$$

利用双线性变换法转换，数字滤波器的系统函数 $H_2(z)$ 为

$$H_2(z) = H_a(s)\big|_{s=\frac{2}{T}\cdot\frac{1-z^{-1}}{1+z^{-1}}} = \frac{\alpha_1(1+z^{-1})}{1+\alpha_2 z^{-1}}$$

$$\alpha_1 = \frac{\alpha T}{\alpha T+2}, \quad \alpha_2 = \frac{\alpha T-2}{\alpha T+2}$$

设 $\alpha = 1000$，$T = 0.001\text{s}$ 和 0.002s，$H_1(z)$ 和 $H_2(z)$ 的归一化幅频特性分别如图 9-26b、c 所示。图 9-26a 是模拟滤波器幅频特性，是一个低通滤波器，但由于阶数低，选择性差，拖尾现象比较严重。图 9-26b 是采用脉冲响应不变法转换成的数字滤波器幅频特性曲线，图中 $\omega = \pi$ 处对应的模拟频率与采样间隔 T 有关，当 $T = 0.001\text{s}$ 时，对应的模拟频率为 $1/(2T) = 500\text{Hz}$；当 $T = 0.002\text{s}$ 时，对应的模拟频率为 250Hz。对照图 9-26a、b 所示的原模拟滤波器与数字滤波器的幅度特性，差别很大，且频率越高，差别越大。这是由频率混叠失真引起的。相对而言，$T = 0.001\text{s}$ 时混叠少一些。图 9-26c 是采用双线性变换法转换成的数字滤波器幅频特性曲线，由于该转换法的频率压缩作用，使 $\omega = \pi$ 处的幅度降为零。但曲线的形状与原模拟滤波器幅度特性曲线的形状差别较大，这是由于该转换法的非线性造成的，T 小一些，非线性的影响则少一些。

例 9-12 设计低通数字滤波器，要求频率低于 $0.2\pi\text{rad}$ 时，容许幅度误差在 1dB 以内；在频率 $0.3\pi\sim\pi$ 之间的阻带衰减大于 15dB。指定模拟滤波器采用巴特沃思低通滤波器。试用双线性变换法设计数字滤波器。

解

1）数字低通技术指标为

$$\omega_p = 0.2\pi\text{rad}, \quad \alpha_p = 1\text{dB}$$

$$\omega_s = 0.3\pi\text{rad}, \quad \alpha_s = 15\text{dB}$$

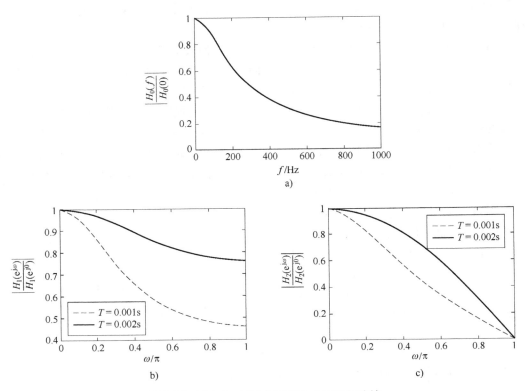

图 9-26 $H_a(s)$、$H_1(z)$ 和 $H_2(z)$ 的幅频特性

2）为了计算简单，取 $T=1\mathrm{s}$，预畸变校正计算相应模拟低通的技术指标为

$$\Omega_p = \frac{2}{T}\tan\frac{1}{2}\omega_p = 2\tan 0.1\pi = 0.6498\mathrm{rad/s}, \quad \alpha_p = 1\mathrm{dB}$$

$$\Omega_s = \frac{2}{T}\tan\frac{1}{2}\omega_s = 2\tan 0.15\pi = 1.0191\mathrm{rad/s}, \quad \alpha_s = 15\mathrm{dB}$$

3）设计巴特沃思低通模拟滤波器。阶数 N 计算如下：

$$\lambda_{sp} = \frac{\Omega_s}{\Omega_p} = \frac{1.0191\mathrm{rad/s}}{0.6498\mathrm{rad/s}} = 1.5683（为方便计算，取 1.568）$$

$$k_{sp} = \sqrt{\frac{10^{\alpha_s/10}-1}{10^{\alpha_p/10}-1}} = \sqrt{\frac{10^{1.5}-1}{10^{0.1}-1}} = 10.8751$$

$$N = \frac{\lg k_{sp}}{\lg \lambda_{sp}} = \frac{\lg 10.8751}{\lg 1.568} = 5.3056$$

取 $N=6$。求得 $\Omega_c = 0.7663\mathrm{rad/s}$。这样保证阻带技术指标满足要求，通带指标有富余。根据 $N=6$，查附录 D 得到的归一化系统函数 $G_a(p)$ 为

$$G_a(p) = \frac{1}{(p^2+0.5176p+1)(p^2+1.4142p+1)(p^2+1.9319p+1)}$$

将 $p=s/\Omega_c$ 代入 $G_a(p)$，去归一化得到实际的 $H_a(s)$ 为

$$H_a(s) = \frac{0.2024}{(s^2+0.396s+0.5871)(s^2+1.083s+0.5871)(s^2+1.480s+0.5871)}$$

4) 用双线性变换法将 $H_a(s)$ 转换成数字滤波器 $H(z)$，即

$$H(z) = H_a(s)\big|_{s=2\frac{1-z^{-1}}{1+z^{-1}}} = \frac{0.0007378(1+z^{-1})^6}{(1-1.268z^{-1}+0.7051z^{-2})(1-1.010z^{-1}+0.358z^{-2})(1-0.9044z^{-1}+0.2155z^{-2})}$$

本例设计的模拟和数字滤波器幅度特性分别如图 9-27a、b 所示。此图表明数字滤波器满足技术指标要求，且无频谱混叠。

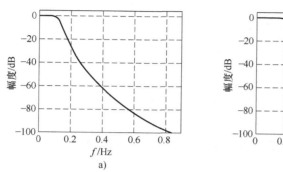
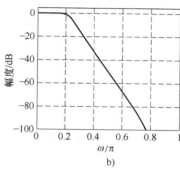

图 9-27　模拟和数字滤波器幅度特性

本例也可用程序实现，程序中分别采用本例中的双线性变换法的分步设计法和调用 MATLAB 工具箱函数 buttord 和 butter 直接设计数字滤波器，所得结果完全相同。这就说明该函数默认采用双线性变换法。

```
T=1;Fs=1/T;
wpz=0.2;wsz=0.3;
wp=2*tan(wpz*pi/2);ws=2*tan(wsz*pi/2);rp=1;rs=1
                                    %预畸变校正转换指标
[N,wc]=buttord(wp,ws,rp,rs,'s');    %设计过渡模拟滤波器
[B,A]=butter(N,wc,'s');
[Bz,Az]=bilinear(B,A,Fs);           %用双线性变换法转换成数字滤波器
[Nd,wdc]=buttord(wpz,wsz,rp,rs);    %调用 buttord 和 butter 直接设
                                       计数字滤波器
[Bdz,Adz]=butter(Nd,wdc);           %绘制滤波器的损耗函数曲线(省略)
```

9.10　数字高通、带通和带阻滤波器的设计

前面已经学习了模拟低通滤波器的设计方法，以及基于模拟滤波器的频率变换，模拟高通、带通和带阻滤波器的设计方法。对于数字高通、带通和带阻滤波器的设计，通用方法为双线性变换。可以借助于模拟滤波器的频率变换设计一个所需类型的过渡模拟滤波器，再通过双线性变换将其转换成所需类型的数字滤波器，例如高通数字滤波器等。具体设计步骤如下：

1）确定所需类型数字滤波器的技术指标。

2）将所需类型数字滤波器的边界频率转换成相应类型模拟滤波器的边界频率，转换公式为

$$\Omega = \frac{2}{T}\tan\frac{1}{2}\omega$$

3）将相应类型模拟滤波器技术指标转换成模拟低通滤波器技术指标。

4）设计模拟低通滤波器。

5）通过频率变换将模拟低通滤波器转换成相应类型的过渡模拟滤波器。

6）采用双线性变换法将相应类型的过渡模拟滤波器转换成所需类型的数字滤波器。

例 9-13　设计一个数字高通滤波器，要求通带截止频率 $\omega_p = 0.8\pi\text{rad}$，通带衰减不大于 3dB，阻带截止频率 $\omega_s = 0.44\pi\text{rad}$，阻带衰减不小于 15dB。希望采用巴特沃思型滤波器。

解

1）确定数字高通滤波器的技术指标：

$$\omega_p = 0.8\pi\text{rad}, \quad \alpha_p = 3\text{dB}$$
$$\omega_s = 0.44\pi\text{rad}, \quad \alpha_s = 15\text{dB}$$

2）将高通数字滤波器的技术指标转换成高通模拟滤波器的设计指标，令 $T = 2\text{s}$，预畸变校正得到模拟边界频率：

$$\Omega_{ph} = \tan\frac{1}{2}\omega_p = \tan\left(\frac{1}{2}\times 0.8\pi\right)\text{rad/s} = 3.0777\text{rad/s}（取 3.0775\text{rad/s}）, \quad \alpha_p = 3\text{dB}$$

$$\Omega_{sh} = \tan\frac{1}{2}\omega_s = \tan\left(\frac{1}{2}\times 0.44\pi\right)\text{rad/s} = 0.8273\text{rad/s}（取 0.8275\text{rad/s}）, \quad \alpha_s = 15\text{dB}$$

3）模拟低通滤波器的技术指标计算如下：对通带边界频率（本例中就是 3dB 截止频率 Ω_c）归一化，即

$$\lambda_p = \lambda_c = 1, \quad \alpha_p = 3\text{dB}$$

将 $\lambda_p = 1$ 和 $-\Omega_{sh}$ 代入式（9-75），求出归一化低通滤波器的阻带截止频率

$$\lambda_s = -\frac{\Omega_{ph}}{\Omega_{sh}} = 3.7190, \quad \alpha_s = 15\text{dB}$$

4）设计归一化模拟滤波器 $G(p)$。

$$k_{sp} = \sqrt{\frac{10^{\alpha_s/10}-1}{10^{\alpha_p/10}-1}} = \sqrt{\frac{10^{1.5}-1}{10^{0.3}-1}} = 5.5469（取 5.5463）$$

$$\lambda_{sp} = \frac{\lambda_s}{\lambda_p} = \frac{3.7190}{1} = 3.7190$$

$$N = N = \frac{\lg k_{sp}}{\lg \lambda_{sp}} = \frac{\lg 5.5463}{\lg 3.7190} = 1.3043, \quad N = 2$$

查附录 D，得到归一化模拟低通原型系统函数 $G(p)$ 为

$$G(p) = \frac{1}{p^2 + \sqrt{2}p + 1}$$

5）利用频率变换公式将 $G(p)$ 转换成模拟高通 $H_{HP}(s)$：

$$H_a(s) = G(p)\Big|_{p = \frac{\lambda_p \Omega_{ph}}{s}} = \frac{s^2}{s^2 + \sqrt{2}\Omega_{ph}s + \Omega_{ph}^2} = \frac{s^2}{s^2 + 4.3522s + 9.4710}$$

6）用双线性变换法将模拟高通 $H_a(s)$ 转换成数字高通 $H(z)$：

$$H(z) = H_a(s)\Big|_{s = 2\frac{1-z^{-1}}{1+z^{-1}}} = \frac{0.0675 - 0.1349z^{-1} + 0.0675z^{-2}}{1 + 1.1429z^{-1} + 0.4128z^{-2}}$$

程序设计如下。

```
wpz=0.8;wsz=0.44;rp=3;rs=15;
[N,wc]=buttord(wpz,wsz,rp,rs);    %调用 buttord 和 butter 直接设计数字
                                     滤波器
[Bz,Az]=butter(N,wc,'high');
```

程序运行结果:

```
N=2;Bz=[0.1326    -0.2653    0.1326];
Az=[1.0000    0.7394    0.2699]
```

高通数字滤波器损耗函数如图 9-28 所示。

例 9-14　希望对输入模拟信号采样并进行数字带通滤波处理，系统采样频率 $F_s = 8\text{kHz}$，要求保留 2025～2225Hz 频段的频率成分，幅度失真小于 1dB；滤除 0～1500Hz 和 2700Hz 以上频段的频率成分，衰减大于 40dB。试设计数字带通滤波器实现上述要求。

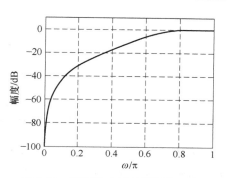

图 9-28　高通数字滤波器损耗函数

解　这是一个用数字滤波器对模拟信号进行带通滤波处理的应用实例(先对模拟信号进行 A/D 转换，再进行数字带通滤波处理)。首先确定数字滤波器技术指标:

$$\omega_{pl} = \frac{2\pi f_{pl}}{F_s} = \frac{2\pi \times 2025\text{Hz}}{8000\text{Hz}} = 0.5063\pi(\text{取 } 0.5062\pi)，\quad \omega_{pu} = \frac{2\pi f_{pu}}{F_s} = \frac{2\pi \times 2225\text{Hz}}{8000\text{Hz}} = 0.5563\pi$$

$$\omega_{sl} = \frac{2\pi f_{sl}}{F_s} = \frac{2\pi \times 1500\text{Hz}}{8000\text{Hz}} = 0.3750\pi，\quad \omega_{su} = \frac{2\pi f_{su}}{F_s} = \frac{2\pi \times 2700\text{Hz}}{8000\text{Hz}} = 0.6750\pi$$

$$\alpha_p = 1\text{dB}，\quad \alpha_s = 40\text{dB}$$

为了使滤波器阶数最低，选用椭圆滤波器。调用 MATLAB 信号处理工具箱函数(ellipord 和 ellip)直接设计数字带通滤波器。

```
fpl=2025;fpu=2225;fsl=1500;fsu=2700;Fs=8000;
wp=[2*fpl/Fs,2*fpu/Fs];ws=[2*fsl/Fs,2*fsu/Fs];
                                 %滤波器边界频率(关于 π 归一化)
rp=1;rs=40;
[N,wpo]=ellipord(wp,ws,rp,rs);    %调用 ellipord 计算滤波器阶数 N 和通
                                     带截止频率 wpo
[B,A]=ellip(N,rp,rs,wpo);    %调用 ellip 计算带通滤波器系统函数
                                 系数向量 B 和 A
```

程序运行结果:

```
N=3
wpo=[0.5062    0.5563];    ws=[0.3750    0.6750]
B=[0.0053    0.0020    0.0045    0.0000    -0.0045    -0.0020    -0.0053]
A=[1.0000    0.5730    2.9379    1.0917    2.7919    0.5172    0.8576]
```

257

由系数向量 B 和 A 可知，系统函数分子分母是 $2N$ 阶多项式：

$$H(z) = \frac{b_0 + b_1 z^{-1} + b_2 z^{-2} + b_3 z^{-3} + b_4 z^{-4} + b_5 z^{-5} + b_6 z^{-6}}{a_0 + a_1 z^{-1} + a_2 z^{-2} + a_3 z^{-3} + a_4 z^{-4} + a_5 z^{-5} + a_6 z^{-6}}$$

式中

$$b_k = B(k+1), a_k = A(k+1), k = 0,1,2,3,4,5,6$$

六阶椭圆数字带通滤波器损耗函数曲线如图 9-29 所示

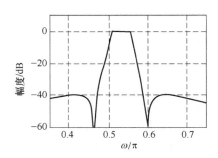

图 9-29 六阶椭圆数字带通滤波器损耗函数曲线

例 9-15 希望对输入模拟信号采样并进行数字带阻滤波处理，系统采样频率 $F_s = 8\text{kHz}$，要求滤除 $2025 \sim 2225\text{Hz}$ 频段的频率成分，衰减大于 40dB；保留 $0 \sim 1500\text{Hz}$ 和 2700Hz 以上频段的频率成分，幅度失真小于 1dB。试设计数字带阻滤波器实现上述要求。

解 首先确定数字滤波器技术指标：

$$\omega_{pl} = \frac{2\pi f_{sl}}{F_s} = \frac{2\pi \times 2025\text{Hz}}{8000\text{Hz}} = 0.5063\pi\,(\text{取 } 0.5062\pi), \quad \omega_{pu} = \frac{2\pi f_{su}}{F_s} = \frac{2\pi \times 2225\text{Hz}}{8000\text{Hz}} = 0.5563\pi$$

$$\omega_{sl} = \frac{2\pi f_{pl}}{F_s} = \frac{2\pi \times 1500\text{Hz}}{8000\text{Hz}} = 0.3750\pi, \quad \omega_{su} = \frac{2\pi f_{pu}}{F_s} = \frac{2\pi \times 2700\text{Hz}}{8000\text{Hz}} = 0.6750\pi$$

$$\alpha_p = 1\text{dB}, \quad \alpha_s = 40\text{dB}$$

选用椭圆滤波器，调用 MATLAB 信号处理工具箱函数（ellipord 和 ellip）直接设计数字带阻滤波器。

```
fsl=2025;fsu=2225;fpl=1500;fpu=2700;Fs=8000;
ws=[2*fsl/Fs,2*fsu/Fs];wp=[2*fpl/Fs,2*fpu/Fs];
                          %计算滤波器边界频率(关于 π 归一化)
rp=1;rs=40;
[N,wpo]=ellipord(wp,ws,rp,rs)      %调用 ellipord 计算滤波器阶数 N 和
                          通带截止频率 wpo
[B,A]=ellip(N,rp,rs,wpo,'stop');   %调用 ellip 计算带阻滤波器系统函
                          数系数向量 B 和 A
```

程序运行结果：

```
N=3,wpo =[ 0.3811  0.6750]
B=[0.3600  0.2078  1.0749  0.4094  1.0749  0.2078  0.3600]
A=[1.0000  0.3982  1.1068  0.3508  0.7452  0.0761  0.0178]
```

根据系统函数系数向量 B 和 A 画出六阶椭圆数字带阻滤波器损耗函数曲线如图 9-30 所示。

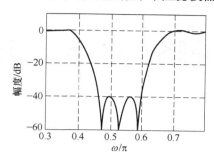

图 9-30　六阶椭圆数字带阻滤波器损耗函数曲线

 习题

9-1　设计一个巴特沃思低通滤波器，要求通带截止频率 $f_p = 6\text{kHz}$，通带最大衰减 $\alpha_p = 3\text{dB}$，阻带截止频率 $f_s = 12\text{kHz}$，阻带最小衰减 $\alpha_s = 25\text{dB}$。求出滤波器归一化系统函数 $G_a(p)$ 以及实际的 $H_a(s)$。

9-2　设计一个切比雪夫低通滤波器，要求通带截止频率 $f_p = 3\text{kHz}$，通带最大衰减 $\alpha_p = 0.2\text{dB}$，阻带截止频率 $f_s = 12\text{kHz}$，阻带最小衰减 $\alpha_s = 50\text{dB}$。求出滤波器归一化系统函数 $G_a(p)$ 和实际的 $H_a(s)$。

9-3　设计一个巴特沃思高通滤波器，要求其通带截止频率 $f_p = 20\text{kHz}$，阻带截止频率 $f_s = 10\text{kHz}$，f_p 处最大衰减为 3dB，阻带最小衰减 $\alpha_s = 15\text{dB}$。求出该高通滤波器的系统函数 $H_a(s)$。

9-4　已知模拟滤波器的系统函数 $H_a(s) = \dfrac{s+a}{(s+a)^2 + b^2}$，式中 a、b 为常数，设 $H_a(s)$ 因果稳定，试采用脉冲响应不变法，将其转换成数字滤波器 $H(z)$。

9-5　已知模拟滤波器的系统函数 $H_a(s) = \dfrac{1}{s^2 + s + 1}$，试采用脉冲响应不变法和双线性变换法分别将其转换为数字滤波器，设 $T = 2\text{s}$。

9-6　设计一个工作于采样频率 80kHz 的巴特沃思低通数字滤波器，要求通带边界频率为 4kHz，通带最大衰减为 0.5dB，阻带边界频率为 20kHz，阻带最小衰减为 45dB。调用 MATLAB 工具箱函数 buttord 和 butter 设计，并显示数字滤波器系统函数 $H(z)$ 的系数，绘制损耗函数和相频特性曲线。

9-7　设计一带通滤波器，通带范围为 150~300Hz，通带最大衰减为 1dB，阻带最小衰减为 30dB，过渡带宽均为 50Hz。当采用巴特沃思方法设计该型滤波器时，估计其最小阶数。

9-8　设计一巴特沃思低通原型模拟滤波器，通带截止频率为 100Hz，阻带截止频率为 900Hz，通带最大衰减为 1dB，阻带最小衰减为 30dB，并画出其幅频和对数幅频。

9-9　试用脉冲响应不变法将如图 9-31 所示的 RC 低通滤波器转换成数字滤波器。

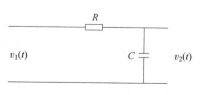

图 9-31　RC 低通滤波器

第 10 章

有限脉冲响应数字滤波器设计

FIR 滤波器也是一种数字滤波器，描述该系统的差分方程以及单位冲激响应均与 IIR 数字滤波器不同，IIR 数字滤波器的设计方法主要是依据设计图表以及模拟滤波器成熟的理论进行设计的，因而保留了一些典型模拟滤波器优良的幅频特性。但因为设计中只考虑了幅频特性，缺乏对相频特性的考虑。为了得到线性相位特性，对 IIR 滤波器必须另外增加相位校正网络，这样使滤波器设计变得复杂，提高了设计成本，又难以得到严格的线性相位特性。FIR 滤波器能在保证幅频特性满足技术要求的同时，很容易做到有严格的线性相位特性。

根据前面的知识可知一个数字滤波器的输出 $y(n)$ 仅取决于有限个过去的输入和现在的输入，即 $x(n)$，$x(n-1)$，$\cdots$，$x(n-N+1)$，其差分方程为

$$y(n) = \sum_{r=0}^{N-1} h(r)x(n-r) \tag{10-1}$$

式中　$h(r)$——单位冲激响应。

这种滤波器对单位样值序列的响应只在 $0 \sim N-1$ 的抽样点上有值，在 $n>N-1$ 时，$y(n) \equiv 0$。$h(r)$ 有时也称为数字滤波器的各乘法器的增益或滤波器系数。

FIR DF 对单位样值序列的响应只有有限项，所以它永远是稳定的。这是它与 IIR DF 的一大不同点。FIR DF 的传递函数可以表示为

$$H(z) = \sum_{r=0}^{N-1} h(r)z^{-1} \tag{10-2}$$

可以看出，其传递函数是一个 z^{-1} 的 $N-1$ 次多项式，它在 z 平面上有 $N-1$ 个零点，没有极点(有时认为在原点上有 $N-1$ 个重极点)。其传递函数实际上就是单位样值序列的 z 变换。

从其传递函数还可以看出，只要确定了其对单位样值序列的响应，就可以得到相应的数字滤波器。这种得到滤波器的方法可以认为是一种时域方法。也可以将传递函数变换为频率响应函数 $H(e^{j\omega})$，其表达式为

$$H(e^{j\omega}) = H(z)\big|_{z=e^{j\omega}} = \sum_{n=0}^{N-1} h(n)e^{-j\omega n} \tag{10-3}$$

当数字滤波器的技术指标确定后，可以用一定的方法去逼近，目前主要的方法有傅里叶级数法(即窗函数法或称窗口法)、频率抽样法和切比雪夫最佳一致逼近法等。

FIR 滤波器的设计方法和 IIR 滤波器的设计方法有很大差别，其中一个原因是 FIR 滤波器传递函数是 z^{-1} 的多项式，而不是 z^{-1} 的有理式。FIR 滤波器的设计任务是选择有限长度的 $h(n)$，使频率响应函数 $H(e^{j\omega})$ 满足技术指标要求。

10.1　线性相位 FIR 数字滤波器的约束条件

　　FIR 滤波器在满足一定的约束条件时，可以达到很好的线性相位特性，这是 FIR 滤波器的一大优点，特别是在对传输数据有严格相位要求的条件下，比如，语音数据等。因为保持线性相位是系统不产生失真的必要条件。在 IIR 滤波器中，只考虑了幅频特性，而没有考虑其相频特性，即只从幅频的角度进行了逼近，而相频特性必然是非线性和失真的。

　　若离散系统单位冲激响应 $h(n)$，$n=0$，1，2，…，$N-1$，该系统的频率响应函数为

$$H(e^{j\omega}) = \sum_{n=0}^{N-1} h(n) e^{-j\omega n} \tag{10-4}$$

　　线性相位 FIR 滤波器是指 $\varphi(\omega)$ 是 ω 的线性函数，即

$$\varphi(\omega) = -a\omega \tag{10-5}$$

式中　a——常数。

　　式(10-5)是一种严格的线性相位关系，称第 I 类 FIR 数字滤波器。若 $\varphi(\omega)$ 与 ω 存在以下关系：

$$\varphi(\omega) = b - a\omega \tag{10-6}$$

式中　a，b——常数。严格地说，此时 $\varphi(\omega)$ 与 ω 不具有线性相位特性，但其群延迟是一个常数，即

$$\frac{d\varphi(\omega)}{d\omega} = -a \tag{10-7}$$

对于这种情况，称为第 II 类 FIR 数字滤波器。

　　线性相位 FIR 滤波器的时域约束条件是指满足线性相位时，对 $h(n)$ 的约束条件。直接给出线性相位约束条件为

$$\sum_{n=0}^{N-1} h(n) \sin[b-(a-n)\omega] = 0 \tag{10-8}$$

对于第 I 类 FIR 数字滤波器约束条件中的系数取值满足：

$$\begin{cases} b=0 \\ a=\dfrac{N-1}{2} \\ h(n)=h(N-1-n) \end{cases} \tag{10-9}$$

这种情况下 $h(n)$ 以 $\dfrac{N-1}{2}$ 为中心偶对称，且严格线性。

　　对于第 II 类 FIR 数字滤波器约束条件中的系数取值满足：

$$\begin{cases} b=\pm\dfrac{\pi}{2} \\ a=\dfrac{N-1}{2} \\ h(n)=-h(N-1-n) \end{cases} \tag{10-10}$$

这种情况下 $h(n)$ 以 $\dfrac{N-1}{2}$ 为中心奇对称，并非严格的线性相位，只是群延迟为常数。

261

所以，不论 N 是偶数还是奇数，在 $h(n)$ 以 $\dfrac{N-1}{2}$ 为中心偶对称或奇对称时，该系统均可取得线性相位。

10.2 傅里叶级数法设计 FIR 数字滤波器

10.2.1 傅里叶级数法（窗函数法）设计原理

设数字滤波器频率响应函数为 $H_d(\mathrm{e}^{\mathrm{j}\omega})$，其单位冲激响应是 $h_d(n)$，则有

$$H_d(\mathrm{e}^{\mathrm{j}\omega}) = \sum_{n=-\infty}^{\infty} h_d(n)\mathrm{e}^{-\mathrm{j}\omega n} \tag{10-11}$$

$$h_d(n) = \frac{1}{2\pi}\int_{-\infty}^{\infty} H_d(\mathrm{e}^{\mathrm{j}\omega})\mathrm{e}^{\mathrm{j}\omega n}\mathrm{d}\omega \tag{10-12}$$

数字滤波器的频率响应 $H_d(\mathrm{e}^{\mathrm{j}\omega})$ 是周期为 2π 的频域周期函数，其冲激响应 $h_d(n)$ 是无限项的序列，在物理上是不能实现的。如果想物理实现该滤波器就需要截断移位来得到可物理实现的滤波器的有限项冲激响应序列。

所以只要能够得到有限项冲激响应序列 $h_d(n)$，就可以设计 FIR 数字滤波器了。而 $h_d(n)$ 是系统频率响应函数的傅里叶级数，傅里叶级数法的名称由此而来。同时，在采用傅里叶级数法设计 FIR 数字滤波器时，又需要对无限长的冲激响应用窗函数进行截断，使其变为有限项，故有时也称这种方法为窗函数法。

为了构造一个长度为 N 的第 I 类线性相位 FIR 滤波器，只要将 $h_d(n)$ 截取一段，并保证截取的一段关于 $N=\dfrac{N-1}{2}$ 偶对称就可以了。

设截取有限长后的冲激响应序列为 $h(n)$，则有

$$h(n) = h_d(n)R_N(n) \tag{10-13}$$

式中 $R_N(n)$——矩形窗函数，长度为 N。

窗函数法的时域波形如图 10-1 所示。

对应于截断后的 $h(n)$，其系统函数 $H(z)$ 为

$$H(z) = \sum_{n=0}^{N-1} h(n)z^{-n} \tag{10-14}$$

这样用一个有限长的序列 $h(n)$ 去代替 $h_d(n)$，肯定会引起误差，表现在频域就是通常所说的吉布斯（Gibbs）效应。该效应引起过渡带加宽以及通带和阻带内的波动，如图 10-2 所示。这种吉布斯效应是由于将 $h_d(n)$ 直接截断引起的，因此，也称为截断效应。

显然，选取傅里叶级数的项数越多，引起的误差就越小，但项数增多即 $h(n)$ 长度增加，也使成本和滤波计算量加大，应在满足技术要求的条件下，尽量减小 $h(n)$ 的长度。

在示例中，$R_N(n)$ 为矩形序列窗函数，能起到对无限长序列截断的作用，为了分析窗函数对截断的影响，设构造的窗函数为 $w(n)$，长度为 N。

根据频域卷积定理，截断序列 $h(n) = h_d(n)R_N(n)$ 的傅里叶变换为

$$H(\mathrm{e}^{\mathrm{j}\omega}) = \frac{1}{2\pi}\int_{-\pi}^{\pi} H_d(\mathrm{e}^{\mathrm{j}\theta})w_R(\mathrm{e}^{\mathrm{j}(\omega-\theta)})\mathrm{d}\theta \tag{10-15}$$

式中 $H_d(e^{j\omega})$——$h_d(n)$ 的傅里叶变换；
$\quad\quad$ $W_R(e^{j\omega})$——$R_N(n)$ 的傅里叶变换。

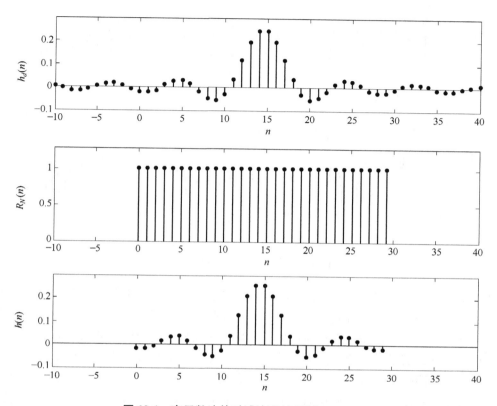

图 10-1 窗函数法的时域波形（矩形窗，$N=30$）

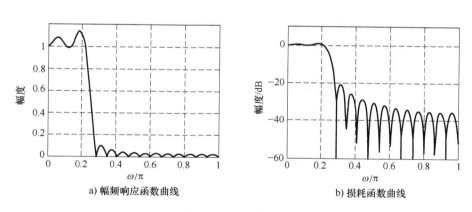

a) 幅频响应函数曲线 $\quad\quad\quad$ b) 损耗函数曲线

图 10-2 吉布斯效应

若选取窗函数为矩形窗，则窗函数的傅里叶变换为

$$W_R(e^{j\omega}) = \sum_{n=0}^{N-1} W_R(n) e^{-j\omega n} = \sum_{n=0}^{N-1} e^{-j\omega n} = \frac{\sin(\omega N/2)}{\sin(N/2)} e^{-j\frac{1}{2}(N-1)\omega} \quad (10\text{-}16)$$

以矩形窗函数为例，当改变窗函数长度时，对 FIR 数字滤波器幅频特性的影响示例如图 10-3 所示。

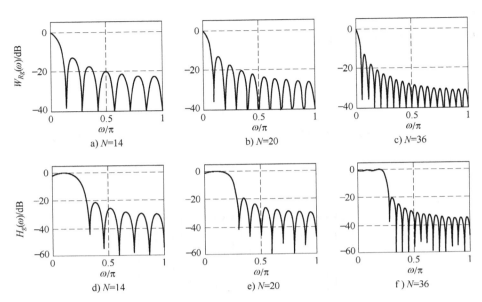

图 10-3　矩形窗函数长度的影响

从图 10-3 中可以看出，当截取点数较小时，通带较窄，且阻带内波纹较大。随着截取点数的增加，通带变宽，阻带波纹也变小，但在通带内也出现了波纹，随着截取点数的增加并不能消除这些波纹，这就是吉布斯现象。产生吉布斯现象的原因是截断。为了减少这种现象，可选择不同的窗函数，使其谱函数的主瓣包含更多的能量，相应旁瓣幅度更小。旁瓣的减小可使通带、阻带波动减小，从而加大阻带衰减，但这样总是以加宽过渡带为代价。如汉明窗具有较小的旁瓣，采用这种窗后，通带内的振荡基本消失，阻带内的波纹也明显减小。从这一点上来说，滤波器的性能得到了改善。

可以将傅里叶级数设计 FIR DF 分成四个步骤：

1）把 $H_d(\mathrm{e}^{\mathrm{j}\omega})$ 展开成傅里叶级数，得到系数 $h_d(n)$。

2）将 $h_d(n)$ 截断到所需的长度 N，并取 $N=2M+1$。

3）将截短后的 $h_d(n)$ 右移 M 个采样间隔，得到 $h(n)$。为了保证线性相位，移位值 $M=(N-1)/2$。

4）将 $h(n)$ 乘以合适的窗函数 $w(n)$，即得到所设计的滤波器的冲激响应。

在求得 $h(n)$ 后，可以通过编程直接利用 $y(n)=\sum\limits_{r=0}^{N-1}h(r)x(n-r)$ 求得滤波器的输出。也可以先得到 $h(n)$ 的 z 变换，即传递函数 $H(z)=\sum\limits_{r=0}^{N-1}h(r)z^{-r}$，用硬件构成滤波器的传递函数，以实现滤波。

窗函数的种类较多，常见的窗函数有矩形窗、汉宁窗函数、汉明窗函数、三角窗函数及凯泽窗函数等。关于窗函数的选择原则以及各种窗函数的性能可参阅相关文献资料，这里就不一一列举了。如图 10-4 所示给出了矩形窗与汉宁窗频率特性曲线对比，可以看出在通带、过渡阻带以及主旁瓣上均存在差异。

例 10-1　设计数字低通滤波器，其幅频特性如下，幅频图如图 10-5 所示。

$$\begin{cases} |H(\mathrm{e}^{\mathrm{j}\omega})| = \begin{cases} 1, -\omega_c \leqslant \omega \leqslant \omega_c \\ 0, \omega_c \leqslant |\omega| \leqslant \omega_s \end{cases} \\ \varphi(\omega) = -a\omega \end{cases}$$

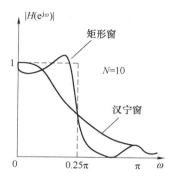

图 10-4　矩形窗与汉宁窗频率特性曲线对比

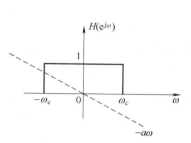

图 10-5　例 10-1 图

解　由理想低通滤波器的频率响应特性求逆变换得到系统冲激响应为

$$h(n) = \frac{1}{2\pi} \int_{-\omega_c}^{\omega_c} \mathrm{e}^{-\mathrm{j}a\omega} \cdot \mathrm{e}^{\mathrm{j}n\omega} \mathrm{d}\omega = \frac{1}{2\pi} \int_{-\omega_c}^{\omega_c} \mathrm{e}^{\mathrm{j}(n-a)\omega} \mathrm{d}\omega$$

应用欧拉公式进一步解得

$$h(n) = \frac{\omega_c}{\pi} \times \frac{\sin(n-a)\omega_c}{(n-a)\omega_c}$$

当 $a=0$ 时，无延时，$h(n)$ 的波形如图 10-6 所示。

延时可以根据需要取不同的值，比如当 $a=6$ 时，其波形如图 10-7 所示。

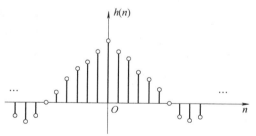

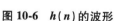

图 10-6　$h(n)$ 的波形

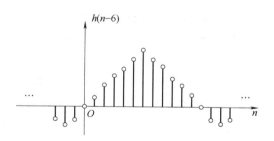

图 10-7　$h(n)$ 延时 6 后的波形

可以看出，用傅里叶级数法设计 FIR 数字滤波器时，其冲激响应 $h(n)$ 为无限长，因此理想低通滤波器是非因果的，不可物理实现。要想对此滤波器进行设计，需要取有限项冲激响应来近似无限项的冲激响应，这就需要对其进行截断，截断后的长度应满足长度 $N=2M+1$，其中 M 为正整数。为了构造一个长度为 N 的第 I 类线性相位 FIR 滤波器，要保证截取的一段关于 $N=\dfrac{N-1}{2}$ 偶对称就可以了，这时 N 应取奇数。

因此，只要选择合适的窗函数长度 N，并移位后保证线性相位条件，就可以得到逼近原理想滤波器的 FIR 数字低通滤波器了。考虑到选取不同的参数其频率响应曲线不同，况且在后面的设计举例中也会分析，这里就不画出该型滤波器的频率响应了。

10.2.2 傅里叶级数法(窗函数法)设计 FIR 滤波器举例

根据对过渡带及阻带衰减的指标要求，选择窗函数的类型，并估计窗口长度 N。先按照阻带衰减选择窗函数类型。原则是在保证阻带衰减满足要求的情况下，尽量选择主瓣窄的窗函数。然后根据过渡带宽度估计窗口长度 N。一般取待求滤波器的过渡带宽度 B_t 近似等于窗函数主瓣宽度，且近似与窗口长度 N 成反比，即 $N \approx A/B_t$，A 取决于窗口类型，例如，矩形窗的 $A = 4\pi$，汉明窗的 $A = 8\pi$ 等，A 的取值可查表获取。

根据设计要求构造希望逼近的频率响应函数 $H_d(e^{j\omega})$，理想滤波器的截止频率 ω_c 近似位于最终设计的 FIR DF 的过渡带的中心频率点，幅度函数衰减一半(约 -6dB)。所以如果设计指标给定通带边界频率和阻带边界频率 ω_p 和 ω_s，一般取 $\omega_c = \dfrac{\omega_p + \omega_s}{2}$，当然设计指标中也可以直接给出 ω_c。

如果得到待求滤波器的频率响应函数为 $H_d(e^{j\omega})$，对于简单情况可以通过逆变换求得其时域序列 $h_d(n) = \dfrac{1}{2\pi}\displaystyle\int_{-\pi}^{\pi} H_d(e^{j\omega}) e^{j\omega n} d\omega$。如果 $H_d(e^{j\omega})$ 较复杂，或者不能用解析公式表示，则不能用上式求出 $h_d(n)$。可以对 $H_d(e^{j\omega})$ 从 $\omega = 0 \sim 2\pi$ 采样 M 点，采样值为 $H_{dM}(k) = H_d\left(e^{j\frac{2\pi}{M}k}\right)$，$k = 0, 1, 2, \cdots, M-1$，再进行 M 点 IDFT，得到 $h_{dM}(N) = \text{IDFT}\left[H_{dM}(k)\right]_M$。

根据频域采样理论，$h_{dM}(N)$ 与 $h_d(n)$ 应满足如下关系：

$$h_{dM}(n) = \sum_{r=-\infty}^{\infty} h_d(n+rM) R_M(n) \tag{10-17}$$

因此，如果 M 选得较大，可以保证在窗口内 $h_{dM}(n)$ 有效逼近 $h_d(n)$。

在得到有限长冲激响应后，就可按前面给出的知识设计出 FIR DF。

例 10-2 对模拟信号进行低通滤波处理，要求通带 $0 \leqslant f \leqslant 1.5\text{kHz}$ 内衰减小于 1dB，阻带 $2.5\text{kHz} \leqslant f \leqslant \infty$ 上衰减大于 40dB。希望对模拟信号采样后用线性相位 FIR 数字滤波器实现上述滤波，采样频率 $F_s = 10\text{kHz}$。用窗函数法设计满足要求的 FIR 数字低通滤波器，求出 $h(n)$，并画出损耗函数曲线。为了降低运算量，希望滤波器阶数尽量低。

解

1）确定相应的数字滤波器指标。通带截止频率为

$$\omega_p = \frac{2\pi f_p}{F_s} = 2\pi \times \frac{1500\text{Hz}}{10000\text{Hz}} = 0.3\pi$$

阻带截止频率为

$$\omega_s = \frac{2\pi f_s}{F_s} = 2\pi \times \frac{2500\text{Hz}}{10000\text{Hz}} = 0.5\pi$$

通带内最大衰减为

$$\alpha_p = 1\text{dB}$$

阻带最小衰减为

$$\alpha_s = 40\text{dB}$$

2）用窗函数法设计 FIR 数字低通滤波器，为了降低阶数选择凯泽窗。查阅凯泽窗相关参数的计算公式(略)，得到控制参数为

$$\alpha = 0.5842(\alpha_s - 21)^{0.4} + 0.07886(\alpha_s - 21) = 3.3953$$

再根据指标要求过渡带宽度 $B_t = \omega_s - \omega_p = 0.5\pi - 0.3\pi = 0.2\pi$，计算滤波器阶数为

$$M = \frac{\alpha_s - 8}{2.285 B_t} = \frac{40 - 8}{2.285 \times 0.2\pi} = 22.2887$$

取满足要求的最小整数 $M = 23$。所以 $h(n)$ 长度为 $N = M+1 = 24$。但是，如果用汉宁窗，$h(n)$ 长度为 $N = 40$。理想低通滤波器的通带截止频率 $\omega_c = (\omega_s + \omega_p)/2 = \dfrac{0.5\pi + 0.3\pi}{2} = 0.4\pi$，可得到

$$h(n) = h_d(n)w(n) = \frac{\sin[0.4\pi(n-\tau)]}{\pi(n-\tau)}w(n), \quad \tau = \frac{24-1}{2} = \frac{N-1}{2} = 11.5$$

式中　$w(n)$——长度为 24（$\alpha = 3.395$）的凯泽窗函数。

在计算出滤波器的相关参数后，也可利用 MATLAB 编程实现设计过程，源程序如下。

```
fp=1500;fs=2500;rs=40;
wp=2*pi*fp/Fs;ws=2*pi*fs/Fs;
Bt=ws-wp;
alph=0.5842*(rs-21)^0.4+0.07886*(rs-21);
N=ceil((rs-8)/2.285/Bt)
wc=(wp+ws)/2/pi;
hn=fir1(N,wc,kaiser(n+1,alph));
```

运行程序得到 $h(n)$ 的 24 个值为

$h(n) = [$ 　0.0039　0.0041　-0.0062　-0.0147　0.0000　0.0286　0.0242　-0.0332
-0.0755　0.0000　0.1966　0.3724　0.3724　0.1966　-0.0000　-0.0755　-0.0332
0.0242　0.0286　0.0000　-0.0147　-0.0062　0.0041　0.0039 $]$

低通 FIR DF 的 $h(n)$ 波形和损耗函数曲线如图 10-8 所示。

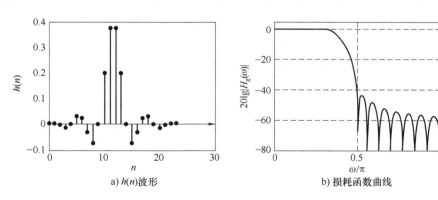

a) $h(n)$ 波形　　　　　　　　b) 损耗函数曲线

图 10-8　低通 FIR DF 的 $h(n)$ 波形及损耗函数曲线

例 10-3　用窗函数法设计线性相位高通 FIR DF，要求通带截止频率 $\omega_p = \pi/2\,\mathrm{rad}$，阻带截止频率 $\omega_s = \pi/4\,\mathrm{rad}$，通带最大衰减 $\alpha_p = 1\,\mathrm{dB}$，阻带最小衰减 $\alpha_s = 40\,\mathrm{dB}$。

解

1）选择窗函数 $w(n)$，计算窗函数长度 N。已知阻带最小衰减 $\alpha_s = 40\,\mathrm{dB}$，查阅资料可知汉宁窗和汉明窗均满足要求，我们选择汉宁窗。本例中过渡带宽度 $B_t \le \omega_p - \omega_s = \pi/4$，汉宁

窗的精确过渡带宽度 $B_t = 6.2\pi/N$，所以要求 $B_t = 6.2\pi/N \leqslant \pi/4$，解之得 $N \geqslant 24.8$。对高通滤波器 N 必须取奇数，取 $N = 25$，有

$$w(n) = 0.5 \times \left[1 - \cos\left(\frac{\pi n}{12}\right)\right] R_{25}(n)$$

2）构造 $H_d(e^{j\omega})$：

$$H_d(e^{j\omega}) = \begin{cases} e^{-j\omega\tau}, & \omega_c \leqslant |\omega| \leqslant \pi \\ 0, & 0 \leqslant |\omega| < \omega_c \end{cases}$$

式中　$\tau = \dfrac{N-1}{2} = 12$，$\omega_c = \dfrac{\omega_s + \omega_p}{2} = \dfrac{3\pi}{8}$。

3）求出 $h_d(n)$：

$$h_d(n) = \frac{1}{2\pi}\int_{-\pi}^{\pi} H_d(e^{j\omega}) e^{j\omega n} d\omega = \frac{1}{2\pi}\left(\int_{-\pi}^{-\omega_c} e^{-j\omega\tau} e^{j\omega n} d\omega + \int_{\omega_c}^{\pi} e^{-j\omega\tau} e^{j\omega n} d\omega\right) = \frac{\sin[\pi(n-\tau)]}{\pi(n-\tau)} - \frac{\sin[\omega_c(n-\tau)]}{\pi(n-\tau)}$$

将 $\tau = 12$ 代入得

$$h_d(n) = \delta(n-12) - \frac{\sin[3\pi(n-12)/8]}{\pi(n-12)}$$

$\dfrac{\sin[3\pi(n-12)/8]}{\pi(n-12)}$ 是截止频率为 $3\pi/8$ 的理想低通滤波器的单位脉冲响应。

4）加窗：

$$h(n) = h_d(n) w(n) = \left\{\delta(n-12) - \frac{\sin[3\pi(n-12)/8]}{\pi(n-12)}\right\}\left[0.5 - 0.5\cos\left(\frac{\pi n}{12}\right)\right] R_{25}(n)$$

这样就得到了该型 FIR DF 的有限长冲激响应了。读者可以应用前面的知识求得其频率响应。

10.2.3　窗函数法的 MATLAB 设计函数简介

利用 MATLAB 工具箱函数，可以方便地进行不同滤波器的设计，但在使用 MATLAB 进行滤波器设计时，应该首先搞清楚该型滤波器的原理和设计方法，以便从原理上搞清楚滤波器的设计思路，设计出更加符合需求的滤波器。

设计 FIR DF 时，fir1 是用窗函数法设计线性相位 FIR DF 的工具箱函数，以实现线性相位 FIR DF 的标准窗函数法设计。

fir1 的调用格式及功能：

1）hn = fir1(M,wc)，返回 6dB 截止频率为 ω_c 的 M 阶［单位脉冲响应 $h(n)$ 长度 $N = M+1$］FIR 低通（ω_c 为标量）滤波器系数向量 hn，默认选用汉明窗。滤波器单位脉冲响应 $h(n)$ 与向量 hn 的关系为

$$h(n) = hn(n+1) \quad N = 0,1,2,\cdots,M$$

而且满足线性相位条件：$h(n) = h(n-1-N)$。其中 ω_c 为对 π 归一化的数字频率，$0 \leqslant \omega_c \leqslant 1$。

当 wc = [wcl,wcu] 时，得到的是带通滤波器，其 -6dB 通带为 wcl $\leqslant \omega \leqslant$ wcu。

2）hn = fir1(M,wc,'ftype')，可设计高通和带阻 FIR 滤波器。当 ftype = high 时，设计高通 FIR 滤波器；当 ftype = stop，且 wc = [wcl,wcu] 时，设计带阻 FIR 滤波器。

应当注意，在设计高通和带阻 FIR 滤波器时，阶数 M 只能取偶数［$h(n)$ 长度 $N = M+1$ 为奇数］。不过，当用户将 M 设置为奇数时，fir1 会自动对 M 加 1。

3) hn=fir1(M,wc,window)，可以指定窗函数向量 window。如果默认 window 参数，则 fir1 默认为汉明窗。例如：

hn=fir1(M,wc,bartlett(M+1))，使用 bartlett 窗设计。

hn=fir1(M,wc,blackman(M+1))，使用 blackman 窗设计。

hn=fir1(M,wc,'ftype',window)，通过选择 wc、ftype 和 window 参数进行设计。

fir2 的调用格式及功能：

fir2 为任意形状幅度特性的窗函数法设计函数，用 fir2 设计时，可以指定任意形状的 $H_d(e^{j\omega})$，它实质是一种频率采样法与窗函数法的综合设计函数，主要用于设计幅度特性形状特殊的滤波器(如数字微分器和多带滤波器等)。用 help 命令查阅其调用格式及调用参数的含义。

例 10-4　用 MATLAB 设计例 10-3 中的高通 FIR 滤波器。

解

```
wp=pi/2;ws=pi/4;
Bt=wp-ws;              %计算过渡带宽度
n0=ceil(6.2*pi/Bt);   %根据汉宁窗计算所需 h(n)长度 n0,ceil(x)取大于或
                       等于 x 的最小整数
N=n0+mod(n0+1,2);     %确保 h(n)长度 N 是奇数
wc=(wp+ws)/2/pi;      %计算理想高通滤波器通带截止频率(关于 π 归一化)
hn=fir1(N-1,wc,'high',hanning(N));  %调用 fir1 计算高通 FIR 数字滤波
                       器的 h(n)
%略去绘图部分
```

运行程序得到 $h(n)$ 的 25 个值：

$h(n)=[$ -0.0004　-0.0006　0.0028　0.0071　-0.0000　-0.0185　-0.0210　0.0165　0.0624　0.0355　0.1061　-0.2898　0.624　-0.2898　-0.1061　0.0355　0.0624　0.0165　-0.0210　0.0185　-0.0000　0.0071　0.0028　-0.0006　-0.0004$]$

高通 FIR DF 的 $h(n)$ 波形及损耗函数曲线如图 10-9 所示。

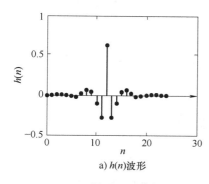
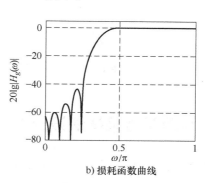

a) $h(n)$ 波形　　　b) 损耗函数曲线

图 10-9　高通 FIR DF 的 $h(n)$ 波形及损耗函数曲线

例 10-5　窗函数法设计一个线性相位 FIR 带阻滤波器。要求通带下截止频率 $\omega_{lp}=0.2\pi$，阻带下截止频率 $\omega_{ls}=0.35\pi$，阻带上截止频率 $\omega_{us}=0.65\pi$，通带上截止频率 $\omega_{up}=0.8\pi$，通带最大衰减 $\alpha_p=1\text{dB}$，阻带最小衰减 $\alpha_s=60\text{dB}$。

解 本例直接调用 fir1 函数设计。因为阻带最小衰减 $\alpha_s = 60\text{dB}$，所以选择布莱克曼窗，再根据过渡带宽度选择滤波器长度 N，布莱克曼窗的过渡带宽度 $B_t = 12\pi/N$，所以：

$$\frac{12\pi}{N} \leqslant \omega_{ls} - \omega_{lp} = 0.35\pi - 0.2\pi = 0.15\pi$$

解得 $N = 80$。调用参数

$$\omega_c = \left[\frac{\omega_{lp} + \omega_{ls}}{2\pi}, \frac{\omega_{us} + \omega_{up}}{2\pi}\right]$$

设计参数计算也由程序完成，程序如下：

```
wlp=0.2*pi;wls=0.35*pi;wus=0.65*pi;wup=0.8*pi;  %设计指标参数赋值
B=wls-wlp;                      %过渡带宽度
N=ceil(12*pi/B);                %计算阶数 N,ceil(x)为大于或等于 x 的最小整数
wp=[(wls+wlp)/2/pi,(wus+wup)/2/pi];  %设置理想带通截止频率
hn=fir1(N,wp,'stop',blackman(N+1));  %带阻滤波器要求 h(n)长度为奇
                                     数,所以取 N+1
                                %省略绘图部分
```

程序运行结果：

```
N=80
```

由于 $h(n)$ 数据量太大，因而仅给出带阻 FIR DF 的 $h(n)$ 波形及损耗函数曲线，如图 10-10 所示。

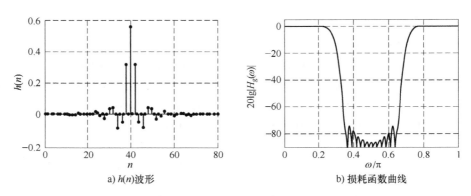

a) h(n)波形   b) 损耗函数曲线

图 10-10　带阻 FIR DF 的 $h(n)$ 波形及损耗函数曲线

10.3　利用频域采样法设计 FIR 数字滤波器

与傅里叶级数法设计 FIR DF 不同，频域采样法设计 FIR DF 时，是将所要设计的滤波器的频率响应函数 $H_d(\text{e}^{\text{j}\omega})$ 在频域进行抽样，然后再通过逆傅里叶变换得到其单位冲激响应序列，接下来的设计步骤与傅里叶级数法类似。

频域采样法与傅里叶级数法设计思路的主要区别在于前者是在频域对频率响应函数进行抽样，再通过傅里叶逆变换求得其单位冲激响应序列，而后者用展开成傅里叶级数的方法得到单位冲激响应序列。这两种设计方法都是对所要设计的滤波器的频率响应函数进行近似，

但由于在设计方法上存在差异，设计出的滤波器在性能上也存在差异。

设所要设计的滤波器的频率响应函数为 $H_d(e^{j\omega})$，它在频域是周期为 2π 的周期函数，对其进行抽样，使每个周期有 N 个抽样值，则抽样后的值为

$$H_d(k) = H_d(e^{j\omega})\,|_{w_k = \frac{2\pi}{N}k} = H_d\left(e^{j\frac{2\pi}{N}k}\right) \tag{10-18}$$

而 $H_d(k)$ 可表示为

$$H_d(k) = H_g(k)\,e^{j\varphi_d(k)} \tag{10-19}$$

式中 $H_g(k)$ ——幅频，也可称为滤波器增益；

   $\varphi_d(k)$ ——相位。

对 $H_d(k)$ 进行傅里叶逆变换就可得到 N 点的单位冲激响应序列 $h(n)$：

$$h(n) = \frac{1}{N}\sum_{k=0}^{N-1} H_d(k)\,e^{j\frac{2\pi}{N}kn}, \quad n = 0,1,2,\cdots,N-1 \tag{10-20}$$

可以看出频域抽样法得到的 $h(n)$ 是有限项，这与傅里叶级数法中的无限项不同。在求得有限项 $h(n)$ 后，也可按前面的知识构建数字滤波器的传递函数 $H(z)$ 和频率响应函数 $H(e^{j\omega})$。

$$H(z) = \sum_{n=0}^{N-1} h(n)z^{-n} \tag{10-21}$$

$$H(e^{j\omega}) = \sum_{n=0}^{N-1} h(n)z^{-jn\omega} \tag{10-22}$$

在应用频域抽样法进行 FIR DF 设计时，一般情况下抽样点数越多，得到的结果就越接近所要设计的滤波器。

FIR DF 的一大特点是具有线性相位，在采用频率抽样法设计滤波器时，就是要保证 $H(e^{j\omega})$ 所代表的滤波器具有线性相位。为此，对 $H_d(k)$ 要有一定的约束，并不是所有的 $H_d(k)$ 都能保证线性相位。

由前面的知识可知，FIR DF 具有线性相位的条件是 $h(n)$ 是实数序列，且以 $N = \dfrac{N-1}{2}$ 对称即可，对应地可以导出频率抽样法设计的滤波器的传递函数满足：

$$H_d(k) = H_g(k)\,e^{j\varphi(k)} \tag{10-23}$$

$$\varphi(k) = -\frac{N-1}{2} \times \frac{2\pi}{N}k = -\frac{N-1}{N}\pi k \tag{10-24}$$

$$H_g(k) = H_g(N-k), \quad N \text{ 为奇数}$$

$$H_g(k) = -H_g(N-k), \quad N \text{ 为偶数}$$

这就是频率抽样值满足线性相位的条件。

其实关于 FIR DF 的设计方法不仅有上面提到的方法，比如逼近其频率响应函数的切比雪夫多项式方法等，这里就不一一阐述了，读者可查阅相关资料。

271

10.4 IIR 和 FIR 数字滤波器的比较

前面讨论了 IIR 和 FIR 两种滤波器的设计方法。IIR 和 FIR 滤波器在数字信号处理中都占有重要地位，这两种滤波器各自究竟有什么特点？在实际运用时应该怎样去选择它们？为

了回答这个问题，下面对这两种滤波器做一简单的比较。

首先，从性能上来说，IIR 滤波器系统函数的极点可位于单位圆内的任何地方，因此零点和极点相结合，可用较低的阶数获得较高的频率选择性，所用的存储单元少，计算量小，所以经济高效。但是这个高效率是以相位的非线性为代价的。相反，FIR 滤波器却可以得到严格的线性相位，然而由于 FIR 滤波器系统函数的极点固定在原点，因而只能用较高的阶数达到高的选择性；对于同样的滤波器设计指标，FIR 滤波器所要求的阶数一般比 IIR 滤波器高 5~10 倍，使成本较高，信号延时也较大；如果按相同的选择性和相同的线性相位要求，则 IIR 滤波器就必须加全通网络进行相位校正，同样要大大增加滤波器的阶数和复杂性，这样滤波器环节增多，复杂度和成本也增加。

从硬件实现结构上看，IIR 滤波器一般采用递归结构，极点位置必须在单位圆内，否则系统将不稳定。另外，在这种结构中，由于运算过程中对序列的舍入处理，这种有限字长效应有时会引起寄生振荡。相反，FIR 滤波器主要采用非递归结构，不论在理论上还是在实际的有限精度运算中都不存在稳定性问题，运算误差引起的输出信号噪声功率也较小。此外，FIR 滤波器可以采用 FFT 算法实现，在相同阶数的条件下，运算速度可以大大提高。

从设计工具看，IIR 滤波器可以借助成熟模拟滤波器设计成果，因此一般都有封闭形式的设计公式可供准确计算，计算工作量比较小，对计算工具的要求不高。FIR 滤波器计算通带和阻带衰减等仍无显式表达式，其边界频率也不易精确控制。一般，FIR 滤波器的设计只有计算程序可循，因此对计算工具要求较高。但在计算机普及的今天，很容易实现其设计计算。

另外，也应看到，IIR 滤波器虽然设计简单，但主要是用于设计具有片断常数特性的选频型滤波器，如低通、高通、带通及带阻等，往往脱离不了几种典型模拟滤波器的频率响应特性的约束。而 FIR 滤波器则要灵活得多，易于适应某些特殊的应用，如构成微分器或积分器，或用于巴特沃思、切比雪夫等逼近不可能达到预定指标的情况，例如由于某些原因要求三角形振幅响应或一些更复杂的幅频响应形状，因而 FIR 滤波器有更大的适应性和更广阔的应用场合。

从上面的简单比较可以看到，IIR 与 FIR 滤波器各有所长，所以在实际应用时应该全面考虑加以选择。例如，从使用要求上看，在对相位要求不敏感的场合，选用 IIR 滤波器较为合适，这样可以充分发挥其经济高效的特点；而对于数据传输等以波形携带信号的系统，则对线性相位要求较高，采用 FIR 滤波器较好。

近些年来，各种信号处理应用软件发展迅猛，它们为 DF 设计者提供许多技术上的方便，例如 MATLAB 软件或 SPW（信号处理系统）软件等，都可直接按照用户的需要、对应的技术指标参数求得滤波器的频率响应、冲激响应或作零点、极点分析。在应用这些软件时，可以极大地提高设计效率，节省了大量重复实现特定算法的编程时间，设计参数对结果的影响也可以快速把握，但一定要在理解滤波器设计原理的基础上再应用这些软件，以使设计的可靠性和工程应用性得到保证。当然也应清楚，数字信号处理算法实现途径其实还有很多，常用的编程语言均可进行数字信号处理，只不过每种编程语言的特点和侧重使用领域不同而已。

 习题

10-1 已知 FIR DF 的单位样值响应 $h(n) = \{1.5, 2, 3, 3, 2, 1.5\}$，$0 \le n \le 5$，说明该滤波器幅频和相频特性。

10-2　用窗函数法设计一线性相位低通 FIR DF，滤波器的技术指标为 $f_p = 300\text{Hz}$，$f_s = 400\text{Hz}$，$\alpha_p = 3\text{dB}$，$\alpha_s = 30\text{dB}$。

10-3　设计线性相位带通 FIR DF，要求通带截止频率分别为 0.55π 和 0.7π，阻带截止频率为 0.45π 和 0.8π，通带最大衰减为 0.15dB，阻带最小衰减为 40dB，并给出单位样值响应，画出损耗函数曲线。

10-4　设 FIR 滤波器的系统函数为

$$H(z) = \frac{1}{10}(1 + 0.9z^{-1} + 2.1z^{-2} + 0.9z^{-3} + z^{-4})$$

求出该滤波器的单位脉冲响应 $h(n)$，判断是否具有线性相位，求出其幅度特性和相位特性。

10-5　要求用低通数字滤波器对模拟信号进行滤波，通带截止频率为 10kHz，阻带截止频率为 22kHz，通带最大衰减为 3dB，阻带最小衰减为 75dB，采样频率为 50kHz。用窗函数法设计数字低通滤波器。

（1）选择合适的窗函数及其长度，求出 $h(n)$ 的表达式。

（2）用 MATLAB 画出损耗函数曲线和相频特性曲线。

10-6　利用矩形窗、升余弦窗、改进升余弦窗和布莱克曼窗设计线性相位低通 FIR 滤波器。要求：希望逼近的理想低通滤波器通带截止频率 $\omega_c = \pi/4\text{rad}$，$N = 21$。分别求出对应的单位脉冲响应。

（1）分别求出对应的单位脉冲响应 $h(n)$ 的表达式。

（2）用 MATLAB 画出损耗函数曲线。

10-7　设 FIR DF 通带截止频率为 300Hz，阻带截止频率为 400Hz，采样频率为 1000Hz，通带波纹小于 1dB，阻带低于 40dB，先估计滤波器阶数，再设计低通滤波器，并画出幅频和相频图。

10-8　自行设计信号源和信号采集系统，记录信号。利用计算机提取信号数据并分析信号的频谱，再混入不同量级的高斯白噪声，设计数字滤波器对其进行滤波，观察不同种类滤波器及不同设计方法和参数时的降噪效果。

10-9　采用习题 10-8 中的信号，分别设计 IIR 和 FIR 型 DF，用信噪比（SNR）作为滤波效果衡量指标，观察在相近的滤波效果下两种滤波器阶数的差异，并画出每种滤波器的频率响应曲线，对比频率响应特性。

附　　录

附录A　卷　积　表

序号	$f_1(t)$	$f_2(t)$	$f_1(t) * f_2(t)$
1	$f(t)$	$\delta(t)$	$f(t)$
2	$f(t)$	$u(t)$	$\displaystyle\int_{-\infty}^{t} f(\lambda)\,\mathrm{d}\lambda$
3	$f(t)$	$\delta'(t)$	$f'(t)$
4	$u(t)$	$u(t)$	$tu(t)$
5	$u(t)-u(t-t_1)$	$u(t)$	$tu(t)-(t-t_1)u(t-t_1)$
6	$u(t)-u(t-t_1)$	$u(t)u(t-t_2)$	$tu(t)-(t-t_1)u(t-t_1)-(t-t_2)u(t-t_2)+(t-t_1-t_2)u(t-t_1-t_2)$
7	$e^{at}u(t)$	$u(t)$	$-\dfrac{1}{a}(1-e^{at})u(t)$
8	$e^{at}u(t)$	$u(t)-u(t-t_1)$	$-\dfrac{1}{a}(1-e^{at})\left[u(t)-u(t-t_1)\right]-\dfrac{1}{a}(e^{-at_1})e^{at}u(t-t_1)$
9	$e^{at}u(t)$	$e^{at}u(t)$	$te^{at}u(t)$
10	$e^{a_1 t}u(t)$	$e^{a_2 t}u(t)$	$\dfrac{1}{a_1-a_2}(e^{a_1 t}-e^{a_2 t})u(t)\quad a_1\neq a_2$
11	$e^{\alpha t}u(t)$	$t^n u(t)$	$\dfrac{n!}{\alpha^{n+1}}e^{\alpha t}u(t)-\displaystyle\sum_{j=0}^{n}\dfrac{n!}{\alpha^{j+1}(n-j)!}t^{n-j}u(t)$
12	$t^m u(t)$	$t^n u(t)$	$\dfrac{m!n!}{(m+n+1)!}t^{n+n+1}u(t)$
13	$t^m e^{\alpha_1 t}u(t)$	$t^n e^{\alpha_2 t}u(t)$	$\displaystyle\sum_{j=0}^{m}\dfrac{(-1)^j m!(n+j)!}{j!(m-j)!(\alpha_1-\alpha_2)^{n+j+1}}t^{m-j}e^{\alpha_1 t}u(t)+$ $\displaystyle\sum_{k=0}^{n}\dfrac{(-1)^k n!(m+k)!}{k!(n-k)!(\alpha_2-\alpha_1)^{m+k+1}}t^{n-k}e^{\alpha_2 t}u(t)\quad \alpha_1\neq\alpha_2$
14	$e^{-\alpha t}\cos(\beta t+\theta)u(t)$	$e^{\lambda t}u(t)$	$\left[\dfrac{\cos(\theta-\varphi)}{\sqrt{(\alpha+\lambda)^2+\beta^2}}e^{\lambda t}-\dfrac{e^{-\alpha t}\cos(\beta t+\theta-\varphi)}{\sqrt{(\alpha+\lambda)^2+\beta^2}}\right]u(t)$ 其中 $\varphi=\arctan\left(\dfrac{-\beta}{\alpha+\lambda}\right)$

附录 B　拉普拉斯变换表

序号	$f(t)(t>0)$	$F(s)=L(f(t))$
1	冲激 $\delta(t)$	1
2	阶跃 $\delta(t)$	$\dfrac{1}{s}$
3	e^{-at}	$\dfrac{1}{s+a}$
4	t^n（n 是正整数）	$\dfrac{n!}{s^{n+1}}$
5	$\sin(\omega t)$	$\dfrac{\omega}{s^2+\omega^2}$
6	$\cos(\omega t)$	$\dfrac{s}{s^2+\omega^2}$
7	$e^{-at}\sin(\omega t)$	$\dfrac{\omega}{(s+a)^2+\omega^2}$
8	$e^{-at}\cos(\omega t)$	$\dfrac{s+a}{(s+a)^2+\omega^2}$
9	te^{-at}	$\dfrac{1}{(s+a)^2}$
10	$t^n e^{-at}$（n 是正整数）	$\dfrac{n!}{(s+a)^{n+1}}$
11	$t\sin(\omega t)$	$\dfrac{2\omega s}{(s^2+\omega^2)^2}$
12	$t\cos(\omega t)$	$\dfrac{s^2-\omega^2}{(s^2+\omega^2)^2}$
13	$\sinh(at)$	$\dfrac{a}{s^2-a^2}$
14	$\cosh(at)$	$\dfrac{s}{s^2-a^2}$

附录 C　逆 z 变换表

z 变换	序列
$\lvert z\rvert>\lvert a\rvert$	
1	$\delta(n)$
$\dfrac{z}{z-1}$	$u(n)$
$\dfrac{z}{(z-1)^2}$	$nu(n)$
$\dfrac{z}{(z-a)}$	$a^n u(n)$

（续）

z 变换	序列
$\mid z\mid>\mid a\mid$	
$\dfrac{az}{(z-a)^2}$	$na^nu(n)$
$\dfrac{z^2}{(z-a)^2}$	$(n+1)a^nu(n)$
$\dfrac{z^3}{(z-a)^3}$	$\dfrac{(n+1)(n+2)}{2!}a^nu(n)$
$\dfrac{z^4}{(z-a)^4}$	$\dfrac{(n+1)(n+2)(n+3)}{3!}a^nu(n)$
$\dfrac{z^{m+1}}{(z-a)^{m+1}}$	$\dfrac{(n+1)(n+2)\cdots(n+m)}{m!}a^nu(n)$
$\mid z\mid<\mid a\mid$	
1	$\delta(n)$
$\dfrac{z}{z-1}$	$-u(-n-1)$
$\dfrac{z}{z-a}$	$-a^nu(-n-1)$
$\dfrac{z^2}{(z-a)^2}$	$-(n+1)a^nu(-n-1)$
$\dfrac{z^3}{(z-a)^3}$	$-\dfrac{(n+1)(n+2)}{2!}a^nu(-n-1)$
$\dfrac{z^4}{(z-a)^4}$	$-\dfrac{(n+1)(n+2)(n+3)}{3!}a^nu(-n-1)$
$\dfrac{z^{m+1}}{(z-a)^{m+1}}$	$-\dfrac{(n+1)(n+2)\cdots(n+m)}{m!}a^nu(-n-1)$

附录 D　巴特沃思归一化低通滤波器参数表

表 D-1 为极点位置，表 D-2 为分母多项式形式，表 D-3 为分母因式形式。

表 D-1　极点位置

阶数	极点位置				
	$p_{0,N-1}$	$p_{1,N-2}$	$p_{2,N-3}$	$p_{3,N-4}$	p_4
1	-1.0000				
2	$-0.7071\pm\mathrm{j}0.7071$				
3	$-0.5000\pm\mathrm{j}0.8660$	-1.0000			
4	$-0.3827\pm\mathrm{j}0.9239$	$-0.9239\pm\mathrm{j}0.3827$			
5	$-0.3090\pm\mathrm{j}0.9511$	$-0.8090\pm\mathrm{j}0.5878$	-1.0000		
6	$-0.2588\pm\mathrm{j}0.9659$	$-0.6235\pm\mathrm{j}0.7818$	$-0.9010\pm\mathrm{j}0.4339$		
7	$-0.2225\pm\mathrm{j}0.9749$	$-0.6235\pm\mathrm{j}0.7818$	$-0.9010\pm\mathrm{j}0.4339$	-1.0000	
8	$-0.1951\pm\mathrm{j}0.9808$	$-0.5556\pm\mathrm{j}0.8315$	$-0.8315\pm\mathrm{j}0.5556$	$-0.9808\pm\mathrm{j}0.1951$	
9	$-0.1736\pm\mathrm{j}0.9848$	$-0.5000\pm\mathrm{j}0.8660$	$-0.7660\pm\mathrm{j}0.6428$	$-0.9379\pm\mathrm{j}0.3420$	-1.0000